截断δ冲击模型

马 明 梁小林 著

科学出版社
北 京

内 容 简 介

本书内容属于可靠性数学理论领域. 本书系统地介绍了截断 δ 冲击模型的相关理论及应用, 主要包括截断 δ 冲击模型的发展历史、研究背景及定义, 一些具体的连续时间和离散时间截断 δ 冲击模型的寿命性质、截断 δ 冲击模型的参数估计、截断 δ 冲击模型标值过程, 以及在关系营销和维修更换模型中的应用等内容.

本书读者需要具备高等数学、概率论与数理统计基本知识. 本书可供科研工作者、从事概率论与数理统计专业的大学教师与学生阅读, 也可作为可靠性数学理论研究的参考书, 特别适合以冲击模型为研究方向的研究生参考学习.

图书在版编目(CIP)数据

截断 δ 冲击模型 / 马明, 梁小林著. -- 北京: 科学出版社, 2025. 6. -- ISBN 978-7-03-082350-2

I. O213.2

中国国家版本馆 CIP 数据核字第 2025LZ1154 号

责任编辑: 王　静　李香叶 / 责任校对: 杨聪敏
责任印制: 赵　博 / 封面设计: 陈　敬

科学出版社 出版
北京东黄城根北街 16 号
邮政编码: 100717
http://www.sciencep.com

保定市中画美凯印刷有限公司印刷
科学出版社发行　各地新华书店经销

*

2025 年 6 月第 一 版　开本: 720×1000 B5
2025 年 6 月第一次印刷　印张: 19 1/4
字数: 388 000
定价: 149.00 元
(如有印装质量问题, 我社负责调换)

序 一

该书系统全面地梳理了截断 δ 冲击模型的研究成果, 想必是为该模型固本溯源守正图新, 作者邀请我写序, 当为之加油鼓劲.

作为模型的亲历者, 把截断 δ 冲击模型的来龙去脉讲清楚, 我责无旁贷. 简单来讲, 截断 δ 冲击模型出自 δ 冲击模型, 后者从实际问题抽象而来. 源头可以追溯到 1983 年年初. 当年, 在为本科生寻找论文题目的过程中, 我翻阅到一本交通杂志. 在其中的一篇文章里, 作者统计了重庆沙坪坝的交通拥挤情况, 给出了行人过马路等待的时间. 文章描述的场景在我脑海里浮现出一个活生生的排队模型——行人等待时间就是模型中的顾客等待时间. 可是, 当真正与排队模型对号时, 哪一个都不匹配. 于是, 我就产生了自己写一个模型的想法. 首先, 通过假设检验, 确立了车流为泊松流, 在这个条件下, 导出了几个与等待时间相关的统计量的概率分布, 将其运用在交通拥挤的实际问题中, 得到了计算行人平均等待时间的公式, 由此, 也可计算出一定时间间隔内的等待人数. 公式很漂亮, 由一些初等函数组成, 参数之间的关系合理极了. 但是当把沙坪坝的相关数据代进去, 所得结果与文章给出的统计结果有很大差距, 此刻, 我感到心惊胆战. 平静下来, 仔细检查, 发现我得到的数据正好是统计数据的两倍, 原来人家统计的是单向情况, 而我的公式考虑的是双向情况. 该研究成果以论文形式发表在《兰州大学学报 (自然科学版)》(1984 年). 至此, 我的心情并不平静, 总觉得这个模型很有用, 应该去寻找更多的实际背景. 更让我牵挂的是, 问题是解决了, 理论研究却还停留在初级阶段. 既然是一个有用的模型, 就应该从理论上进行深入的探讨. 然而, 当时摆在我面前的事太多, 得开新课, 得学英语, 等等, 只好暂时放下这个 "新生儿".

直到 20 世纪 90 年代末, 作为国家自然科学基金和香港大学访问学者基金的支持项目, 我们进一步开展了对该模型的梳理和探索. 研究发现, 如果把等待时间看作一个系统的寿命, 这个模型与可靠性理论中的冲击模型就有相似之处, 只是系统失效机制不是由冲击量大小决定的, 而是由冲击间隔的长短来决定的. 毫无疑问, 这就是对经典冲击模型的补充, 这个新模型的名称 "δ 冲击模型" 也因此而诞生. 对于冲击模型的这个新成员, 我们对它展开了系统的理论分析. 可喜的是, 几经周折, 我们得到了寿命的精确分布, 这为下一步的研究提供了必需的基础. 值得一提的是, 在证明开始, 实在无从下手, 我建议用计算机模拟一下整个过程. 我的硕士研究生王冠军很快就给出了一个算法, 见此算法, 我乐了, 不要模拟了, 就此可以证明了. 王冠军扎实的学术功底和智慧也因此深深刻在了我心里. 之后的研究, 涉及冲击流为非泊松流的情况, 参数 δ 的统计推断以及大样本条件下 δ 的渐近分布与贴近性等. 还有, 香港大学林垫教授将 δ 冲击模型与他的几何分布相结合, 给出了维修理论的研究结果. 相关的研究结果发表在期刊 *Computers & Operations Research* 的 31 卷 (2004 年) 上.

  2002 年, 我在国际工业与应用数学大会上接触到营销管理问题. 我们对用点过程描述营销过程很感兴趣, 这个过程中客户寿命是最为关键的概念之一. 如何刻画客户寿命? 我自然地想到, 去修改 δ 冲击模型中寿命的定义, 从而, 得到了一个被称为 "截断 δ 冲击模型" 的新模型, 用它来刻画客户寿命. 为求得客户寿命的分布, 我试探得到了一个归纳的方法. 博士研究生马明接受了我的想法和证明思路, 在他的博士学位论文中, 取得了寿命分布的精确结果, 还改进了证明方法, 探索出一个纯概率的简单方法. 之后, 他与梁小林对截断 δ 冲击模型从冲击流、参数推断、维修理论等方面展开了广泛且深入的研究, 取得了多方面的丰硕成果, 发表了一系列高水平的研究论文. 与此同时, 他们的研究也得到了一些国内外同行的关注, 这些成果都被收录在本书中.

  如今, 我已迈入杖朝之年, 看到多年前埋下的一粒种子长成枝繁叶茂的青春树, 我感到无比兴奋. 是马明、梁小林和王冠军等精心培育这棵小苗, 让它不断扎根生叶、向上生长. 我感谢他们带给我的幸福感和满足感; 我欣赏他们执着的钻研精神以及扎实的研究能力; 我也期望对这类模型的理论研究继续深入的同时, 还能在实际应用中开花结果.

李泽慧
兰州大学
2024 年 4 月 18 日于深圳长源村

序　二

可靠性和维修性研究是提高产品效能、减少产品寿命周期费用的重要途径. 随着现代科技的迅猛发展,制造系统和服务设施日益大型化、精密化、复杂化,新技术、新材料、新工艺应用,都使得传统的可靠性和维修性理论面临着一系列新问题的挑战. 毋庸置疑,高可靠性、低维修成本日益成为消费者对各种产品的基本需求,可靠性、维修性已成为现代工程系统重要的属性.

在分析系统失效的诸多因素中,除了产品自身退化原因,还有一些是由外部环境影响造成的,研究这类失效机理的可靠性理论称为冲击模型. 冲击模型按其失效机制分为两类:由冲击过程引起的失效模型和由冲击伴随过程引起的失效模型. 所谓 δ 冲击模型就是由冲击间隔引起失效的模型. 研究由较小冲击间隔引起失效的 δ 冲击模型称为经典 δ 冲击模型,由较大冲击间隔引起失效的 δ 冲击模型称为对偶 δ 冲击模型. 在对偶 δ 冲击模型中,若继某次冲击后,距离下次冲击的间隔时间达到或超过某一临界值时新冲击尚未到达,则系统失效,这样的模型称为截断 δ 冲击模型. 本书是一本关于截断 δ 冲击模型的专著.

值得强调的是,我国可靠性学者对于 δ 冲击模型的提出和发展做出了突出贡献. 1984 年,兰州大学李泽慧教授研究行人阻滞交通问题时,其工作已蕴含基于冲击间隔失效的思想,被视为 δ 冲击模型的雏形和源泉. 李泽慧、黄宝胜和王冠军于 1999 年发表的论文是最早将这一思想正式作为冲击模型来研究的论文. 本书所研究的截断 δ 冲击模型是在经典 δ 冲击模型的基础上产生的,它在单部件系统、单调关联系统、维修更换、参数估计、复合标值过程、客户关系管理等实际问题方面都有重要的应用. 当前,截断 δ 冲击模型在理论研究与实际应用方面上均有重要意义.

马明教授和梁小林教授长期以来潜心研究 δ 冲击模型,尤其在截断 δ 冲击模型领域做了大量工作,并取得了丰硕成果. 本书首次系统介绍了截断 δ 冲击模型的原理及其相关理论,包括截断 δ 冲击模型的基本概念、历史沿革、研究问题的实际应用背景,离散时间和连续时间参数下截断 δ 冲击模型,截断 δ 冲击模型的参数估计,截断 δ 冲击模型标值过程,以及在客户关系营销和维修更换中的应用等内容. 本书对截断 δ 冲击模型二十年来的研究工作做了全面综合的回顾,娓娓道来,深入浅出,直观描述又不失严格,是这一领域不可多得的著作. 全书除第 1 章外的命题都有详细证明以及出处引述,特别适合于初学者,同时也为本领域学者的研究提供了极大便利.

笔者 20 多年前在中国科学院应用数学所曹晋华先生指导下进行可靠性理论、排队论、随机库存理论等随机优化理论方面的研究. 其间, 亲耳聆听过李泽慧教授关于 δ 冲击模型的学术报告, 一睹风采, 印象深刻. 20 多年后的今天有幸拜读李泽慧教授两位高足所著《截断 δ 冲击模型》书稿并于著作问世之际受邀作序, 荣幸之至. 它囊括了截断 δ 冲击模型理论与实践的主要思想、模型和发展. 笔者认为, 对于国内学习可靠性和维修性理论, 尤其是 "冲击模型" 的各位师生, 该书当是不二之选.

我相信该书的出版一定会使国内相关领域的学生和学者获益, 特此推荐.

是为序.

王金亭

中央财经大学

2024 年 5 月 26 日

前　言

大千世界, 生命终有时. 一个系统的失效除了自身老化原因外, 还有一类是由外部环境影响造成的, 研究这类失效现象的可靠性数学理论称为冲击模型. 由于冲击模型直接来源于现实世界, 因此从其产生之初就在众多领域应用.

在冲击模型中, 按其失效机制可分为由冲击主过程引起的失效模型和由冲击伴随过程 (如冲击强度) 引起的失效模型两大类, 其中由冲击间隔引起失效的模型统称为 δ 冲击模型. 研究由较小冲击间隔引起失效的 δ 冲击模型称为经典 δ 冲击模型, 由较大冲击间隔引起失效的 δ 冲击模型称为对偶 δ 冲击模型. 在对偶 δ 冲击模型中, 如果继某次冲击后, 时间间隔达到 (或超过) 某一临界单位时长还没有冲击到达, 则系统失效, 这样的模型称为截断 δ 冲击模型. 本书就是关于截断 δ 冲击模型的系统介绍.

经过二十多年的发展, 截断 δ 冲击模型的理论已经比较成熟, 但目前, 国内外有关截断 δ 冲击模型的文献资料比较少, 特别是迄今还没有一本这一领域的专著. 为了总结现有成果以及为日后研究提供脉络方向, 在科研与教学指导过程中, 我们深感有必要编写一本系统介绍截断 δ 冲击模型的书籍, 本书就是基于该初衷编撰而成的. 本书是作者在近几年文献研究成果基础上进一步加工深化形成的, 采用了由浅入深, 直观描述且又不失严格性的形式, 首次系统地介绍了截断 δ 冲击模型的原理及相关理论, 目的是给相关专业的研究者提供一个了解探讨截断 δ 模型的平台.

考虑到部分读者没有全面系统地学习过随机数学知识, 也为了叙述统一符号, 本书第 1 章对本书用到的基础知识进行了概括总结; 第 2 章概述了截断 δ 冲击模型的发展历史、研究背景; 第 3 章和第 4 章分别介绍了一些具体的连续时间和离散时间截断 δ 冲击模型, 由于截断 δ 冲击模型归根到底是可靠性模型, 其核心问题仍旧是 (失效时间) 寿命问题, 所以这两章主要是围绕寿命的概率可靠性展开讨论; 第 5 章介绍了截断 δ 冲击模型的统计推断, 主要研究了完全寿命数据参数估计问题; 第 6 章是关于截断 δ 冲击模型的标值过程及其应用, 探讨了截断 δ 冲击模型在关系营销和维修更换模型中的应用. 为了本书结构的完整性以及初学者学习的方便, 全书除第 1 章外, 对每一命题均提供了详细证明, 并标注了文献出处.

本书读者需要具备高等数学、概率论与数理统计的基本知识. 本书可供科研工作者、大学从事概率统计专业的教师与学生阅读, 也可作为可靠性理论方向的参考书, 更适合以冲击模型为方向的研究生借鉴学习.

　　本书由西北民族大学的马明教授和长沙理工大学的梁小林教授共同编著. 本书获西北民族大学中央高校基本科研业务费专项资金项目 (No.31920210019)、甘肃省教学成果培育项目 (No.2021GSJXCGPY-03)、国家自然科学基金项目 (No.11361049)、甘肃省科技计划项目 (No.20JR5RA512)、湖南省教育厅重点项目 (No.17A003)、教育部人文社会科学研究基金项目 (No.20XJAZH006) 和西北民族大学运筹学与控制论创新团队项目基金资助, 在此表示衷心感谢. 另外, 作者也非常感谢科学出版社的大力支持.

　　由于作者水平有限, 书中难免有不足之处, 敬请同行读者批评指正, 相互探讨 (作者联系邮箱: mm9252@qq.com).

马　明

西北民族大学

梁小林

长沙理工大学

2024 年 5 月 28 日

符 号 说 明

1. 特殊符号

符号	释义	页码
$\exists$	存在, 有	155
$\forall$	任意, 任取, 所有	2
$\sim$	服从; $X \sim \mathcal{P}$ 表示随机变量 X 服从分布规律 $\mathcal{P}$; $\{X_n, n=1,2,\cdots\} \sim$ **INP** 表示随机序列是一个 **INP** 过程; $T \sim$ SM$\{\Psi, \mathrm{CD}(\delta)\}$ 表示寿命 T 遵循冲击模型 SM$\{\Psi, \mathrm{CD}(\delta)\}$	34, 52, 93
$\begin{pmatrix} n \\ m \end{pmatrix}_+$	弱广义组合数	3
$(x)_+$	加号下角标、x 与 0 取大	13
$\prod_{i=1}^{n}$	连乘、连续乘积	4
$\lfloor x \rfloor$	不大于 x 的最大整数	12
$\lceil x \rceil$	不小于 x 的最小整数	148
$x \wedge y$	x 与 y 取小	13
$x \vee y$	x 与 y 取大	13
$g'(x), [g(x)]'_x$	函数 $g(x)$ 关于 x 的导数	22
$g(x)\|_{x=a}, g(x)\|_a$	函数 $g(x)$ 在点 a 处的函数值, 即 $g(a)$	85
$\widehat{\theta}$	参数 θ 的一个估计	83
$X \leqslant_{\mathrm{st}} Y$	随机变量 X 随机地小于随机变量 Y	36
—	$\overline{A}$ 表示事件 A 的对立事件; $\overline{F}(x)$ 表示生存函数; $\overline{B}_r(x,y)$ 表示在点 r 处的补余不完全贝塔函数; $\overline{\Gamma}_a(t)$ 表示 a 点处的补余不完全伽马函数; $\overline{X^k}$ 表示总体 X 的某个样本的样本 k 阶矩; $\overline{X}$ 表示总体 X 的某个样本的样本均值	33, 37, 25, 83

符号	释义	页码
$G^{\langle\langle n\rangle\rangle}(x)$	函数 $G(x)$ 的 n 重 LS (黎曼-斯蒂尔切斯) 卷积	23
**	黎曼-斯蒂尔切斯卷积运算符、LS 卷积	23
*	黎曼卷积运算符、L 卷积	23
$\stackrel{d}{=}$	两边的随机变量是同分布的	77
$\triangleq$	定义, 表示, 等于, 记作	16

2. 希腊字母

符号	释义	页码
$\Gamma(t)$	伽马函数	24
$\Gamma_a(t)$	a 点处的不完全伽马函数	25
$\overline{\Gamma}_a(t)$	a 点处的补余不完全伽马函数	25
δ	截断 δ 冲击模型的失效参数	86
$\Lambda(t)$	时倚非齐次泊松过程的累积强度	62
$\psi(t), \psi_X(t)$	概率母函数、随机变量 X 的概率母函数	41
$\varnothing$	空事件、空集、不可能事件	32, 33
$\phi(s), \phi_X(s)$	矩母函数、随机变量 X 的矩母函数	38
$\boldsymbol{\Psi}$	随机点过程、冲击模型的冲击过程	62, 93
$\boldsymbol{\Psi}_C, \boldsymbol{\Psi}_C(t)$	连续时间点过程	62
$\boldsymbol{\Psi}_D, \boldsymbol{\Psi}_D(n)$	离散时间点过程	62

3. 英文字母

符号	释义	页码
arc	反函数	84
a.s., a.e.	A, a.s. 或 A, a.e. 表示事件 A 几乎必然发生或几乎处处发生, 即发生的概率为 1, $P(A) = 1$	33
$B(x, y)$	贝塔函数	25
$\overline{B}_r(x, y)$	贝塔函数 $B(x, y)$ 在点 r 处的补余不完全贝塔函数	25
$B(1, p), \mathrm{Be}(p)$	参数为 p 的伯努利分布、0-1 分布、两点分布	45, 259

符 号 说 明

B(n,p)	参数为 n,p 的二项分布	45, 259
BEP(p)	伯努利过程	57
Beta(α,β)	参数为 α 和 β 的贝塔分布	206, 260
BP(p)	二项过程	58
[**BP**(p)]	二项点过程、伯努利点过程	65
CMP$(\boldsymbol{A},\boldsymbol{P}(t))$	连续时间马尔可夫链	59
CRNP$(\boldsymbol{\Psi},\xi_n)$, **CRNP**$(F(t),\xi_n)$	更新标值过程、标值更新过程、更新回报过程、更新酬劳过程	77
Cov(X,Y)	随机变量 X 与 Y 的协方差	35
De(a)	参数为 a 的退化分布、单点分布	69, 259
DU(n)	参数为 n 的离散均匀分布	67, 259
$D(n)$	冲击模型的系统冲击度	99
$E[X], EX, E(X)$	随机变量 X 的数学期望	36
exp(x)	自然指数函数 e^x	61
Exp(λ)	参数为 λ 的 (负) 指数分布	45, 260
$f(t), f_X(x)$	密度函数、随机变量 X 的密度	37, 38
$F(x), F_X(x), F_{\{X|A\}}(x)$	分布函数、随机变量 X 的分布函数、在事件 A 发生条件下 X 的分布函数	36, 48
$\overline{F}(x), \overline{F}_X(x)$	生存函数、随机变量 X 的生存函数	37
$\overline{F}_T(t)$	冲击模型系统寿命 T 的生存函数、冲击模型的系统可靠度	97
FPP(w,λ,ξ_n)	滤过泊松过程	78
Gam(α,λ)	参数为 α 和 λ 的伽马分布	45, 260
$G_n[g(s)](t), G_n[\mu_n(t)](t)$	一个特殊的积分算子	79
$H_{n,\delta}(x)$	参数为 δ 的 n 阶 H 函数	25
$\boldsymbol{I}$	单位矩阵	12
$I_{\{A\}}, I_A$	开命题 (事件、不等式、集合) A 的示性函数	13
IIDP$(F(t))$	独立同分布序列	52

$\inf A$	集合 A 的下确界	48
INP	独立序列	52
$L_X(s)$	随机变量 X 的拉普拉斯函数 (变换)	39
$\text{Li}(\theta), \text{Li}(\theta; \boldsymbol{X})$	样本 $\boldsymbol{X}$ 关于参数 θ 的似然函数	82
$\ln(x)$	自然对数、以自然指数 e 为底的对数	14
$\mathcal{L}(g(t))$	函数 $g(t)$ 的拉普拉斯变换	21
$\mathcal{LS}(g(t))$	函数 $g(t)$ 的拉普拉斯-斯蒂尔切斯变换	22
M	冲击模型中系统失效前 (时) 总冲击次数	93
$\max A$	集合 A 中最大值元素	13
$\min A$	集合 A 中最小值元素	13
$\mathbf{MGP}(a)$	几何单调过程	53
MNBF	冲击模型中系统的平均冲击度	99
$\mathbf{MP}(\boldsymbol{A}, \boldsymbol{P})$	参数为 $(\boldsymbol{A}, \boldsymbol{P})$ 的齐次马尔可夫链	54
$[\mathbf{MP_Y}(\boldsymbol{A}, \boldsymbol{P})]$	参数为 $(\boldsymbol{A}, \boldsymbol{P})$ 的马尔可夫链点示点过程	68
MTTF	冲击模型中系统的平均寿命	98
$\{N_n, n = 0, 1, 2, \cdots\}$	离散时间随机点过程的点数序列、计数序列	63
$\{N(t), t \geqslant 0\}$	连续时间随机点过程的点数过程、冲击模型的冲击次数过程	63, 94
NBU	新比旧好的类	100
$\text{NG}(p)$	非负值几何分布、失败数几何分布	45, 259
$\mathbf{NPP}(\lambda(t))$	参数为 $\lambda(t)$ 的时倚非齐次泊松过程	61
$[\mathbf{NPP}(\lambda(t))]$	参数为 $\lambda(t)$ 的时倚非齐次泊松点过程	75

符号说明

$p(x), p_X(x)$	分布列、离散型随机变量 X 的分布列	37
P	马尔可夫链的转移（概率）矩阵	54
PGP(p)	正值几何过程	57
PG(p)	参数为 p 的正值几何分布、总数几何分布	45, 259
Poi(λ)	参数为 λ 的泊松分布	45, 259
PP(λ)	参数为 λ 的泊松过程	60
[**PP**(λ)]	参数为 λ 的泊松点过程	70
PPa(n, p)	参数为 n, p 的正值帕斯卡分布、总数帕斯卡分布、正值负二项分布、总数负二项分布	45, 259
$\mathcal{P}$	随机变量的概率分布	34
$r(t)$	分布、随机变量或冲击模型中系统的失效率	98
R	实数集, 实数域	1
$R(t)$	冲击模型中系统的可靠度、可靠性函数	97
[**RNDP**$(\{p_k\})$]	离散时间更新链点距点过程、离散时间更新点过程	67
[**RNDP**$(\mathrm{DU}(n))$]	点距分布为离散均匀分布的离散时间更新点过程	67
[**RNDP**$(\mathrm{PG}(p))$]	二项点过程、伯努利点过程	67
RNFP$(F(t))$	更新流、非负独立同分布序列	53
RNFP$_\mathrm{D}(\{p_k\})$	更新链、状态空间离散的更新流	53
[**RNP**$(F(t))$]	更新点过程	74
$\{S_n, n = 1, 2, \cdots\}$	随机点过程的点时序列、记时序列、冲击模型的冲击时刻序列	63, 94
SFPP(w, λ, ξ_n)	自激滤过泊松过程	79
SM$\{\boldsymbol{\Psi}, \mathrm{CD}(\delta)\}$	截断 δ 冲击模型	93
SM$\{\boldsymbol{\Psi}_\mathrm{D}, \mathrm{CD}(\delta)\}$	离散时间截断 δ 冲击模型	96

SM{[**BP**(p)], CD(δ)}	二项截断 δ 冲击模型, 伯努利截断 δ 冲击模型	96
SM{[**MP**$_\text{Y}$($\boldsymbol{\mu}$, $\boldsymbol{P}$)], CD(δ)}	马尔可夫链点示截断 δ 冲击模型	165
SM{[**PP**(λ)], CD(δ)}	泊松截断 δ 冲击模型	96
SM{[**RNDP**($\{p_k\}$)], CD(δ)}	离散时间更新截断 δ 冲击模型	96
SM{[**RNDP**(DU(n))], CD(δ)}	冲击间隔为离散均匀分布的离散时间更新截断 δ 冲击模型	162
SM{[**RNDP**(NG(p))], CD(δ)}	有重点 (冲击的) 伯努利截断 δ 冲击模型	96
SM{[**RNP**($F(t)$)], CD(δ)}	更新截断 δ 冲击模型	96
SM{[**RNP**(U(a,b))], CD(δ)}	均匀更新截断 δ 冲击模型	96
sup A	集合 A 的上确界	48
T	冲击模型的系统寿命	93
$\boldsymbol{T}$	随机过程的索引集	51
U(a,b)	区间 (a,b) 上的均匀分布	45, 260
Var(X), Var($X(t)$)	随机变量 X 的方差, 随机过程 $\{X(t), t \in \boldsymbol{T}\}$ 的方差函数	35
$\boldsymbol{V}$	随机过程的状态空间	51
X	一个随机变量	33
$\{X(t), t \geqslant 0\}$	一个连续时间随机过程	52
$\{X_n, n = 0, 1, 2, \cdots\}$	一个随机序列	52
$Y_{1,2,\cdots,T}^{(n,m)}$	离散时间截断 δ 冲击模型的样本轨道	144
$\{Y_n, n = 0, 1, 2, \cdots\}$	离散时间随机点过程的点示序列	63
$\{Z_n, n = 1, 2, \cdots\}$	随机点过程的点距过程、点距序列、冲击模型的冲击间隔	63, 93

目 录

序一
序二
前言
符号说明
第 1 章　预备知识 ··· 1
　1.1　组合代数 ··· 1
　　1.1.1　组合数 ··· 1
　　1.1.2　组合恒等式 ··· 4
　　1.1.3　不定方程 ·· 8
　　1.1.4　矩阵理论 ·· 12
　1.2　函数论 ·· 13
　　1.2.1　级数 ··· 13
　　1.2.2　积分 ··· 14
　　1.2.3　函数变换 ·· 20
　　1.2.4　卷积运算 ·· 22
　　1.2.5　特殊函数 ·· 24
　1.3　概率论 ·· 32
　　1.3.1　事件与概率 ··· 33
　　1.3.2　随机变量 ·· 33
　　1.3.3　概率分布律——随机变量分布的描述 ···················· 36
　　1.3.4　事件概率的计算 ·· 42
　　1.3.5　随机变量期望的计算 ··· 43
　　1.3.6　多维连续型随机变量函数概率密度的计算 ············· 43
　　1.3.7　独立随机变量和的分布 (卷积分布) ······················ 44
　　1.3.8　截尾分布 ·· 48
　1.4　随机过程 ··· 51
　　1.4.1　随机过程基本概念 ·· 51
　　1.4.2　离散时间过程 (随机序列) ···································· 52
　　1.4.3　连续时间过程 ··· 58

1.5 随机点过程·····62
　　1.5.1 随机点过程基本概念·····62
　　1.5.2 二项点过程 (伯努利点过程)·····65
　　1.5.3 离散时间更新点过程·····67
　　1.5.4 马尔可夫链点示点过程·····68
　　1.5.5 泊松点过程·····69
　　1.5.6 更新点过程·····74
　　1.5.7 时倚非齐次泊松点过程·····75
　　1.5.8 更新点过程的导出过程 (更新标值过程、更新酬劳过程)·····77
　　1.5.9 泊松点过程的导出过程·····78
1.6 数理统计·····81
　　1.6.1 数理统计基本概念·····81
　　1.6.2 数理统计的基本思想与基本内容·····83
　　1.6.3 参数估计·····83

第 2 章 截断 δ 冲击模型引论·····86
2.1 截断 δ 冲击模型的例子与背景·····86
2.2 截断 δ 冲击模型的发展历史与发展前景·····88
　　2.2.1 发展历史·····88
　　2.2.2 发展前景·····90
2.3 截断 δ 冲击模型的定义、分类与研究内容·····91
　　2.3.1 冲击模型·····91
　　2.3.2 截断 δ 冲击模型的定义·····93
　　2.3.3 截断 δ 冲击模型的分类·····96
　　2.3.4 截断 δ 冲击模型中常见的可靠性指标·····97
　　2.3.5 截断 δ 冲击模型可靠性指标的常用计算方法·····99
　　2.3.6 截断 δ 冲击模型中常见的寿命分布类·····100

第 3 章 连续时间截断 δ 冲击模型·····101
3.1 泊松截断 δ 冲击模型·····101
　　3.1.1 泊松截断 δ 冲击模型的定义·····101
　　3.1.2 失效前总冲击次数·····102
　　3.1.3 系统的寿命分布·····102
　　3.1.4 系统寿命的分布类·····112
　　3.1.5 系统寿命的矩·····116
　　3.1.6 系统寿命的渐近性质·····119
3.2 更新截断 δ 冲击模型·····120

	3.2.1	更新截断 δ 冲击模型的定义	120
	3.2.2	失效前总冲击次数	121
	3.2.3	系统的可靠度	122
	3.2.4	系统寿命的拉普拉斯函数	126
	3.2.5	系统的平均寿命	128
3.3	时倚非齐次泊松截断 δ 冲击模型		133
	3.3.1	时倚非齐次泊松截断 δ 冲击模型的定义	133
	3.3.2	系统的可靠度	134
	3.3.3	可靠度的界	137
	3.3.4	系统寿命矩的存在性	140
	3.3.5	系统寿命的失效率	141

第 4 章 离散时间截断 δ 冲击模型 ... 144

4.1 离散时间截断 δ 冲击模型的样本轨道 ... 144
4.2 伯努利截断 δ 冲击模型 ... 147
- 4.2.1 伯努利截断 δ 冲击模型的定义 ... 147
- 4.2.2 失效前总冲击次数 ... 148
- 4.2.3 系统的寿命分布 ... 148
- 4.2.4 系统寿命的概率母函数 ... 151
- 4.2.5 系统的平均寿命 ... 152

4.3 离散时间更新截断 δ 冲击模型 ... 153
- 4.3.1 离散时间更新截断 δ 冲击模型的定义 ... 153
- 4.3.2 失效前总冲击次数 ... 154
- 4.3.3 系统的寿命分布 ... 155
- 4.3.4 系统的平均寿命 ... 163

4.4 马尔可夫链点示截断 δ 冲击模型 ... 164
- 4.4.1 马尔可夫链点示截断 δ 冲击模型的定义 ... 164
- 4.4.2 系统的寿命分布 ... 165
- 4.4.3 系统的平均寿命 ... 175
- 4.4.4 嵌入马氏链法计算 SM{[$MP_Y(\mu_1, P)$], CD(δ)} 的系统寿命分布 ... 179

第 5 章 截断 δ 冲击模型的统计推断 ... 183

5.1 样本数据假设 ... 183
5.2 泊松截断 δ 冲击模型的参数估计 ... 185
- 5.2.1 基于样本数据 A_1 的极大似然估计 ... 185
- 5.2.2 基于样本数据 A_2 的极大似然估计 ... 191
- 5.2.3 基于样本数据 A_3 的矩估计 ... 192

5.3 均匀截断 δ 冲击模型的参数估计 ································193
 5.3.1 基于样本数据 A_1 的极大似然估计 ····················193
 5.3.2 基于样本数据 A_2 的极大似然估计 ····················201
 5.3.3 基于样本数据 A_1 的贝叶斯估计 ······················203
 5.3.4 基于样本数据 A_2 的贝叶斯估计 ······················205
 5.3.5 基于样本数据 A_1 的多层贝叶斯估计 ··················206
 5.3.6 基于样本数据 A_2 的多层贝叶斯估计 ··················209
 5.3.7 基于样本数据 A_3 的矩估计 ··························211

第 6 章 截断 δ 冲击模型的标值过程及其应用 ························214
6.1 泊松截断 δ 冲击模型的标值过程 ································214
 6.1.1 泊松截断 δ 冲击模型标值过程的定义 ····················214
 6.1.2 泊松截断 δ 冲击模型标值过程的均值函数 ················216
 6.1.3 泊松截断 δ 冲击模型标值过程的协方差函数 ··············217
 6.1.4 泊松截断 δ 冲击模型标值过程的二阶矩与方差函数 ········220
6.2 截断 δ 冲击模型在关系营销中的应用 ····························220
 6.2.1 关系营销与客户寿命价值 ································221
 6.2.2 S/CM/Markov/C/δ/营销系统 ····························222
 6.2.3 US/CM/C/M/i.i.d./δ 营销系统 ··························228
6.3 截断 δ 冲击模型在维修更换模型中的应用 ························232
 6.3.1 维修更换模型 (策略) 概述 ································232
 6.3.2 MRN(N; SM{[**RNP**($F(t)$)], CD(δ_n)}, **MGP**(a)) 的模型假设 ·······233
 6.3.3 单位时间的长期平均成本及其性质 ························236
 6.3.4 最优解 ··249

参考文献 ··256
附录 ··263
 附表 1 经典组合数、广义组合数与弱广义组合数 ················263
 附表 2 不定方程 $x_1 + x_2 + \cdots + x_k = n$ 整数解的组数 ··········264
 附表 3 一些常见函数的拉普拉斯变换表 ························265
 附表 4 常见离散型分布 ······································266
 附表 5 常见连续型分布 ······································267
 附表 6 常见离散型分布的数字特征 ····························268
 附表 7 常见连续型分布的数字特征 ····························269
 附表 8 常见离散型分布的分布函数 ····························270
 附表 9 常见连续型分布的分布函数 ····························271
 附表 10 常见离散型分布的生存函数 ···························272

附表 11	常见连续型分布的生存函数	273
附表 12	常见离散型分布的分布列	274
附表 13	常见连续型分布的密度函数	275
附表 14	常见离散型分布的特征函数	276
附表 15	常见连续型分布的特征函数	277
附表 16	常见离散型分布的矩母函数	278
附表 17	常见连续型分布的矩母函数	279
附表 18	常见离散型分布的拉普拉斯函数	280
附表 19	常见非负连续型分布的拉普拉斯函数	281
附表 20	常见非负整值型分布的概率母函数	282
附表 21	使用分布律计算期望与任意阶矩	283
附表 22	截尾指数分布的分布律和期望	284

后记 ··· 285

第 1 章 预 备 知 识

本章主要介绍冲击模型中用到的一些基本知识, 包括组合代数理论、函数论、概率论、随机过程理论、随机点过程理论以及数理统计知识等. 本章主要目的是规范概念及符号, 所以涉及的命题基本上没有给出证明. 本书规定 $0^0 = 1$ 及 $0! = 1$. 此外, 除去 $0!$, 阶乘符号 $n!$ 只用于 n 为正整数情形, 即 $n! = n(n-1)\cdots 2 \cdot 1$. 加粗正体 **R** 表示整个实数域.

1.1 组 合 代 数

在对冲击模型计算可靠性指标时, 经常要用到一些组合数学公式, 特别是在离散时间冲击模型情形中尤其如此. 本节给出了冲击模型中常用的一些组合恒等式和不定方程.

1.1.1 组合数

本书采用 $\begin{pmatrix} n \\ m \end{pmatrix}$ 形式表示组合数公式. 经典组合数对满足 $n \geqslant m$ 的非负整数有定义.

定义 1.1.1 (经典组合数) 设 $n = 0, 1, \cdots$ 及 $m = 0, 1, \cdots$, 当 $n \geqslant m \geqslant 0$ 时, 规定

$$\begin{pmatrix} n \\ m \end{pmatrix} = \frac{n!}{m!(n-m)!}. \tag{1.1.1}$$

式 (1.1.1) 中规定了对任意 $n = 0, 1, \cdots$, 有 $\begin{pmatrix} n \\ 0 \end{pmatrix} = 1$. 由于 $\begin{pmatrix} n \\ m \end{pmatrix}$ 通常表示从 n 个不同的 (无重复) 元素中一次性 (无序) 取 m 个的取法数, 所以我们将 n 称为组合数的**基数**, m 称为组合数的**取数**, 将基数与取数的取值范围称为组合数的**组合域**.

经典组合数具有定理 1.1.1 描述的基本性质.

定理 1.1.1 设非负整数 $n \geqslant m \geqslant 0$, 则经典组合数满足

(1) 对偶性, 即 $\begin{pmatrix} n \\ m \end{pmatrix} = \begin{pmatrix} n \\ n-m \end{pmatrix}$;

(2) 递归性, 即对 $\forall n \neq m$, 有 $\binom{n+1}{m+1} = \binom{n}{m+1} + \binom{n}{m}$;

(3) 同一性, 即 $\binom{n}{n} = 1$;

(4) 单位性, 即 $\binom{n}{0} = 1$,

其中, 对偶性也称为对称性, 递归性也称为帕斯卡恒等式, 单位性也称为单元性.

在实际应用中可能会出现 n 和 m 小于 0, 或者 $n < m$ 的情况, 因此扩展组合数的定义是有必要的.

常见的一种扩展是采用广义二项式系数扩展得到的广义组合数. 为了区别经典组合, 我们使用组合符号加右下标 g 来表示广义组合数.

定义 1.1.2 (广义组合数) 设 α 为任意实数, m 为任意整数, 规定

$$\binom{\alpha}{m}_g = \begin{cases} \dfrac{\alpha(\alpha-1)(\alpha-2)\cdots(\alpha-(m-1))}{m!}, & m > 0, \\ 1, & m = 0, \\ 0, & m < 0. \end{cases} \qquad (1.1.2)$$

广义组合数将组合数的基数扩展到了任意实数, 取数扩展到了任意整数. 由式 (1.1.2) 可知, 若 α 为非负整数且 $\alpha \geqslant m \geqslant 0$, 则有

$$\frac{\alpha(\alpha-1)(\alpha-2)\cdots(\alpha-(m-1))}{m!} = \frac{\alpha!}{m!(\alpha-m)!}.$$

所以当将广义组合数的组合域限定到经典组合数的组合域时, 广义组合数就是经典组合数. 广义组合数保留了经典组合数的大部分性质, 为了与经典组合数对比, 在定理 1.1.2 中, 我们将广义组合数的基数限制到整数情形列举出了广义组合数的基本性质.

定理 1.1.2 对任意的整数 n, m, 广义组合数满足

(1) 对偶性, 即对 $\forall n \geqslant 0$, 有 $\binom{n}{m}_g = \binom{n}{n-m}_g$;

(2) 递归性, 即 $\binom{n+1}{m+1}_g = \binom{n}{m+1}_g + \binom{n}{m}_g$;

(3) 同一性, 即对 $\forall n \geqslant 0$, 有 $\binom{n}{n}_g = 1$;

(4) 单位性, 即 $\binom{n}{0}_g = 1$;

(5) 零元性, 即对 $\forall m > n \geqslant 0$ 或 $m < 0$, 有 $\binom{n}{m}_g = 0$.

我们看到, 广义组合数的递归性不需要格外条件, 在其整个组合域上都成立. 此外, 广义组合数将对偶性扩展到了对 $n < m$ 也成立, 但仍需 $n \geqslant 0$. 换句话说, 当基数 n 为负数时广义组合数的对偶性不成立. 另外, 增加了零元, 特别地, 当 $n < m \neq 0$ 时, $\binom{n}{m}_g = 0$.

在冲击模型计算中, 通常对基数小于 0 的情形不需要计数, 或者说计数为 0, 所以下面给出另外一个稍简洁的扩展组合数, 我们称之为弱广义组合数, 在组合符号加右下标 + 来表示弱广义组合数. 这种弱广义组合数直接对基数为负整数及取数为正整数的组合数规定为 0. 此外, 加强了同一性, 只要基数和取数相同, 则组合数就为 1. 弱广义组合数的详细规定如定义 1.1.3.

定义 1.1.3 (弱广义组合数) 设 n, m 为任意整数, 规定

$$\binom{n}{m}_+ = \begin{cases} \dfrac{n(n-1)(n-2)\cdots(n-(m-1))}{m!}, & n \geqslant m > 0, \\ 1, & m = 0 \text{ 或 } n = m < 0, \\ 0, & \text{其他}. \end{cases}$$

定理 1.1.3 列举了整数基数情形下的弱广义组合数的基本性质.

定理 1.1.3 对任意的整数 n, m, 弱广义组合数满足

(1) 对偶性, 即 $\binom{n}{m}_+ = \binom{n}{n-m}_+$;

(2) 递归性, 即当 $(n, m) \notin \{(-1, -2), (-1, -1), (-1, 0)\}$ 时, 有 $\binom{n+1}{m+1}_+ = \binom{n}{m+1}_+ + \binom{n}{m}_+$;

(3) 同一性, 即 $\binom{n}{n}_+ = 1$;

(4) 单位性, 即 $\binom{n}{0}_+ = 1$;

(5) 零元性, 即对 $\forall n < m \neq 0$ 或 $n \neq m < 0$, 有 $\begin{pmatrix} n \\ m \end{pmatrix}_+ = 0$.

我们看到, 弱广义组合数的对偶性不需要格外条件, 在其整个组合域上都成立, 递归性仅对三种情况不成立, 同一性也在其组合域上全部成立.

附表 1 列举了经典组合数、广义组合数与弱广义组合数等三种组合数的异同. 在本书后面章节中, 涉及的组合数运算基本上是在基数和取数都是非负整数条件下进行的, 而广义组合数和弱广义组合数仅在需要表示特殊值时从形式上采用记号来使用.

1.1.2 组合恒等式

下面列举冲击模型计算中用到的一些组合恒等式.

定理 1.1.4 [90]43 设 n, k 都为任意的正整数, 则

$$k \begin{pmatrix} n \\ k \end{pmatrix} = n \begin{pmatrix} n-1 \\ k-1 \end{pmatrix} = (n-k+1) \begin{pmatrix} n \\ k-1 \end{pmatrix}.$$

定理 1.1.5 设 $n = 2, 3, \cdots$, 则对 $\forall i = 1, 2, \cdots, n$, 有

$$(-1)^{i+1} \begin{pmatrix} n \\ i \end{pmatrix} = \prod_{\substack{k=1 \\ k \neq i}}^{n} \frac{k}{k-i}. \tag{1.1.3}$$

证明 先证 $i = 1$ 的情形, 此时式 (1.1.3) 等号左边 $(-1)^{i+1} \begin{pmatrix} n \\ i \end{pmatrix} = n$, 而式 (1.1.3) 等号右边

$$\prod_{\substack{k=1 \\ k \neq i}}^{n} \frac{k}{k-i} = \prod_{k=2}^{n} \frac{k}{k-1} = \frac{2}{2-1} \frac{3}{3-1} \cdots \frac{n-1}{(n-1)-1} \frac{n}{n-1} = n,$$

所以式 (1.1.3) 对 $i = 1$ 成立.

现设 $i > 1$, 则

$$\prod_{\substack{k=1 \\ k \neq i}}^{n} \frac{k}{k-i} = \frac{1}{1-i} \frac{2}{2-i} \cdots \frac{i-1}{(i-1)-i} \frac{i+1}{(i+1)-i} \frac{i+2}{(i+2)-i} \cdots \frac{n}{n-i}$$

$$= \frac{1}{-(i-1)} \frac{2}{-(i-2)} \cdots \frac{i-1}{-[i-(i-1)]} \frac{i+1}{(i+1)-i} \frac{i+2}{(i+2)-i} \cdots \frac{n}{n-i}$$

$$= (-1)^{i-1} \frac{1}{i-1} \frac{2}{i-2} \cdots \frac{i-1}{1} \frac{i+1}{1} \frac{i+2}{2} \cdots \frac{n}{n-i}. \tag{1.1.4}$$

注意到式 (1.1.4) 的分母可写成 $(i-1)!(n-i)!$, 而式 (1.1.4) 的分子乘以 i 就等于 $n!$, 所以

$$\prod_{\substack{k=1 \\ k \neq i}}^{n} \frac{k}{k-i} = (-1)^{i-1} \frac{n!}{i(i-1)!(n-i)} = (-1)^{i+1} \binom{n}{i}. \quad \blacksquare$$

定理 1.1.6 [90]234 设 n 为任意正整数, 则对任意实数 x 有

$$\sum_{i=0}^{n} (-1)^i \binom{x}{i}_g = (-1)^n \binom{x-1}{n}_g = \prod_{i=1}^{n} \left(1 - \frac{x}{i}\right).$$

定理 1.1.7 [90]229 设 n 为任意正整数, 若 $h(\cdot)$ 是次数小于 n 的多项式, 则

$$\sum_{i=0}^{n} (-1)^i \binom{n}{i} h(i) = 0,$$

其中规定 $0^0 = 1$.

由定理 1.1.7 可得下面一些推论.

推论 1.1.1 [84] 设 a 与 x 是任意实数, 则对任意非负整数 $n \geqslant 0$ 及 $0 \leqslant k \leqslant n$ 有

$$\sum_{i=0}^{n} (-1)^i \binom{n}{i} (x-ia)^k = \begin{cases} 0, & k < n, \\ a^n n!, & k = n. \end{cases} \tag{1.1.5}$$

推论 1.1.2 设 a 与 x 是任意实数, 则对任意非负整数 n 及 $0 \leqslant k \leqslant n$ 有

$$\sum_{i=0}^{n} (-1)^i \binom{n}{i} (x-(i+1)a)^k = \begin{cases} 0, & k < n, \\ a^n n!, & k = n. \end{cases} \tag{1.1.6}$$

推论 1.1.3 对任意非负整数 n, 有

$$\sum_{i=0}^{n} (-1)^i \binom{n}{i} (n-i)^n = n!.$$

下面定理 1.1.8 得到一个扩展的结果.

定理 1.1.8 设 $g(x)$ 是任意的一个实函数, 则对任意非负整数 $n \geqslant m$ 有

$$\sum_{k=0}^{m} (-1)^k \binom{n}{k} [g(k) - g(k+1)]$$

$$= \sum_{k=0}^{m}(-1)^k \binom{n+1}{k} g(k) + (-1)^{m+1}\binom{n}{m} g(m+1). \tag{1.1.7}$$

证明 若 $m=0$ 易证等式 (1.1.7) 成立. 现设 $m \geqslant 1$, 因为

$$\sum_{k=0}^{m}(-1)^k \binom{n}{k} [g(k)-g(k+1)]$$

$$= \sum_{k=0}^{m}(-1)^k \binom{n}{k} g(k) - \sum_{k=0}^{m}(-1)^k \binom{n}{k} g(k+1). \tag{1.1.8}$$

将式 (1.1.8) 等号右边第一项分解得

$$\sum_{k=0}^{m}(-1)^k \binom{n}{k} g(k) = g(0) + \sum_{k=1}^{m}(-1)^k \binom{n}{k} g(k). \tag{1.1.9}$$

另外, 令 $i=k+1$, 通过变量替换, 式 (1.1.8) 等号右边第二项变为

$$\sum_{k=0}^{m}(-1)^k \binom{n}{k} g(k+1) = \sum_{i=1}^{m+1}(-1)^{i-1}\binom{n}{i-1} g(i)$$

$$= -\sum_{i=1}^{m+1}(-1)^i \binom{n}{i-1} g(i). \tag{1.1.10}$$

因为

$$\sum_{i=1}^{m+1}(-1)^i \binom{n}{i-1} g(i) = \sum_{i=1}^{m}(-1)^i \binom{n}{i-1} g(i) + (-1)^{m+1}\binom{n}{m} g(m+1), \tag{1.1.11}$$

将式 (1.1.11) 代入式 (1.1.10) 得

$$\sum_{k=0}^{m}(-1)^k \binom{n}{k} g(k+1) = -\sum_{i=1}^{m}(-1)^i \binom{n}{i-1} g(i) - (-1)^{m+1}\binom{n}{m} g(m+1). \tag{1.1.12}$$

将式 (1.1.12) 和式 (1.1.9) 代入式 (1.1.8) 得

$$\sum_{k=0}^{m}(-1)^k \binom{n}{k} [g(k)-g(k+1)]$$

$$= g(0) + \sum_{k=1}^{m}(-1)^k \binom{n}{k} g(k) + \sum_{i=1}^{m}(-1)^i \binom{n}{i-1} g(i)$$

$$+ (-1)^{m+1} \binom{n}{m} g(m+1)$$

$$= g(0) + \sum_{k=1}^{m}(-1)^k \left[\binom{n}{k} + \binom{n}{k-1}\right] g(k) + (-1)^{m+1} \binom{n}{m} g(m+1). \tag{1.1.13}$$

由定理 1.1.1 条款 (2) 的递归性得

$$\binom{n}{k} + \binom{n}{k-1} = \binom{n+1}{k}. \tag{1.1.14}$$

将式 (1.1.14) 代入式 (1.1.13) 得

$$\sum_{k=0}^{m}(-1)^k \binom{n}{k} [g(k) - g(k+1)]$$

$$= g(0) + \sum_{k=1}^{m}(-1)^k \binom{n+1}{k} g(k) + (-1)^{m+1} \binom{n}{m} g(m+1). \tag{1.1.15}$$

由于

$$g(0) = (-1)^0 \binom{n+1}{0} g(0), \tag{1.1.16}$$

将式 (1.1.16) 代入式 (1.1.15) 得

$$\sum_{k=0}^{m}(-1)^k \binom{n}{k} [g(k) - g(k+1)]$$

$$= \sum_{k=0}^{m}(-1)^k \binom{n+1}{k} g(k) + (-1)^{m+1} \binom{n}{m} g(m+1). \qquad \blacksquare$$

当 $m = n$ 时，式 (1.1.7) 有推论 1.1.4 中的简洁形式.

推论 1.1.4 设 $g(x)$ 是任意的一个实函数，则对任意非负整数 $n = 0, 1, 2, \cdots$，有

$$\sum_{k=0}^{n}(-1)^k \binom{n}{k} [g(k) - g(k+1)] = \sum_{k=0}^{n+1}(-1)^k \binom{n+1}{k} g(k). \tag{1.1.17}$$

1.1.3 不定方程

关于变元 $x_1, x_2, \cdots, x_k$ 的整系数方程 $a_1x_1 + a_2x_2 + \cdots + a_kx_k = n$ 称为**线性不定方程**, 其中, n 为非负整数, k 为正整数. 不定方程的主要研究课题之一是确定满足方程的整数解组数 (个数、数目). 在冲击模型中经常遇到系数全为 1 的不定方程, 即形如

$$x_1 + x_2 + \cdots + x_k = n \tag{1.1.18}$$

的不定方程. 下面的定理和推论给出一些常见的满足不同条件要求的方程 (1.1.18) 的整数解个数, 这些结论基本上在任何一本组合数学的参考书都有描述.

定理 1.1.9 [90]3 方程 (1.1.18) 满足条件 $x_i \geqslant 0, i = 1, 2, \cdots, k$ 的整数解组数为

$$\binom{n+k-1}{n},$$

其中 n 为非负整数, k 为正整数.

注意定理 1.1.9 的结果包含了 $n = 0$ 的情形. 若 $n = 0$, 直接观察方程 (1.1.18) 易得方程仅有一组非负整数解 $x_1 = x_2 = \cdots = x_k = 0$, 而此时 $\binom{n+k-1}{n} = \binom{k-1}{0}$, 注意到 $k-1 \geqslant 0$, 所以由定理 1.1.1 条款 (4) 得 $\binom{n+k-1}{n} = \binom{k-1}{0} = 1$, 因此定理 1.1.9 的结果包含了 $n = 0$ 的情形.

方程 (1.1.18) 给定的条件是 n 为非负整数, k 为正整数, 所以定理 1.1.9 成立的本质要求是 $n = 0, 1, \cdots$ 且 $k = 1, 2, \cdots$ 条件成立. 但在实际应用中有可能出现 n 为负整数或 k 为非负整数的情形, 此时方程 (1.1.18) 无非负整数解, 亦即解个数为 0. 另一方面, 若 $n < 0$ 或 $k \leqslant 0$, 此时组合数 $\binom{n+k-1}{n}$ 中出现取数为负整数或基数小于取数情况, 但由于解个数为 0 的需要, 要求这两种情况的组合数应为 0, 这恰为弱广义组合数的性质, 所以此时方程解个数可表示为 $\binom{n+k-1}{n}_+$, 由弱广义组合数的对偶性, 方程解个数也可写为 $\binom{n+k-1}{k-1}_+$. 此外, 定理结论也可与方程 (1.1.18) 一并用和号 $\sum$ 表示, 即推论 1.1.5 的形式.

推论 1.1.5 设 k 为正整数, n 为任意整数, 则

$$\sum_{\substack{x_1+x_2+\cdots+x_k=n \\ x_i \geqslant 0, i=1,2,\cdots,k}} 1 = \binom{n+k-1}{n}_+ = \binom{n+k-1}{k-1}_+. \tag{1.1.19}$$

1.1 组合代数

定理 1.1.10 讨论了方程 (1.1.18) 的正整数解组数.

定理 1.1.10 [90]3 方程 (1.1.18) 满足条件 $x_i \geqslant 1, i = 1, 2, \cdots, k$ 的整数解组数为

$$\binom{n-1}{n-k} \quad \text{或} \quad \binom{n-1}{k-1},$$

其中, n 为非负整数, k 为正整数, 且 $n \geqslant k$.

类似于推论 1.1.5 的同样理由, 可得推论 1.1.6. 注意推论 1.1.6 中式 (1.1.20) 中的组合数已体现了 $n \geqslant k$ 的要求.

推论 1.1.6 设 k 为正整数, n 为任意整数

$$\sum_{\substack{x_1+x_2+\cdots+x_k=n \\ x_i \geqslant 1, i=1,2,\cdots,k}} 1 = \binom{n-1}{n-k}_+ = \binom{n-1}{k-1}_+. \tag{1.1.20}$$

下面定理和推论考虑了每个变元有一般下界的要求.

定理 1.1.11 [90]131 给定非负整数 $s_1, s_2, \cdots, s_k$, 则方程 (1.1.18) 满足条件 $x_i \geqslant s_i, i = 1, 2, \cdots, k$ 的整数解组数为

$$\binom{\left(n - \sum_{i=1}^{k} s_i\right) + k - 1}{k - 1} \quad \text{或} \quad \binom{\left(n - \sum_{i=1}^{k} s_i\right) + k - 1}{n - \sum_{i=1}^{k} s_i},$$

其中, n 为非负整数, k 为正整数, 且 $n \geqslant s_1 + s_2 + \cdots + s_k$.

推论 1.1.7 设 k 为正整数, 给定非负整数 $s_1, s_2, \cdots, s_k$, 则对任意整数 n, 有

$$\sum_{\substack{x_1+x_2+\cdots+x_k=n \\ x_i \geqslant s_i, i=1,2,\cdots,k}} 1 = \binom{\left(n - \sum_{i=1}^{k} s_i\right) + k - 1}{n - \sum_{i=1}^{k} s_i}_+ = \binom{\left(n - \sum_{i=1}^{k} s_i\right) + k - 1}{k - 1}_+.$$

$$\tag{1.1.21}$$

注意式 (1.1.21) 中已体现了 $n \geqslant s_1 + s_2 + \cdots + s_k$ 的要求. 因为若 $n < s_1 + s_2 + \cdots + s_k$, 则

$$\binom{\left(n - \sum_{i=1}^{k} s_i\right) + k - 1}{k - 1}_+ = 0.$$

下面定理和推论考虑了每个变元有上界的条件要求.

定理 1.1.12 [90]3,91 设 k 为正整数, 给定非负整数 $t_1, t_2, \cdots, t_k$, 则方程 (1.1.18) 满足条件 $0 \leqslant x_i \leqslant t_i, i = 1, 2, \cdots, k$ 的整数解组数为

$$\binom{n+k-1}{k-1} + \sum_{i=1}^{k}(-1)^i \sum_{1 \leqslant l_1 < l_2 < \cdots < l_i \leqslant k} \binom{\left(n - \sum_{j=1}^{i} t_{l_j} - i\right) + k - 1}{k-1}_+, \tag{1.1.22}$$

其中, n 为非负整数, k 为正整数, 且 $n \leqslant t_1 + t_2 + \cdots + t_k$.

定理 1.1.12 可利用定理 1.1.9 和定理 1.1.11 使用对偶事件法推出. 由于方程 (1.1.18) 隐含了条件 $x_i \leqslant n, i = 1, 2, \cdots, k$, 所以若对 $\forall i = 1, 2, \cdots, k$, 都有 $t_i \geqslant n$, 则条件 $0 \leqslant x_i \leqslant t_i$ 等价于 $x_i \geqslant 0$, 此时定理 1.1.12 与定理 1.1.9 等价.

注意式 (1.1.22) 中的组合数有可能出现基数为负或基数小于取数的情形, 所以我们使用了弱广义组合数公式.

推论 1.1.8 设 k 为正整数, 给定非负整数 $t_1, t_2, \cdots, t_k$, 则当整数 $n \leqslant t_1 + t_2 + \cdots + t_k$ 时有

$$\sum_{\substack{x_1+x_2+\cdots+x_k=n \\ 0 \leqslant x_i \leqslant t_i,\ i=1,2,\cdots,k}} 1 = \binom{n+k-1}{k-1}_+$$

$$+ \sum_{i=1}^{k}(-1)^i \sum_{1 \leqslant l_1 < l_2 < \cdots < l_i \leqslant k} \binom{n+k-1-\left(i+\sum_{j=1}^{i} t_{l_j}\right)}{k-1}_+. \tag{1.1.23}$$

注意式 (1.1.22) 和式 (1.1.23) 中未体现出 $n \leqslant t_1 + t_2 + \cdots + t_k$ 的要求, 即当 $n > t_1 + t_2 + \cdots + t_k$ 时, 本来方程 (1.1.18) 无解 (在 $0 < x_i < t_i, i = 1, 2, \cdots, k$ 条件下), 但式 (1.1.22) 与式 (1.1.23) 等号右边的组合数不能保证一定为 0 (在 $n > t_1 + t_2 + \cdots + t_k$ 的条件下), 所以使用式 (1.1.22) 和式 (1.1.23) 时应在条件 $n \leqslant t_1 + t_2 + \cdots + t_k$ 下使用.

在一致上界情形下, 定理 1.1.12 有简洁形式.

定理 1.1.13 [45]287 设 k 为正整数, 给定非负整数 t, 则方程 (1.1.18) 满足条件 $0 \leqslant x_i \leqslant t, i = 1, 2, \cdots, k$ 的整数解组数为

$$\binom{n+k-1}{k-1} + \sum_{i=1}^{k}(-1)^i \binom{k}{i} \binom{(n-(t+1)i)+k-1}{k-1}_+,$$

或可写成
$$\sum_{i=0}^{k}(-1)^i\binom{k}{i}\binom{(n-(t+1)i)+k-1}{k-1}_+, \qquad (1.1.24)$$
其中, n 为非负整数, k 为正整数, 且 $n\leqslant kt$.

推论 1.1.9 设 k 为正整数, 给定非负整数 t, 则当整数 $n\leqslant kt$ 时, 有
$$\sum_{\substack{x_1+x_2+\cdots+x_k=n\\0\leqslant x_i\leqslant t, i=1,2,\cdots,k}}1=\sum_{i=0}^{k}(-1)^i\binom{k}{i}\binom{(n-(t+1)i)+k-1}{k-1}_+. \qquad (1.1.25)$$

下面定理 1.1.14 给出了不定方程有一致双边界要求的正整数解, 此定理来源于文献 [90] 第 131 页命题 6.4.1 与文献 [45] 第 288 页习题 3.26.

定理 1.1.14 设 k 为正整数, 给定正整数 t, 则方程 (1.1.18) 满足条件 $1\leqslant x_i\leqslant t, i=1,2,\cdots,k$ 的整数解组数为
$$\sum_{i=0}^{k}(-1)^i\binom{k}{i}\binom{n-1-ti}{k-1}_+, \qquad (1.1.26)$$
其中, n 为非负整数, k 为正整数, 且 $k\leqslant n\leqslant kt$.

式 (1.1.26) 中的弱广义组合数 $\binom{n-1-ti}{k-1}_+$ 实质上是由
$$\binom{[(n-k)-(t-1+1)i]+k-1}{k-1}_+$$
得到的. 事实上, 若令 $y_i=x_i-1, i=1,2,\cdots,k$, 则条件 $1\leqslant x_i\leqslant t, i=1,2,\cdots,k$ 变成 $0\leqslant y_i\leqslant t-1, i=1,2,\cdots,k$, 方程变为 $y_1+y_2+\cdots+y_k=n-k$, 恰为定理 1.1.13 的情形. 所以由式 (1.1.25) 中的弱广义组合数得
$$\binom{[(n-k)-(t-1+1)i]+k-1}{k-1}_+=\binom{n-ti-1}{k-1}_+.$$

注意当 $[(n-k)-(t-1+1)i]=n-k-ti<0$ 时组合数
$$\binom{[(n-k)-(t-1+1)i]+k-1}{k-1}_+=0,$$
所以化简后的组合数 $\binom{n-ti-1}{k-1}_+$ 也应该加上 $n-k-ti\geqslant 0$ 这一要求. 由于 $n-k-ti<0$ 可推出 $n-ti-1<k-1$, 所以 $\binom{n-ti-1}{k-1}_+=0$, 即

$$\binom{n-ti-1}{k-1}_{+}$$ 本身也体现出了 $n-k-ti\geqslant 0$ 这一要求. 所以, 如果采用经典组合数表示, 式 (1.1.26) 应表示为

$$\sum_{i=0}^{\lfloor\frac{n-k}{t}\rfloor}(-1)^i\binom{k}{i}\binom{n-1-ti}{k-1},$$

其中 $\lfloor\frac{n-k}{t}\rfloor$ 是不大于 $\frac{n-k}{t}$ 的最大整数.

由定理 1.1.14 可得推论 1.1.10.

推论 1.1.10 设 k 为正整数, 给定正整数 t, 则当整数 $k\leqslant n\leqslant kt$ 时, 有

$$\sum_{\substack{x_1+x_2+\cdots+x_k=n\\1\leqslant x_i\leqslant t, i=1,2,\cdots,k}}1=\sum_{i=0}^{k}(-1)^i\binom{k}{i}\binom{n-1-ti}{k-1}_{+}. \tag{1.1.27}$$

为了方便查找使用, 我们将上述不定方程解的各种情况列于附表 2.

1.1.4 矩阵理论

在矩阵理论中, 研究矩阵的可逆性是一个重要课题. 下面给出一些有关矩阵可逆的结论. 其中, $\boldsymbol{0}$ 表示与矩阵 $\boldsymbol{Q}$ 同阶的零矩阵, $\boldsymbol{I}$ 表示与矩阵 $\boldsymbol{Q}$ 同阶的单位矩阵.

定理 1.1.15 [42]117 设矩阵 $\boldsymbol{Q}$ 是一个方阵, 如果 $\lim\limits_{n\to\infty}\boldsymbol{Q}^n=\boldsymbol{0}$ 且 $\lim\limits_{n\to\infty}n\boldsymbol{Q}^n=\boldsymbol{0}$, 则

(1) $(\boldsymbol{I}-\boldsymbol{Q})^{-1}$ 存在;

(2) $\sum\limits_{n=0}^{\infty}\boldsymbol{Q}^n=(\boldsymbol{I}-\boldsymbol{Q})^{-1}$. \hfill (1.1.28)

推论 1.1.11 设矩阵 $\boldsymbol{Q}$ 是一个方阵, 如果 $\lim\limits_{n\to\infty}\boldsymbol{Q}^n=\boldsymbol{0}$ 且 $\lim\limits_{n\to\infty}n\boldsymbol{Q}^n=\boldsymbol{0}$, 则对 $\forall m=0,1,2,\cdots,$

$$\sum_{n=m}^{\infty}n\,\boldsymbol{Q}^{n-m}=(\boldsymbol{I}-\boldsymbol{Q})^{-2}+(m-1)(\boldsymbol{I}-\boldsymbol{Q})^{-1}. \tag{1.1.29}$$

证明 注意到

$$(\boldsymbol{I}-\boldsymbol{Q})(\boldsymbol{Q}+2\boldsymbol{Q}^2+\cdots+n\boldsymbol{Q}^n)=\sum_{k=1}^{n}\boldsymbol{Q}^k-\boldsymbol{I}-n\boldsymbol{Q}^{n-1}.$$

令 $n\to\infty$, 两边同乘以 $(\boldsymbol{I}-\boldsymbol{Q})^{-1}$, 得

$$\sum_{k=0}^{\infty} k\boldsymbol{Q}^k = (\boldsymbol{I}-\boldsymbol{Q})^{-2} - (\boldsymbol{I}-\boldsymbol{Q})^{-1}. \tag{1.1.30}$$

变量替换得

$$\sum_{k=m}^{\infty} k\boldsymbol{Q}^{k-m} = \sum_{n=0}^{\infty}(n+m)\boldsymbol{Q}^n = \sum_{n=0}^{\infty} n\boldsymbol{Q}^n + m\sum_{n=0}^{\infty}\boldsymbol{Q}^n,$$

所以, 将式 (1.1.28) 和式 (1.1.30) 代入上式可得

$$\sum_{k=m}^{\infty} k\boldsymbol{Q}^{k-m} = (\boldsymbol{I}-\boldsymbol{Q})^{-2} + (m-1)(\boldsymbol{I}-\boldsymbol{Q})^{-1}. \quad\blacksquare$$

在判断矩阵的可逆性时经常用到对角占优概念.

定义 1.1.4 [7]305 设 $n = 1, 2, \cdots$, 矩阵 $\boldsymbol{Q} = (a_{ij})_{n\times n}$ 是一个方阵, 如果对任意 $i = 1, 2, \cdots, n$, 有

$$|a_{ii}| > \sum_{\substack{j=1 \\ j\neq i}}^{n} |a_{ij}|,$$

即 $\boldsymbol{Q}$ 的每一行对角元素的绝对值都严格大于该行其他元素绝对值之和, 则称 $\boldsymbol{Q}$ 为严格对角占优矩阵.

定理 1.1.16 [7]306 如果 $\boldsymbol{Q}$ 为严格对角占优矩阵, 则 $\boldsymbol{Q}$ 是非奇异矩阵 (即可逆).

1.2 函 数 论

本节给出冲击模型中常用到的一些函数论知识, 特别是一些重积分的结果. 本书中 $\ln x$ 表示自然对数, 即以自然指数 e 为底的对数. 此外, 规定 $(x)_+ = \begin{cases} x, & x > 0, \\ 0, & x \leqslant 0, \end{cases}$ $I_A = \begin{cases} 1, & A \text{ 成立}, \\ 0, & A \text{ 不成立}, \end{cases}$ $x \vee y = \max\{x,y\}, x \wedge y = \min\{x,y\}$, 其中 $(x)_+$ 称为加号下角标, I_A 称为示性函数. 另记 $(x)_+^n \triangleq ((x)_+)^n$.

1.2.1 级数

1.2.1.1 级数的收敛性

定理 1.2.1 [6]81 若在某一区间上, 对任意自然数 n, $|g_n(x)| \leqslant h_n(x)$, 则当 $\sum_{n=1}^{\infty} h_n(x)$ 在该区间上一致收敛时, 级数 $\sum_{n=1}^{\infty} g_n(x)$ 也在该区间上一致收敛.

定理 1.2.2 [5]187 若函数项级数 $\sum_{n=1}^{\infty} g_n(x)$ 在 $[a,b]$ 上一致收敛且每一项 $g_n(x)$, $n = 1, 2, \cdots$ 在 $[a,b]$ 上连续或可积, 则对 $[a,b]$ 上的一切点 t 一致有

$$\int_a^t \sum_{n=1}^{\infty} g_n(x) \, \mathrm{d}x = \sum_{n=1}^{\infty} \int_a^t g_n(x) \, \mathrm{d}x.$$

1.2.1.2 常用部分和

定理 1.2.3 设 $x \neq 1$, n 为非负整数, 规定 $0^0 = 1$, 则下面和式成立.

(1) $\sum_{k=1}^{n} x^k = \dfrac{x(1-x^n)}{1-x};$

(2) $\sum_{k=m}^{n} kx^{k-m} = \dfrac{1-x^{n-m+1}}{(1-x)^2} + \dfrac{m-1-nx^{n-m+1}}{1-x}$, 其中 $m = 0, 1, \cdots, n$;

(3) $\sum_{k=0}^{n} \mathrm{e}^{-\lambda t} \dfrac{(\lambda t)^k}{k!} = 1 - \int_0^t \lambda \mathrm{e}^{-\lambda y} \dfrac{(\lambda y)^n}{n!} \mathrm{d}y$, 其中 $\lambda > 0, t \geqslant 0$.

1.2.1.3 常用级数和

定理 1.2.4 设 $|x| < 1$, n 为非负整数, 规定 $0^0 = 1$, 则下面和式成立.

(1) $\sum_{k=n}^{\infty} x^{k-m} = \dfrac{x^{n-m}}{1-x}$, 其中 $m = 0, 1, \cdots, n$;

(2) $\sum_{k=1}^{\infty} kx^{k-1} = \dfrac{1}{(1-x)^2};$

(3) $\sum_{k=1}^{\infty} \dfrac{x^k}{k+1} = \dfrac{1}{x} \ln\left(\dfrac{1}{1-x}\right) - 1$, 其中 $x \neq 0$;

(4) $\sum_{k=1}^{\infty} \dfrac{x^k}{k(k+1)} = \dfrac{1-x}{x} \ln(1-x) + 1$, 其中 $x \neq 0$.

1.2.2 积分

1.2.2.1 常用积分值

定理 1.2.5 设 n 为非负整数, a, b, c 为实数, 则下面积分值成立.
(1) [66]6

$$\int x(bx+a)^n \mathrm{d}x = \dfrac{(a+bx)^{n+2}}{b^2(n+2)} - \dfrac{a(a+bx)^{n+1}}{b^2(n+1)} + c;$$

(2) $\int x(x+a)^n \mathrm{d}x = \dfrac{(a+x)^{n+2}}{n+2} - \dfrac{a(a+x)^{n+1}}{n+1} + c;$

(3) $\int (x+a)^n(x+b) \mathrm{d}x = \dfrac{(a+x)^{n+2}}{n+2} - \dfrac{(a-b)(a+x)^{n+1}}{n+1} + c;$

(4) $\int x(x+a)^n(x+b) \mathrm{d}x = \dfrac{(x+a)^{n+3}}{n+3} - \dfrac{(2a-b)(x+a)^{n+2}}{n+2}$
$$+ \dfrac{a(a-b)(x+a)^{n+1}}{n+1} + c.$$

1.2.2.2 对分段函数的积分

定理 1.2.6 设 y 为任意实数, n 为正整数, 则对 $\forall t \geqslant 0$,

$$\int_0^t (x-y)_+^n \mathrm{d}x = \dfrac{(t-y)_+^{n+1}}{n+1}. \tag{1.2.1}$$

证明 注意到积分区间为 $0 \leqslant x \leqslant t$, 所以当 $t < y$ 时, 所有 $(x-y)_+^n = 0$, 所以此时

$$\int_0^t (x-y)_+^n \mathrm{d}x = 0,$$

而当 $t \geqslant y$ 时, 积分可分解为

$$\int_0^t (x-y)_+^n \mathrm{d}x = \int_0^y 0\, \mathrm{d}x + \int_y^t (x-y)^n \mathrm{d}x = \dfrac{(t-y)^{n+1}}{n+1}.$$

综上所述,

$$\int_0^t (x-y)_+^n \mathrm{d}x = \begin{cases} 0, & 0 \leqslant t < y, \\ \dfrac{(t-y)^{n+1}}{n+1}, & t \geqslant y \end{cases} = \dfrac{(t-y)_+^{n+1}}{n+1}. \qquad \blacksquare$$

1.2.2.3 单调锥 (次序) 型多重积分

在计算连续时间 δ 冲击模型的可靠性时, 经常会遇到一类积分区域为

$$\{(x_1, x_2, \cdots, x_n) |\, s \leqslant x_1 \leqslant x_2 \leqslant \cdots \leqslant x_n \leqslant t\}$$

形式的多重积分 (其中, $t > s \geqslant 0$, n 为正整数), 由于积分区域构成了一个单调非负锥 [107]58, 所以我们称此积分为**单调锥型多重积分**. 从代数式来看, $x_1 \leqslant x_2 \leqslant \cdots \leqslant x_n$ 构成一个从小到大排列的顺序, 所以我们也称为**次序型多重积分**.

单调锥型多重积分化为累次积分进行计算时有两种形式 (称为累次积分原则).

(1) 如果累次积分由外向内的积分变量顺序是由大到小的, 则累次积分区间为固定下限 s 而变上限, 即

$$\iint \cdots \int_{s \leqslant x_1 \leqslant x_2 \leqslant \cdots \leqslant x_n \leqslant t} g \mathrm{d}x_1 \mathrm{d}x_2 \cdots \mathrm{d}x_n = \int_s^t \mathrm{d}x_n \int_s^{x_n} \mathrm{d}x_{n-1} \cdots \int_s^{x_2} g \, \mathrm{d}x_1. \quad (1.2.2)$$

(2) 如果累次积分由外向内的积分变量顺序是由小到大的, 则累次积分区间为固定上限 t 而变下限, 即

$$\iint \cdots \int_{s \leqslant x_1 \leqslant x_2 \leqslant \cdots \leqslant x_n \leqslant t} g \mathrm{d}x_1 \mathrm{d}x_2 \cdots \mathrm{d}x_n = \int_s^t \mathrm{d}x_1 \int_{x_1}^t \mathrm{d}x_2 \cdots \int_{x_{n-1}}^t g \, \mathrm{d}x_n, \quad (1.2.3)$$

其中, $g \triangleq g(x_1, x_2, \cdots, x_n)$ 为被积函数.

此外, 如果被积函数关于 x_n 或 x_1 是乘积可分离的, 即存在函数 h_1, g_1 或 h_2, g_2 有

$$g(x_1, x_2, \cdots, x_n) = h_1(x_2, x_3, \cdots, x_n) g_1(x_1)$$

或

$$f(x_1, x_2, \cdots, x_n) = h_2(x_1, x_2, \cdots, x_{n-1}) g_2(x_n),$$

则单调锥型多重积分可分别采用如下方式进行分解计算, 即

$$\iint \cdots \int_{s \leqslant x_1 \leqslant x_2 \leqslant \cdots \leqslant x_n \leqslant t} g \mathrm{d}x_1 \mathrm{d}x_2 \cdots \mathrm{d}x_n = \int_s^t g_1(x_1) \mathrm{d}x_1 \left(\iint \cdots \int_{x_1 \leqslant x_2 \leqslant \cdots \leqslant x_n \leqslant t} h_1 \mathrm{d}x_2 \mathrm{d}x_3 \cdots \mathrm{d}x_n \right)$$

或

$$\iint \cdots \int_{s \leqslant x_1 \leqslant x_2 \leqslant \cdots \leqslant x_n \leqslant t} g \mathrm{d}x_1 \mathrm{d}x_2 \cdots \mathrm{d}x_n = \int_s^t g_2(x_n) \mathrm{d}x_n \left(\iint \cdots \int_{s \leqslant x_1 \leqslant x_2 \leqslant \cdots \leqslant x_n} h_2 \mathrm{d}x_1 \mathrm{d}x_2 \cdots \mathrm{d}x_{n-1} \right).$$

在某些特殊 g 的情形下, 上式变为递推的形式, 使用数学归纳法或拉普拉斯变换法可解出积分.

使用变量替换求解单调锥型多重积分时, 经常采用对偶变换形式, 即令

$$y_1 = x_1, \quad y_i = x_i - x_{i-1}, \quad i = 2, 3, \cdots, n,$$

易得此变换的雅可比行列式 $J = 1$, 此时积分变为

$$\iint \cdots \int_{\substack{y_1 \geqslant s, y_i \geqslant 0, \ i=2,3,\cdots,n \\ y_1 + y_2 + \cdots + y_n \leqslant t}} g \mathrm{d}y_1 \mathrm{d}y_2 \cdots \mathrm{d}y_n.$$

这恰是 1.2.2.4 节将描述的单纯形型多重积分, 它与单调锥型多重积分构成对偶的关系.

下面给出一些具体单调锥型多重积分的计算结果,假定被积函数 g 在其积分域上是连续可积函数,若不特殊说明,以下均设 n 为正整数,实数 $t, s \geqslant 0$。

定理 1.2.7 [60]224

$$\iint \cdots \int_{0 \leqslant x_1 \leqslant x_2 \leqslant \cdots \leqslant x_n \leqslant t} \prod_{i=1}^{n} g(x_i) \mathrm{d}x_1 \mathrm{d}x_2 \cdots \mathrm{d}x_n = \frac{1}{n!} \left(\int_0^t g(x) \mathrm{d}x \right)^n. \quad (1.2.4)$$

在式 (1.2.4) 中取 $g(x_i) = 1, i = 1, 2, \cdots, n$,可得到推论 1.2.1,进一步易得推论 1.2.2。

推论 1.2.1
$$\iint \cdots \int_{0 \leqslant x_1 \leqslant x_2 \leqslant \cdots \leqslant x_n \leqslant t} 1 \mathrm{d}x_1 \mathrm{d}x_2 \cdots \mathrm{d}x_n = \frac{t^n}{n!}, \ t \geqslant 0. \quad (1.2.5)$$

推论 1.2.2
$$\iint \cdots \int_{s \leqslant x_1 \leqslant x_2 \leqslant \cdots \leqslant x_n \leqslant t} 1 \mathrm{d}x_1 \mathrm{d}x_2 \cdots \mathrm{d}x_n = \frac{(t-s)^n}{n!}, \ t \geqslant s \geqslant 0. \quad (1.2.6)$$

如果在推论 1.2.2 的积分区域中仅要求 t 和 s 是非负的,而不强调 $t \geqslant s$,则式 (1.2.6) 中的积分结果可表示为

$$\iint \cdots \int_{s \leqslant x_1 \leqslant x_2 \leqslant \cdots \leqslant x_n \leqslant t} 1 \mathrm{d}x_1 \mathrm{d}x_2 \cdots \mathrm{d}x_n = \begin{cases} \dfrac{(t-s)^n}{n!}, & t \geqslant s, \\ 0, & t < s \end{cases} = \frac{(t-s)_+^n}{n!}. \quad (1.2.7)$$

定理 1.2.8 [66]272

$$\iint \cdots \int_{s \leqslant x_1 \leqslant x_2 \leqslant \cdots \leqslant x_n \leqslant t} g(x_1) \mathrm{d}x_1 \mathrm{d}x_2 \cdots \mathrm{d}x_n = \frac{1}{(n-1)!} \int_s^t (t-x)^{n-1} g(x) \mathrm{d}x, \quad t \geqslant s \geqslant 0.$$

1.2.2.4 单纯形 (和式) 型多重积分

除了单调锥型多重积分,δ 冲击模型可靠性的计算还会遇到另一类积分区域形如

$$\{(x_1, x_2, \cdots, x_n) | x_1 + x_2 + \cdots + x_n \leqslant t, x_i \geqslant 0, i = 1, 2, \cdots, n\}$$

形式的多重积分 (其中,$t \geqslant 0$,n 为正整数)。由于 $\{(x_1, x_2, \cdots, x_n) \mid x_1 + x_2 + \cdots + x_n \leqslant t\}$ 是一个半空间 [107]24,而 $\{(x_1, x_2, \cdots, x_n) \mid x_i \geqslant 0, i = 1, 2, \cdots, n\}$ 构成一个多面体锥 [107]28,这个半空间和多面体锥相交出的区域是 n 维单纯形 [107]29,它是一类特殊的多面体 [107]28,所以我们把这种积分称为**多面体型多重积分**或**单纯形型多重积分**。从代数式角度来看,该积分的积分区域是由 $x_1 + x_2 + \cdots + x_n$ 限定界的形式给出的,所以我们也称为**和式型多重积分**。下设 $g \triangleq g(x_1, x_2, \cdots, x_n)$ 表示一个可积函数。

单纯形型多重积分可按如下形式进行变量分离, 即

$$\iint\cdots\int_{\substack{x_1\geqslant 0,x_2\geqslant 0,\cdots,x_n\geqslant 0\\ x_1+x_2+\cdots+x_n\leqslant t}} g\mathrm{d}x_1\mathrm{d}x_2\cdots\mathrm{d}x_n = \int_0^\infty \mathrm{d}x_1 \iint\cdots\int_{\substack{x_2\geqslant 0,x_3\geqslant 0,\cdots,x_n\geqslant 0\\ x_2+x_3+\cdots+x_n\leqslant t-x_1}} g\mathrm{d}x_2\mathrm{d}x_3\cdots\mathrm{d}x_n.$$
(1.2.8)

由于如果 $x_1 > t$, 则 $\iint\cdots\int_{\substack{x_2\geqslant 0,x_3\geqslant 0,\cdots,x_n\geqslant 0\\ x_2+x_3+\cdots+x_n\leqslant t-x_1}} g\mathrm{d}x_2\mathrm{d}x_3\cdots\mathrm{d}x_n$ 的积分区域为空集, 所以式 (1.2.8) 也等价于

$$\iint\cdots\int_{\substack{x_1\geqslant 0,x_2\geqslant 0,\cdots,x_n\geqslant 0\\ x_1+x_2+\cdots+x_n\leqslant t}} g\mathrm{d}x_1\mathrm{d}x_2\cdots\mathrm{d}x_n = \int_0^t \mathrm{d}x_1 \iint\cdots\int_{\substack{x_2\geqslant 0,x_3\geqslant 0,\cdots,x_n\geqslant 0\\ x_2+x_3+\cdots+x_n\leqslant t-x_1}} g\mathrm{d}x_2\mathrm{d}x_3\cdots\mathrm{d}x_n.$$
(1.2.9)

将式 (1.2.9) 一直递推下去, 单纯形型多重积分可化为如下形式的累次积分, 即

$$\iint\cdots\int_{\substack{x_1\geqslant 0,x_2\geqslant 0,\cdots,x_n\geqslant 0\\ x_1+x_2+\cdots+x_n\leqslant t}} g\mathrm{d}x_1\mathrm{d}x_2\cdots\mathrm{d}x_n = \int_0^t \mathrm{d}x_1 \int_0^{t-x_1} \mathrm{d}x_2 \cdots \int_0^{t-x_1-\cdots-x_{n-1}} g\,\mathrm{d}x_n.$$

此外, 如果将式 (1.2.8) 一直递推下去, 也可得到如下形式的累次积分

$$\iint\cdots\int_{\substack{x_1\geqslant 0,x_2\geqslant 0,\cdots,x_n\geqslant 0\\ x_1+x_2+\cdots+x_n\leqslant t}} g\mathrm{d}x_1\mathrm{d}x_2\cdots\mathrm{d}x_n$$
$$= \int_0^\infty \mathrm{d}x_1 \int_0^\infty \mathrm{d}x_2 \cdots \int_0^\infty \mathrm{d}x_{n-1} \int_0^{(t-x_1-\cdots-x_{n-1})_+} g\,\mathrm{d}x_n. \qquad (1.2.10)$$

注意式 (1.2.10) 最内层 x_n 的积分上限是 $(t-x_1-\cdots-x_{n-1})_+$, 而不是简单的 $t-x_1-\cdots-x_{n-1}$.

对单纯形型多重积分使用变量替换时, 可使用对偶变换, 变换成单调锥型多重积分的形式, 即令

$$y_i = x_1 + x_2 + \cdots + x_i, \quad i = 1, 2, \cdots, n,$$

可得

$$\iint\cdots\int_{\substack{x_1\geqslant 0,x_2\geqslant 0,\cdots,x_n\geqslant 0\\ x_1+x_2+\cdots+x_n\leqslant t}} g\mathrm{d}x_1\mathrm{d}x_2\cdots\mathrm{d}x_n = \int\cdots\int_{0\leqslant y_1\leqslant y_2\leqslant\cdots\leqslant y_n\leqslant t} g\mathrm{d}y_1\mathrm{d}y_2\cdots\mathrm{d}y_n.$$

下面给出一些具体单纯形型多重积分的计算结果, 同样假定被积函数 g 在其积分域上是连续可积函数, 若不特殊说明, 均设 n 为正整数, 实数 $t, s \geqslant 0$.

定理 1.2.9 (n 维单纯形的体积) [60]227)

$$\iint \cdots \int_{\substack{x_1 \geqslant 0, x_2 \geqslant 0, \cdots, x_n \geqslant 0 \\ x_1+x_2+\cdots+x_n \leqslant t}} 1 \mathrm{d}x_1 \mathrm{d}x_2 \cdots \mathrm{d}x_n = \frac{t^n}{n!}, \quad t \geqslant 0. \tag{1.2.11}$$

定理 1.2.9 实质上是推论 1.2.1 的对偶积分. 由定理 1.2.9 易得下面推论 1.2.3.

推论 1.2.3 [144]
$$\iint \cdots \int_{\substack{x_1 \geqslant a, x_2 \geqslant a, \cdots, x_n \geqslant a \\ x_1+x_2+\cdots+x_n \leqslant t}} 1 \mathrm{d}x_1 \mathrm{d}x_2 \cdots \mathrm{d}x_n = \frac{(t-na)_+^n}{n!}, a \geqslant 0. \tag{1.2.12}$$

定理 1.2.10 给出了每个变量有一致上界的情形的重积分, 它的积分区域是 (超) 矩形 $\{(x_1, x_2, \cdots, x_n) \mid 0 \leqslant x_i \leqslant b, i=1,2,\cdots,n\}$ 和半空间 $\{(x_1, x_2, \cdots, x_n)\mid x_1+x_2+\cdots+x_n \leqslant t\}$ 构成的多面体.

定理 1.2.10 [144]   设 $b \geqslant 0$, $t \geqslant 0$, 则对 $\forall n=1,2,\cdots$, 有

$$\iint \cdots \int_{\substack{0 \leqslant x_1 \leqslant b, 0 \leqslant x_2 \leqslant b, \cdots, 0 \leqslant x_n \leqslant b \\ x_1+x_2+\cdots+x_n \leqslant t}} 1 \mathrm{d}x_1 \mathrm{d}x_2 \cdots \mathrm{d}x_n = \frac{1}{n!}\sum_{k=0}^{n}(-1)^k \binom{n}{k}(t-kb)_+^n. \tag{1.2.13}$$

特别地, 当 $t \geqslant nb$ 时,

$$\iint \cdots \int_{\substack{0 \leqslant x_1 \leqslant b, 0 \leqslant x_2 \leqslant b, \cdots, 0 \leqslant x_n \leqslant b \\ x_1+x_2+\cdots+x_n \leqslant t}} 1 \mathrm{d}x_1 \mathrm{d}x_2 \cdots \mathrm{d}x_n = b^n;$$

当 $0 \leqslant t < b$ 时,

$$\iint \cdots \int_{\substack{0 \leqslant x_1 \leqslant b, 0 \leqslant x_2 \leqslant b, \cdots, 0 \leqslant x_n \leqslant b \\ x_1+x_2+\cdots+x_n \leqslant t}} 1 \mathrm{d}x_1 \mathrm{d}x_2 \cdots \mathrm{d}x_n = \frac{t^n}{n!}.$$

下面考虑不仅每个变量有非负上界, 而且变量的和项也有非负上下界的情形, 其中区域 $\{(x_1, x_2, \cdots, x_n)\mid t-b \leqslant x_1+x_2+\cdots x_n \leqslant t\}$ 称为平板 [107]54, 是一个广义条形.

定理 1.2.11 [144]   设 $t \geqslant 0$, 则对 $\forall n=1,2,\cdots$, 有①

$$\iint \cdots \int_{\substack{0 \leqslant x_1 \leqslant b, 0 \leqslant x_2 \leqslant b, \cdots, 0 \leqslant x_n \leqslant b \\ t-b \leqslant x_1+x_2+\cdots+x_n \leqslant t}} 1 \mathrm{d}x_1 \mathrm{d}x_2 \cdots \mathrm{d}x_n = \frac{1}{n!}\sum_{k=0}^{n+1}(-1)^k \binom{n+1}{k}(t-kb)_+^n.$$

$$\tag{1.2.14}$$

特别地, 当 $t \geqslant (n+1)b$ 时,

---

① 由本书 1.2.5.3 节 H 函数列的性质可得, 定理 1.2.11 本质上与文献 [84] 的定理 1 是等价的.

$$\iint\cdots\int_{\substack{0\leqslant x_1\leqslant b,0\leqslant x_2\leqslant b,\cdots,0\leqslant x_n\leqslant b\\ t-b\leqslant x_1+x_2+\cdots+x_n\leqslant t}} 1\mathrm{d}x_1\mathrm{d}x_2\cdots\mathrm{d}x_n = 0;$$

当 $0 \leqslant t \leqslant b$ 时,

$$\iint\cdots\int_{\substack{0\leqslant x_1\leqslant b,0\leqslant x_2\leqslant b,\cdots,0\leqslant x_n\leqslant b\\ t-b\leqslant x_1+x_2+\cdots+x_n\leqslant t}} 1\mathrm{d}x_1\mathrm{d}x_2\cdots\mathrm{d}x_n = \frac{t^n}{n!}.$$

1.2.3 函数变换

1.2.3.1 数列的母函数 (变换)

定义 1.2.1 给定数列 $\{a_n, n = 0, 1, \cdots\}$[①], 称幂级数 $\sum_{n=0}^{\infty} a_n x^n$ 为数列 $\{a_n\}$ 的**母函数表示形式**, 若 $\sum_{n=0}^{\infty} a_n x^n$ 收敛, 则称 $\sum_{n=0}^{\infty} a_n x^n$ 的和函数 $S(x)$ 为数列 $\{a_n\}$ 的**母函数变换**[②]. 数列 $\{a_n\}$ 的母函数表示形式和母函数变换统称为数列 $\{a_n\}$ 的**母函数**. 若函数 $S(x)$ 为数列 $\{a_n\}$ 的母函数变换, 则称数列 $\{a_n\}$ 为 $S(x)$ 的逆变换.

本书以 $\mathcal{G}[\{a_n\}]$ 或 $\widehat{a}_n$ 表示数列 $\{a_n\}$ 的母函数[③], 在不引起混淆情况下, $\mathcal{G}[\{a_n\}]$ 简记为 $\mathcal{G}[a_n]$. 母函数通常用于求解组合计数、数列递推公式等问题, 由于概率论中离散型随机变量的分布列本质上就是和为 1 的非负数列, 所以母函数也是研究离散型随机变量的重要工具. 有关求解组合计数问题[④]、数列的递推公式[⑤]可参见相应的组合数学文献, 用母函数研究离散型随机变量分布列的示例见本书 1.3 节.

1.2.3.2 函数的拉普拉斯变换 (L 变换)

定义 1.2.2 设函数 $g(t)$ 在 $t \in [0, \infty)$ 上有定义, 把关于 s 的函数 $G(s) \triangleq \int_0^{\infty} \mathrm{e}^{-st} g(t) \mathrm{d}t$ 称为函数 g 的拉普拉斯变换[⑥], 简称拉氏变换或 L 变换, 若函数

[①] 简记为 $\{a_n\}$, 若不特殊说明, 总假定项数从 $n = 0$ 开始.

[②] 也有文献称作几何变换、S 变换或 Z 变换, 但由于还有其他形式的变换也采用这些名称, 所以, 为不引起混淆, 本书采用母函数变换命名.

[③] 符号 $\mathcal{G}$ 是拉丁字母 G 的花体写法, 可读作花 G.

[④] 用于组合计数问题时, 不关心 x 的取值, x 仅作为一个占位置的符号, 不考虑母函数的敛散性和函数值, 从这个意义上讲, 此时数列的母函数表示形式也称为形式幂级数. x 通常表示某个具体事物, x^n 表示有 n 个 x, $a_n x^n$ 表示取 n 个 x 的取法共有 a_n 种.

[⑤] 求解数列的递推公式也可用 Z 变换方法, 用母函数变换及 Z 变换解递推公式的通项公式时需要注意向前还是向后递推公式.

[⑥] 本来拉普拉斯变换中的 s 是定义在复数域上的, 但本书仅限于在实数域上讨论计算.

$G(s)$ 是 $g(t)$ 的 L 变换,则称 $g(t)$ 是 $G(s)$ 的拉普拉斯逆变换,简称拉氏逆变换或 L 逆变换.

注意拉普拉斯变换作用的原函数 $g(t)$ 定义域是正半轴,或假定当 $t < 0$ 时,$g(t) = 0$. 在冲击模型中,由于冲击过程是定义在时间轴上的,所以拉普拉斯变换在冲击模型甚至于整个可靠性数学理论中都是一个非常重要的研究工具.

本书以 $\mathcal{L}(g)$ 或 $\tilde{g}$ 表示函数 $g(t)$ 的拉普拉斯变换,而将其逆变换记作 $\mathcal{L}^{-1}(G)$ 或 $\tilde{g}^{-1}$. 若要强调拉普拉斯变换是 s 的函数时,特别将 $\mathcal{L}(g)$ 记作 $\mathcal{L}_g(s)$,而将 $\tilde{g}$ 记作 $\tilde{g}(s)$,即有

$$\mathcal{L}_g(s) = \tilde{g}(s) = \int_0^\infty e^{-st} g(t) dt.$$

以后若不作特殊说明,总假定拉普拉斯变换的自变量用 s 表示,其逆变换的自变量为 t.

下面给出拉普拉斯变换的存在和唯一性定理.

定理 1.2.12 [79]239 若 $g(t)$ 在 $t \geqslant 0$ 每个有限区间中分段连续,且当 $t \to \infty$ 时,$g(t)$ 为指数级增长[①],则 $g(t)$ 的拉普拉斯变换存在.

定理 1.2.13 (莱尔希 (Lerch) 定理) [20]53 设函数 $G(s)$ 是 $g(t)$ 的拉普拉斯变换,若 $g(t)$ 在每个有限区间 $0 \leqslant t \leqslant a$ 中,$g(t)$ 为分段连续,且当 $t > a$ 时,$g(t)$ 为指数级,则 $G(s)$ 的拉普拉斯逆变换唯一存在.

定理 1.2.12 和定理 1.2.13 表明,除去不连续点,在满足分段连续和指数级增长条件下,一个函数与其拉普拉斯变换是一一对应的.

定理 1.2.14 给出了变上限积分函数的拉普拉斯变换.

定理 1.2.14 [5]554,[79]250 设 $t \geqslant 0$,则

$$\mathcal{L}\left(\int_0^t g(x) dx\right) = \frac{1}{s} \mathcal{L}(g).$$

拉普拉斯变换可用于求解微分方程、积分方程、定积分、极限等,是一个非常实用的研究工具. 附表 3 列举了一些常见函数的拉普拉斯变换.

1.2.3.3 函数的拉普拉斯-斯蒂尔切斯变换

定义 1.2.3 设函数 $g(t)$ 在 $t \in [0, \infty)$ 上有定义,把关于 s 的函数 $G(s) = \int_0^\infty e^{-st} dg(t)$ 称为函数 g 的拉普拉斯-斯蒂尔切斯变换[②],简称 LS 变换,若函数

---

① 若存在常数 $A > 0$ 和 $-\infty < c < \infty$,使得在 $[0, \infty)$ 上,$|g(t)| \leqslant Ae^{ct}$,则称当 $t \to \infty$ 时 $g(t)$ 的增长为指数级的.

② 同 L 变换一样,LS 变换中的 s 是定义在复数域上的,但本书仅限于在实数域上讨论计算.

$G(s)$ 是 $g(t)$ 的 LS 变换, 则称 $g(t)$ 是 $G(s)$ 的拉普拉斯-斯蒂尔切斯逆变换, 简称 LS 逆变换.

本书以 $\mathcal{LS}(g)$ 或 $\tilde{\tilde{g}}$ 表示函数 $g(t)$ 的 LS 变换, 而将其逆变换记作 $\mathcal{LS}^{-1}(G)$ 或 $\tilde{\tilde{g}}^{-1}$. 若要强调 LS 变换是 s 的函数时, 特别将 $\mathcal{LS}(g)$ 记作 $\mathcal{LS}_g(s)$, 而将 $\tilde{\tilde{g}}$ 记作 $\tilde{\tilde{g}}(s)$, 即有

$$\mathcal{LS}_g(s) = \tilde{\tilde{g}}(s) = \int_0^\infty e^{-st} dg(t).$$

以后若不作特殊说明, 总假定 LS 变换的自变量用 s 表示, 其逆变换的自变量为 t.

定理 1.2.15 设函数 $g(t)$ 存在一阶导数 $g'(t)$, 且 $g(0) = 0$, 则 L 变换与 LS 变换之间具有如下关系:

(1) $\mathcal{LS}(g) = \mathcal{L}(g')$;

(2) $\mathcal{LS}(g) = s\mathcal{L}(g)$.

在概率论中, 拉普拉斯-斯蒂尔切斯变换主要用于分布函数的相关运算中.

1.2.4 卷积运算

计算冲击模型寿命分布时会涉及随机变量的和的分布, 这对应着数列或函数的卷积运算. 以下假设所讨论的积分在其积分域上都是绝对可积的.

1.2.4.1 函数的黎曼卷积 (L 卷积)

定义 1.2.4 设函数 $g(t)$ 与 $h(t)$ 在 $(-\infty, \infty)$ 内绝对可积, 则称由含参变量 t 的积分 $l(t) \triangleq \int_{-\infty}^\infty g(x)h(t-x)dx$ 所确定的关于 t 的函数 $l(t)$ 为 $g(t)$ 与 $h(t)$ 的黎曼卷积, 简称为 L 卷积或直接称为卷积, 记作 $g(t) * h(t)$ 或 $g * h(t)$, 即

$$l(t) = g(t) * h(t) = \int_{-\infty}^\infty g(x)h(t-x)dx.$$

显然, 如果当 $t < 0$ 时, $g(t) \equiv 0$ 且 $h(t) \equiv 0$, 此时 L 卷积定义中的积分表达式变为

$$g(t) * h(t) = \int_0^t g(x)h(t-x)dx. \tag{1.2.15}$$

定义 1.2.5 设 $n = 1, 2, \cdots$, 给定函数 $g(t)$, 记 $g^{\langle n+1 \rangle}(t) = g^{\langle n \rangle}(t) * g(t)$, 其中 $g^{\langle 1 \rangle}(t) \triangleq g(t)$, 称 $g^{\langle n \rangle}(t)$ 为函数 $g(t)$ 的 n 重 L 卷积, 简称为 n 重卷积[①].

如果函数 $g(t)$ 比较复杂, $g^{\langle n \rangle}(t)$ 也可记作 $[g(t)]^{\langle n \rangle}$.

定理 1.2.16 (L 变换的卷积定理) 设 $t < 0$ 时, $g(t) = h(t) = 0$, 则

$$\mathcal{L}(g(t) * h(t)) = \mathcal{L}(g(t))\mathcal{L}(h(t)), \tag{1.2.16}$$

[①] 在有些文献中, 将 $g(t)$ 的 n 重卷积记为 $g_n(t)$. 这种记号方式易与函数列 $\{g_n(t), n = 1, 2, \cdots\}$ 混淆.

即 L 卷积的 L 变换等于 L 变换的乘积.

结合定义 1.2.5 中 n 重卷积的定义, 由 L 变换的卷积定理立即可得推论 1.2.4.

推论 1.2.4 对 $\forall n = 1, 2, \cdots$, 有

$$\mathcal{L}(g^{\langle n\rangle}(t)) = [\mathcal{L}(g(t))]^n, \tag{1.2.17}$$

即 n 重 L 卷积的 L 变换等于 L 变换的 n 次方.

1.2.4.2　函数的黎曼-斯蒂尔切斯卷积 (LS 卷积)

定义 1.2.6　设函数 $G(t)$ 与 $H(t)$ 在 $(-\infty, \infty)$ 内绝对可积, 则称由含参变量 t 的积分 $\int_{-\infty}^{\infty} G(t-x)\mathrm{d}H(x)$ 所确定的关于 t 的函数为 $G(t)$ 与 $H(t)$ 的黎曼-斯蒂尔切斯卷积, 简称 LS 卷积, 记作 $G(t) * * H(t)$ (或 $G * * H(t)$), 即 $G(t) * * H(t) = \int_{-\infty}^{\infty} G(t-x)\mathrm{d}H(x)$.

一般来说, 对一个有界函数 $G(t)$ 和一个单调函数 $H(t)$ 都可以定义 $G(t)$ 与 $H(t)$ 的 LS 卷积 [56]16.

显然, 如果当 $t < 0$ 时, $G(t) \equiv 0$ 且 $H(t) \equiv 0$, 则 LS 卷积定义中的积分表达式变为

$$G(t) * * H(t) = \int_0^t G(t-x)\mathrm{d}H(x).$$

由定义 1.2.4 和定义 1.2.6 不难看出, 如果函数 $H(t)$ 可微, 则 $G(t)$ 与 $H(t)$ 的 LS 卷积等于 $G(t)$ 与 $H'(t)$ 的 L 卷积, 即 $G(t) * * H(t) = G(t) * H'(t)$, 其中 $H'(t)$ 表示 $H(t)$ 的导数, 所以许多 L 卷积的结论都可以用到 LS 卷积上.

LS 卷积不一定满足交换律、分配律、结合律等运算律, 但如果函数 $G(t)$ 与 $H(t)$ 是概率分布函数, 则 $G(t)$ 与 $H(t)$ 的 LS 卷积的这些运算律均满足 [56]17.

定义 1.2.7　设 $n = 1, 2, \cdots$, 给定函数 $G(t)$, 记 $G^{\langle\langle n+1\rangle\rangle}(t) = G^{\langle\langle n\rangle\rangle}(t) * * G(t)$, 其中 $G^{\langle\langle 1\rangle\rangle}(t) \triangleq G(t)$, 则称 $G^{\langle\langle n\rangle\rangle}(t)$ 为函数 $G(t)$ 的 n 重 LS 卷积[1].

如果函数 $G(t)$ 比较复杂, $G^{\langle\langle n\rangle\rangle}(t)$ 也可记作 $[G(t)]^{\langle\langle n\rangle\rangle}$.

定义 1.2.8　设 $G^{\langle\langle n\rangle\rangle}(t)$ 为函数 $G(t)$ 的 n 重 LS 卷积, 若 $\sum_{n=1}^{\infty} G^{\langle\langle n\rangle\rangle}(t) < \infty$, 则称 $\sum_{n=1}^{\infty} G^{\langle\langle n\rangle\rangle}(t)$ 为 $G(t)$ 的更新函数.

---

[1] 在一些文献中, 有时也将 n 重 LS 卷积简称为 n 重卷积, 所以阅读文献时防止将 n 重 LS 卷积与 n 重 L 卷积混淆.

定理 1.2.17 (LS 变换的卷积定理) 设 $t<0$ 时, $G(t)=H(t)=0$, 则

$$\mathcal{LS}(G(t)**H(t)) = \mathcal{LS}(G(t))\mathcal{LS}(H(t)), \tag{1.2.18}$$

即 LS 卷积的 LS 变换等于 LS 变换的乘积.

结合定义 1.2.7 中 n 重 LS 卷积的定义, 由 LS 变换的卷积定理立即可得如下结论.

推论 1.2.5 对 $\forall n=1,2,\cdots,$ 有

$$\mathcal{LS}(G^{\langle\langle n\rangle\rangle}(t)) = [\mathcal{LS}(G(t))]^n, \tag{1.2.19}$$

即 n 重 LS 卷积的 LS 变换等于 LS 变换的 n 次方.

下面给出更新函数的拉普拉斯–斯蒂尔切斯变换.

定理 1.2.18 若 $\int_0^\infty \mathrm{d}G(t) = 1$, 则 $\mathcal{LS}\left[\sum_{n=1}^\infty G^{\langle\langle n\rangle\rangle}(t)\right] = \dfrac{\mathcal{LS}[G(t)]}{1-\mathcal{LS}[G(t)]}$.

证明 首先证明 $\mathcal{LS}[G(t)] < 1$. 对 $\forall s,t > 0, 0 < \mathrm{e}^{-st} < 1$, 有

$$\mathcal{LS}[G(t)] = \int_0^\infty \mathrm{e}^{-st}\mathrm{d}G(t) < \int_0^\infty \mathrm{d}G(t) = 1,$$

因此

$$\mathcal{LS}\left[\sum_{n=1}^\infty G^{\langle\langle n\rangle\rangle}(t)\right] = \sum_{n=1}^\infty \mathcal{LS}[G^{\langle\langle n\rangle\rangle}(t)] = \sum_{n=1}^\infty \{\mathcal{LS}[G(t)]\}^n = \frac{\mathcal{LS}[G(t)]}{1-\mathcal{LS}[G(t)]}. \quad \blacksquare$$

我们看到, 函数的卷积运算有 L 卷积和 LS 卷积两种运算. 在实际应用中, 在不引起混淆情况下, 有些文献也将 LS 卷积直接简称为卷积, 其运算符 ∗∗ 也简记为 ∗. 所以在阅读文献时要分清文献中指的是哪一种卷积. 例如, 在概率论中, 连续型随机变量 X,Y 的密度函数 $f_X(t)$ 与 $f_Y(t)$ 的卷积指的是 L 卷积, 而其分布函数 $F_X(t)$ 与 $F_Y(t)$ 的卷积一般指的是 LS 卷积 (详见 1.3 节).

1.2.5 特殊函数

下面列举冲击模型中常用到的一些特殊函数.

1.2.5.1 伽马函数 (第二类欧拉积分)

定义 1.2.9 由 $\int_0^\infty \mathrm{e}^{-x}x^{t-1}\mathrm{d}x,\ t>0$ 定义的关于 t 的函数称为伽马函数, 记作 $\Gamma(t)$, 即有 $\Gamma(t) = \int_0^\infty \mathrm{e}^{-x}x^{t-1}\mathrm{d}x$.

定义 1.2.10 [66]445 设 $a, t > 0$, 称 $\int_0^a e^{-x} x^{t-1} dx$ 为在 a 点处的不完全伽马函数, 记作 $\Gamma_a(t)$, 即 $\Gamma_a(t) = \int_0^a e^{-x} x^{t-1} dx$.

定义 1.2.11 [66]445 设 $a, t > 0$, 称 $\int_a^\infty e^{-x} x^{t-1} dx$ 为在 a 点处的补余不完全伽马函数, 记作 $\overline{\Gamma}_a(t)$, 即 $\overline{\Gamma}_a(t) = \int_a^\infty e^{-x} x^{t-1} dx$.

1.2.5.2 贝塔函数 (第一类欧拉积分)

定义 1.2.12 由 $\int_0^1 x^{p-1}(1-x)^{q-1} dx$, $p > 0, q > 0$ 定义的关于 p, q 的函数称为贝塔函数, 记作 $B(p, q)$, 即 $B(p, q) = \int_0^1 x^{p-1}(1-x)^{q-1} dx$.

定义 1.2.13 称 $\overline{B}_a(p, q) = \int_a^1 x^{p-1}(1-x)^{q-1} dx$ 为点 a 处的补余不完全贝塔函数, 其中 $0 < a < 1, p > 0, q > 0$.

1.2.5.3 H 函数列

定义 1.2.14 设 $\delta \geqslant 0$, 对 $\forall n = 1, 2, \cdots$, 令

$$H_{n,\delta}(t) = \begin{cases} 0, & t < 0, \\ \dfrac{1}{(n-1)!} \sum_{i=0}^{k} (-1)^i \binom{n}{i} (t - i\delta)^{n-1}, & k\delta \leqslant t < (k+1)\delta, k = 0, 1, \cdots, n-1, \\ 0, & t \geqslant n\delta, \end{cases}$$

(1.2.20)

其中规定 $0^0 = 1$, 则称 $H_{n,\delta}(x)$ 为参数是 δ 的 n 阶 H 函数, $\{H_{n,\delta}(x), n = 1, 2, \cdots\}$ 称为 H 函数列, 简记为 $\{H_{n,\delta}(x)\}$.

因为 $0^0 = 1$, 由定义 1.2.14 易得 $H_{1,\delta}(t) = \begin{cases} 1, & 0 \leqslant t < \delta, \\ 0, & \text{其他} \end{cases} = I_{\{0 \leqslant t < \delta\}}$. 注意示性函数 $I_{\{0 \leqslant t < \delta\}}$ 的示性区间 $[0, \delta)$ 包含 0 而未包含 δ, 是左闭右开区间.

H 函数列在概率论、可靠性理论都有许多应用. 例如, 设 $b > 0$, $\dfrac{1}{b^n} H_{n,b}(x)$ 就是 n 个相互独立的 $(0, b)$ 区间上均匀分布的卷积密度 (推论 1.3.2), 特别地, $H_{n,1}(x)$ 就是 n 个相互独立的 $(0, 1)$ 区间上均匀分布的卷积密度 (推论 1.3.3), 泊

松截断 δ 冲击模型的可靠度可用 H 函数表示 (参见 3.1 节), 泊松截断 δ 冲击模型标值过程的数字特征也可用 H 函数表示 (参见 6.1 节), 组合数学理论中一些特殊的第二类斯特林 (Stirling) 数也与某些 H 函数相同 (例如 $nS(n-1,n) = H_{n,1}(n)$, 其中 $S(n-1,n)$ 是斯特林数[45]243), H 函数还是一类 n 重积分的结果 (定理 1.2.11 及定理 1.2.20).

下面讨论 H 函数的一些性质, 以下若不特殊说明, 都假设 $\delta \geqslant 0$, n 为正整数, t 为任意实数.

n 阶 H 函数可写成定理 1.2.19 中的简洁形式.

定理 1.2.19 对 $\forall n = 2, 3, \cdots,$

$$H_{n,\delta}(t) = \frac{1}{(n-1)!} \sum_{i=0}^{n} (-1)^i \binom{n}{i} (t-i\delta)_+^{n-1}, \quad -\infty < t < \infty. \quad (1.2.21)$$

证明 当 $t < 0$ 时, 因为对 $\forall i = 0, 1, \cdots, n$, 有 $(t - i\delta)_+ = 0$, 定理显然成立. 当 $k\delta \leqslant t < (k+1)\delta$ 时, 其中 $k = 0, 1, \cdots, n-1$, 有

$$(t - i\delta)_+ = \begin{cases} 0, & i = k+1, \cdots, n, \\ t - i\delta, & i = 0, 1, \cdots, k. \end{cases}$$

所以

$$\frac{1}{(n-1)!} \sum_{i=0}^{n} (-1)^i \binom{n}{i} (t-i\delta)_+^{n-1} = \frac{1}{(n-1)!} \sum_{i=0}^{k} (-1)^i \binom{n}{i} (t-i\delta)^{n-1}.$$

最后, 当 $t \geqslant n\delta$ 时, 对 $\forall i = 0, 1, \cdots, n$, 有 $(t - i\delta)_+ = t - i\delta$, 又因为关于 i 的多项式 $(t-i\delta)^{n-1}$ 次数小于 n, 由推论 1.1.1 的式 (1.1.5) 得

$$\frac{1}{(n-1)!} \sum_{i=0}^{n} (-1)^i \binom{n}{i} (t-i\delta)_+^{n-1} = \frac{1}{(n-1)!} \sum_{i=0}^{n} (-1)^i \binom{n}{i} (t-i\delta)^{n-1} = 0.$$

∎

注意, 本书规定 $0^0 = 1$, 所以式 (1.2.21) 未包含 $H_{1,\delta}(t)$ 的情形[①], 也就是说, 当 $n = 1$ 时, 有

$$H_{1,\delta}(t) \neq \frac{1}{(n-1)!} \sum_{i=0}^{n} (-1)^i \binom{n}{i} (t-i\delta)_+^{n-1}.$$

具体一些, 当 $0 \leqslant t < \delta$ 时, 有

$$H_{1,\delta}(t) = I_{\{0 \leqslant t < \delta\}} = 1 \neq \frac{1}{(1-1)!} \sum_{i=0}^{1} (-1)^i \binom{1}{i} (t-i\delta)_+^{1-1} = 0,$$

---

① 若规定 $0^0 = 0$, 则式 (1.2.21) 包含了 $H_{1,\delta}(t)$, 此时定义为 $H_{1,\delta}(t) = I_{\{0 < t \leqslant \delta\}}$.

当 $t<0$ 或 $t\geqslant\delta$ 时

$$H_{1,\delta}(t)=\frac{1}{(1-1)!}\sum_{i=0}^{1}(-1)^i\begin{pmatrix}1\\i\end{pmatrix}(t-i\delta)_+^{1-1}=0.$$

下面我们不加证明地给出 $H_{n+1,\delta}(t)$ 的一些等价形式.

定理 1.2.20 $\forall n=1,2,\cdots,H_{n+1,\delta}(t)$ 与下面表达式相等:

(1) $\displaystyle\iint_{\substack{0\leqslant x_1\leqslant\delta,0\leqslant x_2\leqslant\delta,\cdots,0\leqslant x_n\leqslant\delta\\ t-\delta\leqslant x_1+x_2+\cdots+x_n\leqslant t}}\cdots\int 1\mathrm{d}x_1\mathrm{d}x_2\cdots\mathrm{d}x_n;$

(2) $\displaystyle\iint_{\substack{0\leqslant x_1\leqslant\delta,0\leqslant x_2-x_1\leqslant\delta,\cdots,0\leqslant x_n-x_{n-1}\leqslant\delta\\ t-\delta\leqslant x_n\leqslant t}}\cdots\int 1\mathrm{d}x_1\mathrm{d}x_2\cdots\mathrm{d}x_n;$

(3) $\displaystyle\int_0^{t\vee 0}\mathrm{d}x_n\int_0^{x_n}\mathrm{d}x_{n-1}\cdots\int_0^{x_2}I_{\{x_n-x_{n-1}\leqslant\delta,\cdots,\,x_2-x_1\leqslant\delta,\,x_1\leqslant\delta,\,t-x_n\leqslant\delta\}}\mathrm{d}x_1;$

(4) $\displaystyle\int_{(t-\delta)_+}^{t\vee 0}\mathrm{d}x_n\int_{(x_n-\delta)_+}^{x_n}\mathrm{d}x_{n-1}\cdots\int_{(x_3-\delta)_+}^{x_3}\mathrm{d}x_2\int_{(x_2-\delta)_+}^{x_2}I_{\{x_1\leqslant\delta\}}\mathrm{d}x_1.$

定理 1.2.20 的条款 (1) 实质就是定理 1.2.11 (其证明可参见文献 [144] 的推论 14 或文献 [84] 的定理 1 的证明); 条款 (2) 是条款 (1) 的对偶积分形式; 条款 (3) 和条款 (4) 是条款 (2) 的等价表示或累次积分展开式.

需要注意, 定理 1.2.20 中的条款是 $H_{n+1,\delta}(t), n\geqslant 1$ 的等价形式 (不是 $H_{n,\delta}(t)$, $n\geqslant 1$ 的等价形式). 当取 $n=1,2,\cdots$ 时, 定理 1.2.20 表示 $H_{2,\delta}(t),H_{3,\delta}(t),\cdots$ 的等价形式, 也就是说, 定理 1.2.20 中条款没有包含 $H_{1,\delta}(t)$. 此外, 由条款 (1) 至条款 (4) 可知, H 函数的阶数是多重积分变量的个数加 1.

在定理 1.2.20 条款中的积分式中, 被积分函数与积分区域都是非负的, 再根据 $H_{1,\delta}(t)=I_{\{0\leqslant t<\delta\}}$ 结论可得 H 函数是非负函数, 即得如下结论.

推论 1.2.6 对 $\forall n=1,2,\cdots,H_{n,\delta}(t)\geqslant 0.$

注意不要将定理 1.2.20 的条款 (1) 与定理 1.2.10 中的式 (1.2.13) 混淆, 即 $H_{n+1,\delta}(t)$ 与式 (1.2.22) 不等价[①].

$$\iint_{\substack{0\leqslant x_1\leqslant\delta,0\leqslant x_2\leqslant\delta,\cdots,0\leqslant x_n\leqslant\delta\\ x_1+x_2+\cdots+x_n\leqslant t}}\cdots\int 1\mathrm{d}x_1\mathrm{d}x_2\cdots\mathrm{d}x_n=\iint_{\substack{0\leqslant x_1\leqslant x_2\leqslant\cdots\leqslant x_n\leqslant t\\ x_i-x_{i-1}\leqslant\delta,\,i=1,2,\cdots,n}}\cdots\int 1\mathrm{d}x_1\mathrm{d}x_2\cdots\mathrm{d}x_n$$

$$=\frac{1}{n!}\sum_{i=0}^{n}(-1)^i\begin{pmatrix}n\\i\end{pmatrix}(t-i\delta)_+^n. \quad (1.2.22)$$

[①] 若读者愿意, 可将式 (1.2.22) 定义的关于 t 的函数称为第二类 H 函数, 而将定义 1.2.14 中定义的 H 函数称为第一类 H 函数, 简称 H 函数. 由定理 1.2.22 可得, 第二类 n 阶 H 函数的导数是 (第一类) n 阶 H 函数.

区间 $(0,\delta)$ 均匀分布的卷积分布函数 (定理 1.3.13)、$(0,b)$ 均匀截断 δ 冲击模型的可靠度 (推论 3.2.3), 都用到了式 (1.2.22) (而不是 $H_{n+1,\delta}(t)$ 或 $H_{n,\delta}(t)$). 此外, 由定理 1.2.22 可知, $\int_0^t H_{n,\delta}(x)\mathrm{d}x$ 也等于式 (1.2.22).

考察式 (1.2.20) 的分点 $0, \delta, 2\delta, \cdots, n\delta$, 易得, 若 $n > 1$, 则这些点是 $H_{n,\delta}(t)$ 的连续点. 事实上, 由定义 1.2.14 可知, 这些点是右连续的. 由于

$$H_{n,\delta}(0) = \frac{1}{(n-1)!}\sum_{i=0}^{0}(-1)^i\binom{n}{i}(0-0\delta)^{n-1}=0,$$

因此 $H_{n,\delta}(t)$ 在点 $t=0$ 处连续. 设 $k=1,2,\cdots,n-1$, 则

$$\lim_{t\to k\delta-}H_{n,\delta}(t) = \lim_{t\to k\delta}\frac{1}{(n-1)!}\sum_{i=0}^{k-1}(-1)^i\binom{n}{i}(t-i\delta)^{n-1}$$

$$= \frac{1}{(n-1)!}\sum_{i=0}^{k-1}(-1)^i\binom{n}{i}(k\delta-i\delta)^{n-1}$$

$$= \frac{1}{(n-1)!}\sum_{i=0}^{k}(-1)^i\binom{n}{i}(k\delta-i\delta)^{n-1} = H_{n,\delta}(k\delta),$$

因此 $H_{n,\delta}(t)$ 在点 $t=k\delta, k=1,2,\cdots,n-1$ 处连续. 最后, 由于

$$\lim_{t\to n\delta-}H_{n,\delta}(t) = \frac{1}{(n-1)!}\sum_{i=0}^{n}(-1)^i\binom{n}{i}(n\delta-i\delta)^{n-1},$$

由推论 1.1.1 得

$$\frac{1}{(n-1)!}\sum_{i=0}^{n}(-1)^i\binom{n}{i}(n\delta-i\delta)^{n-1}=0,$$

即 $\lim\limits_{t\to n\delta-}H_{n,\delta}(t) = H_{n,\delta}(n\delta)$.

综上可得定理 1.2.21.

定理 1.2.21 对 $\forall n=2,3,\cdots$, $H_{n,\delta}(t)$ 是 $(-\infty,\infty)$ 上的连续函数.

下面考察 H 函数的积分与微分性质.

定理 1.2.22 设 $t \geqslant 0$, 则对 $\forall n=1,2,\cdots$, 有

$$(1)\quad \int_0^t H_{n,\delta}(x)\mathrm{d}x = \frac{1}{n!}\sum_{i=0}^{n}(-1)^i\binom{n}{i}(t-i\delta)_+^n; \tag{1.2.23}$$

(2) $\int_{(t-\delta)_+}^{t} H_{n,\delta}(x)\mathrm{d}x = H_{n+1,\delta}(t);$ (1.2.24)

(3) $H'_{n+1,\delta}(t) = H_{n,\delta}(t) - H_{n,\delta}(t-\delta),$ (1.2.25)

其中条款 (3) $t \neq k\delta,\ k = 0, 1, \cdots, n+1.$

证明 **条款 (1) 的证明** 先证 $n=1$ 成立. 当 $n=1$ 时,

$$\int_0^t H_{1,\delta}(x)\mathrm{d}x = \int_0^t I_{\{0\leqslant x<\delta\}}\mathrm{d}x = \begin{cases} t, & 0\leqslant t < \delta, \\ \delta, & t \geqslant \delta. \end{cases}$$

另外由于 $n=1$,

$$\frac{1}{n!}\sum_{i=0}^{n}(-1)^i \binom{n}{i}(t-i\delta)_+^n = (t)_+ - (t-\delta)_+ = \begin{cases} t, & 0\leqslant t < \delta, \\ \delta, & t \geqslant \delta. \end{cases}$$

所以式 (1.2.23) 对 $n=1$ 成立.

当 $n \geqslant 2$ 时, 由定理 1.2.19 中式 (1.2.21) 得

$$\int_0^t H_{n,\delta}(x)\mathrm{d}x = \frac{1}{(n-1)!}\sum_{i=0}^{n}(-1)^i \binom{n}{i}\int_0^t (x-i\delta)_+^{n-1}\mathrm{d}x,$$ (1.2.26)

另由定理 1.2.6 式 (1.2.1) 得

$$\int_0^t (x-i\delta)_+^{n-1}\mathrm{d}x = \frac{(t-i\delta)_+^n}{n},$$ (1.2.27)

将式 (1.2.27) 代入式 (1.2.26) 得式 (1.2.23) 成立.

条款 (2) 的证明 对 t 分三种情况讨论.

情形 1 当 $t \geqslant (n+1)\delta$ 时, 由 H 函数定义知 $H_{n+1,\delta}(t) = 0$, 且对 $t-\delta \leqslant x < t$, 有 $H_{n,\delta}(x) = 0$, 而此时

$$\int_{(t-\delta)_+}^{t} H_{n,\delta}(x)\mathrm{d}x = \int_{t-\delta}^{t} H_{n,\delta}(x)\mathrm{d}x = \int_{t-\delta}^{t} 0\mathrm{d}x = 0.$$

所以, 式 (1.2.24) 对 $t \geqslant (n+1)\delta$ 成立.

情形 2 当 $0 \leqslant t < \delta$ 时, 仍旧由 H 函数定义得 $H_{n+1,\delta}(t) = \dfrac{t^n}{n!}$, 且对 $\forall 0 \leqslant x < t$, 有 $H_{n,\delta}(x) = \dfrac{x^{n-1}}{(n-1)!}$, 因此

$$\int_{(t-\delta)_+}^{t} H_{n,\delta}(x)\mathrm{d}x = \int_0^t H_{n,\delta}(x)\mathrm{d}x = \int_0^t \frac{x^{n-1}}{(n-1)!}\mathrm{d}x = \frac{t^n}{n!} = H_{n+1,\delta}(t).$$

所以, 式 (1.2.24) 对 $0 \leqslant t < \delta$ 成立.

情形 3 当 $\delta \leqslant t < (n+1)\delta$ 时, 由式 (1.2.23) 和推论 1.1.4 得

$$\int_{(t-\delta)_+}^t H_{n,\delta}(x)\mathrm{d}x = \int_{t-\delta}^t H_{n,\delta}(x)\mathrm{d}x = \int_0^t H_{n,\delta}(x)\mathrm{d}x - \int_0^{t-\delta} H_{n,\delta}(x)\mathrm{d}x$$

$$= \frac{1}{n!}\sum_{i=0}^n (-1)^i \binom{n}{i}(t-i\delta)_+^n$$

$$- \frac{1}{n!}\sum_{i=0}^n (-1)^i \binom{n}{i}(t-\delta-i\delta)_+^n$$

$$= \frac{1}{n!}\sum_{k=0}^{n+1} (-1)^k \binom{n+1}{k}(t-k\delta)_+^n.$$

所以, 式 (1.2.24) 对 $\delta < t \leqslant (n+1)\delta$ 成立.

综述上述三种情形, 条款 (2) 得证.

条款 (3) 的证明 设 $k = 0, 1, \cdots, n+1$. 由定义 1.2.14 知, 若 $t \neq k\delta$, 则 $H_{n+1,\delta}(t)$ 在 t 点可导. 下设 $t \neq k\delta$.

先考虑 $n \geqslant 2$ 情形, 直接对条款 (2) 式 (1.2.24) 两边求导得

$$H'_{n+1,\delta}(t) = H_{n,\delta}(t) - H_{n,\delta}(0 \vee (t-\delta))(0 \vee (t-\delta))'. \qquad (1.2.28)$$

其中, $0 \vee (t-\delta) = \max\{0, t-\delta\}$, 所以, 若 $t > \delta$, 则式 (1.2.25) 显然成立. 若 $t < \delta$, 即 $t - \delta < 0$, 则由 H 函数在 0 点的连续性 (见定理 1.2.21) 得

$$H_{n,\delta}(0 \vee (t-\delta)) = H_{n,\delta}(0) = H_{n,\delta}(t-\delta) = 0. \qquad (1.2.29)$$

可得式 (1.2.25) 成立.

此外当 $n = 1$ 时, 注意到

$$H_{1,\delta}(t) = \begin{cases} 1, & 0 \leqslant t < \delta, \\ 0, & \text{其他} \end{cases} = I_{\{0 \leqslant t < \delta\}} \quad \text{及} \quad H_{2,\delta}(t) = \begin{cases} t, & 0 \leqslant t < \delta, \\ -t + 2\delta, & \delta \leqslant t < 2\delta, \\ 0, & \text{其他}. \end{cases}$$

易得, 当 $t \neq 0, \delta, 2\delta$ 时,

$$H'_{2,\delta}(t) = \begin{cases} 1, & 0 < t < \delta, \\ -1, & \delta < t < 2\delta, \\ 0, & \text{其他} \end{cases} = H_{1,\delta}(t) - H_{1,\delta}(t-\delta).$$

所以式 (1.2.25) 对 $n=1$ 也成立.

综上所述定理得证. ∎

定理 1.2.20 可扩展为下面更一般的形式.

定理 1.2.23 [133] 设实数 $\delta \geqslant 0$, 整数 $n > m \geqslant 0$, 可积函数 $h(x) \geqslant 0$, 则对 $\forall 0 \leqslant x_m \leqslant t$, 有

$$\int_{x_m}^t \mathrm{d}x_{m+1} \int_{x_{m+1}}^t \mathrm{d}x_{m+2} \cdots \int_{x_{n-2}}^t \mathrm{d}x_{n-1} \int_{x_{n-1}}^t h(x_n) I_{m,n} \mathrm{d}x_n$$

$$= \int_{x_m}^t h(x) H_{n-m,\delta}(x - x_m) \mathrm{d}x, \tag{1.2.30}$$

其中, $I_{m,n} = I_{\{x_n - x_{n-1} \leqslant \delta, x_{n-1} - x_{n-2} \leqslant \delta, \cdots, x_{m+2} - x_{m+1} \leqslant \delta, x_{m+1} - x_m \leqslant \delta\}}$ 为示性函数.

证明 记 $A = \int_{x_m}^t \mathrm{d}x_{m+1} \int_{x_{m+1}}^t \mathrm{d}x_{m+2} \cdots \int_{x_{n-2}}^t \mathrm{d}x_{n-1} \int_{x_{n-1}}^t h(x_n) I_{m,n} \mathrm{d}x_n$.

先考虑 $n > m+1$. 交换积分顺序并注意到

$$I_{m,n} = I_{\{x_n - x_{n-1} \leqslant \delta\}} I_{\{x_{n-1} - x_{n-2} \leqslant \delta\}} \cdots I_{\{x_{m+2} - x_{m+1} \leqslant \delta\}} I_{\{x_{m+1} - x_m \leqslant \delta\}},$$

可得

$$A = \int_{x_m}^t h(x_n) \mathrm{d}x_n \int_{x_m}^{x_n} \mathrm{d}x_{n-1} \cdots \int_{x_m}^{x_{m+3}} \mathrm{d}x_{m+2} \int_{x_m}^{x_{m+2}} I_{m,n} \mathrm{d}x_{m+1}$$

$$= \int_{x_m}^t h(x_n) \mathrm{d}x_n \int_{x_m \vee (x_n - \delta)}^{x_n} \mathrm{d}x_{n-1} \cdots$$

$$\cdot \int_{x_m \vee (x_{m+3} - \delta)}^{x_{m+3}} \mathrm{d}x_{m+2} \int_{x_m \vee (x_{m+2} - \delta)}^{x_{m+2}} I_{\{x_{m+1} - x_m < \delta\}} \mathrm{d}x_{m+1},$$

其中, $x_m \vee (x_k - \delta) = \max(x_m, x_k - \delta)$, $k = m+2, \cdots, n$.

令 $y_k = x_k - x_m$, $k = m+1, \cdots, n-1$, 则有

$$A = \int_{x_m}^t h(x_n) \mathrm{d}x_n \int_{(x_n - x_m - \delta)_+}^{x_n - x_m} \mathrm{d}y_{n-1} \int_{(y_{n-1} - \delta)_+}^{y_{n-1}} \mathrm{d}y_{n-2} \cdots$$

$$\cdot \int_{(y_{m+3} - \delta)_+}^{y_{m+3}} \mathrm{d}y_{m+2} \int_{(y_{m+2} - \delta)_+}^{y_{m+2}} I_{\{y_{m+1} < \delta\}} \mathrm{d}y_{m+1},$$

由定理 1.2.20 条款 (4) 得

$$\int_{(x_n - x_m - \delta)_+}^{x_n - x_m} \mathrm{d}y_{n-1} \int_{(y_{n-1} - \delta)_+}^{y_{n-1}} \mathrm{d}y_{n-2} \cdots$$

$$\cdot \int_{(y_{m+3}-\delta)_+}^{y_{m+3}} \mathrm{d}y_{m+2} \int_{(y_{m+2}-\delta)_+}^{y_{m+2}} I_{\{y_{m+1}<\delta\}} \mathrm{d}y_{m+1}$$

$$= H_{n-m,\delta}(x_n - x_m),$$

所以

$$A = \int_{x_m}^{t} h(x_n) H_{n-m,\delta}(x_n - x_m) \mathrm{d}x_n. \quad (1.2.31)$$

此外, 注意到 $H_{1,\delta}(x) = I_{\{0 \leqslant x < \delta\}}$, 所以式 (1.2.31) 也包含了 $n = m+1$ 的情形.

下面定理给出了 H 函数项级数的收敛性.

定理 1.2.24 设 $\lambda > 0$, 则 $\forall a > 0$, $\sum_{n=1}^{\infty} \lambda^n H_{n,\delta}(t)$ 在 $[0,a]$ 上一致收敛.

证明 首先, 由 H 函数的非负性 (推论 1.2.6) 得 $\sum_{n=1}^{\infty} \lambda^n H_{n,\delta}(t)$ 为正项级数. 由于对 $0 \leqslant t \leqslant a$ 及 $i = 0,1,2,\cdots$, $0 \leqslant (t-i\delta)_+ \leqslant t \leqslant a$, 所以

$$0 \leqslant \lambda^n H_{n,\delta}(t) \leqslant \frac{\lambda^n}{(n-1)!} \sum_{i=0}^{n} \binom{n}{i} a^{n-1}.$$

由于 $\sum_{i=0}^{n} \binom{n}{i} = (1+1)^n = 2^n$, 即得

$$0 \leqslant \lambda^n H_{n,\delta}(t) \leqslant \frac{a^{n-1}(2\lambda)^n}{(n-1)!}.$$

由于对 $-\infty < t < \infty$, 级数

$$\sum_{n=1}^{\infty} \frac{a^{n-1}(2\lambda)^n}{(n-1)!} = 2\lambda \sum_{n=1}^{\infty} \frac{(2\lambda a)^{n-1}}{(n-1)!} = 2\lambda e^{2\lambda a} < \infty,$$

所以由定理 1.2.1 得 $\sum_{n=1}^{\infty} \lambda^n H_{n,\delta}(t)$ 在任意闭区间上一致收敛. ∎

1.3 概　率　论

概率论的研究对象是随机现象 (或随机实验、随机试验), 冲击现象就是一个典型的随机现象, 因此描述研究冲击现象的冲击模型的理论基础就是概率论. 本章分一些专题介绍一下冲击模型中用到的概率论基础知识. 以下若不特殊说明, **R** 都表示整个实数集, n 表示正整数, ∅ 表示空集 (或不可能事件).

1.3 概率论

1.3.1 事件与概率

简单地说, 结果不能事先确定的现象称为**随机现象**. 为研究方便, 我们把随机现象所有可能的 (直接) 结果构成的集合称为**样本空间**, 记作 Ω; 样本空间中的元素 (即随机现象的结果) 称为**样本点**, 记作 ω, 即 $\omega \in \Omega$; 把 Ω 的子集称为**事件**[①], 用 A, B, C 等形式表示. 事件本质上就是结果的组合, 也是一种结果, 只不过是由样本空间的结果组合出的结果. 通常用 $\varnothing$ 表示不可能 (发生的) 事件, 而 Ω 本身也表示一类特殊的事件即必然事件. 通常 $A \cap B = AB$ 表示两个事件**同时发生**, $A \cup B$ 表示两个事件**至少有一个发生** (即 A 发生或 B 发生). 若 $AB = \varnothing$, 则称 A 与 B **互斥** (互不相容). $\overline{A}$ 表示 A 的**对立** (**逆**) 事件, 也可读作 A 不发生, 满足 $A\overline{A} = \varnothing$ 且 $A \cup \overline{A} = \Omega$.

一般来说, 现实中我们关心的是随机现象的结果 (即事件) 发生的可能性, 而**概率**是度量这些结果发生可能性的一个重要指标, 概率论的一个核心问题就是研究事件发生的概率. 事件 A 的概率用 $P(A)$ 表示.

下面给出概率论中一个常用的概念.

定义 1.3.1 设 A 是任一事件, 若 $P(A) = 1$, 则记作 A, a.s. 或 A, a.e., 读作 A 几乎必然发生或几乎处处发生[②].

1.3.2 随机变量

概率论中研究事件发生概率的主要方法就是使用随机变量及其分布. 下面给出随机变量及其分布的定义.

1.3.2.1 随机变量的定义

简单地说, 定义在样本空间上的一个实值函数就是一个随机变量.

定义 1.3.2 设 Ω 是某个随机现象的样本空间, X 是定义在 Ω 上的一个实函数, 即任取 $\omega \in \Omega$, 存在一个实数 $x \in \mathbf{R}$, 使得有 $X(\omega) = x$, 则称 X 是一个随机变量[③].

随机变量通常用 X, Y, Z 等形式表示 (也有一些文献用希腊字母 ξ, η 等形式表示). 对于一个随机变量 X 来说, 通常不关心其自变量 ω 是哪一个, 而重点关心其可能的取值 x, 本书将 X 所有可能的取值构成的集合记为 $\mathbf{R}_X$. 以后为了方便, 也将 $\mathbf{R}_X$ 里的元素即随机变量可能的取值称为**样本点**.

[①] 严格地来说, 定义事件必须先定义事件 σ 域, 只有包含在事件 σ 域中的子集才称为事件. 本书不考虑事件 σ 域, 或者假设事件 σ 域为所有子集构成的集类, 如果样本空间为实数, 也可假设事件 σ 域为 Borel 事件域. 样本空间和事件 σ 域构成的二元组称为 (概率) 可测空间.

[②] 在实际应用时, 经常将 a.s. 或 a.e. 省略.

[③] 严格地说, 只有满足对 $\forall x \in \mathbf{R}$, $\{X \leqslant x\}$ 都包含在事件 σ 域 (称为可测) 的实函数 X 才能称为随机变量, 即随机变量是可测空间上取有限值 (不为无穷) 的可测函数. 在某些研究中, 如果允许 X 可取 $-\infty$ 或 ∞, 则实质 X 已经不算是随机变量了, 有些文献称为广义随机变量、拟随机变量或伪随机变量, 或直接笼统用可测函数通称.

1.3.2.2 用随机变量表示事件

如果定义了随机变量, 则一个事件也可用随机变量的归属表达式来表示, 即 $\forall D \subset \mathbf{R}$, 则 $\{X \in D\}$ 就表示了一个**事件**[①]. 特别地, 设 $x \in \mathbf{R}$, 如果 $D = (-\infty, x]$, 则事件 $\{X \in D\}$ 可表示为 $\{X \leqslant x\}$. 显然, 如果 $D \cap \mathbf{R}_X = \varnothing$, 则 $\{X \in D\}$ 就是一个不可能事件.

1.3.2.3 随机变量的分布特征

随机变量的分布特征反映了随机变量取值的概率规律 (即用概率度量的可能性), 所以全称为概率分布. 其严格定义见定义 1.3.3.

定义 1.3.3 $\forall D \subset \mathbf{R}$, 称由 $\mathcal{P}(D) \triangleq P(X \in D)$ 定义的集函数 $\mathcal{P}(\cdot)$ 为随机变量 X 的概率分布, 简称为分布. 也称 X 服从分布 $\mathcal{P}$, 记作 $X \sim \mathcal{P}$.

X 的分布之所以称其为集函数, 主要是其自变量 D 是集合 (即实数的子集). 由分布定义可知, 如果知道了分布, 则任一事件的概率即可确定, 所以概率论的核心问题就变为研究随机变量的分布.

1.3.2.4 随机变量及其分布的分类

随机变量根据不同的标准可分为不同的类型, 相应的分布也有不同的类型, 常见的分类标准是根据随机变量可能的取值 (也称为样本点) 分类的.

若随机变量 X 只能在有限或可列集合上 (即至多可数) 取值, 即 $\mathbf{R}_X$ 中元素可表示为列表 $\mathbf{R}_X = \{x_1, x_2, \cdots\}$ 的形式, 其中 $x_i \in \mathbf{R}$, $i = 1, 2, \cdots$, 则称 X 为离散型随机变量, 其对应分布称为离散型分布.

若随机变量 X 在区间上连续取值, 且存在一个非负函数 $f(x) \geqslant 0$, 使得 $\forall (-\infty, b] \subset \mathbf{R}$,

$$P(-\infty < X \leqslant b) = \int_{-\infty}^{b} f(t) \mathrm{d}t, \tag{1.3.1}$$

则称随机变量 X 为 (绝对) 连续型随机变量, 其对应分布称为 (绝对) 连续型分布.

既非离散型也非连续型的随机变量称为混合型或奇异型随机变量, 其相应分布称为混合型或奇异型分布.

附表 4 和附表 5 分别列举了一些常见离散型分布和连续型分布的名称、标记及其参数范围.

在离散型随机变量中, 若存在正数 d, 使得 X 可能的取值都是 d 的整数倍, 即 $\mathbf{R}_X \subset \{kd \mid k = 0, \pm 1, \pm 2, \cdots\}$, 则称 X 为格点随机变量, 其相应分布称为格点分布. 满足这个性质的最大的 d 称为随机变量 X 或其分布的周期或跨度.

---

① 因为 X 关于概率空间是可测的, 所以 $X \in D$ 属于事件 σ 域, 因而是一个事件.

若随机变量 X 可能取值是非负实数, 即 $\mathbf{R}_X = \{x \mid x \geqslant 0\}$, 则称 X 为非负随机变量, 对应分布称为非负分布.

若随机变量 X 只取非负整数值, 即 $\mathbf{R}_X = \{k \mid k = 0, 1, 2, \cdots\}$, 则称 X 为非负整值型随机变量, 对应分布称为非负整值型分布.

1.3.2.5 随机变量的数字特征

随机变量除了分布特征外, 还有一类反映其取值特性的量称为数字特征. 数字特征首先是一个数字, 这个数字反映了随机变量及其分布在概率意义下的某个概括性特征. 概率论的主要研究内容就是研究随机变量的分布特征与数字特征. 将分布特征与数字特征合称为概率特征.

数学期望是最常用最基本的数字特征, 其概念见定义 1.3.4. 以下若不特殊说明, 总假设所讨论的积分或期望是收敛 (或存在) 的.

定义 1.3.4 设 $\mathcal{P}$ 是随机变量 X 的分布, 若 $\int_\Omega X(\omega)\,\mathrm{d}\mathcal{P}(\omega)$ 是绝对收敛的, 则称 $\int_\Omega X(\omega)\,\mathrm{d}\mathcal{P}(\omega)$ 是随机变量 X (或其分布 $\mathcal{P}$) 的数学期望, 简称期望, 记作 $E[X]$(或 $EX, E(X)$), 即

$$E[X] \triangleq \int_\Omega X(\omega)\,\mathrm{d}\mathcal{P}(\omega). \tag{1.3.2}$$

数学期望反映了随机变量取值的平均水平.

定义 1.3.5 $\forall k = 1, 2, \cdots$, 称 $E[X^k] \triangleq \int_\Omega [X(\omega)]^k \,\mathrm{d}\mathcal{P}(\omega)$ 为随机变量 X (或其分布 $\mathcal{P}$) 的 k 阶原点矩, 简称 k 阶矩.

定义 1.3.6 称 $\mathrm{Var}(X) \triangleq E[X - E[X]]^2$ 为随机变量 X (或其分布 $\mathcal{P}$) 的方差.

方差反映了随机变量取值偏离期望的平均水平, 进一步可引申出方差反映了随机变量取值的集中程度、离散程度、变异程度、波动程度等.

附表 6 和附表 7 分别列举了常见离散型分布和连续型分布的期望与方差.

定义 1.3.7 称 $\mathrm{Cov}(X, Y) \triangleq E[(X - E[X])(Y - E[Y])]$ 为随机变量 X 与 Y 的协方差.

协方差反映了随机变量 X 与 Y 之间的线性相关程度. 可以证明

$$\mathrm{Var}(X) = E[X^2] - [EX]^2 \quad \text{及} \quad \mathrm{Cov}(X, Y) = E[XY] - E[Y]E[X].$$

1.3.2.6 随机变量的比较

随机变量间的比较与确定型普通变量间的比较不同, 随机变量间的比较是使用概率特征 (分布特征与数字特征) 来进行比较的. 下面给出一个常用的比较概念.

定义 1.3.8 [25]45　设 X 与 Y 为非负随机变量. 若对 $\forall t \geqslant 0$, 有

$$P(X > t) \leqslant P(Y > t),$$

则称 X 随机地小于 Y, 记作 $X \leqslant_{st} Y$, 或称 Y 随机地大于 X, 记作 $Y \geqslant_{st} X$.

1.3.3　概率分布律——随机变量分布的描述

定义 1.3.9 [8]128　能唯一决定随机变量概率分布的任何规律称为随机变量的分布律.

此处所说的规律指的是普通函数, 常用的分布律有概率函数 (分布列和密度函数)、分布函数、生存函数、特征函数、拉普拉斯函数、矩母函数和概率母函数等, 其中分布函数是最基本的分布律. 不同的分布律有不同的适用范围, 应用时要注意这些函数的适用性. 在一般情况下, 若这些函数存在, 则在其适用范围内, 都与分布是一一对应的. 所以确定一个随机变量的分布可选用其适宜的分布律来描述, 数字特征也可用分布律来计算.

1.3.3.1　分布函数

定义 1.3.10　设 $\mathcal{P}$ 是随机变量 X 的分布, 对 $\forall x \in \mathbf{R}$, 称由①

$$F_X(x) \triangleq \mathcal{P}\{(-\infty, x]\} = P(X \leqslant x) \tag{1.3.3}$$

定义的函数 $F_X(x)$ 为随机变量 X 及其分布 $\mathcal{P}$ 的概率分布函数, 简称为分布函数.

在不引起混淆情况下, 可将 X 的分布函数 $F_X(x)$ 简记为 $F(x)$. 任一随机变量的分布函数一定存在, 且与分布唯一确定. 所以**分布函数适用于任意的分布**, 是最基本的分布律. 附表 8 和附表 9 列举了一些常见离散型和连续型分布的分布函数.

由分布函数的极限性可得

$$\int_{-\infty}^{\infty} dF(x) = 1, \tag{1.3.4}$$

我们将式 (1.3.4) 称为分布函数的**正则性**.

用分布函数可以计算随机变量的期望, 对式 (1.3.2) 施行积分变换, 可得

$$E[X] \triangleq \int_{-\infty}^{\infty} x \, dF(x), \tag{1.3.5}$$

式 (1.3.5) 是常用的计算期望的公式.

---

① 由式 (1.3.3) 形式定义的分布函数满足右连续性. 若定义 $F_X(x) \triangleq P(X < x)$, 则 $F_X(x)$ 满足左连续性. 本书采用右连续性定义.

1.3.3.2 生存函数

定义 1.3.11 设 $\mathcal{P}$ 是随机变量 X 的分布, 对 $\forall x \in \mathbf{R}$, 称由

$$\overline{F}_X(x) \triangleq \mathcal{P}\{(x,\infty)\} = P(X > x) \tag{1.3.6}$$

定义的函数 $\overline{F}_X(x)$ 为随机变量 X 及其分布 $\mathcal{P}$ 的生存函数.

同样, 在不引起混淆情况下, 可将 X 的生存函数 $\overline{F}_X(x)$ 简记为 $\overline{F}(x)$. 显然,

$$\overline{F}(x) = 1 - F(x).$$

所以, 任一随机变量的生存函数一定存在, 且与分布相互唯一确定. 所以**生存函数也适用于任意的分布**. 在可靠性理论、冲击模型理论中, 使用寿命随机变量的生存函数作为系统的可靠性度量标准. 附表 10 和附表 11 列举了一些常见分布的生存函数.

1.3.3.3 分布列

定义 1.3.12 设 $\mathbf{R}_X$ 是随机变量 X 所有可能的取值集合, 如果至少存在一点 $x_0 \in \mathbf{R}_X$, 使得 $P(X = x_0) > 0$, 则将

$$p_X(x) \triangleq P(X = x), \quad x \in \mathbf{R} \tag{1.3.7}$$

定义的函数 $p_X(x)$ 称为 X 及其分布的分布列.

在不引起混淆情况下, 可将 X 的分布列 $p_X(x)$ 简记为 $p(x)$.

对于连续型随机变量, 不难验证, 对 $\forall x \in \mathbf{R}, P(X = x) = 0$, 即连续型随机变量任何一点的分布列都为 0, 从这个意义上讲, 也可以说连续型随机变量不存在分布列.

设离散型随机变量 X 所有可能的取值集合为 $\mathbf{R}_X = \{x_1, x_2, \cdots\}$, 其中 $x_k \in \mathbf{R}, k = 1, 2, \cdots$, 则若 $x \notin \mathbf{R}_X$, 由于 $\{X = x\} = \varnothing$ 是一个不可能事件, 所以此时 $p_X(x) = 0$. 在通常情况下, 若 $x_k \in \mathbf{R}_X$, 则 $p(x_k) > 0$, 因此确定一个离散型随机变量的分布列只需考察样本点 x_k 处的分布列即可, 通常记 $p_k = p_X(x_k) \triangleq P(X = x_k)$. 对于离散型随机变量, 离散型分布可由分布列唯一确定 (二者是一一对应的), 所以**分布列适用于离散型随机变量**.

附表 12 列举了一些常见离散型分布的分布列.

对于一个混合型随机变量, 所有那些使得 $p(x) > 0$ 的点及其值仍可称为在这些点上的分布列, 但该分布列不能完全确定混合分布.

1.3.3.4 密度函数

定义 1.3.13 设 $\mathbf{R}_X$ 是随机变量 X 所有可能的取值集合, 如果存在一个非负函数 $f_X(x) \geqslant 0$, 使得至少有某一区间 $(a,b] \subset \mathbf{R}_X$ 满足

$$P(a < X \leqslant b) = \int_a^b f_X(x)\mathrm{d}x, \tag{1.3.8}$$

则称函数 $f_X(x)$ 为 X 及其分布的概率密度函数, 简称密度.

在不引起混淆情况下, 可将 X 的密度 $f_X(x)$ 简记为 $f(x)$. 由式 (1.3.1) 可知, 连续型随机变量的密度对所有的区间式 (1.3.8) 都成立, 因此可证明连续型分布可由密度唯一确定[①], 所以**密度函数适用于连续型随机变量**. 附表 13 列举了一些常见连续型分布的密度函数.

由密度函数的定义可知, 离散型随机变量不存在密度. 对于一个混合型随机变量, 所有那些满足式 (1.3.8) 的函数仍可称为在这些区间上的密度, 但该密度也不能完全确定混合分布. 一个简单 (或 I 型) 混合型随机变量 (即其分布函数可唯一分解为一个离散型分布函数与一个连续型分布函数的线性组合) 的概率分布可由其分布列和密度函数联合确定. 为叙述方便, 后面我们将分布列和密度函数统称为**概率函数**, 所以任一类型 (离散型、连续型、简单混合型) 的分布完全由其概率函数确定. 离散型分布的概率函数就是分布列, 连续型分布的概率函数就是密度函数, 而简单混合型分布的概率函数是分布列和密度函数的联合.

1.3.3.5 特征函数

定义 1.3.14 设符号 i 为虚数单位, 即 $i^2 = -1$, $F_X(x)$ 是随机变量 X 的分布函数, 称由

$$\varphi_X(t) \triangleq \int_{-\infty}^{\infty} e^{itx} dF_X(x), \quad -\infty < t < \infty \tag{1.3.9}$$

定义的函数 $\varphi_X(t)$ 为随机变量 X 及其分布的特征函数[②].

因为 $|e^{itx}| = 1$, 任一随机变量的特征函数都是存在的, 所以**特征函数适用于一般随机变量**. 附表 14 和附表 15 列举了一些常见分布的特征函数.

由式 (1.3.5) 和式 (1.3.9) 可得特征函数的等价定义 $\varphi_X(t) = E[e^{itX}]$.

1.3.3.6 矩母函数

定义 1.3.15 设 $F_X(x)$ 是随机变量 X 的分布函数, 若存在 $a < b$, 使得对 $\forall t \in (a, b)$, 有 $\int_{-\infty}^{\infty} e^{tX} dF_X(x) < \infty$, 则称由

$$\phi_X(t) = \int_{-\infty}^{\infty} e^{tx} dF_X(x), \quad a < t < b \tag{1.3.10}$$

定义的函数 $\phi_X(t)$ 为随机变量 X 的矩母函数.

附表 16 和附表 17 列举了一些常见分布的矩母函数.

由式 (1.3.5) 和式 (1.3.10) 可得矩母函数的等价定义 $\phi_X(t) = E[e^{tX}]$.

[①] 此处的连续型分布指的是绝对连续型分布.
[②] 特征函数实质上是分布函数的傅里叶–斯蒂尔切斯变换, 也是概率函数的傅里叶变换.

比起特征函数, 矩母函数的优势是不用在复变函数框架下考虑积分. 但需要注意, 对一般随机变量而言, 矩母函数不一定存在. 但如果矩母函数存在, 则它有一些好的性质. 下面定理 1.3.1 给出了矩母函数存在的条件, 定理 1.3.2 给出了矩母函数的性质.

定理 1.3.1 [27]6　若存在 $a > 0$, 使得 $\phi_X(a) < \infty$ 且 $\phi_X(-a) < \infty$, 则

(1) 对 $\forall -a \leqslant t \leqslant a, \phi_X(t) < \infty$;

(2) $\phi_X(t)$ 在 $-a \leqslant t \leqslant a$ 上是凸函数;

(3) 对 $\forall k = 1, 2, \cdots, \phi_X^{(k)}(t)$ 在 $t \in (-a, a)$ 上存在,

其中, $\phi_X^{(k)}(t)$ 表示 $\phi_X(t)$ 的 k 阶导数.

定理 1.3.2 [32]66　假设下述矩母函数在区间 (t_1, t_2) 上存在, 则矩母函数满足下面性质:

(1) $\phi_X(0) = 1$;

(2) $\forall a, b \in \mathbf{R}$, 其中 $a \neq 0$, 则 $\phi_{aX+b}(t) = e^{bt}\phi_X(at)$, $t_1 < t < t_2$;

(3) 设随机变量 X 与 Y 相互独立, 则 $\phi_{X+Y}(t) = \phi_X(t)\phi_Y(t), t_1 < t < t_2$;

(4) $\phi_X(t) = E(e^{tX})$, $t_1 < t < t_2$;

(5) 若 $0 \in (t_1, t_2)$, 则对 $\forall k = 1, 2, \cdots, \phi_X^{(k)}(0) = E[X^k]$, 其中, $\phi_X^{(k)}(0)$ 表示 $\phi_X(t)$ 在 $t = 0$ 处的 k 阶导数.

1.3.3.7　拉普拉斯函数

定义 1.3.16　设 $F_X(x)$ 是随机变量 X 的分布函数, 若存在 $a < b$, 使得对 $\forall s \in (a, b)$, 有 $\int_{-\infty}^{\infty} e^{-sX} dF_X(x) < \infty$, 则称由

$$L_X(s) = \int_{-\infty}^{\infty} e^{-sx} dF_X(x), \quad s \in (a, b)$$

定义的函数 $L_X(s)$ 为随机变量 X 的拉普拉斯函数, 也称为拉普拉斯变换.

为保证存在性, **拉普拉斯函数一般适用于非负随机变量**, 此时拉普拉斯函数定义式为

$$L_X(s) = \int_0^{\infty} e^{-sx} dF_X(x), \quad s \geqslant 0. \tag{1.3.11}$$

考察式 (1.3.11), 被积函数 $0 < e^{-sx} \leqslant 1$, 所以 $0 < \int_0^{\infty} e^{-sx} dF_X(x) \leqslant \int_0^{\infty} dF_X(x)$ $= 1$, 因此非负随机变量的拉普拉斯函数一定存在. 注意, 定义式 (1.3.11) 中 $s \geqslant 0$ 仅是从一般意见上要求的, 当涉及具体分布时, 根据积分的收敛性可放宽 s 的范围.

附表 18 和附表 19 列举了一些常见非负分布的拉普拉斯函数.

由定义 1.2.3 可知, 非负随机变量 X 的拉普拉斯函数实质上就是其分布函数 $F_X(x)$ 的拉普拉斯-斯蒂尔切斯变换, 即

$$L_X(s) = \mathcal{LS}(F_X(x)), \quad s \geqslant 0.$$

此外, 若非负随机变量 X 具有连续型分布, 设其密度函数为 $f_X(x)$, 则随机变量 X 的拉普拉斯函数实质上就是密度的拉普拉斯变换, 即

$$L_X(s) = \mathcal{L}(f_X(x)) = \int_0^\infty e^{-sx} f_X(x) dx, \quad s \geqslant 0.$$

由于以上意义, 通常也把随机变量 X 的拉普拉斯函数称为 X 的拉普拉斯变换.

由于非负连续型随机变量的密度函数和分布函数满足拉普拉斯变换的存在条件 (见定理 1.2.12), 且拉普拉斯变换的理论比较成熟, 所以随机变量**拉普拉斯函数成为研究非负连续型分布**的得力工具. 由于连续时间冲击模型中的冲击时刻、冲击间隔及系统寿命都是非负随机变量, 因而拉普拉斯函数也成为研究冲击模型的常用工具. 以后本书当使用随机变量的拉普拉斯函数时, 都假定应用的随机变量是非负的.

一个非负连续型随机变量的拉普拉斯函数有多种形式的定义.

定理 1.3.3 设非负连续型随机变量 X 的分布函数和密度分别为 $F_X(x)$ 和 $f_X(x)$, 则对 $\forall s \geqslant 0$, 以下关于 X 的拉普拉斯函数是等价的.

(1) $L_X(s) = \mathcal{LS}(F_X(x))$;
(2) $L_X(s) = \mathcal{L}(f_X(x))$; (1.3.12)
(3) $L_X(s) = E(e^{-sX})$;
(4) $L_X(s) = s\mathcal{L}(F_X(x))$; (1.3.13)
(5) $L_X(s) = 1 - s\mathcal{L}(\bar{F}_X(x))$.

下面这些拉普拉斯函数的性质可由分布函数的 LS 变换或 L 变换的性质直接得到, 也可由期望的性质得到.

定理 1.3.4 $\forall s \geqslant 0$, 则 X 的拉普拉斯函数 $L_X(s)$ 具有如下性质.

(1) $0 < L_X(s) \leqslant 1$, 特别地, $L_X(0) = 1$.
(2) 设非负随机变量 X 与 Y 相互独立, 则

$$L_{X+Y}(s) = L_X(s)L_Y(s).$$

(3) $\forall a, b \in \mathbf{R}$, 其中 $a \neq 0$, 则

$$L_{aX+b}(s) = e^{-sb} L_X(as).$$

(4) 给定 $k = 1, 2, \cdots$, 若 $E(X^k)$ 存在, 则

$$L_X^{(k)}(0) = (-1)^k E[X^k],$$

其中, $L_X^{(k)}(0)$ 表示 $L_X(t)$ 在 $t = 0$ 处的 k 阶导数. 特别地, 有

$$L_X'(0) = -E[X].$$

1.3.3.8 概率母函数

定义 1.3.17 设 $F_X(x)$ 是随机变量 X 的分布函数, 若存在 $a<b$, 使得对 $\forall t \in (a,b)$, 有 $\int_{-\infty}^{\infty} t^x \mathrm{d}F_X(x) < \infty$, 则称由

$$\psi_X(t) \triangleq \int_{-\infty}^{\infty} t^x \mathrm{d}F_X(x), \quad t \in (a,b) \tag{1.3.14}$$

定义的函数 $\psi_X(t)$ 为随机变量 X 的概率母函数, 简称母函数, 也称为生成函数.

由式 (1.3.5) 和式 (1.3.14) 可得概率母函数等价定义, 即 $\psi_X(t) = E[t^X]$.

若 X 是非负整值型随机变量, 此时概率母函数定义式简化为

$$\psi_X(t) = \sum_{n=0}^{\infty} p_n t^n, \quad -1 \leqslant t \leqslant 1, \tag{1.3.15}$$

其中, $p_n = P(X=n)$, $n=0,1,\cdots$.

考察式 (1.3.15), 概率母函数恰好是一个幂级数的形式, 式 (1.3.15) 至少在 $-1 \leqslant t \leqslant 1$ 上一致收敛且绝对收敛[22]215, 因此非负整值型随机变量的概率母函数在 $t \in [-1,1]$ 上一定存在, **母函数一般适用于非负整值型随机变量**, 与概率分布列相互唯一确定. 由于离散时间冲击模型的系统寿命是一个非负整值型随机变量, 所以概率母函数是研究这类冲击模型可靠性的一个重要工具. 附表 20 列举了一些常见非负整值型分布的概率母函数.

对比式 (1.3.15) 与定义 1.2.1 可知, 一个非负整值随机变量 X 的概率母函数实质上就是其分布列 $\{p_n\}$ 的母函数变换, 即 $\psi_X(t) = \mathcal{G}[p_n]$. 所以, X 的概率母函数也称为 X 的母函数变换①.

以下定理 1.3.5 给出了母函数的性质, 若不特殊说明, 定理 1.3.5 中的随机变量均指非负整值型随机变量.

定理 1.3.5 [32]64 设 $-1 \leqslant t \leqslant 1$, 则母函数具有如下性质.

(1) $\psi_X(0) = P(X=0)$.

(2) $\psi_X^{(k)}(0) = k!P(X=k)$, $k=1,2,\cdots$, 其中, $\psi_X^{(k)}(0)$ 表示 $\psi_X(t)$ 在 $t=0$ 处的 k 阶导数.

(3) 设非负整值型随机变量 X 与 Y 相互独立, 则 $\psi_{X+Y}(t) = \psi_X(t)\psi_Y(t)$.

(4) 设非负整值型随机变量 $X_i, i=1,2,\cdots$ 独立同分布, 有相同的母函数为 $\psi_X(t)$, 非负整值型随机变量 N 的母函数为 $\psi_N(t)$, 且 N 与 $X_i, i=1,2,\cdots$ 相互独立, 令 $Y = \sum_{i=0}^{N} X_i$, 其中 $X_0 = 0$, 则

---
① 也有文献称为 s 变换或几何变换.

$$\psi_Y(t) = \psi_N(\psi_X(t)),$$

即独立随机和的母函数是母函数的复合 (或嵌套).

(5) 给定 $k = 1, 2, \cdots$, 若 $E(X^k)$ 存在, 则

$$\psi_X^{(k)}(1) = E(X(X-1)\cdots(X-k+1)),$$

其中, $\psi_X^{(k)}(1)$ 表示 $\psi_X(t)$ 在 $t = 1$ 处的 k 阶导数. 特别地, 有

$$\psi_X'(1) = E(X).$$

1.3.4 事件概率的计算

1.3.4.1 使用各种分布律计算概率

设 X 是某一随机变量, 则可使用下述方法计算相应概率.

(1) 使用 X 的分布函数 $F(x)$ 或生存函数 $\overline{F}(x)$ 计算概率, 即

$$P(a < X \leqslant b) = F(b) - F(a) = \overline{F}(a) - \overline{F}(b);$$

特别地, 若 X 是非负整值型随机变量, 则对任意正整数 n,

$$P(X = n) = P(n-1 < X \leqslant n) = F(n) - F(n-1) = \overline{F}(n-1) - \overline{F}(n).$$

(2) 使用概率函数计算概率: 如果 X 是连续型随机变量, 设 X 的密度函数是 $f(x)$, 则

$$P(a < X \leqslant b) = \int_a^b f(x)\mathrm{d}x;$$

如果 X 是离散型随机变量, 设 X 的分布列为 $p(x)$, 则

$$P(a < X \leqslant b) = \sum_{a < x \leqslant b} p(x).$$

(3) 使用概率母函数计算概率: 若 X 是非负整值型随机变量, 设 $\psi(x)$ 是 X 的概率母函数, 则

$$P(X = k) = \frac{\psi^{(k)}(0)}{k!}, \quad k = 1, 2, \cdots,$$

其中, $\psi^{(k)}(0)$ 是 $\psi(x)$ 在 $x = 0$ 点处的 k 阶导数.

1.3.4.2 使用全期望公式计算概率

通过取条件计算事件 A 的全期望公式为

$$P(A) = E[P(A|Y)], \tag{1.3.16}$$

其中, Y 表示任一随机变量. 在具体计算概率时, 要依据条件 Y 的不同类型相应展开计算.

1.3.5 随机变量期望的计算

在计算数学期望前一般需要判断期望是否存在, 可按下述方法判断:

定理 1.3.6 设随机变量 X 的分布函数和生存函数分别为 $F(x)$ 和 $\overline{F}(x)$, 则 EX 存在的充要条件为

$$\lim_{x\to-\infty} xF(x) = \lim_{x\to\infty} x\overline{F}(x) = 0.$$

1.3.5.1 使用各种分布律计算矩

使用分布律计算期望与任意阶矩的公式见附表 21.

1.3.5.2 使用全期望公式计算期望

设 X,Y 是两个随机变量, 全期望 (或双期望) 公式可表示为

$$E[X] = E\left[E[X|Y]\right], \tag{1.3.17}$$

其中, $E[X|Y]$ 实质上是 Y 的函数. 在实际计算中, 由于条件 Y 的类型不同, 全期望公式有各种变形.

1.3.6 多维连续型随机变量函数概率密度的计算

通常使用密度变换公式计算多维连续型随机变量函数的密度. 设 n 为正整数, 考虑两组 n 维连续型随机变量 $(X_1, X_2, \cdots, X_n)$ 和 $(Y_1, Y_2, \cdots, Y_n)$, 假设已知

(1) $(X_1, X_2, \cdots, X_n)$ 的联合密度函数为 $f_{(X_1, X_2, \cdots, X_n)}(x_1, x_2, \cdots, x_n)$;

(2) $Y_i, i = 1, 2, \cdots, n$ 可表示为 $(X_1, X_2, \cdots, X_n)$ 的函数 $Y_i = h_i(X_1, X_2, \cdots, X_n)$,

则可使用下面方法计算 $(Y_1, Y_2, \cdots, Y_n)$ 的联合密度 $f_{(Y_1, Y_2, \cdots, Y_n)}(y_1, y_2, \cdots, y_n)$.

步骤 1 依据 $(X_1, X_2, \cdots, X_n)$ 的所有可能取值 $(x_1, x_2, \cdots, x_n)$, 计算函数组 $y_i = h_i(x_1, x_2, \cdots, x_n)$, $i = 1, 2, \cdots, n$ 的值域 D, 即 $(Y_1, Y_2, \cdots, Y_n)$ 的所有可能取值范围;

步骤 2 计算函数 $h_1, h_2, \cdots, h_n$ 的反函数组 $g_1, g_2, \cdots, g_n$, 即有

$$x_i = g_i(y_1, y_2, \cdots, y_n), \quad i = 1, 2, \cdots, n;$$

步骤 3 计算反函数 $g_1, g_2, \cdots, g_n$ 的雅可比行列式 J, 即

$$J = \begin{vmatrix} \dfrac{\partial g_1}{\partial y_1} & \dfrac{\partial g_1}{\partial y_2} & \cdots & \dfrac{\partial g_1}{\partial y_n} \\ \dfrac{\partial g_2}{\partial y_1} & \dfrac{\partial g_2}{\partial y_2} & \cdots & \dfrac{\partial g_2}{\partial y_n} \\ \vdots & \vdots & & \vdots \\ \dfrac{\partial g_n}{\partial y_1} & \dfrac{\partial g_n}{\partial y_2} & \cdots & \dfrac{\partial g_n}{\partial y_n} \end{vmatrix};$$

步骤 4 使用下面定理 1.3.7 得到 $(Y_1, Y_2, \cdots, Y_n)$ 的联合密度函数.

定理 1.3.7 设函数组 $h_1, h_2, \cdots, h_n$ 的值域为 D, 如果 $h_1, h_2, \cdots, h_n$ 的反函数组 $g_1, g_2, \cdots, g_n$ 存在且唯一, $g_1, g_2, \cdots, g_n$ 的偏导数存在且连续, $g_1, g_2, \cdots, g_n$ 的雅可比行列式 $J \neq 0$, 则在 $(y_1, y_2, \cdots, y_n) \in D$ 范围内, $(Y_1, Y_2, \cdots, Y_n)$ 的联合密度函数 $f_{\{Y_1, Y_2, \cdots, Y_n\}}(y_1, y_2, \cdots, y_n)$ 为

$$f_{\{X_1, X_2, \cdots, X_n\}}(g_1(y_1, y_2, \cdots, y_n), g_2(y_1, y_2, \cdots, y_n), \cdots, g_n(y_1, y_2, \cdots, y_n))|J|,$$

若 $(y_1, y_2, \cdots, y_n) \notin D$, 则 $f_{(Y_1, Y_2, \cdots, Y_n)}(y_1, y_2, \cdots, y_n) = 0$.

定理 1.3.7 表明, 把原先 $(X_1, X_2, \cdots, X_n)$ 的联合密度表达式中的每一个 x_i, $i = 1, 2, \cdots, n$ 用 $(y_1, y_2, \cdots, y_n)$ 表示出来, 再乘以 "$(x_1, x_2, \cdots, x_n)$ 关于 $(y_1, y_2, \cdots, y_n)$ 求导后的" 雅可比行列式的绝对值[①], 就可得到 $(Y_1, Y_2, \cdots, Y_n)$ 的联合密度函数.

1.3.7 独立随机变量和的分布 (卷积分布)

设 $n = 1, 2, \cdots, X_1, X_2, \cdots, X_n$ 是 n 个随机变量, 令 $S_n = \sum_{i=1}^{n} X_i$, 称 S_n 为 $X_1, X_2, \cdots, X_n$ 的**卷积随机变量** (或称和变量), 简称**卷积**, 称 S_n 的分布为 $X_1, X_2, \cdots, X_n$ 的**卷积分布**. 反之, 称 $X_1, X_2, \cdots, X_n$ 的分布为 S_n (或卷积分布) 的**原分布**. 以下若不特殊说明, 都假设 $X_1, X_2, \cdots, X_n$ 相互独立.

卷积分布是概率论中一类重要的研究课题. 计算卷积分布的常用工具就是分布函数的 LS 卷积, 在原分布都是连续型情形下, 密度函数的 L 卷积也是研究连续型卷积分布的常用工具. 后面如果不特殊说明, 我们说两个**分布函数的卷积**都默认为是它们的 **LS** 卷积, 而两个**密度函数的卷积**都默认为是它们的 **L** 卷积. 概率分布函数的 LS 卷积一定存在且满足交换律、分配律、结合律等运算律.

定理 1.3.8 [19]561 设 $F(t)$ 和 $G(t)$ 是两个概率分布函数, $f(t)$ 和 $g(t)$ 是两个概率密度函数, 则有

(1) $\mathcal{LS}[G * *F] = \mathcal{LS}[G]\mathcal{LS}[F]$;

(2) $\mathcal{L}[f * g] = \mathcal{L}[f]\mathcal{L}[g]$.

定理 1.3.9 给出了使用原分布的分布律计算卷积分布律的公式. 定理 1.3.9 中的分布律符号含义见 1.3.3 节, 假设这些分布律存在, 且公式中 t 的范围相应于各自分布律的存在域.

定理 1.3.9 设 n 为正整数, 随机变量 $X_1, X_2, \cdots, X_n$ 相互独立, $S_n = \sum_{i=1}^{n} X_i$, 则 $X_1, X_2, \cdots, X_n$ 的卷积分布律满足

---

① 如果用原函数 $h_1, h_2, \cdots, h_n$ 关于 $(x_1, x_2, \cdots, x_n)$ 求导来计算雅可比行列式, 则需要将雅可比行列式取倒数且用 $(y_1, y_2, \cdots, y_n)$ 表示出来.

(1) $f_{S_n}(t) = f_{X_1}(t) * f_{X_2}(t) * \cdots * f_{X_n}(t)$;
(2) $F_{S_n}(t) = F_{X_1}(t) ** F_{X_2}(t) ** \cdots ** F_{X_n}(t)$;
(3) $\varphi_{S_n}(t) = \varphi_{X_1}(t)\varphi_{X_2}(t)\cdots\varphi_{X_n}(t)$;
(4) $\phi_{S_n}(t) = \phi_{X_1}(t)\phi_{X_2}(t)\cdots\phi_{X_n}(t)$;
(5) $L_{S_n}(t) = L_{X_1}(t)L_{X_2}(t)\cdots L_{X_n}(t)$;
(6) $\psi_{S_n}(t) = \psi_{X_1}(t)\psi_{X_2}(t)\cdots\psi_{X_n}(t)$.

定理 1.3.9 的条款 (1) 和条款 (2) 表示卷积分布的密度函数和分布函数分别是原分布的密度函数和分布函数的卷积, 这也是将 S_n 称为卷积的原因. 条款 (3) 至条款 (6) 表明, 对于特征函数、矩母函数、拉普拉斯函数、概率母函数这些分布律来说, 卷积的分布律等于分布律的乘积.

1.3.7.1 经典卷积分布结论

下面定理给出一些经典卷积分布结论. 定理 1.3.10 给出了独立同分布的卷积分布 (此时称为原分布的 n 重卷积) 的结果, 定理 1.3.11 给出了独立同**分布类型** (参数不一定相同) 的卷积分布. 定理中具体分布名称、标记和参数范围见附表 4 和附表 5.

定理 1.3.10 给定 $n = 1, 2, \cdots$, 设 $X_1, X_2, \cdots, X_n$ 相互独立, 有
(1) 若 $X_i \sim \mathrm{NG}(p)$, $i = 1, 2, \cdots, n$, 则 $S_n \sim \mathrm{NPa}(n, p)$;
(2) 若 $X_i \sim \mathrm{PG}(p)$, $i = 1, 2, \cdots, n$, 则 $S_n \sim \mathrm{PPa}(n, p)$;
(3) 若 $X_i \sim \mathrm{Exp}(\lambda)$, $i = 1, 2, \cdots, n$, 则 $S_n \sim \mathrm{Gam}(n, \lambda)$;
(4) 若 $X_i \sim \mathrm{Be}(p)$, $i = 1, 2, \cdots, n$, 则 $S_n \sim \mathrm{B}(n, p)$.

定理 1.3.11 给定 $n = 1, 2, \cdots$, 设 $X_1, X_2, \cdots, X_n$ 相互独立, 有
(1) 若 $X_i \sim \mathrm{B}(m_i, p)$, $i = 1, 2, \cdots, n$, 则 $S_n \sim \mathrm{B}(m_1 + m_2 + \cdots + m_n, p)$;
(2) 若 $X_i \sim \mathrm{Poi}(\lambda_i)$, $i = 1, 2, \cdots, n$, 则 $S_n \sim \mathrm{Poi}(\lambda_1 + \lambda_2 + \cdots + \lambda_n)$;
(3) 若 $X_i \sim \mathrm{Gam}(m_i, \lambda)$, $i = 1, 2, \cdots, n$, 则 $S_n \sim \mathrm{Gam}(m_1 + m_2 + \cdots + m_n, \lambda)$.

1.3.7.2 均匀分布的卷积

定理 1.3.12 [92] 设 n 为正整数, $X_i \sim \mathrm{U}(0, b_i)$, $i = 1, 2, \cdots, n$ 且相互独立, 则对 $n = 2, 3, \cdots$, S_n 的密度函数 $f_{S_n}(t)$ 为

$$f_{S_n}(t) = \begin{cases} \dfrac{1}{(n-1)!\prod\limits_{m=1}^{n}b_m}\sum\limits_{k=0}^{n}(-1)^k\sum\limits_{0=j_0<j_1<\cdots<j_k\leqslant n}\left(t-\sum\limits_{i=0}^{k}b_{j_i}\right)_+^{n-1}, & 0 < t < \sum\limits_{i=1}^{n}b_i, \\ 0, & \text{其他}, \end{cases}$$

(1.3.18)

其中 $b_0 = 0$.

注意由于本书规定 $0^0 = 1$, 所以定理 1.3.12 未包含 $n = 1$ 的情形. 由定理 1.3.12 易得在参数相同情形下的密度.

推论 1.3.1 设 $X_i \sim \mathrm{U}(0,b)$, $i=1,2,\cdots,n$, 且相互独立, 则对 $\forall n=2,3,\cdots$, S_n 的密度函数为

$$f_{S_n}(t) = \frac{1}{(n-1)!b^n} \sum_{k=0}^{n} (-1)^k \binom{n}{k} (t-kb)_+^{n-1}, \quad -\infty < t < \infty. \tag{1.3.19}$$

注意式 (1.3.19) 仍未包含 $n=1$ 的情形. 为了能将 $n=1$ 的情形包含进来, 结合定理 1.2.19 及 1 阶 H 函数的定义, 可得如下结论.

推论 1.3.2 设 $b > 0$, $X_i \sim \mathrm{U}(0,b)$, $i=1,2,\cdots,n$, 且相互独立, 则对 $\forall n = 1, 2, \cdots$, S_n 的密度函数为

$$f_{S_n}(t) = \frac{1}{b^n} H_{n,b}(t), \quad -\infty < t < \infty. \tag{1.3.20}$$

推论 1.3.3 [92] 设 $X_i \sim \mathrm{U}(0,1)$, $i = 1,2,\cdots,n$, 且相互独立, 则 S_n 的密度函数为

$$f_{S_n}(t) = H_{n,1}(t)$$

$$= \begin{cases} \dfrac{1}{(n-1)!} \sum_{k=0}^{n} (-1)^k \binom{n}{k} (t-k)_+^{n-1}, & n \geqslant 2, t \in \mathbf{R} \text{ 或 } n=1, t \notin (0,1), \\ 1, & n = 1, 0 < t < 1. \end{cases}$$

下面计算在 $X_i \sim \mathrm{U}(0,b)$, $i = 1,2,\cdots,n$ 独立情形下 S_n 的分布函数.

定理 1.3.13 设 $b > 0$, $X_i \sim \mathrm{U}(0,b)$, $i = 1, 2, \cdots, n$, 且相互独立, 则对 $\forall n = 1, 2, \cdots$, S_n 的分布函数为

$$F_{S_n}(t) = \frac{1}{n!b^n} \sum_{k=0}^{n} (-1)^k \binom{n}{k} (t-kb)_+^{n}, \quad -\infty < t < \infty. \tag{1.3.21}$$

证明 设 $t \geqslant 0$, 由 $F_{S_n}(t) = \int_0^t f_{S_n}(x)\mathrm{d}x$ 及式 (1.3.20) 和定理 1.2.22 条款 (1) 易得式 (1.3.21), 同时, 我们看到, 式 (1.3.21) 也包括了 $t < 0$ 的情形, 因此定理得证. ∎

推论 1.3.4 设 $0 < a < b$, $X_i \sim \mathrm{U}(0,b)$, $i = 1, 2, \cdots, n$ 且相互独立, 则对 $\forall n = 1, 2, \cdots$, 在 $(X_1 \leqslant a, X_2 \leqslant a, \cdots, X_n \leqslant a)$ 条件下, S_n 的条件分布函数为

$$F_{\{S_n|X_1\leqslant a,X_2\leqslant a,\cdots,X_n\leqslant a\}}(t)=\frac{1}{n!a^n}\sum_{k=0}^{n}(-1)^k\binom{n}{k}(t-ka)_+^n,\quad -\infty<t<\infty.$$
(1.3.22)

证明 因为 $X_i \sim \mathrm{U}(0,b)$, $i=1,2,\cdots,n$, 所以由定理 1.3.16 得
$$(X_i|X_i\leqslant a)\sim \mathrm{U}(0,a),\quad i=1,2,\cdots,n,$$
再由定理 1.3.13 的式 (1.3.21) 命题可证. ∎

1.3.7.3 指数分布的卷积

定理 1.3.14 [78]300 设 $X_i \sim \mathrm{Exp}(\lambda_i)$, $i=1,2,\cdots,n$, 且相互独立, 其中当 $i\neq j$ 时 $\lambda_i \neq \lambda_j$, 则对 $\forall n=2,3,\cdots$, S_n 的密度函数、分布函数、生存函数分别为

(1) $f_{S_n}(t)=\begin{cases}\displaystyle\sum_{i=1}^{n}\left(\prod_{\substack{j=1\\ j\neq i}}^{n}\frac{\lambda_j}{\lambda_j-\lambda_i}\right)\lambda_i\mathrm{e}^{-\lambda_i t}, & t\geqslant 0,\\ 0, & t<0;\end{cases}$ (1.3.23)

(2) $F_{S_n}(t)=\displaystyle\sum_{i=1}^{n}\left(\prod_{\substack{j=1\\ j\neq i}}^{n}\frac{\lambda_j}{\lambda_j-\lambda_i}\right)(1-\mathrm{e}^{-\lambda_i(t)_+}),\quad -\infty<t<\infty;$ (1.3.24)

(3) $\overline{F}_{S_n}(t)=\displaystyle\sum_{i=1}^{n}\left(\prod_{\substack{j=1\\ j\neq i}}^{n}\frac{\lambda_j}{\lambda_j-\lambda_i}\right)\mathrm{e}^{-\lambda_i(t)_+},\quad -\infty<t<\infty.$ (1.3.25)

注意, 式 (1.3.24) 和式 (1.3.25) 中使用了加号下角标符号 $(t)_+=\begin{cases}0, & t\leqslant 0,\\ t, & t>0.\end{cases}$

定理 1.3.14 表明, S_n 服从亚指数分布且有 $\displaystyle\sum_{i=1}^{n}\left(\prod_{\substack{j=1\\ j\neq i}}^{n}\frac{\lambda_j}{\lambda_j-\lambda_i}\right)=1$. 设常数 $\lambda>0$, 在定理 1.3.14 中取 $\lambda_i=i\lambda$, $i=1,2,\cdots,n$ 时, 式 (1.3.23)—式 (1.3.25) 可有简洁表达式, 即

推论 1.3.5 设 $\lambda>0$, $X_i \sim \mathrm{Exp}(i\lambda)$, $i=1,2,\cdots,n$, 且相互独立, 则对 $\forall n=1,2,\cdots$, S_n 的密度函数、分布函数、生存函数分别为

(1) $f_{S_n}(t)=\begin{cases}n(1-\mathrm{e}^{-\lambda t})^{n-1}\lambda\mathrm{e}^{-\lambda t}, & t\geqslant 0,\\ 0, & t<0;\end{cases}$

(2) [19]352 $F_{S_n}(t)=(1-\mathrm{e}^{-\lambda(t)_+})^n,\quad -\infty<t<\infty;$

(3) $\overline{F}_{S_n}(t)=1-(1-\mathrm{e}^{-\lambda(t)_+})^n,\quad -\infty<t<\infty.$

证明 仅需要在 $t \geqslant 0$ 情形下证明条款 (3) 成立, 密度函数与分布函数由条款 (3) 易得. 设 $n = 2, 3, \cdots$, 考察式 (1.3.25), 注意到此时 $\lambda_i = i\lambda$, $i = 1, 2, \cdots, n$, 所以当 $t \geqslant 0$ 时,

$$\overline{F}_{S_n}(t) = \sum_{i=1}^{n} \left(\prod_{\substack{j=1 \\ j \neq i}}^{n} \frac{j\lambda}{j\lambda - i\lambda} \right) \mathrm{e}^{-i\lambda t} = \sum_{i=1}^{n} \left(\prod_{\substack{j=1 \\ j \neq i}}^{n} \frac{j}{j-i} \right) \mathrm{e}^{-i\lambda t}, \quad (1.3.26)$$

将式 (1.1.3) 代入式 (1.3.26) 得

$$\overline{F}_{S_n}(t) = \sum_{i=1}^{n} (-1)^{i+1} \binom{n}{i} \mathrm{e}^{-i\lambda t} = -\sum_{i=1}^{n} (-1)^{i} \binom{n}{i} \mathrm{e}^{-i\lambda t}. \quad (1.3.27)$$

另由二项式定理得

$$(1 - \mathrm{e}^{-\lambda t})^n = \sum_{i=0}^{n} \binom{n}{i} (-\mathrm{e}^{-\lambda t})^i = 1 + \sum_{i=1}^{n} (-1)^i \binom{n}{i} \mathrm{e}^{-i\lambda t}. \quad (1.3.28)$$

对比式 (1.3.27) 与式 (1.3.28) 可得

$$\overline{F}_{S_n}(t) = 1 - (1 - \mathrm{e}^{-\lambda t})^n. \quad (1.3.29)$$

易得式 (1.3.29) 对 $n = 1$ 也成立. 推论得证. ∎

1.3.8 截尾分布

在截断 δ 冲击模型可靠度的计算中需要对随机变量进行截尾取条件, 所以计算截尾分布就显得非常重要. 若不特殊说明, 以下 a 都表示给定的一个常数, 满足 $\inf \mathbf{R}_X < a < \sup \mathbf{R}_X$.

1.3.8.1 截尾分布的概念

定义 1.3.18 设随机变量 X 服从分布 $\mathcal{P}$, 把 $X > a$ 条件下 X 的条件分布称为 X 及其分布 $\mathcal{P}$ 在点 a 处的左截尾分布.

设随机变量 X 的分布函数为 $F_X(x)$, 则 X 在点 a 处的左截尾分布的分布函数为 $F_{\{X|X>a\}}(x) = P(X \leqslant x \mid X > a)$. 显然, 若 $x \leqslant a$, 则 $P(X \leqslant x \mid X > a) = 0$. 现设 $x > a$, 则

$$P(X \leqslant x \mid X > a) = \frac{P(a < X \leqslant x)}{P(X > a)} = \frac{F_X(x) - F_X(a)}{\overline{F}_X(a)}.$$

综上所述, 有 X 在点 a 处的左截尾分布的分布函数为

$$F_{\{X|X>a\}}(x) = \begin{cases} 0, & x \leqslant a, \\ \dfrac{F_X(x) - F_X(a)}{\overline{F}_X(a)}, & x > a. \end{cases} \quad (1.3.30)$$

因此, 左截尾分布的等价定义如下.

定义 1.3.19   设随机变量 X 的分布函数为 F_X, 记

$$G(x) = \begin{cases} 0, & x \leqslant a, \\ \dfrac{F_X(x) - F_X(a)}{\overline{F}_X(a)}, & x > a, \end{cases}$$

则称分布函数 $G(x)$ 对应的分布为随机变量 X 及其分布在点 a 处的左截尾分布, 称 $G(x)$ 为 X 及其分布在点 a 处的左截尾分布函数.

由式 (1.3.30) 可看出, 左截尾分布在截尾点 a 左边的点 (即小于 a 的点) 取值可能性 (概率) 为 0, 这也是取名为左截尾分布的由来.

类似于左截尾分布, 我们也可定义 X 在点 a 处的右截尾分布.

定义 1.3.20   设随机变量 X 服从分布 $\mathcal{P}$, 把 $X \leqslant a$ 条件下 X 的条件分布称为 X 及其分布 $\mathcal{P}$ 在点 a 处的右截尾分布.

设随机变量的分布函数为 $F_X(x)$, 则 X 在点 a 处的右截尾分布的分布函数为 $F_{\{X|X \leqslant a\}}(x) = P(X \leqslant x \mid X \leqslant a)$. 显然, 若 $x \geqslant a$, 则 $P(X \leqslant x \mid X \leqslant a) = 1$. 现设 $x < a$, 则

$$P(X \leqslant x \mid X \leqslant a) = \frac{P(X \leqslant x, X \leqslant a)}{P(X \leqslant a)} = \frac{P(X \leqslant x)}{P(X \leqslant a)} = \frac{F_X(x)}{F_X(a)}.$$

综上所述, 有 X 在点 a 处的右截尾分布的分布函数为

$$F_{\{X|X \leqslant a\}}(x) = \begin{cases} \dfrac{F_X(x)}{F_X(a)}, & x \leqslant a, \\ 1, & x > a. \end{cases} \tag{1.3.31}$$

因此, 右截尾分布的等价定义如下.

定义 1.3.21   设随机变量 X 的分布函数为 $F_X(x)$, 记

$$G(x) = \begin{cases} \dfrac{F_X(x)}{F_X(a)}, & x \leqslant a, \\ 1, & x > a, \end{cases} \tag{1.3.32}$$

则称分布函数 $G(x)$ 对应的分布为随机变量 X 及其分布在点 a 处的右截尾分布, 称 $G(x)$ 为 X 及其分布在点 a 处的右截尾分布函数.

在右截尾分布式 (1.3.32) 中, 有些文献将 $F_X(a)$ 称为**归一化因子**, $G(x)$ 也可称为 $F_X(x)$ 以 $F_X(a)$ 为归一化因子的右截尾分布函数.

下面计算非负随机变量右截尾分布的拉普拉斯函数, 即右截尾分布函数的拉普拉斯-斯蒂尔切斯变换. 设 X 为非负随机变量, $a > 0$, 即有

$$\mathcal{LS}(F_{(X|X \leqslant a)}(x)) = \int_0^\infty \mathrm{e}^{-sx} \mathrm{d} F_{(X|X \leqslant a)}(x), \quad s > 0, \tag{1.3.33}$$

将式 (1.3.31) 代入式 (1.3.33) 得

$$\mathcal{LS}(F_{\{X|X\leqslant a\}}(x)) = \frac{1}{F_X(a)} \int_0^a e^{-sx} dF_X(x). \tag{1.3.34}$$

由式 (1.3.34) 可看出, 对 $\forall -\infty < s < \infty$, 右截尾分布的拉普拉斯函数都是存在的.

定理 1.3.15 设 $F_X(x)$ 是非负随机变量 X 的分布函数, 则 X 在点 $a > 0$ 处的右截尾分布的拉普拉斯函数为

$$L_{\{X|X\leqslant a\}}(s) = \frac{1}{F_X(a)} \int_0^a e^{-sx} dF_X(x), \quad -\infty < s < \infty. \tag{1.3.35}$$

下面再计算非负随机变量右截尾分布的期望, 仍设 $a > 0$, 使用生存函数计算期望公式得

$$E[X|X \leqslant a] = \int_0^\infty \overline{F}_{\{X|X\leqslant a\}}(x) dx, \tag{1.3.36}$$

将式 (1.3.31) 代入式 (1.3.36) 得

$$E[X|X \leqslant a] = \int_0^a \left[1 - \frac{F_X(x)}{F_X(a)}\right] dx = a - \frac{1}{F_X(a)} \int_0^a F_X(x) dx. \tag{1.3.37}$$

事实上, 对式 (1.3.35) 关于 s 计算 0 点处的导数并加负号也可得式 (1.3.37).

1.3.8.2 截尾均匀分布

设 $0 < a < b$, $X \sim U(0,b)$, 则由式 (1.3.30) 与式 (1.3.32), 易得定理 1.3.16.

定理 1.3.16 设 $0 < a < b$, 则 $U(0,b)$ 在点 a 处的左截尾分布为 $U(a,b)$, $U(0,b)$ 在点 a 处的右截尾分布为 $U(0,a)$.

1.3.8.3 截尾指数分布

定义 1.3.22 设 $a > 0$, $\lambda > 0$, 若 $X \sim \text{Exp}(\lambda)$, 则将 X 在点 a 处的左截尾分布称为参数为 λ, a 的左截尾指数分布, 记作 $\text{LExp}(\lambda, a)$, 即 $(X|X > a) \sim \text{LExp}(\lambda, a)$.

由上述记号可得: 若 $(X|X > a) \sim \text{LExp}(\lambda, a)$, 则 $X \sim \text{Exp}(\lambda)$.

类似地有右截尾指数分布的定义.

定义 1.3.23 设 $a > 0$, $\lambda > 0$, 若 $X \sim \text{Exp}(\lambda)$, 则将 X 在点 a 处的右截尾分布称为参数为 λ, a 的右截尾指数分布, 记作 $\text{RExp}(\lambda, a)$, 即 $(X|X \leqslant a) \sim \text{RExp}(\lambda, a)$.

同样类似地有: 若 $(X|X \leqslant a) \sim \text{RExp}(\lambda, a)$, 则 $X \sim \text{Exp}(\lambda)$.

由式 (1.3.30) 与式 (1.3.32), 易得截尾指数分布的分布函数、生存函数及密度函数. 附表 22 列举了左截尾指数分布与右截尾指数分布的一些分布律和期望.

1.3.8.4 右截尾正值几何分布

下面不加证明地给出右截尾正值几何分布的概率母函数.

定理 1.3.17 设 $a = 1, 2, \cdots$, $X \sim \mathrm{PG}(p)$, 则 X 在点 a 处的右截尾分布的概率母函数为

$$\psi_{\{X|X\leqslant a\}}(t) = \begin{cases} \dfrac{pt}{1-(1-p)^a} \dfrac{1-[t(1-p)]^a}{1-t(1-p)}, & t \neq \dfrac{1}{1-p}, \\ \dfrac{ap}{(1-p)(1-(1-p)^a)}, & t = \dfrac{1}{1-p}. \end{cases} \tag{1.3.38}$$

1.4 随机过程

随机过程是描述研究随机冲击模型的重要工具. 本节介绍随机过程的基本概念与基本理论, 对于一些常用的经典随机过程, 本节只给出这些随机过程的定义, 有关详细的性质将在 1.5 节随机点过程中叙述.

1.4.1 随机过程基本概念

1.4.1.1 随机过程的定义

简单地说, 一个**随机过程** $\{X(t), t \in T\}$ (也称为随机函数) 就是按照一定次序排列的无穷多个随机变量的集合, 它反映了某个现实随机系统依时间或空间的演变过程.

在随机过程的表示式 $\{X(t), t \in T\}$ 中, t 称为**索引** (或指针), T 称为**索引集** (或指针集)[①], 索引集 T 可以是一个可数集或不可数集[②]. 当给定某个具体的索引 t 时, $X(t)$ 是一个随机变量, 即 t 指示的那个随机变量. 在许多情况下, $\{X(t), t \in T\}$ 反映的是现实系统依时间演变的过程, 此时 T 表示了现实系统中的时间轴, t 就表示了其中的一个时间点, 所以, 以后为理解方便, 通常称 t 为**时刻** (或时间), 其中 $\min T$ 称为**初始时刻**.

对 $\forall t \in T$, $X(t)$ 的每一个可能的取值称为过程的**状态**, 所有可能的状态构成的集合称为**状态空间** (也称为状态集或相空间), 本书用 V 标记状态空间. 对 $\forall t \in T, x \in V$, 若 $X(t) = x$, 可将 $X(t) = x$ 读作 "时刻 t 过程 (或系统) 所处的状态为 x", 所以, $X(t)$ 也可简单读作 "时刻 t 过程 (或系统) 所处的状态". 初始时刻过程所处的状态称为过程的**初始状态**. 状态空间 V 可以是一个有限集合、可数集或不可数集, 通常 V 是一个实数集[③].

[①] 有些文献中称 t 为参数或指标, 而将 T 称为参数集或指标集. 由于这种所谓容易与某些具体过程中概率分布的参数混淆, 所以本书未采用参数或指标这样的名称, 而称 t 为**索引**, 称 T 为**索引集**.

[②] 随机过程中的索引集 T 一般不是一个有限集.

[③] 如果状态空间 V 是一个抽象的可测空间, $\{X(t), t \in T\}$ 一般称为**随机元**. 随机过程是状态空间为实数集的特殊随机元. 此外, 如果 V 是向量集合 (即状态是向量), $\{X(t), t \in T\}$ 称为**随机场**.

当随机过程中的每一个随机变量取定一个可能的值，也就是每一个时间点都指定了一个状态时，就得到了随机过程的一个**样本轨道** (也称为随机过程的样本路径或样本函数). 样本轨道是一个定义在 T 上的通常意义下的普通函数, 它表示了随机过程 (在整个时间轴上) 的某个可能的具体的试验结果, 反映了现实系统的 (在整个时间轴上) 具体的演变结果, 所以也称为随机过程的一个实现.

1.4.1.2 随机过程的分类

可根据索引集 T 对随机过程进行分类.

如果随机过程的索引集 T 是一个可数集, 则该随机过程称为**离散时间随机过程**. 特别地, 当 T 是 (非负) 整数集的子集时, 随机过程可称为随机序列, 随机序列通常表示为 $\{X_n, n = 0, 1, 2, \cdots\}$ 或 $\{X_n, n = 1, 2, \cdots\}$ 的形式. 若不特别说明, 本书提到的离散时间随机过程均指随机序列. 除非有特别说明, 本书所指的随机序列的初始时刻都为 $n = 0$ 或 $n = 1$.

相应地, 如果随机过程的索引集 T 是一个实数区间时, 则该随机过程通常称为**连续时间随机过程**. 除非有特别说明, 本书描述的连续时间随机过程的索引集都为 $T = \{t \geqslant 0\}$, 此时有 $\{X(t), t \geqslant 0\}$.

如果随机过程的状态空间 V 是一个离散集合 (即有限集合或可数集, 也称为至多可数集), 则该随机过程称为链过程, 简称为**链**.

1.4.2 离散时间过程 (随机序列)

1.4.2.1 独立序列

定义 1.4.1 设 $X_n, n = 1, 2, \cdots$ 相互独立, 则称随机序列 $\{X_n, n = 1, 2, \cdots\}$ 为独立序列, 记作 $\{X_n, n = 1, 2, \cdots\} \sim \mathbf{INP}$[①].

1.4.2.2 独立同分布序列

定义 1.4.2 设 $X_n, n = 1, 2, \cdots$ 独立同分布于 $\mathcal{P}$, 其共同的分布函数为 $F(t)$, 则称随机序列 $\{X_n, n = 1, 2, \cdots\}$ 为独立同分布序列, 记作 $\{X_n, n = 1, 2, \cdots\} \sim \mathbf{IIDP}(F(t))$ 或 $\{X_n, n = 1, 2, \cdots\} \sim \mathbf{IIDP}(\mathcal{P})$.

在一个独立同分布序列中, 如果不强调分布, 也可简记为 $\{X_n, n = 1, 2, \cdots\} \sim \mathbf{IIDP}$.

设 $\{X_n, n = 1, 2, \cdots\} \sim \mathbf{IIDP}(F(t))$. 如果 $F(t)$ 是一个连续型分布函数, 则称 $\{X_n, n = 1, 2, \cdots\}$ 为连续状态独立同分布序列, 此时若 $F(t)$ 的密度为 $f(t)$, 则连续状态独立同分布序列也可记作 $\{X_n, n = 1, 2, \cdots\} \sim \mathbf{IIDP}_\mathrm{C}(f(t))$. 如果 $F(t)$ 是一个离散型分布函数, 则称 $\{X_n, n = 1, 2, \cdots\}$ 为离散状态独立同分布序

---

① 为描述清晰, 本书采用正体加粗的格式来标记一个具体随机过程名称, 以便与随机变量的分布名称区别.

列, 此时若 $F(t)$ 的分布列为 $\{p_k\}$, 则离散状态独立同分布序列也可记作 $\{X_n, n = 1, 2, \cdots\} \sim \mathbf{IIDP}_\mathrm{D}(p_k)$.

1.4.2.3 非负独立同分布序列 (更新流过程)

定义 1.4.3 设 $\{X_n, n = 1, 2, \cdots\} \sim \mathbf{IIDP}(F(t))$, 如果对 $\forall t < 0$, $F(t) = 0$, 则称 $\{X_n, n = 1, 2, \cdots\}$ 是一个非负独立同分布序列, 也称为更新流过程或更新流序列, 简称为更新流, 记作 $\{X_n, n = 1, 2, \cdots\} \sim \mathbf{RNFP}(F(t))$. 若 $F(t)$ 对应的分布为 $\mathcal{P}$, 则 $\mathbf{RNFP}(F(t))$ 也可记作 $\mathbf{RNFP}(\mathcal{P})$, 并将 $\mathcal{P}$ 称为更新流的分布.

例如, $\{X_n, n = 1, 2, \cdots\} \sim \mathbf{RNFP}(\mathrm{Exp}(\lambda))$ 表明 $X_n \sim \mathrm{Exp}(\lambda), n = 1, 2, \cdots$ 且相互独立, 称 $\mathbf{RNFP}(\mathrm{Exp}(\lambda))$ 为指数分布更新流, 简称**指数更新流**或**简单流**.

设 $\{X_n, n = 1, 2, \cdots\} \sim \mathbf{RNFP}(F(t))$. 如果 $F(t)$ 是一个连续型分布函数, 则称 $\{X_n, n = 1, 2, \cdots\}$ 为**纯更新流** (即状态空间连续的更新流称为纯更新流), 此时若 $F(t)$ 的密度为 $f(t)$, 则纯更新流也可记作 $\{X_n, n = 1, 2, \cdots\} \sim \mathbf{RNFP}_\mathrm{C}(f(t))$. 如果 $F(t)$ 是一个离散型分布函数, 则称 $\{X_n, n = 1, 2, \cdots\}$ 为**更新链** (即状态空间离散的更新流称为更新链), 此时若 $F(t)$ 的分布列为 $\{p_k\}$, 则更新链也可记作 $\{X_n, n = 1, 2, \cdots\} \sim \mathbf{RNFP}_\mathrm{D}(p_k)$.

1.4.2.4 随机单调过程

定义 1.4.4 如果随机序列 $\{X_n, n = 1, 2, \cdots\}$ 对 $\forall n = 1, 2, \cdots$, 满足

$$X_n \leqslant_\mathrm{st} X_{n+1},$$

则称 $\{X_n, n = 1, 2, \cdots\}$ 是一个随机递增过程.

定义 1.4.5 如果随机序列 $\{X_n, n = 1, 2, \cdots\}$ 对 $\forall n = 1, 2, \cdots$, 满足

$$X_n \geqslant_\mathrm{st} X_{n+1},$$

则称 $\{X_n, n = 1, 2, \cdots\}$ 是一个随机递减过程.

随机递增过程和随机递减过程合称为随机单调过程.

1.4.2.5 几何单调 (比例) 过程

定义 1.4.6 [67] 如果随机序列 $\{X_n, n = 1, 2, \cdots\}$, 存在正实数 $a > 0$, 使得 $\{a^{n-1}X_n, n = 1, 2, \cdots\}$ 构成一个更新流过程, 则称 $\{X_n, n = 1, 2, \cdots\}$ 是一个几何单调过程, 也称为几何比例过程①, 记作 $\{X_n, n = 1, 2, \cdots\} \sim \mathbf{MGP}(a)$, 实数 a 称为几何单调过程的比率. 特别地, 如果 $0 < a < 1$, 则称 $\{X_n, n = 1, 2, \cdots\}$ 是几何递增过程; 如果 $a > 1$, 则称 $\{X_n, n = 1, 2, \cdots\}$ 是几何递减过程.

---

① 文献 [67] 将此过程称为几何过程 (记作 GP(a)), 文献 [120] 在此过程基础上定义了更新几何过程. 为了与后面的正值几何过程 (定义 1.4.9) 区别, 我们称其为几何单调过程或几何比例过程.

显然, 如果几何单调过程的比率 $a = 1$, 则几何单调过程就退化为普通的更新流过程. 几何单调过程具有下面重要的性质.

定理 1.4.1[67]　设 $\{X_n, n = 1, 2, \cdots\} \sim \mathbf{MGP}(a)$, 如果 $EX_1 < \infty$, 则 $\forall n = 1, 2, \cdots$,

$$EX_1 = a^{n-1} EX_n. \tag{1.4.1}$$

1.4.2.6　马尔可夫链

定义 1.4.7　设随机序列 $\{X_n, n = 0, 1, \cdots\}$ 的状态空间 $\boldsymbol{V}$ 是一个离散集合, 如果 $\{X_n, n = 0, 1, \cdots\}$ 满足

(1) 马尔可夫性, 即对 $\forall n = 1, 2, \cdots$ 及 $i_0, i_1, \cdots, i_{n-1}, i, j \in \boldsymbol{V}$, 有

$$P(X_{n+1} = j \mid X_0 = i_0, X_1 = i_1, \cdots, X_{n-1} = i_{n-1}, X_n = i) = P(X_{n+1} = j \mid X_n = i);$$

(2) 齐次转移性, 即对 $\forall n, m = 0, 1, \cdots$ 及 $i, j \in \boldsymbol{V}$, 有

$$P(X_{n+1} = j \mid X_n = i) = P(X_{m+1} = j \mid X_m = i),$$

则称 $\{X_n, n = 0, 1, \cdots\}$ 为离散时间齐次马尔可夫链, 简称马尔可夫链①.

设 $\{X_n, n = 0, 1, \cdots\}$ 为马尔可夫链, $\forall i, j \in \boldsymbol{V}$, 称 $a_i \triangleq P(X_0 = i)$ 为初始概率, 向量 $\boldsymbol{A} \triangleq (a_i, i \in \boldsymbol{V})$ 称为**初始分布** (向量), $p_{ij} \triangleq P(X_1 = j \mid X_0 = i)$ 称为 (一步) **转移概率**, 矩阵

$$\boldsymbol{P} \triangleq (p_{i\,j}) = \begin{pmatrix} p_{00} & p_{01} & \cdots & p_{0j} & \cdots \\ p_{10} & p_{11} & \cdots & p_{1j} & \cdots \\ \vdots & \vdots & & \vdots & \\ p_{i0} & p_{i1} & \cdots & p_{ij} & \cdots \\ \vdots & \vdots & & \vdots & \end{pmatrix}_{|\boldsymbol{V}| \times |\boldsymbol{V}|}$$

称为 (一步) **转移 (概率) 矩阵**, 其中 $|\boldsymbol{V}|$ 表示 $\boldsymbol{V}$ 中状态的个数. 此时可称 $\{X_n, n = 0, 1, \cdots\}$ 为参数是 $(\boldsymbol{A}, \boldsymbol{P})$ 的离散时间齐次马尔可夫链 (简称马尔可夫链), 记作 $\{X_n, n = 0, 1, \cdots\} \sim \mathbf{MP}(\boldsymbol{A}, \boldsymbol{P})$.

可以证明, 具备独立增量的序列是一个马尔可夫链. 判断一个过程为马尔可夫链的方法如定理 1.4.2 所述.

定理 1.4.2 [42]82　设随机序列 $\{X_n, n = 0, 1, \cdots\}$ 的状态空间为 $\boldsymbol{V}$, 若存在一函数 $g : \boldsymbol{V} \times \boldsymbol{V} \to \boldsymbol{V}$, 使得对 $\forall n = 1, 2, \cdots, X_n = g(X_{n-1}, Y_n)$, 其中

---

① 简单地说, 具有马尔可夫性的随机过程称为马尔可夫过程. 根据不同标准, 马尔可夫过程可分为多种类型. 状态空间为离散 (有限或可列) 的马尔可夫过程称为马尔可夫链, 根据索引空间的不同, 又分为离散时间马尔可夫链和连续时间马尔可夫链.

1.4 随机过程

(1) $\{Y_n, n = 1, 2, \cdots\}$ 的状态空间是 $\boldsymbol{V}$ 的子集;
(2) $\{Y_n, n = 1, 2, \cdots\} \sim \mathbf{IIDP}$;
(3) $\{Y_n, n = 1, 2, \cdots\}$ 与 X_0 独立,

则 $\{X_n, n = 0, 1, \cdots\}$ 是一个马尔可夫链, 其转移概率为 $p_{ij} = P(g(i, Y_1) = j)$, $\forall i, j \in \boldsymbol{V}$.

设 $k = 1, 2, \cdots$, 可以证明, 对于马尔可夫链来说, 不仅一步转移概率是齐次的, 对任意 k 步转移概率也是齐次的, 即对任意的非负整数 n, m, 有

$$P(X_{n+k} = j | X_n = i) = P(X_{m+k} = j | X_m = i).$$

同理, 也满足多步的马尔可夫性, 即

$$P(X_{n+k} = j | X_0 = i_0, X_1 = i_1, \cdots, X_{n-1} = i_{n-1}, X_n = i) = P(X_{n+k} = j | X_n = i),$$

其中, $i_0, i_1, \cdots, i_{n-1}, i, j \in \boldsymbol{V}$.

设 $\{X_n, n = 0, 1, \cdots\} \sim \mathbf{MP}(\boldsymbol{A}, \boldsymbol{P})$. $\forall i, j \in \boldsymbol{V}, n = 0, 1, \cdots$, 称 $a_i(n) \triangleq P(X_n = i)$ 为 n 时刻的**绝对概率**, 向量 $\boldsymbol{A}(n) \triangleq (a_i(n), i \in \boldsymbol{V})$ 称为**绝对分布**, $p_{ij}(n) \triangleq P(X_n = j | X_0 = i)$ 称为 n **步转移概率**, 矩阵

$$\boldsymbol{P}(n) \triangleq (p_{ij}(n)) = \begin{pmatrix} p_{00}(n) & p_{01}(n) & \cdots & p_{0j}(n) & \cdots \\ p_{10}(n) & p_{11}(n) & \cdots & p_{1j}(n) & \cdots \\ \vdots & \vdots & & \vdots & \\ p_{i0}(n) & p_{i1}(n) & \cdots & p_{ij}(n) & \cdots \\ \vdots & \vdots & & \vdots & \end{pmatrix}_{|\boldsymbol{V}| \times |\boldsymbol{V}|}$$

称为 n **步转移矩阵**. 显然 $a_i(0) = a_i$, $p_{ij}(0) = p_{ij}$, $\boldsymbol{P}(0) = \boldsymbol{P}$, $\boldsymbol{A}(0) = \boldsymbol{A}$.

对固定的 $n = 0, 1, \cdots$ 及 $i \in \boldsymbol{V}$, 转移概率 $p_{ij}(n)$, $j \in \boldsymbol{V}$ 实质上是随机变量 X_n 的 (条件) 分布列 (给定 $X_0 = i$ 的条件下), 因此满足非负性和正则性, 即

$$p_{ij}(n) \geqslant 0, \quad j \in \boldsymbol{V} \quad \text{及} \quad \sum_{j \in \boldsymbol{V}} p_{ij}(n) = 1.$$

马尔可夫链的转移概率、初始概率和绝对概率之间满足以下关系.

定理 1.4.3 (查普曼–柯尔莫哥洛夫方程, 简称 C-K 方程) 对 $\forall n, m = 0, 1, \cdots$,
(1) $\boldsymbol{P}(n + m) = \boldsymbol{P}(n)\boldsymbol{P}(m)$, 即

$$p_{ij}(n + m) = \sum_{k \in \boldsymbol{V}} p_{ik}(n) p_{kj}(m), \quad i, j \in \boldsymbol{V};$$

(2) $\boldsymbol{P}(n) = \boldsymbol{P}^n$, 即

$$p_{ij}(n) = \sum_{k_1 \in \boldsymbol{V}} \cdots \sum_{k_{n-1} \in \boldsymbol{V}} p_{ik_1} p_{k_1 k_2} \cdots p_{k_{n-1} j}, \quad i, j \in \boldsymbol{V},$$

其中 $\boldsymbol{P}^n$ 表示一步转移矩阵 $\boldsymbol{P}$ 的 n 次方 (幂), 规定 $\boldsymbol{P}^0 = \boldsymbol{I}$, $\boldsymbol{I}$ 表示单位矩阵.

定理 1.4.4 (绝对概率的关系)　对 $\forall n, m = 0, 1, \cdots$,

(1) $\boldsymbol{A}(n+m) = \boldsymbol{A}(n)\boldsymbol{P}(m) = \boldsymbol{A}(n)\boldsymbol{P}^m$, 即

$$a_j(n+m) = \sum_{i \in \boldsymbol{V}} a_i(n) p_{ij}(m), \quad j \in \boldsymbol{V};$$

(2) $\boldsymbol{A}(n) = \boldsymbol{A}\boldsymbol{P}(n) = \boldsymbol{A}\boldsymbol{P}^n$, 即

$$a_j(n) = \sum_{i \in \boldsymbol{V}} a_i p_{ij}(n), \quad j \in \boldsymbol{V}.$$

定理 1.4.5 (有限维分布)　对 $\forall n = 1, 2, \cdots$ 及 $i_1, i_2, \cdots, i_n \in \boldsymbol{V}$,

$$P\{X_1 = i_1, X_2 = i_2, \cdots, X_n = i_n\} = \sum_{k \in \boldsymbol{V}} a_k p_{k i_1} p_{i_1 i_2} \cdots p_{i_{n-1} i_n}.$$

定理 1.4.3 表明了转移概率间的关系, 即 n 步转移概率完全由一步转移概率决定. 定理 1.4.5 说明马尔可夫链的有限维分布完全由它的初始概率和一步转移概率所决定. 因此, 只要知道初始概率和一步转移概率就可确定一个马尔可夫链, 就可以描述马尔可夫链的统计特性.

在一个马尔可夫链中, 设过程当前处于状态 i, 如果 "以后迟早还会处于状态 i" 的概率小于 1 (即以后有再也返回不到状态 i 可能性), 则称状态 i 是**非常返状态**; 如果 "以后迟早还会处于状态 i" 的概率等于 1, 则称状态 i 是**常返状态**. 此外, 如果 $p_{ii} = 1$, 则称状态 i 是**吸收态**. 显然, 吸收态是一个常返状态. 下面给出一个有关吸收态分布的定理.

定理 1.4.6 [42]116　设 m 为正整数, 马尔可夫链 $\{X_n, n = 0, 1, \cdots\}$ 的状态空间 $\boldsymbol{V} = \{0, 1, \cdots, m\}$, 其中, 状态 0 为吸收态, 状态 $1, 2, \cdots, m$ 为非常返状态. 记 ξ 为过程首次到达吸收态 0 的时刻, 则 ξ 的概率分布和概率母函数分别为

(1) $P(\xi = k) = \boldsymbol{A}_{\tilde{V}} \boldsymbol{P}_{\tilde{V}}^{k-1}(\boldsymbol{I} - \boldsymbol{P}_{\tilde{V}})\boldsymbol{e}, k = 1, 2, \cdots;$ 　(1.4.2)

(2) $\psi(t) = a_0 + t\boldsymbol{A}_{\tilde{V}}(\boldsymbol{I} - t\boldsymbol{P}_{\tilde{V}})^{-1}(\boldsymbol{I} - \boldsymbol{P}_{\tilde{V}})\boldsymbol{e}, 0 \leqslant t \leqslant 1,$ 　(1.4.3)

其中, $a_0 = P(X_0 = 0)$, $\tilde{V} = \{1, 2, \cdots, m\}$, $\boldsymbol{A}_{\tilde{V}}$ 为非常返状态集 $\tilde{V}$ 的初始概率向量, $\boldsymbol{P}_{\tilde{V}}$ 为非常返状态 $1, 2, \cdots, m$ 间的 (一步) 转移矩阵, $\boldsymbol{I}$ 是与 $\boldsymbol{P}_{\tilde{V}}$ 同阶的单位矩阵, $\boldsymbol{e}$ 是元素全为 1 的向量.

1.4.2.7　计数序列

定义 1.4.8　设随机序列 $\{X_n, n = 0, 1, \cdots\}$ 的状态空间 $\boldsymbol{V} = \{0, 1, 2, \cdots\}$, 如果 $\{X_n, n = 0, 1, \cdots\}$ 满足单调不减性, 即对任意满足 $n < m$ 的非负整数

n, m，有
$$X_n \leqslant X_m,$$
则称 $\{X_n, n = 0, 1, 2, \cdots\}$ 是一个计数序列，或称为离散时间计数过程[①].

1.4.2.8 正值几何过程

定义 1.4.9 设实数 $0 < p < 1$. 如果独立同分布序列 $\{X_n, n = 1, 2, \cdots\}$，对 $\forall n = 1, 2, \cdots$，有 $X_n \sim \mathrm{PG}(p)$，则称 $\{X_n, n = 1, 2, \cdots\}$ 是一个参数为 p 的正值几何过程，记作 $\{X_n, n = 1, 2, \cdots\} \sim \mathbf{PGP}(p)$[②].

因为正值几何过程是一个独立同分布序列，所以可得等价定义 1.4.10.

定义 1.4.10 设实数 $0 < p < 1$. 若随机序列 $\{X_n, n = 1, 2, \cdots\} \sim \mathbf{IIDP}(\mathrm{PG}(p))$，则称 $\{X_n, n = 1, 2, \cdots\}$ 是一个参数为 p 的正值几何过程，记作 $\{X_n, n = 1, 2, \cdots\} \sim \mathbf{PGP}(p)$.

由定义 1.4.3，正值几何过程是一个更新链.

1.4.2.9 伯努利过程

定义 1.4.11 设实数 $0 < p < 1$. 若独立同分布序列 $\{X_n, n = 1, 2, \cdots\}$，对 $\forall n = 1, 2, \cdots$，有 $X_n \sim \mathrm{Be}(p)$，则称 $\{X_n, n = 1, 2, \cdots\}$ 是一个参数为 p 的伯努利过程，记作 $\{X_n, n = 1, 2, \cdots\} \sim \mathbf{BEP}(p)$.

同正值几何过程一样，伯努利过程是一个独立同分布序列，因此可得等价定义 1.4.12.

定义 1.4.12 设实数 $0 < p < 1$. 若随机序列 $\{X_n, n = 1, 2, \cdots\} \sim \mathbf{IIDP}(\mathrm{Be}(p))$，则称 $\{X_n, n = 1, 2, \cdots\}$ 是一个参数为 p 的伯努利过程，记作 $\{X_n, n = 1, 2, \cdots\} \sim \mathbf{BEP}(p)$.

由定义 1.4.3，显然，伯努利过程也是一个更新链.

1.4.2.10 二项过程

定义 1.4.13 [100]166 设实数 $0 < p < 1$，随机序列 $\{X_n, n = 0, 1, 2, \cdots\}$ 的状态空间为 $\boldsymbol{V} = \{0, 1, 2, \cdots\}$. 如果 $\{X_n, n = 0, 1, \cdots\}$ 满足

(1) 零初值性，即 $X_0 = 0$;

(2) 独立增量性，即设 $m = 2, 3, \cdots$，对任意满足 $0 \leqslant k_0 < k_1 < \cdots < k_m$ 的非负整数 $k_0, k_1, \cdots, k_m$ 及非负整数 $i_1, i_2, \cdots, i_m$，有

$$P(X_{k_m} - X_{k_{m-1}} = i_m | X_{k_j} - X_{k_{j-1}} = i_j, j = 1, 2, \cdots, m-1) = P(X_{k_m} - X_{k_{m-1}} = i_m);$$

---

① 严格来说，计数序列还需要满足：对任意满足 $n < m$ 的非负整数 n, m，增量 $X_m - X_n$ 度量了过程在 $n+1, n+2, \cdots, m$ 这些索引时间点上发生的事件总个数.

② 注意不要将此正值几何过程与定义 1.4.6 中的几何单调过程或几何比例过程混淆.

(3) 二项增量性, $\forall n = 1, 2, 3, \cdots$, 时间长度为 n 的增量服从参数 n, p 的二项分布, 即对任意的非负整数 m, 有

$$P(X_{n+m} - X_m = i) = \binom{n}{i} p^i (1-p)^{n-i}, \quad i = 0, 1, \cdots, n,$$

则称 $\{X_n, n = 0, 1, 2, \cdots\}$ 是一个参数为 p 的二项过程[①], 记作 $\{X_n, n = 0, 1, 2, \cdots\} \sim \mathbf{BP}(p)$.

定义 1.4.13 中的条款 (3) 表明二项过程是一个计数过程, 同时也表明二项过程具有平稳增量性, 即增量的分布只与时间长度有关, 而与起止点无关. 此外, 由于具备独立增量的过程是一个马尔可夫过程, 所以二项过程也是一个马尔可夫链.

1.4.3 连续时间过程

1.4.3.1 计数过程

定义 1.4.14 设随机过程 $\{X(t), t \geqslant 0\}$ 的状态空间 $\boldsymbol{V} = \{0, 1, 2, \cdots\}$, 如果 $\{X(t), t \geqslant 0\}$ 满足单调不减性, 即对 $\forall 0 \leqslant t_1 < t_2$, 有

$$X(t_1) \leqslant X(t_2),$$

则称 $\{X(t), t \geqslant 0\}$ 是一个计数过程[②].

在实际应用中, 对 $\forall t \geqslant 0$, $X(t)$ 通常表示到 t 时刻为止总共发生的"事件"的个数.

1.4.3.2 连续时间马尔可夫链

定义 1.4.15 设随机过程 $\{X(t), t \geqslant 0\}$ 的状态空间 $\boldsymbol{V}$ 是一个离散集合, 如果 $\{X(t), t \geqslant 0\}$ 满足

(1) 马尔可夫性, 即设 $n = 1, 2, \cdots$, 对 $\forall 0 \leqslant t_1 < t_2 < \cdots < t_{n+1}$ 及 $i_1, i_2, \cdots, i_n, j \in \boldsymbol{V}$, 有

$$P(X(t_{n+1}) = j \mid X(t_k) = i_k, k = 1, 2, \cdots, n) = P(X(t_{n+1}) = j \mid X(t_n) = i_n);$$

(2) 齐次转移性, 即 $\forall r, s, t \geqslant 0$ 及 $i, j \in \boldsymbol{V}$, 有

$$P(X(s+t) = j \mid X(s) = i) = P(X(r+t) = j \mid X(r) = i),$$

则称 $\{X(t), t \geqslant 0\}$ 为连续时间齐次马尔可夫链, 或称齐次连续时间马尔可夫链, 简称连续时间马尔可夫链[③].

[①] 文献 [100] 第 166 页中称此过程为伯努利过程.
[②] 严格来说, 计数过程还需要满足 $\forall 0 \leqslant t_1 < t_2$, 增量 $X(t_2) - X(t_1)$ 度量了 (t_1, t_2) 间发生的事件总个数.
[③] 在文献 [17] 中, 称为纯不连续马尔可夫过程, 文献 [32] 中称为可列状态的马尔可夫过程.

设 $\{X(t), t \geqslant 0\}$ 为连续时间马尔可夫链, $\forall i, j \in \boldsymbol{V}$, 称 $a_i \triangleq P(X(0) = i)$ 为**初始概率**, 向量 $\boldsymbol{A} \triangleq (a_i, i \in \boldsymbol{V})$ 称为**初始分布**, $\forall t \geqslant 0$, 称 $p_{ij}(t) \triangleq P(X(t) = j \mid X(0) = i)$ 为 (时长为 t 的) **转移概率**, 矩阵

$$\boldsymbol{P}(t) \triangleq (p_{ij}(t)) = \begin{pmatrix} p_{00}(t) & p_{01}(t) & \cdots & p_{0j}(t) & \cdots \\ p_{10}(t) & p_{11}(t) & \cdots & p_{1j}(t) & \cdots \\ \vdots & \vdots & & \vdots & \\ p_{i0}(t) & p_{i1}(t) & \cdots & p_{ij}(t) & \cdots \\ \vdots & \vdots & & \vdots & \end{pmatrix}_{|\boldsymbol{V}| \times |\boldsymbol{V}|}$$

称为 (时长为 t 的) **转移矩阵**. 此时可称 $\{X(t), t \geqslant 0\}$ 为参数是 $(\boldsymbol{A}, \boldsymbol{P}(t))$ 的连续时间马尔可夫链, 记作 $\{X(t), t \geqslant 0\} \sim \mathbf{CMP}(\boldsymbol{A}, \boldsymbol{P}(t))$.

1.4.3.3 非齐次连续时间马尔可夫链

如果在定义 1.4.15 中将条款 (2) 齐次转移性要求去掉, 则得到连续时间非齐次马尔可夫链, 即得如下定义.

定义 1.4.16 设随机过程 $\{X(t), t \geqslant 0\}$ 的状态空间 $\boldsymbol{V}$ 是一个离散集合, 如果 $\{X(t), t \geqslant 0\}$ 满足马尔可夫性, 即设 $n = 1, 2, \cdots$, 对 $\forall 0 \leqslant t_1 < t_2 < \cdots < t_{n+1}$ 及 $i_1, i_2, \cdots, i_n, j \in \boldsymbol{V}$, 有

$$P(X(t_{n+1}) = j \mid X(t_k) = i_k, k = 1, 2, \cdots, n) = P(X(t_{n+1}) = j \mid X(t_n) = i_n),$$

则称 $\{X(t), t \geqslant 0\}$ 为连续时间非齐次马尔可夫链, 或称为非齐次连续时间马尔可夫链.

设 $\{X(t), t \geqslant 0\}$ 为连续时间非齐次马尔可夫链, $\forall i, j \in \boldsymbol{V}$, 称 $a_i \triangleq P(X(0) = i)$ 为**初始概率**, 向量 $\boldsymbol{A} \triangleq (a_i, i \in \boldsymbol{V})$ 称为**初始分布**, $\forall 0 \leqslant s \leqslant t$, 称 $p_{ij}(s, t) \triangleq P(X(t) = j \mid X(s) = i)$ 为**转移概率**, 矩阵

$$\boldsymbol{P}(s, t) \triangleq (p_{ij}(s, t)) = \begin{pmatrix} p_{00}(s,t) & p_{01}(s,t) & \cdots & p_{0j}(s,t) & \cdots \\ p_{10}(s,t) & p_{11}(s,t) & \cdots & p_{1j}(s,t) & \cdots \\ \vdots & \vdots & & \vdots & \\ p_{i0}(s,t) & p_{i1}(s,t) & \cdots & p_{ij}(s,t) & \cdots \\ \vdots & \vdots & & \vdots & \end{pmatrix}_{|\boldsymbol{V}| \times |\boldsymbol{V}|}$$

称为**转移矩阵**. 此时可称 $\{X(t), t \geqslant 0\}$ 为参数是 $(\boldsymbol{A}, \boldsymbol{P}(s,t))$ 的非齐次连续时间马尔可夫链, 记作 $\{X(t), t \geqslant 0\} \sim \mathbf{NCMP}(\boldsymbol{A}, \boldsymbol{P}(s,t))$.

1.4.3.4 泊松过程

在所有的随机过程中, 泊松过程无疑是最基本最重要的过程. 泊松过程是一类特殊的连续时间马尔可夫链, 也是一类计数过程. 下面给出泊松过程的三个等价定义.

定义 1.4.17 设常数 $\lambda > 0$, 随机过程 $\{X(t), t \geqslant 0\}$ 的状态空间为 $\boldsymbol{V} = \{0, 1, 2, \cdots\}$, 如果 $\{X(t), t \geqslant 0\}$ 满足

(1) 零初值性, 即 $X(0) = 0$;

(2) 独立增量性, 即设 $n = 2, 3, \cdots$, 对 $\forall 0 \leqslant t_0 < t_1 < \cdots < t_n$ 及非负整数 $i_1, i_2, \cdots, i_n$, 有

$$P(X(t_n) - X(t_{n-1}) = i_n \mid X(t_j) - X(t_{j-1}) = i_j, j = 1, 2, \cdots, n-1)$$
$$= P(X(t_n) - X(t_{n-1}) = i_n);$$

(3) 泊松增量性, 即 $\forall t > 0$, 时间长度为 t 的增量服从参数为 λt 的泊松分布, 也就是对 $\forall s > 0$, 有

$$P(X(t+s) - X(s) = n) = e^{-\lambda t} \frac{(\lambda t)^n}{n!}, \quad n = 0, 1, 2, \cdots,$$

则称 $\{X(t), t \geqslant 0\}$ 是一个参数 (速率、强度) 为 λ 的齐次泊松过程, 简称为泊松过程, 记作 $\{X(t), t \geqslant 0\} \sim \mathbf{PP}(\lambda)$.

定义 1.4.18 设常数 $\lambda > 0$, 随机过程 $\{X(t), t \geqslant 0\}$ 的状态空间为 $\boldsymbol{V} = \{0, 1, 2, \cdots\}$, 如果 $\{X(t), t \geqslant 0\}$ 满足

(1) 零初值性, 即 $X(0) = 0$;

(2) 单调不减性, 即对 $\forall 0 \leqslant t_1 < t_2$, 有 $X(t_1) \leqslant X(t_2)$;

(3) 独立增量性, 即设 $n = 2, 3, \cdots$, 对 $\forall 0 \leqslant t_0 < t_1 < \cdots < t_n$ 及非负整数 $i_1, i_2, \cdots, i_n$, 有

$$P(X(t_n) - X(t_{n-1}) = i_n | X(t_j) - X(t_{j-1}) = i_j, j = 1, 2, \cdots, n-1)$$
$$= P(X(t_n) - X(t_{n-1}) = i_n);$$

(4) 一阶微分展开式, 即对 $\forall t, h > 0$, 有 $P(X(t+h) - X(t) = 1) = \lambda h + o(h)$;

(5) 普通性, 即对 $\forall t, h > 0$, 有 $P(X(t+h) - X(t) \geqslant 2) = o(h)$,

则称 $\{X(t), t \geqslant 0\}$ 是一个参数 (速率、强度) 为 λ 的齐次泊松过程, 简称为泊松过程, 记作 $\{X(t), t \geqslant 0\} \sim \mathbf{PP}(\lambda)$.

定义 1.4.19 设常数 $\lambda > 0$, 随机过程 $\{X(t), t \geqslant 0\}$ 的状态空间为 $\boldsymbol{V} = \{0, 1, 2, \cdots\}$, 如果 $\{X(t), t \geqslant 0\}$ 满足

(1) 零初值性, 即 $X(0) = 0$;

(2) 单调不减性, 即对 $\forall 0 \leqslant t_1 < t_2$, 有 $X(t_1) \leqslant X(t_2)$;

(3) 普通性, 即设 $n = 1, 2, \cdots$, 对 $\forall 0 \leqslant t_1 < t_2 < \cdots < t_n$, 满足 $i_1 \leqslant i_2 \leqslant \cdots \leqslant i_n$ 的非负整数 $i_1, i_2, \cdots, i_n$ 及 $h \geqslant 0$, 有

$$P(X(t_n + h) - X(t_n) \geqslant 2 | X(t_1) = i_1, X(t_2) = i_2, \cdots, X(t_n) = i_n) = o(h);$$

(4) 一阶微分展开式, 即设 $n = 1, 2, \cdots$, 对 $\forall 0 \leqslant t_1 < t_2 < \cdots < t_n$, 满足 $i_1 \leqslant i_2 \leqslant \cdots \leqslant i_n$ 的非负整数 $i_1, i_2, \cdots, i_n$ 及 $h \geqslant 0$, 有

$$P(X(t_n + h) - X(t_n) = 1 | X(t_1) = i_1, X(t_2) = i_2, \cdots, X(t_n) = i_n) = \lambda h + o(h),$$

则称 $\{X(t), t \geqslant 0\}$ 是一个参数 (速率、强度) 为 λ 的齐次泊松过程, 简称为泊松过程, 记作 $\{X(t), t \geqslant 0\} \sim \mathbf{PP}(\lambda)$.

在定义 1.4.18 与定义 1.4.19 中, $o(h)$ 表示 h 的高阶无穷小量, 即满足 $\lim\limits_{h \to 0} \dfrac{o(h)}{h} = 0$.

1.4.3.5 时倚非齐次泊松过程

非齐次泊松过程是一类非齐次连续时间马尔可夫链, 因此过程不满足齐次转移性. 下面给出时倚非齐次泊松过程的两个等价定义.

定义 1.4.20 设非负可积函数 $\lambda(t) \geqslant 0$, 随机过程 $\{X(t), t \geqslant 0\}$ 的状态空间为 $\boldsymbol{V} = \{0, 1, 2, \cdots\}$, 如果 $\{X(t), t \geqslant 0\}$ 满足

(1) 零初值性, 即 $X(0) = 0$;

(2) 独立增量性, 即设 $n = 2, 3, \cdots$, 对 $\forall 0 \leqslant t_0 < t_1 < \cdots < t_n$ 及非负整数 $i_1, i_2, \cdots, i_n$, 有

$$P(X(t_n) - X(t_{n-1}) = i_n | X(t_j) - X(t_{j-1}) = i_j, j = 1, 2, \cdots, n-1)$$
$$= P(X(t_n) - X(t_{n-1}) = i_n);$$

(3) 泊松增量性, 对 $\forall t, s > 0$, 有 $X(t+s) - X(s) \sim \mathrm{Poi}\left(\int_s^{t+s} \lambda(x) \mathrm{d}x\right)$, 即

$$P(X(t+s) - X(s) = n) = \exp\left(-\int_s^{t+s} \lambda(x) \mathrm{d}x\right) \frac{\left(\int_s^{t+s} \lambda(x) \mathrm{d}x\right)^n}{n!}, \quad n = 0, 1, 2, \cdots,$$

则称 $\{X(t), t \geqslant 0\}$ 是一个时倚强度为 $\lambda(t)$ 的时倚非齐次泊松过程, 记作 $\{X(t), t \geqslant 0\} \sim \mathbf{NPP}(\lambda(t))$.

定义 1.4.21 设非负可积函数 $\lambda(t) \geqslant 0$, 随机过程 $\{X(t), t \geqslant 0\}$ 的状态空间为 $\boldsymbol{V} = \{0, 1, 2, \cdots\}$, 如果 $\{X(t), t \geqslant 0\}$ 满足

(1) 零初值性, 即 $X(0) = 0$;

(2) 单调不减性, 即对 $\forall 0 \leqslant t_1 < t_2$, 有 $X(t_1) \leqslant X(t_2)$;

(3) 独立增量性, 即设 $n = 2, 3, \cdots$, 对 $\forall 0 \leqslant t_0 < t_1 < \cdots < t_n$ 及非负整数 $i_1, i_2, \cdots, i_n$, 有

$$P(X(t_n) - X(t_{n-1}) = i_n | X(t_j) - X(t_{j-1}) = i_j, j = 1, 2, \cdots, n-1)$$
$$= P(X(t_n) - X(t_{n-1}) = i_n);$$

(4) 普通性, 即对 $\forall t, h > 0$, 有 $P(X(t+h) - X(t) \geqslant 2) = o(h)$;

(5) 一阶微分展开式, 即对 $\forall t, h > 0$, 有 $P(X(t+h) - X(t) = 1) = \lambda(t)h + o(h)$, 则称 $\{X(t), t \geqslant 0\}$ 是一个时倚强度为 $\lambda(t)$ 的时倚非齐次泊松过程, 记作 $\{X(t), t \geqslant 0\} \sim \mathbf{NPP}(\lambda(t))$.

与泊松过程定义相比, 时倚非齐次泊松过程定义中的独立增量性条件必不可少, 不能仅用马尔可夫条件代替. 在本书中, 我们将时倚非齐次泊松过程简称为时倚泊松过程[1], 记 $\Lambda(t) \triangleq \int_0^t \lambda(x)\mathrm{d}x$, 称 $\Lambda(t)$ 是时倚泊松过程的累积强度. 一般假设 $\Lambda(\infty) \triangleq \int_0^\infty \lambda(x)\mathrm{d}x = \infty$.

1.5 随机点过程

1.5.1 随机点过程基本概念

如果我们所研究对象的状态发生改变所花费的时间长度或所占用位置空间在一个很小的范围发生, 则可将状态的发生看作 (浓缩) 成一个理想化的点[2], 我们把这个点称为**事件点**, 即将 "研究对象的状态发生改变" 定义为一个 "事件点" 发生. 将 "事件点集在某 (时间或位置) 空间中随机散布的" 现象, 以及描述这种现象的点分布规律的 (伴随或嵌入) 随机过程统称为随机点过程, 简称**点过程**. 以后用大写希腊字母 $\boldsymbol{\Psi}$[3] 通指一个点过程.

如果点集散布的空间是时间轴, 则称点过程为时间点过程; 如果散布空间是一个几何空间 (地理位置), 则称点过程为空间点过程. 以下若不特殊说明, 提到的点过程总是指时间点过程. 如果点过程 $\boldsymbol{\Psi}$ 的点集只能散布在离散时间点上, 则称 $\boldsymbol{\Psi}$ 为离散时间点过程, 否则称 $\boldsymbol{\Psi}$ 为连续时间点过程, 分别记作 $\boldsymbol{\Psi}_\mathrm{D}$ 与 $\boldsymbol{\Psi}_\mathrm{C}$. 如果为了强调索引时间参数, 可特别记作 $\boldsymbol{\Psi}_\mathrm{D}(n)$ 与 $\boldsymbol{\Psi}_\mathrm{C}(t)$.

---

[1] 在有些文献中, 将时倚非齐次泊松过程直接简称为非齐次泊松过程 [78], 但实际上时倚非齐次泊松过程是特殊的非齐次泊松过程 [19].

[2] 有关点过程的详尽事例参见文献 [19] 第 1–5 页.

[3] $\boldsymbol{\Psi}$ 读作 psi.

1.5 随机点过程

以后若不特殊说明,我们总假设离散时间点过程的索引时间点为非负整数点,即仅在非负整数时间点上考虑点过程.

实际上,伴随着随机点过程 Ψ 的是一套随机过程,或者说随机点过程是这套随机过程的合称,而随机点过程也常用这些伴随的随机过程来表征,常见描述表征 Ψ 的随机过程有**点数过程**、**点距序列**、**点时序列**和**点示过程**等,我们将这些随机过程称为点过程的伴随特征过程,简称为**特征过程**.

描述点过程 Ψ 中事件点发生的总个数的随机过程称为 Ψ 的**点数过程**. 连续时间索引的点数过程常用 $\{N(t), t \geqslant 0\}$ 表示, 其中 $N(t)$ 表示 (从 0 时刻开始计数) 到时刻 t 为止发生的事件点总数 (即在区间 $[0,t]$ 上发生的事件总数). 离散时间索引的点数过程常用 $\{N_n, n=0,1,2,\cdots\}$ 表示, 也称为**点数序列**, 其中 N_n 表示 (从 0 时刻开始计数) 到时刻 n 为止在离散时间点上发生的事件总数 (即在 $0,1,\cdots,n$ 这些索引时间点处发生的事件总数). 显然点数过程构成了一个计数过程, 也称为计数点过程. 需要注意的是, 在 0 时刻事件的总数分为两类: 第一类是在开始计时的 0 时刻之前就发生过的事件数; 第二类是开始计时后在 0 时刻发生的事件数. 在实际应用中要明确 $N(0)$ 或 N_0 是否包含第一类事件数, 本书假定 $N(0)$ 或 N_0 不包含第一类事件数, $N(0)$ 或 N_0 仅包含开始计时后在 0 时刻发生的第二类事件数, 即假设 $N(0-) = 0$ 或 $N_{0-} = 0$, 其中 $N(0-)$ 表示 $N(t)$ 在 $t=0$ 处的左极限.

描述点过程 Ψ 中相邻事件点发生的时间间距的随机过程称为 Ψ 的点间间距序列 (也称为到达间隔时间序列), 简称**点距过程**或**点距序列**. 点距序列用 $\{Z_n, n=1,2,\cdots\}$ 表示, 其中 Z_n 表示第 $n-1$ 个事件点与第 n 个事件点之间的时间距离长度 (时间间隔), 特别地, Z_1 表示 0 时刻到 (从 0 时刻开始计数) 第 1 个事件点发生时刻的时间间隔, 也即第 1 个事件点发生时刻. 由离散时间点过程的非负整数时间点假设可得, 离散时间点过程的点距分布只能是周期为非负正整数的格点分布. 此外, 即使是连续时间点过程, 其点距分布也可能是离散型分布.

描述点过程 Ψ 中事件点发生时刻的随机过程称为 Ψ 的点发生时间序列 (也称为到达时间序列或等待时间序列), 简称为**点时序列**, 由于点时序列记录了事件点发生时刻, 所以也称为记时序列. 点时序列常用 $\{S_n, n=1,2,\cdots\}$ 表示, 其中 S_n 表示 (从 0 时刻开始计数的) 第 n 个事件点发生的时刻, 也称为第 n 个事件点到达的时刻或直到第 n 个事件点到达的等待时间. 为计算方便, 通常设 $S_0 \equiv 0$.

指示点过程 Ψ 中在时间点上是否有事件点发生的随机过程称为 Ψ 的**点示过程**. 连续时间索引的点示过程用 $\{Y(t), t \geqslant 0\}$ 表示, 其中 $Y(t)$ 表示在时刻 t 是否有事件点发生, 即 $Y(t) = \begin{cases} 1, & t \text{ 时刻有事件点发生}, \\ 0, & t \text{ 时刻没有事件点发生}. \end{cases}$ 离散时间索引的点示过程用 $\{Y_n, n=0,1,2,\cdots\}$ 表示, 也称为点示序列, 其中 Y_n 表示在时刻 n 是否有事件点发生, 即 $Y_n = \begin{cases} 1, & n \text{ 时刻有事件点发生}, \\ 0, & n \text{ 时刻没有事件点发生}. \end{cases}$

后面若不特殊说明, $\{N(t), t \geqslant 0\}$(或 $\{N_n, n = 0, 1, 2, \cdots\}$), $\{Z_n, n = 1, 2, \cdots\}$, $\{S_n, n = 1, 2, \cdots\}$ 和 $\{Y(t), t \geqslant 0\}$(或 $\{Y_n, n = 0, 1, 2, \cdots\}$) 就分别表示点过程 Ψ 的 (伴随) 点数过程 (或点数序列)、点距序列、点时序列和点示过程 (或点示序列).

在一般情况下, 点数过程、点距序列、点时序列之间有下面的关系式, 对 $\forall n = 1, 2, \cdots, t \geqslant 0$,

(1) $S_n = \sum_{i=1}^{n} Z_i$;

(2) $Z_n = S_{n+1} - S_n$;

(3) $N(t) = \sup\{n \mid S_n \leqslant t, n = 0, 1, 2, \cdots\}$, 其中 $S_0 \equiv 0$, $\sup A$ 表示集合 A 的上确界;

(4) $\{S_n \leqslant t\} \Leftrightarrow \{N(t) \geqslant n\}$;

(5) $\{Z_1 < t\} \Leftrightarrow \{N(t) > 0\}$.

所以在一般情况下, 三者可互相确定.

需要清楚的是, 虽然我们用这些伴随特征随机过程来表征点过程, 但实际上这些随机过程本身不是点过程, 点过程可看作是这些伴随特征过程互相交融成一个整体的总称. 一个点过程 Ψ 与其特征过程 (即点数过程、点距序列、点时序列与点示序列) 的关系, 类似于随机变量的分布 $\mathcal{P}$ 与其分布律 (例如分布函数、生存函数、特征函数等) 的关系. 分布 $\mathcal{P}$ 的分布律本身不是 $\mathcal{P}$, 但这些分布律反映了分布, 在一定条件下, 这些分布律与分布一一对应, 所以给定分布律就确定了分布. 类似地, 一个点过程 Ψ 的特征过程本身不是点过程 Ψ, 但这些特征过程反映了点过程, 同样在一定条件下, 这些特征过程与点过程是一一对应的, 所以给定特征过程就确定了点过程. 例如, 点数过程 $\{N(t), t \geqslant 0\}$ 在点过程特征过程中的地位相当于分布函数在分布律中的地位. 因此一些文献中经常将特征过程与点过程看作是等同的东西, 有时索性将这些特征过程也直接称作点过程[①].

除了特征过程可描述一个点过程外, 任意一个一般的随机过程也可诱导出一个点过程. 设随机过程 $\{X(t), t \geqslant 0\}$ 表征了某一研究对象的状态演变过程, 即 $X(t)$ 表示 t 时刻研究对象所处的状态, 由点过程定义可知, "研究对象的状态改变" 相当于一个 "事件点" 发生, 所以 $\{X(t), t \geqslant 0\}$ 中状态改变的时刻对应了一

---

① 此时, 如果点数过程、点距序列、点时序列和点示过程描述表征了同一个点过程 Ψ 的点分布规律, 则这四个过程就是同一个点过程 Ψ. 大部分文献直接将 $\{N(t), t \geqslant 0\}$ 称为 (计数) 点过程, 而将 $\{S_n, n = 1, 2, \cdots\}$ 或 $\{Z_n, n = 1, 2, \cdots\}$ 称为事件流. 在有些文献中, 仅将点时序列 $\{S_n, n = 1, 2, \cdots\}$ 称为点过程, 而将相应的点数过程 $\{N(t), t \geqslant 0\}$ 称为点过程的伴随计数过程.

个点时过程, 以此确定了一个点过程 $\boldsymbol{\Psi}$. 我们将 $\boldsymbol{\Psi}$ 称为 $\{X(t), t \geqslant 0\}$ 的导出点过程, 而将 $\{X(t), t \geqslant 0\}$ 称为点过程 $\boldsymbol{\Psi}$ 的前驱过程 (或对象过程或状态过程).

反过来, 给定一个点过程 $\boldsymbol{\Psi}$, 除去四个特征过程外, 也可由点过程导出其他的随机过程. 1.5.8 节与 1.5.9 节介绍了几个点过程导出的随机过程.

下面介绍一些具体的随机点过程. 为了与随机过程的记号区别, 本书采用将点过程的名称加粗并用方括号界定的格式来标记一个具体的点过程.

1.5.2 二项点过程 (伯努利点过程)

1.5.2.1 二项点过程的定义

下面分别给出用点数序列、点示序列和点距序列定义的二项点过程.

定义 1.5.1 设 $\{N_n, n = 0, 1, 2, \cdots\}$ 是离散时间点过程 $\boldsymbol{\Psi}$ 的点数序列, 如果 $\{N_n, n = 0, 1, 2, \cdots\}$ 是一个二项过程, 即 $\{N_n, n = 0, 1, 2, \cdots\} \sim \mathbf{BP}(p)$, 则称 $\boldsymbol{\Psi}$ 是一个参数为 p 的二项点过程, 记作 $\boldsymbol{\Psi} \sim [\mathbf{BP}(p)]$.

定义 1.5.2 设 $\{Y_n, n = 0, 1, 2, \cdots\}$ 是离散时间点过程 $\boldsymbol{\Psi}$ 的点示序列, 如果 $Y_0 = 0$ 且 $\{Y_n, n = 1, 2, \cdots\}$ 是一个伯努利过程, 即 $\{Y_n, n = 1, 2, \cdots\} \sim \mathbf{BEP}(p)$, 则称 $\boldsymbol{\Psi}$ 是一个参数为 p 的二项点过程, 记作 $\boldsymbol{\Psi} \sim [\mathbf{BP}(p)]$.

定义 1.5.3 设 $\{Z_n, n = 1, 2, \cdots\}$ 是离散时间点过程 $\boldsymbol{\Psi}$ 的点距序列, 如果 $\{Z_n, n = 1, 2, \cdots\}$ 是一个正值几何过程, 即 $\{Z_n, n = 1, 2, \cdots\} \sim \mathbf{PGP}(p)$, 则称 $\boldsymbol{\Psi}$ 是一个参数为 p 的二项点过程, 记作 $\boldsymbol{\Psi} \sim [\mathbf{BP}(p)]$.

可以证明, 定义 1.5.1—定义 1.5.3 给出的点过程是同一个二项点过程, 即三个定义是等价的 [100]166①.

在定义 1.5.2 意义下, 二项点过程是一个更新链点示点过程 (即点示序列构成一个更新链). 此外, 基于定义 1.5.2, 二项点过程也称为**伯努利点过程**.

1.5.2.2 二项点过程点数序列的性质

设 $\{N_n, n = 0, 1, 2, \cdots\}$ 是二项点过程 $[\mathbf{BP}(p)]$ 的点数序列, 则 $\{N_n, n = 0, 1, 2, \cdots\}$ 满足下面一些定理.

定理 1.5.1 $\{N_n, n = 0, 1, 2, \cdots\}$ 属于如下过程类别:

(1) $\{N_n, n = 0, 1, 2, \cdots\}$ 是参数为 p 的二项过程, 即

$$\{N_n, n = 0, 1, 2, \cdots\} \sim \mathbf{BP}(p);$$

(2) $\{N_n, n = 0, 1, 2, \cdots\}$ 是状态空间 $\boldsymbol{V} = \{0, 1, 2, \cdots\}$ 的马尔可夫链, 即

$$\{N_n, n = 0, 1, 2, \cdots\} \sim \mathbf{MP}(\boldsymbol{A}, \boldsymbol{P}),$$

---

① 在一些文献中, 如果点 $\boldsymbol{\Psi} \sim [\mathbf{BP}(p)]$, 其对应的点数序列 $\{N_n, n = 0, 1, 2, \cdots\}$、点距序列 $\{Z_n, n = 1, 2, \cdots\}$、点时序列 $\{S_n, n = 1, 2, \cdots\}$、点示序列 $\{Y_n, n = 0, 1, 2, \cdots\}$ 也称为二项点过程或伯努利点过程.

其中，初始分布 $\boldsymbol{A} = \{a_i, i = 0, 1, 2, \cdots\}$ 满足 $a_0 = 1$, $a_i = 0$, $i = 1, 2, \cdots$, 转移矩阵 $\boldsymbol{P}$ 中的转移概率满足：对 $\forall i, j = 0, 1, 2, \cdots$, 有 $p_{ij} = \begin{cases} 1-p, & j = i, \\ p, & j = i+1, \\ 0, & \text{其他}. \end{cases}$

定理 1.5.2 $\forall n = 1, 2, 3, \cdots$, 时间长度为 n 的点数增量服从参数为 n, p 的二项分布，即对任意的非负整数 m, 有

$$P(N_{n+m} - N_m = k) = \binom{n}{k} p^k (1-p)^{n-k}, \quad k = 0, 1, \cdots, n.$$

定理 1.5.3 [100]168 设 $m = 1, 2, \cdots$, 正整数 $n_1 < n_2 < \cdots < n_m$, $(N_{n_1}, N_{n_2}, \cdots, N_{n_m})$ 的联合分布列为：对任意的非负整数 $k_1 \leqslant k_2 \leqslant \cdots \leqslant k_m$, 有

$$P(N_{n_1} = k_1, N_{n_2} = k_2, \cdots, N_{n_m} = k_m)$$
$$= \prod_{i=1}^{m} \binom{n_i - n_{i-1}}{k_i - k_{i-1}} p^{k_i - k_{i-1}} (1-p)^{n_i - n_{i-1} - (k_i - k_{i-1})},$$

其中，$n_0 = k_0 = 0$.

1.5.2.3 二项点过程点距序列的性质

设 $\{Z_n, n = 1, 2, \cdots\}$ 是二项点过程 $[\mathbf{BP}(p)]$ 的点距序列，则 $\{Z_n, n = 1, 2, \cdots\}$ 满足下面一些定理.

定理 1.5.4 $\forall n = 1, 2, \cdots$, 点距 Z_n 满足如下分布特征:
(1) Z_n 服从参数为 p 的正值几何分布，即 $Z_n \sim \mathrm{PG}(p)$;
(2) Z_n 的分布列为

$$p_{Z_n}(k) = P(Z_n = k) = (1-p)^{k-1} p, \quad k = 1, 2, \cdots;$$

(3) Z_n 的分布函数为

$$F_{Z_n}(m) = P(Z_n \leqslant m) = 1 - (1-p)^m, \quad m = 1, 2, \cdots;$$

(4) Z_n 的生存函数为

$$\overline{F}_{Z_n}(m) = P(Z_n > m) = (1-p)^m, \quad m = 1, 2, \cdots.$$

定理 1.5.5 [100]161 $\forall n = 1, 2, \cdots$, $\{Z_1, Z_2, \cdots, Z_n\}$ 中的最小量服从参数为 $1 - (1-p)^n$ 的正值几何分布，即

$$\min\{Z_1, Z_2, \cdots, Z_n\} \sim \mathrm{PG}(1 - (1-p)^n).$$

1.5.2.4 二项点过程点时序列的性质

设 $\{S_n, n=1,2,\cdots\}$ 是二项点过程 $[\mathbf{BP}(p)]$ 的点时序列, 则 $\{S_n, n=1,2,\cdots\}$ 满足下面定理.

定理 1.5.6 $\{S_n, n=1,2,\cdots\}$ 是状态空间 $\boldsymbol{V}=\{1,2,\cdots\}$ 的马尔可夫链, 即

$$\{S_n, n=1,2,\cdots\} \sim \mathbf{MP}(\boldsymbol{A},\boldsymbol{P}),$$

其中, 初始分布 $\boldsymbol{A}=\{a_i, i=1,2,\cdots\}$ 满足 $a_i=(1-p)^{i-1}p$, $i=1,2,\cdots$, 转移矩阵 $\boldsymbol{P}$ 中的转移概率满足: 对 $\forall i,j=1,2,\cdots$, 有 $p_{ij}=\begin{cases}(1-p)^{j-i-1}p, & j>i,\\ 0, & j\leqslant i.\end{cases}$

定理 1.5.7 $\forall n=1,2,\cdots$, 点时 S_n 满足如下分布特征:

(1) S_n 服从参数为 n,p 的正值负二项分布, 即 $S_n \sim \mathrm{PPa}(n,p)$;

(2) S_n 的分布列为 $P(S_n=k)=\begin{pmatrix}k-1\\n-1\end{pmatrix}p^n(1-p)^{k-n}$, $k=n,n+1,\cdots$.

1.5.2.5 二项点过程点示序列的性质

定理 1.5.8 设 $\{Y_n, n=0,1,\cdots\}$ 是二项点过程 $[\mathbf{BP}(p)]$ 的点示序列, 则 $\forall n=1,2,\cdots$, 点示 Y_n 满足如下分布特征:

(1) Y_n 服从参数为 p 的伯努利分布, 即 $Y_n \sim \mathrm{Be}(p)$;

(2) Y_n 服从参数为 $1,p$ 的二项分布, 即 $Y_n \sim \mathrm{B}(1,p)$;

(3) Y_n 的分布列为 $p_{Y_n}(k)=P(Y_n=k)=p^k(1-p)^{1-k}$, $k=0,1$.

1.5.3 离散时间更新点过程

1.5.3.1 离散时间更新点过程的定义

定义 1.5.4 如果离散时间点过程 $\boldsymbol{\Psi}$ 的点距过程 $\{Z_n, n=1,2,\cdots\} \sim \mathbf{RNFP}_\mathrm{D}(\{p_k\})$, 则称 $\boldsymbol{\Psi}$ 是一个参数为 $\{p_k\}$ 的离散时间更新链点距点过程, 简称为离散时间更新点过程, 记作 $\boldsymbol{\Psi} \sim [\mathbf{RNDP}(\{p_k\})]$. 若分布列 $\{p_k\}$ 对应的分布为 $\mathcal{P}$, 则离散时间更新点过程也可记作 $\boldsymbol{\Psi} \sim [\mathbf{RNDP}(\mathcal{P})]$.

例如, $[\mathbf{RNDP}(\mathrm{PG}(p))]$ 表示点距分布为正值几何分布的离散时间更新点过程, 即 1.5.2 节的二项点过程 (或称伯努利点过程), $[\mathbf{RNDP}(\mathrm{DU}(n))]$ 表示点距分布为离散均匀分布的离散时间更新点过程.

显然, 离散时间更新点过程也可定义如下.

定义 1.5.5 如果离散时间点过程 $\boldsymbol{\Psi}$ 的点距过程 $\{Z_n, n=1,2,\cdots\} \sim \mathbf{IIDP}(F(t))$, 其中 $F(t)$ 是离散型分布, 且对 $\forall t<0, F(t)=0$, 若设 $F(t)$ 的分布列为 $\{p_k\}$, 则称 $\boldsymbol{\Psi}$ 是一个参数为 $\{p_k\}$ 的离散时间更新点过程, 记作 $\boldsymbol{\Psi} \sim [\mathbf{RNDP}(\{p_k\})]$.

1.5.3.2 离散时间更新点过程点距序列的性质

定理 1.5.9 设 $\{Z_n, n=1,2,\cdots\}$ 是离散时间更新点过程 $[\mathbf{RNDP}(\{p_k\})]$ 的点距序列, 则 $\forall n=1,2,\cdots$, 点距 Z_n 满足如下分布特征:

(1) Z_n 的分布列为 $p_{Z_n}(k) = p_k,\ k=0,1,2,\cdots$;

(2) Z_n 的分布函数为 $F_{Z_n}(m) = \sum_{k=0}^{m} p_k,\ m=0,1,2,\cdots$;

(3) Z_n 的生存函数为 $\overline{F}_{Z_n}(m) = \sum_{k=m+1}^{\infty} p_k,\ m=0,1,2,\cdots$.

1.5.3.3 离散时间更新点过程点时序列的性质

定理 1.5.10 设 $\{S_n, n=1,2,\cdots\}$ 是离散时间更新点过程 $[\mathbf{RNDP}(p_k)]$ 的点时序列, 则 $\{S_n, n=1,2,\cdots\}$ 是状态空间 $\boldsymbol{V}=\{0,1,2,\cdots\}$ 的马尔可夫链, 即

$$\{S_n, n=1,2,\cdots\} \sim \mathbf{MP}(\boldsymbol{A}, \boldsymbol{P}),$$

其中, 初始分布 $\boldsymbol{A} = \{p_i, i=0,1,2,\cdots\}$, 转移矩阵 $\boldsymbol{P} = (p_{ij})$ 中的转移概率满足对 $\forall i,j=0,1,2,\cdots$, 有 $p_{ij} = \begin{cases} p_{j-i}, & j \geqslant i, \\ 0, & j < i. \end{cases}$

1.5.4 马尔可夫链点示点过程

1.5.4.1 马尔可夫链点示点过程的定义

定义 1.5.6 设 $\{Y_n, n=0,1,2,\cdots\}$ 是离散时间点过程 $\boldsymbol{\Psi}$ 的点示序列, 如果 $\{Y_n, n=0,1,2,\cdots\} \sim \mathbf{MP}(\boldsymbol{A}, \boldsymbol{P})$, 其中 $\boldsymbol{A} = \begin{pmatrix} 1-p \\ p \end{pmatrix}, \boldsymbol{P} = \begin{pmatrix} p_{00} & p_{01} \\ p_{10} & p_{11} \end{pmatrix}$, 则称 $\boldsymbol{\Psi}$ 是一个参数为 $(\boldsymbol{A}, \boldsymbol{P})$ 的马尔可夫链点示点过程. 记作 $\boldsymbol{\Psi} \sim [\mathbf{MP}_Y(\boldsymbol{A}, \boldsymbol{P})]$.

1.5.4.2 马尔可夫链点示点过程点数序列的性质

定理 1.5.11 设 $\{N_n, n=0,1,2,\cdots\}$ 是马尔可夫链点示点过程 $[\mathbf{MP}_Y(\boldsymbol{A}, \boldsymbol{P})]$ 的点数序列, 则 $\forall n=1,2,\cdots$, 点数 N_n 满足

(1) $P(N_n - N_0 = n) = [(1-p)p_{01} + pp_{11}]p_{11}^{n-1}$;

(2) $P(N_n - N_0 = 0) = [(1-p)p_{00} + pp_{10}]p_{00}^{n-1}$.

1.5.4.3 马尔可夫链点示点过程点距序列的性质

设 $\{Z_n, n=1,2,\cdots\}$ 是马尔可夫链点示点过程 $[\mathbf{MP}_Y(\boldsymbol{A}, \boldsymbol{P})]$ 的点距序列, 则 $\{Z_n, n=1,2,\cdots\}$ 满足下面定理.

定理 1.5.12 $\{Z_n, n=2,3,\cdots\}$ 是离散时间更新链, 即 $\{Z_n, n=2,3,\cdots\} \sim$ $\mathbf{RNFP}_D(\{p_k\})$, 其中, $p_k = \begin{cases} p_{11}, & k=1, \\ p_{10}p_{00}^{k-2}p_{01}, & k \geqslant 2. \end{cases}$

定理 1.5.13 设 $p=0$, 则点距 Z_1 满足如下分布特征:
(1) Z_1 服从参数为 p_{01} 的正值几何分布, 即 $Z_1 \sim \mathrm{PG}(p_{01})$;
(2) Z_1 的分布列为 $p_{Z_1}(k) = p_{00}^{k-1}p_{01}$, $k=1,2,\cdots$;
(3) Z_1 的分布函数为 $F_{Z_1}(m) = 1 - p_{00}^m$, $m=1,2,\cdots$;
(4) Z_1 的生存函数为 $\overline{F}_{Z_1}(m) = p_{00}^m$, $m=1,2,\cdots$.

定理 1.5.14 设 $p=1$, 则点距 Z_1 满足如下分布特征:
(1) Z_1 服从参数为 0 的退化分布, 即 $Z_1 \sim \mathrm{De}(0)$;
(2) Z_1 的分布列为 $p_{Z_1}(0) = 1$;
(3) Z_1 的分布函数为 $F_{Z_1}(x) = \begin{cases} 0, & x<0, \\ 1, & x \geqslant 0; \end{cases}$
(4) Z_1 的生存函数为 $\overline{F}_{Z_1}(x) = \begin{cases} 1, & x<0, \\ 0, & x \geqslant 0. \end{cases}$

1.5.4.4 马尔可夫链点示点过程点时序列的性质

定理 1.5.15 设 $\{S_n, n=1,2,\cdots\}$ 是马尔可夫链点示点过程 $[\mathbf{MP_Y}(A, P)]$ 的点时序列, 若 $p=1$, 则 $\{S_n, n=1,2,\cdots\}$ 是状态空间 $V=\{1,2,\cdots\}$ 的马尔可夫链, 即

$$\{S_n, n=1,2,\cdots\} \sim \mathbf{MP}(C, Q),$$

其中, 初始分布 $C=\{c_i, i=1,2,\cdots\}$, $c_1=p_{11}$, $c_k=p_{10}p_{00}^{k-2}p_{01}$, $k=2,3,\cdots$, 转移矩阵 $Q=(q_{ij})$ 中的转移概率为: 对 $\forall i,j=1,2,\cdots$,

$$q_{ij} = \begin{cases} p_{10}p_{00}^{j-i-2}p_{01}, & j-i \geqslant 2, \\ p_{11}, & j-i=1, \\ 0, & j<i. \end{cases}$$

1.5.4.5 马尔可夫链点示点过程点示序列的性质

定理 1.5.16 设 $\{Y_n, n=0,1,2,\cdots\}$ 是马尔可夫链点示点过程 $[\mathbf{MP_Y}(A,P)]$ 的点示序列, 则 $\{Y_n, n=0,1,2,\cdots\}$ 是参数为 (A, P) 的马尔可夫链, 即 $\{Y_n, n=0,1,2,\cdots\} \sim \mathbf{MP}(A, P)$.

1.5.5 泊松点过程

泊松点过程是通过泊松过程定义的, 其性质比较丰富.

1.5.5.1 泊松点过程的定义

下面给出泊松点过程的两个等价定义.

定义 1.5.7 设 $\{N(t), t \geqslant 0\}$ 是点过程 Ψ 的点数过程, 如果 $\{N(t), t \geqslant 0\} \sim$ **PP**(λ), 则称 Ψ 是一个参数为 λ 的泊松点过程, 记作 $\Psi \sim$ [**PP**(λ)].

定义 1.5.8 设 $\{Z_n, n = 1, 2, \cdots\}$ 是点过程 Ψ 的点距序列, 如果 $\{Z_n, n = 1, 2, \cdots\} \sim$ **RNFP**(Exp(λ)), 则称 Ψ 是一个参数为 λ 的泊松点过程[①], 记作 $\Psi \sim$ [**PP**(λ)].

基于定义 1.5.7, 一般文献直接使用 $\{N(t), t \geqslant 0\}$ 代替 [**PP**(λ)] 表示泊松点过程.

1.5.5.2 泊松点过程点数过程的性质

设 $\{N(t), t \geqslant 0\}$ 是泊松点过程 [**PP**(λ)] 的点数过程, 则 $\{N(t), t \geqslant 0\}$ 满足下面定理.

定理 1.5.17 $\{N(t), t \geqslant 0\}$ 属于如下过程类别.

(1) $\{N(t), t \geqslant 0\}$ 是参数为 λ 的泊松过程, 即 $\{N(t), t \geqslant 0\} \sim$ **PP**(λ).

(2) $\{N(t), t \geqslant 0\}$ 是状态空间 $\boldsymbol{V} = \{0, 1, 2, \cdots\}$ 的连续时间马尔可夫链, 即

$$\{N(t), t \geqslant 0\} \sim \mathbf{CMP}(\boldsymbol{A}, \boldsymbol{P}(t)),$$

其中, 初始分布 $\boldsymbol{A} = \{a_i, i = 0, 1, 2, \cdots\}$ 满足 $a_0 = 1$, $a_i = 0$, $i = 1, 2, \cdots$, 转移矩阵 $\boldsymbol{P}(t) = (p_{ij}(t))$ 中的转移概率满足: 对 $\forall i, j = 0, 1, 2, \cdots$ 及 $t > 0$, 有

$$p_{ij}(t) = \begin{cases} \dfrac{(\lambda t)^{j-i}}{(j-i)!} \mathrm{e}^{-\lambda t}, & j \geqslant i, \\ 0, & j < i. \end{cases}$$

定理 1.5.18 $\forall t > 0$, 点数 $N(t)$ 服从参数为 λt 的泊松分布, 即 $N(t) \sim$ Poi(λt), 其分布列为

$$P(N(t) = n) = \mathrm{e}^{-\lambda t} \frac{(\lambda t)^n}{n!}, \quad n = 0, 1, 2, \cdots. \tag{1.5.1}$$

1.5.5.3 泊松点过程点距序列的性质

设 $\{Z_n, n = 1, 2, \cdots\}$ 是泊松点过程 [**PP**(λ)] 的点距序列, 则 $\{Z_n, n = 1, 2, \cdots\}$ 满足下面定理.

定理 1.5.19 $\forall n = 1, 2, \cdots$, 点距 Z_n 服从参数为 λ 的指数分布, 即 $Z_n \sim$ Exp(λ), 其密度和分布函数分别为

---

① 在一些文献中, 若 Ψ 是一个参数为 λ 的泊松点过程, 此时, 其伴随的特征过程点数过程 $\{N(t), t \geqslant 0\}$、点距序列 $\{Z_n, n = 1, 2, \cdots\}$、点时序列 $\{S_n, n = 1, 2, \cdots\}$、点示过程 $\{Y(t), t \geqslant 0\}$ 也称为泊松点过程.

$$f_{Z_n}(x) = \begin{cases} \lambda e^{-\lambda x}, & x \geqslant 0, \\ 0, & x < 0 \end{cases} \quad \text{和} \quad F_{Z_n}(x) = \begin{cases} 0, & x < 0, \\ 1 - e^{-\lambda x}, & x \geqslant 0. \end{cases} \quad (1.5.2)$$

定理 1.5.20 [19]31 设 $n = 1, 2, \cdots$，则 $(Z_1, Z_2, \cdots, Z_n)$ 的联合密度为

$$f_{\{Z_1, Z_2, \cdots, Z_n\}}(x_1, x_2, \cdots, x_n) = \lambda^n e^{-\lambda(x_1 + x_2 + \cdots + x_n)}, \quad x_i > 0, \ i = 1, 2, \cdots, n.$$

定理 1.5.21 设 $t > 0$, $n = 1, 2, \cdots$，在 $N(t) = n$ 条件下，点距 $(Z_1, Z_2, \cdots, Z_n)$ 的条件联合分布满足如下性质：

(1) $(Z_1, Z_2, \cdots, Z_n)$ 的条件联合密度为

$$f_{\{Z_1, Z_2, \cdots, Z_n | N(t) = n\}}(x_1, x_2, \cdots, x_n)$$
$$= \begin{cases} \dfrac{n!}{t^n}, & x_1 + x_2 + \cdots + x_n \leqslant t, \ x_i > 0, i = 1, 2, \cdots, n, \\ 0, & \text{其他}; \end{cases} \quad (1.5.3)$$

(2) 设 $b > 0$, $(Z_1, Z_2, \cdots, Z_n)$ 在联合点 $(b, b, \cdots, b)$ 处的条件联合分布函数为

$$F_{\{Z_1, Z_2, \cdots, Z_n | N(t) = n\}}(b, b, \cdots, b) = \frac{1}{t^n} \sum_{k=0}^{n} (-1)^k \binom{n}{k} (t - kb)_+^n;$$

(3) 设 $a > 0$, $(Z_1, Z_2, \cdots, Z_n)$ 在联合点 $(a, a, \cdots, a)$ 处的条件联合生存函数为

$$P(Z_1 \geqslant a, Z_2 \geqslant a, \cdots, Z_n \geqslant a \mid N(t) = n) = \left(1 - \frac{na}{t}\right)_+^n.$$

证明 条款 (1) 的证明 在定理 1.5.25 的条款 (2) 式 (1.5.7) 中已给出了 $N(t) = n$ 的条件下，$(S_1, S_2, \cdots, S_n)$ 的条件联合密度，这是一个熟知的公式.

注意到 $Z_i = S_i - S_{i-1}$, $i = 1, 2, \cdots, n$，其中 $S_0 \equiv 0$，按照 1.3.6 节描述的步骤，使用密度变换公式可由 $(S_1, S_2, \cdots, S_n)$ 的条件联合密度直接得到 $(Z_1, Z_2, \cdots, Z_n)$ 的条件联合密度.

条款 (2) 的证明 因为

$$P(Z_1 \leqslant b, Z_2 \leqslant b, \cdots, Z_n \leqslant b \mid N(t) = n)$$
$$= \iint \cdots \int_{x_1 \leqslant b, x_2 \leqslant b, \cdots, x_n \leqslant b} f_{\{Z_1, Z_2, \cdots, Z_n | N(t) = n\}}(x_1, x_2, \cdots, x_n) \mathrm{d}x_1 \mathrm{d}x_2 \cdots \mathrm{d}x_n,$$

所以由式 (1.5.3) 得

$$F_{\{Z_1,Z_2,\cdots,Z_n|N(t)=n\}}(b,b,\cdots,b) = \frac{n!}{t^n} \underset{\substack{0\leqslant x_1\leqslant b, 0\leqslant x_2\leqslant b,\cdots,0\leqslant x_n\leqslant b\\ x_1+x_2+\cdots+x_n\leqslant t}}{\iint\cdots\int} 1\mathrm{d}x_1\mathrm{d}x_2\cdots\mathrm{d}x_n. \tag{1.5.4}$$

再将定理 1.2.10 中的式 (1.2.13) 代入式 (1.5.4), 条款 (2) 得证.

条款 (3) 的证明 因为

$$P(Z_1 \geqslant a, Z_2 \geqslant a, \cdots, Z_n \geqslant a \mid N(t)=n)$$

$$= \underset{x_1\geqslant a, x_2\geqslant a,\cdots,x_n\geqslant a}{\iint\cdots\int} f_{\{Z_1,Z_2,\cdots,Z_n|N(t)=n\}}(x_1,x_2,\cdots,x_n)\mathrm{d}x_1\mathrm{d}x_2\cdots\mathrm{d}x_n, \tag{1.5.5}$$

将式 (1.5.3) 代入式 (1.5.5) 得

$$P(Z_1 \geqslant a, Z_2 \geqslant a, \cdots, Z_n \geqslant a|N(t)=n) = \frac{n!}{t^n} \underset{\substack{x_1\geqslant a, x_2\geqslant a,\cdots,x_n\geqslant a\\ x_1+x_2+\cdots+x_n\leqslant t}}{\iint\cdots\int} 1\mathrm{d}x_1\mathrm{d}x_2\cdots\mathrm{d}x_n. \tag{1.5.6}$$

再将推论 1.2.3 中的式 (1.2.12) 代入式 (1.5.6) 得

$$P(Z_1 \geqslant a, Z_2 \geqslant a, \cdots, Z_n \geqslant a \mid N(t)=n) = \frac{(t-na)_+^n}{t^n} = \left(1-\frac{na}{t}\right)_+^n. \quad \blacksquare$$

定理 1.5.22 [59]73,[19]178 给定 $t > 0$, 则 t 时刻所在的点距 $Z_{N(t)+1}$ 具有下面的分布性质:

(1) 设 $A(t) = t - S_{N(t)}$, 则 $P(A(t) \leqslant x) = \begin{cases} 0, & x < 0, \\ 1 - e^{-\lambda x}, & 0 \leqslant x < t, \\ 1, & x \geqslant t; \end{cases}$

(2) 设 $B(t) = S_{N(t)+1} - t$, 则 $P(B(t) \leqslant x) = \begin{cases} 0, & x < 0, \\ 1 - e^{-\lambda x}, & x \geqslant 0; \end{cases}$

(3) $A(t)$ 与 $B(t)$ 相互独立,

其中, $\{S_n, n = 1, 2, \cdots\}$ 是泊松点过程 [**PP**(λ)] 的点时序列, $A(t)$ 称为泊松 (点) 过程在 t 时刻的年龄, $B(t)$ 称为泊松 (点) 过程在 t 时刻的剩余寿命.

定理 1.5.22 条款 (1) 表明年龄 $A(t)$ 是一个混合型随机变量, 条款 (2) 表明剩余寿命 $B(t)$ 与点距的分布相同, 即 $B(t) \sim \mathrm{Exp}(\lambda)$ (这也是指数分布无记忆性的体现).

1.5.5.4 泊松点过程点时序列的性质

设 $\{S_n, n=1,2,\cdots\}$ 是泊松点过程 [$\mathbf{PP}(\lambda)$] 的点时序列, 则 $\{S_n, n=1,2,\cdots\}$ 满足下面定理.

定理 1.5.23 $\{S_n, n=1,2,\cdots\}$ 是状态空间 $\boldsymbol{V}=(0,\infty)$ 的连续状态离散时间马尔可夫过程[①].

定理 1.5.24 $\forall n=1,2,\cdots$, 点时 S_n 服从参数为 n,λ 的伽马分布, 即 $S_n \sim \mathrm{Gam}(n,\lambda)$, 其密度为

$$f_{S_n}(x) = \begin{cases} \dfrac{\mathrm{e}^{-\lambda x}\lambda^n x^{n-1}}{(n-1)!}, & x \geqslant 0, \\ 0, & \text{其他}. \end{cases}$$

定理 1.5.25 设 $n=1,2,\cdots$, $(S_1, S_2, \cdots, S_n)$ 满足如下分布性质.

(1) [19]31 $(S_1, S_2, \cdots, S_n)$ 的联合密度为

$$f_{\{S_1,S_2,\cdots,S_n\}}(x_1, x_2, \cdots, x_n) = \begin{cases} \lambda^n \mathrm{e}^{-\lambda x_n}, & 0 < x_1 < x_2 < \cdots < x_n, \\ 0, & \text{其他}; \end{cases}$$

(2) 设 $t > 0$, 在 $N(t) = n$ 条件下, $(S_1, S_2, \cdots, S_n)$ 的条件联合密度为

$$f_{\{S_1,S_2,\cdots,S_n|N(t)=n\}}(x_1, x_2, \cdots, x_n) = \begin{cases} \dfrac{n!}{t^n}, & 0 < x_1 < x_2 < \cdots < x_n < t, \\ 0, & \text{其他}; \end{cases}$$

(1.5.7)

(3) [19]42 设 $0 < i < k \leqslant n$, 在 $N(t) = n$ 条件下, $(S_{i+1}, S_{i+2}, \cdots, S_k)$ 的条件联合密度为

$$f_{\{S_{i+1},S_{i+2},\cdots,S_k|N(t)=n\}}(x_{i+1}, x_{i+2}, \cdots, x_k)$$
$$= \begin{cases} \dfrac{n!}{i!(n-k)!}\left(\dfrac{1}{t}\right)^{k-i}\left(\dfrac{x_{i+1}}{t}\right)^i\left(1-\dfrac{x_k}{t}\right)^{n-k}, & 0 < x_{i+1} < x_{i+2} < \cdots < x_k \leqslant t, \\ 0, & \text{其他}. \end{cases}$$

定理 1.5.25 条款 (2) 表明, 在 $N(t) = n$ 条件下, $(S_1, S_2, \cdots, S_n)$ 的条件联合分布与 n 个 $(0,t)$ 上独立均匀分布变量的次序统计量的联合分布相同. 因此, 通常遇到计算形如 $E[g(S_1, S_2, \cdots, S_n)|N(t)=n]$ 的条件期望时, 常转换为计算 $E[g(U_{(1)}, U_{(2)}, \cdots, U_{(n)})]$, 其中 $U_{(i)}, i=1,2,\cdots,n$ 表示随机变量 $U_1, U_2, \cdots, U_n$ 的第 i 个顺序统计量, 而 $U_1, U_2, \cdots, U_n$ 相互独立都服从 $(0,t)$ 上均匀分布.

---
① 连续状态离散时间马尔可夫过程也称为马尔可夫序列.

1.5.6 更新点过程

1.5.6.1 更新点过程的定义

定义 1.5.9 若连续时间点过程 Ψ 的点距过程 $\{Z_n, n=1,2,\cdots\} \sim \mathbf{RNFP}(F(t))$, 则称 Ψ 是一个参数为 $F(t)$ 的连续时间更新流点距点过程, 简称连续时间更新点过程, 或直接称作更新点过程, 记作 $\Psi \sim [\mathbf{RNP}(F(t))]$[①].

以后如果仅说更新点过程, 一般默认的是连续时间更新点过程 (如果要说离散时间更新点过程, 一定会在 "更新点过程" 前面加 "离散时间" 几个字). 注意在 (连续时间) 更新点过程中, 点距分布不仅可以是连续型分布, 也可以是离散型分布. 如果点距分布是连续型分布 (即 $\{Z_n, n=1,2,\cdots\}$ 是一个纯更新流), 则称 Ψ 为**纯 (连续) 更新点过程**; 如果点距分布是离散型分布 (即 $\{Z_n, n=1,2,\cdots\}$ 是一个更新链), 此时 Ψ 可称为离散点距 (连续时间) 更新点过程, 简称**更新链点过程**[②]. 特别地, 如果点距分布是格点分布, 此时 Ψ 可称为**格点更新点过程**.

若 $\Psi \sim [\mathbf{RNP}(F(t))]$ 是一个更新链点过程, 设 $F(t)$ 的分布列为 $\{p_k\}$, 则更新链点过程也可记作 $\Psi \sim [\mathbf{RNP}_{\mathrm{D}}(\{p_k\})]$; 同样地, 若 $\Psi \sim [\mathbf{RNP}(F(t))]$ 是一个纯更新点过程, 设 $F(t)$ 的密度为 $f(t)$, 则纯更新点过程也可记作 $\Psi \sim [\mathbf{RNP}_{\mathrm{C}}(f(t))]$.

例如, $[\mathbf{RNP}(\mathrm{Exp}(\lambda))]$ 就是泊松点过程 $[\mathbf{PP}(\lambda)]$, $[\mathbf{RNP}(\mathrm{U}(a,b))]$ 表示点距分布为区间 (a,b) 上均匀分布的更新点过程.

更新点过程 $[\mathbf{RNP}(F(t))]$ 的点数过程 $\{N(t), t \geqslant 0\}$ 通常也称作更新点过程, 简称更新过程或更新计数过程.

1.5.6.2 更新点过程点数过程的性质

设 $\{N(t), t \geqslant 0\}$ 是更新点过程 $[\mathbf{RNP}(F(t))]$ 的点数过程, $F^{\langle\langle n \rangle\rangle}(t)$ 是 $F(t)$ 的 n 重卷积 (LS 卷积). 则 $\{N(t), t \geqslant 0\}$ 满足下面定理.

定理 1.5.26 对 $t \geqslant 0$, 点时 $N(t)$ 的分布列为

$$P(N(t) = n) = F^{\langle\langle n \rangle\rangle}(t) - F^{\langle\langle n+1 \rangle\rangle}(t), \quad n = 0, 1, 2, \cdots,$$

其中规定 $F^{\langle\langle 0 \rangle\rangle}(t) = 1$.

定理 1.5.27 对 $t \geqslant 0$, $E[N(t)] = \sum_{n=1}^{\infty} F^{\langle\langle n \rangle\rangle}(t)$.

[①] 我们仅考虑真正意义上的更新点过程 (即 $F(\infty) = 1$, 也称为常返更新点过程), 不考虑拟更新点过程 (如果 $F(\infty) < 1$, 这样的更新点过程称为拟更新点过程或非常返更新点过程), 也不考虑延迟的更新点过程 (如果首次冲击间隔与后面的冲击间隔分布不同, 这样的更新点过程称为延迟的更新点过程).

[②] 注意更新点过程是连续时间更新点过程的简称, 因此不要将离散时间更新点过程与更新链点过程 (即离散点距连续时间更新点过程) 混淆, 尽管二者的点距分布都是离散型分布, 但离散时间更新点过程的时间索引是离散的, 而更新链点过程的时间索引仍旧是连续的.

定理 1.5.27 表明 $E[N(t)]$ 与 $F(t)$ 是一一对应的. 称 $E[N(t)]$ 为更新点过程的均值函数.

1.5.6.3 更新点过程点距序列的性质

设 $\{Z_n, n = 1, 2, \cdots\}$ 是更新点过程 [**RNP**$(F(t))$] 的点距序列, 则 $\{Z_n, n = 1, 2, \cdots\}$ 满足下面定理.

定理 1.5.28 $\{Z_n, n = 1, 2, \cdots\}$ 是独立同分布序列即 $\{Z_n, n = 1, 2, \cdots\} \sim$ **IIDP**$(F(t))$.

定理 1.5.29 $\forall n = 1, 2, \cdots$, 点距 Z_n 的分布函数为

$$F_{Z_n}(t) = F(t), \quad -\infty < t < \infty.$$

1.5.6.4 更新点过程点时序列的性质

设 $\{S_n, n = 1, 2, \cdots\}$ 是更新点过程 [**RNP**$(F(t))$] 的点时序列, 则 $\{S_n, n = 1, 2, \cdots\}$ 满足下面定理.

定理 1.5.30 $\{S_n, n = 1, 2, \cdots\}$ 是状态空间 $\boldsymbol{V} = (0, \infty)$ 的连续状态离散时间马尔可夫过程.

定理 1.5.31 $\forall n = 1, 2, \cdots$, 点时 S_n 的分布函数为 $P(S_n \leqslant t) = F^{\langle\langle n \rangle\rangle}(t)$, $t \geqslant 0$, 其中, $F^{\langle\langle n \rangle\rangle}(t)$ 是 $F(t)$ 的 n 重卷积 (LS 卷积).

1.5.7 时倚非齐次泊松点过程

1.5.7.1 时倚非齐次泊松点过程的定义

定义 1.5.10 设 $\{N(t), t \geqslant 0\}$ 是连续时间点过程 $\boldsymbol{\Psi}$ 的点数过程, 如果 $\{N(t), t \geqslant 0\} \sim$ **NPP**$(\lambda(t))$, 则称 $\boldsymbol{\Psi}$ 是一个参数为 $\lambda(t)$ 的时倚非齐次泊松点过程, 简称时倚泊松点过程. 记作 $\boldsymbol{\Psi} \sim$ [**NPP**$(\lambda(t))$].

设 $\Lambda(t) = \int_0^t \lambda(x) \mathrm{d}x$ 表示 $\{N(t), t \geqslant 0\}$ 的累积强度, 下面我们在 $\Lambda(\infty) \triangleq \lim_{t \to \infty} \Lambda(t) = \int_0^\infty \lambda(x) \mathrm{d}x = \infty$ 条件下讨论 [**NPP**$(\lambda(t))$] 的伴随特征随机过程的性质.

1.5.7.2 时倚非齐次泊松点过程点数过程的性质

设 $\{N(t), t \geqslant 0\}$ 是时倚泊松点过程 [**NPP**$(\lambda(t))$] 的点数过程, 则 $\{N(t), t \geqslant 0\}$ 满足下面定理.

定理 1.5.32 $\{N(t), t \geqslant 0\}$ 是参数为 $\lambda(t)$ 的时倚泊松过程, 即 $\{N(t), t \geqslant 0\} \sim$ **NPP**(λ).

需要注意的是, 时倚非齐次泊松点过程的点数过程不具有平稳增量性.

定理 1.5.33 $\forall t > 0$, 点数 $N(t)$ 服从参数为 $\Lambda(t)$ 的泊松分布, 即 $N(t) \sim$ Poi$(\Lambda(t))$, 其分布列为

$$P(N(t) = n) = e^{-\Lambda(t)} \frac{[\Lambda(t)]^n}{n!}, \quad n = 0, 1, 2, \cdots. \tag{1.5.8}$$

1.5.7.3 时倚非齐次泊松点过程点距序列的性质

设 $\{Z_n, n = 1, 2, \cdots\}$ 和 $\{S_n, n = 1, 2, \cdots\}$ 分别是时倚泊松点过程 [**NPP**$(\lambda(t))$] 的点距序列和点时序列, 则 $\{Z_n, n = 1, 2, \cdots\}$ 满足下面定理 1.5.34. 首先需要注意的是, 在一般情况下, [**NPP**$(\lambda(t))$] 中的点距 $Z_1, Z_2, \cdots$, 既不相互独立也不同分布 [19]70.

定理 1.5.34 [19]70 设 $n = 1, 2, \cdots$, 对 $\forall 0 \leqslant x_1 \leqslant x_2 \leqslant \cdots \leqslant x_n$, 当给定 $S_1 = x_1, S_2 = x_2, \cdots, S_n = x_n$ 时, 点距 Z_{n+1} 的条件密度与条件分布函数分别为

$$f_{\{Z_{n+1}|S_1=x_1,S_2=x_2,\cdots,S_n=x_n\}}(t) = \lambda(x_n + t)e^{-(\Lambda(t+x_n) - \Lambda(x_n))}, \quad t \geqslant 0$$

和

$$F_{\{Z_{n+1}|S_1=x_1,S_2=x_2,\cdots,S_n=x_n\}}(t) = 1 - e^{-(\Lambda(t+x_n) - \Lambda(x_n))}, \quad t \geqslant 0.$$

定理 1.5.34 表明, 给定 $S_1, S_2, \cdots, S_n$ 时, 点间间距 Z_{n+1} 只与 S_n 有关而独立于 $S_1, S_2, \cdots, S_{n-1}$.

1.5.7.4 时倚非齐次泊松点过程点时序列的性质

设 $\{S_n, n = 1, 2, \cdots\}$ 是时倚泊松点过程 [**NPP**$(\lambda(t))$] 的点时序列, 则$\{S_n, n = 1, 2, \cdots\}$ 满足下面定理. 这些定理来源于文献 [19] 第 66—70 页.

定理 1.5.35 设 $n = 1, 2, \cdots$, 则 $(S_1, S_2, \cdots, S_n)$ 的联合密度为

$$f_{\{S_1,S_2,\cdots,S_n\}}(x_1, x_2, \cdots, x_n) = \begin{cases} \prod_{i=1}^{n} \lambda(x_i) \, e^{-\Lambda(x_n)}, & 0 < x_1 \leqslant x_2 \leqslant \cdots \leqslant x_n, \\ 0 & \text{其他}. \end{cases}$$

定理 1.5.36 设 $t > 0$, 在 $N(t) = n$ 条件下, $(S_1, S_2, \cdots, S_n)$ 的条件联合密度为

$$f_{\{S_1,S_2,\cdots,S_n|N(t)=n\}}(x_1, x_2, \cdots, x_n) = \begin{cases} \dfrac{n! \prod_{i=1}^{n} \lambda(x_i)}{[\Lambda(t)]^n}, & 0 < x_1 < x_2 < \cdots < x_n \leqslant t, \\ 0, & \text{其他}. \end{cases}$$

定理 1.5.36 表明, 在 $N(t)=n$ 条件下, $(S_1, S_2, \cdots, S_n)$ 的条件联合分布与 n 个独立同分布随机变量 $(W_1, W_2, \cdots, W_n)$ 的次序统计量 $(W_{(1)}, W_{(2)}, \cdots, W_{(n)})$ 的联合分布相同, 即[①]

$$(S_1, S_2, \cdots, S_n | N(t) = n) \stackrel{\mathrm{d}}{=} (W_{(1)}, W_{(2)}, \cdots, W_{(n)}),$$

其中, W_i, $i = 1, 2, \cdots, n$ 的密度函数与分布函数分别是

$$f_{W_i}(x) = \begin{cases} \dfrac{\lambda(x)}{\Lambda(t)}, & 0 < x < t, \\ 0, & \text{其他} \end{cases} \quad \text{和} \quad F_{W_i}(x) = \begin{cases} 0, & x < 0, \\ \dfrac{\Lambda(x)}{\Lambda(t)}, & 0 \leqslant x < t, \\ 1, & x \geqslant t. \end{cases}$$

1.5.8 更新点过程的导出过程 (更新标值过程、更新酬劳过程)

定义 1.5.11 设随机点过程 $\mathbf{\Psi} \sim [\mathbf{RNP}(F(t))]$, 其点数过程、点距序列和点时序列分别为 $\{N(t), t \geqslant 0\}$、$\{Z_n, n = 1, 2, \cdots\}$ 和 $\{S_n, n = 1, 2, \cdots\}$. 如果随机过程 $\{X(t), t \geqslant 0\}$ 满足

(1) $X(t) = \begin{cases} 0, & N(t) = 0, \\ \sum\limits_{n=1}^{N(t)} \xi_n, & N(t) \geqslant 1; \end{cases}$ (1.5.9)

(2) (Z_n, ξ_n), $n = 1, 2, \cdots$ 相互独立同分布,

其中, ξ_n 表示连系于过程 $\mathbf{\Psi}$ 的第 n 个点时 S_n 的随机变量, 则称 $\{X(t), t \geqslant 0\}$ 为更新标值过程 (或称标值更新过程、更新回报过程、更新酬劳过程等), 记作 $\{X(t), t \geqslant 0\} \sim \mathbf{CRNP}(\mathbf{\Psi}, \xi_n)$ 或 $\{X(t), t \geqslant 0\} \sim \mathbf{CRNP}(F(t), \xi_n)$.

对于更新标值过程, 有下面重要的更新酬劳定理.

定理 1.5.37 [78]433 设 $\{X(t), t \geqslant 0\} \sim \mathbf{CRNP}(\mathbf{\Psi}, \xi_n)$, $\{Z_n, n = 1, 2, \cdots\}$ 是 $\mathbf{\Psi}$ 的点距序列, 如果 $E[\xi_1] < \infty, E[Z_1] < \infty$, 则

(1) $\lim\limits_{t \to \infty} \dfrac{X(t)}{t} = \dfrac{E[\xi_1]}{E[Z_1]}$, a.s.[②]; (1.5.10)

(2) 若 $F(t)$ 是非格点分布, 则有

$$\lim_{t \to \infty} \frac{E[X(t)]}{t} = \frac{E[\xi_1]}{E[Z_1]}. \tag{1.5.11}$$

定理 1.5.37 中的 $\dfrac{E[X(t)]}{t}$ 常称为单位时间平均酬劳, $\lim\limits_{t \to \infty} \dfrac{E[X(t)]}{t}$ 则表示长程单位时间平均酬劳.

---

① "$\stackrel{\mathrm{d}}{=}$" 表示两边的随机变量是同分布的.

② 实际应用中经常将 a.s. 省略.

1.5.9 泊松点过程的导出过程

1.5.9.1 滤过的泊松过程

以下定义改编于文献 [19] 第 328 页.

定义 1.5.12 设随机点过程 $\Psi \sim [\mathbf{PP}(\lambda)]$, 其点数过程、点距序列和点时序列分别为 $\{N(t), t \geqslant 0\}$、$\{Z_n, n = 1, 2, \cdots\}$ 和 $\{S_n, n = 1, 2, \cdots\}$. 如果随机过程 $\{X(t), t \geqslant 0\}$ 满足

$$(1)\ X(t) = \begin{cases} 0, & N(t) = 0, \\ \sum_{n=1}^{N(t)} w(t, S_n, \xi_n), & N(t) \geqslant 1; \end{cases} \quad (1.5.12)$$

(2) $\xi_n, n = 1, 2, \cdots$ 相互独立同分布;

(3) $\xi_n, n = 1, 2, \cdots$ 独立于 Ψ,

其中, ξ_n 是连系于过程 Ψ 的第 n 个点时 S_n 的随机变量, 对 $t < x$, $w(t, x, \xi_n) = 0$, 则称 $\{X(t), t \geqslant 0\}$ 为滤过泊松过程, 记作 $\{X(t), t \geqslant 0\} \sim \mathbf{FPP}(w, \lambda, \xi_n)$, $w(\cdot)$ 称为滤过泊松过程的响应函数.

对比定义 1.5.11 和定义 1.5.12, 滤过泊松过程也可按如下方式定义.

定义 1.5.13 设 $\{X(t), t \geqslant 0\} \sim \mathbf{CRNP}(\Psi, w(t, S_n, \xi_n))$, 其中 $\Psi \sim [\mathbf{PP}(\lambda)]$, $\{S_n, n = 1, 2, \cdots\}$ 是 Ψ 的点时序列, $\xi_n, n = 1, 2, \cdots$ 独立同分布, 且独立于 Ψ, 对 $\forall t < x$, $w(t, x, \xi_n) = 0$, 则称 $\{X(t), t \geqslant 0\}$ 为滤过泊松过程, 记作 $\{X(t), t \geqslant 0\} \sim \mathbf{FPP}(w, \lambda, \xi_n)$, 其中 $w(\cdot)$ 称为响应函数.

关于滤过泊松过程的数字特征有下面的定理 1.5.38. 在定理 1.5.38 中记 ξ 为与 $\xi_1, \xi_2, \cdots$ 独立同分布的随机变量.

定理 1.5.38 [19]330 设 $\{X(t), t \geqslant 0\} \sim \mathbf{FPP}(w, \lambda, \xi_n)$, 若对于 $0 \leqslant x \leqslant t$, 有 $E[w^2(t, x, \xi)] < \infty$, 则 $\{X(t), t \geqslant 0\}$ 的均值函数、方差函数与协方差函数分别为

$$(1)\ E[X(t)] = \lambda \int_0^t E[w(t, x, \xi)] \mathrm{d}x,\ t \geqslant 0; \quad (1.5.13)$$

$$(2)\ \mathrm{Var}[X(t)] = \lambda \int_0^t E[w^2(t, x, \xi)] \mathrm{d}x,\ t \geqslant 0; \quad (1.5.14)$$

$$(3)\ \mathrm{Cov}(X(t_1), X(t_2)) = \lambda \int_0^{t_1 \wedge t_2} E[w(t_1, x, \xi) w(t_2, x, \xi)] \mathrm{d}x,\ t_1, t_2 \geqslant 0, \quad (1.5.15)$$

其中, ξ 是与 $\xi_1, \xi_2, \cdots$ 独立同分布的随机变量.

1.5.9.2 自激滤过的泊松过程

由滤过泊松过程的定义可见, 滤过泊松过程的响应函数仅与当前事件点有关,

1.5 随机点过程

但在实际现象中, 响应函数还可以与以前的事件点有关, 以此推广得到自激滤过泊松过程的概念.

以下定义 1.5.14 改编于文献 [88].

定义 1.5.14 设随机点过程 $\Psi \sim [\mathbf{PP}(\lambda)]$, 其点数过程、点距序列和点时序列分别为 $\{N(t), t \geqslant 0\}$, $\{Z_n, n = 1, 2, \cdots\}$ 和 $\{S_n, n = 1, 2, \cdots\}$. 如果随机过程 $\{X(t), t \geqslant 0\}$ 满足[①]

(1) $X(t) = \begin{cases} 0, & N(t) = 0, \\ \sum_{n=1}^{N(t)} w(t, S_1, S_2, \cdots, S_n, \xi_n), & N(t) \geqslant 1; \end{cases}$ (1.5.16)

(2) ξ_n, $n = 1, 2, \cdots$ 相互独立同分布;

(3) ξ_n, $n = 1, 2, \cdots$ 独立于 Ψ,

其中, ξ_n 是连系于过程 Ψ 的第 n 个点时 S_n 的随机变量, 若不满足 $0 \leqslant x_1 \leqslant x_2 \leqslant \cdots \leqslant x_n \leqslant t$, 就有 $w(t, x_1, x_2, \cdots, x_n, \cdot) = 0$, 则称 $\{X(t), t \geqslant 0\}$ 为自激滤过泊松过程, 记作 $\{X(t), t \geqslant 0\} \sim \mathbf{SFPP}(w, \lambda, \xi_n)$, $w(\cdot)$ 称为自激滤过泊松过程的响应函数.

定义 1.5.14 给出的过程之所以称为自激滤过泊松过程, 是此滤过泊松过程的响应函数依赖于泊松过程自身过去的历史, 把满足此性质的响应函数称为自激响应函数, 即具有自激响应函数的滤过泊松过程称为自激滤过泊松过程. 显然, 自激滤过泊松过程不同于一般的滤过泊松过程, 也不同于自激点过程 (参见文献 [19] 第 394 页). 一般的滤过泊松过程的响应函数仅与当前事件发生的时刻有关, 而与过程过去的历史无关. 而自激泊松过程是指泊松过程的参数 λ 是自激的, 即 λ 与过程过去的历史有关[88].

为给出自激滤过泊松过程 $\mathbf{SFPP}(w, \lambda, \xi_n)$ 的数字特征函数, 首先定义下面一组积分算子 $G_n[g(s)](t)$.

设 $n = 1, 2, \cdots$, 常数 $\lambda > 0$, 对 $\forall s, t > 0$, 令

$$G_n[g(s)](t) \triangleq \iint\cdots\int_{0 \leqslant x_1 \leqslant x_2 \leqslant \cdots \leqslant x_n \leqslant t} \lambda^n \mathrm{e}^{-\lambda x_n} g(x_1, x_2, \cdots, x_n, s) \mathrm{d}x_1 \mathrm{d}x_2 \cdots \mathrm{d}x_n,$$
(1.5.17)

其中 $g(s) \triangleq g(x_1, x_2, \cdots, x_n, s)$, n 表示积分的重数.

积分算子 $G_n[g(s)](t)$ 实质上是 1.2.2.3 节中描述的一类特殊的单调锥型多重积分, 若按累次积分分解, 可得

$$G_n[g(s)](t) = \int_0^t \mathrm{d}x_1 \int_{x_1}^t \mathrm{d}x_2 \int_{x_2}^t \mathrm{d}x_3 \cdots \int_{x_{n-2}}^t \mathrm{d}x_{n-1}$$

[①] 严格地, w 应记作 w_n.

$$\cdot \int_{x_{n-1}}^{t} \lambda^n \mathrm{e}^{-\lambda x_n} g(x_1, x_2, \cdots, x_n, s)\mathrm{d}x_n \qquad (1.5.18)$$

或

$$G_n[g(s)](t) = \int_0^t \lambda^n \mathrm{e}^{-\lambda x_n}\mathrm{d}x_n \int_0^{x_n}\mathrm{d}x_{n-1}\int_0^{x_{n-1}}\mathrm{d}x_{n-2}\cdots$$
$$\cdot \int_0^{x_3}\mathrm{d}x_2 \int_0^{x_2} g(x_1, x_2, \cdots, x_n, s)\mathrm{d}x_1. \qquad (1.5.19)$$

仍记 ξ 为与 $\xi_1, \xi_2, \cdots$ 独立同分布的随机变量. 下面给出自激滤过泊松过程 **SFPP**(w, λ, ξ_n) 的数字特征函数. 这些结论及证明可查阅文献 [88], [130], [131].

定理 1.5.39 设 $\{X(t), t \geqslant 0\} \sim$ **SFPP**(w, λ, ξ_n), 若对于 $\forall t \geqslant 0$, $n = 1, 2, \cdots$, $0 \leqslant x_1 \leqslant x_2 \leqslant \cdots \leqslant x_n \leqslant t$, 有 $E(w^2(t, x_1, x_2, \cdots, x_n, \xi_n)) < \infty$, 且对 $\forall t_2 \geqslant t_1 \geqslant 0$, 有 $E|X(t_1)X(t_2)| < \infty$, 则 $\{X(t), t \geqslant 0\}$ 的均值函数、二阶矩函数、协方差函数分别为

(1) $E(X(t)) = \sum_{n=1}^{\infty} G_n[\mu_n(t)](t);$ \qquad (1.5.20)

(2) $E(X^2(t)) = \sum_{n=1}^{\infty} G_n[E(w_n^2(t))](t) + 2\sum_{m=1}^{\infty}\sum_{n=m+1}^{\infty} G_n[\mu_m(t)\mu_n(t)](t);$ (1.5.21)

(3)[①]$\mathrm{Cov}(X(t_1), X(t_2)) = \sum_{m=1}^{\infty}\sum_{n=m+1}^{\infty} G_n[\mu_n(t_1)\mu_m(t_2) + \mu_m(t_1)\mu_n(t_2)](t_2)$
$$+ \sum_{n=1}^{\infty} G_n[\mu_n(t_1)\mu_n(t_2)](t_2)$$
$$- \sum_{n=1}^{\infty} G_n[\mu_n(t_1)](t_2)\sum_{m=1}^{\infty} G_m[\mu_m(t_2)](t_2), \qquad (1.5.22)$$

其中, 记 $\mu_n(t) \triangleq E[w(t, x_1, x_2, \cdots, x_n, \xi_n)]$, $w_n(t) \triangleq w(t, x_1, x_2, \cdots, x_n, \xi_n)$.

当自激滤过泊松过程中的响应函数 $w(t, x_1, x_2, \cdots, x_n, \xi_n) \equiv w_0(t, x_n, \xi_n)$ 形式时, 此时自激滤过泊松过程就退化为一般滤过的泊松过程, 根据式 (1.5.20) 不难推出一般滤过泊松过程的均值函数.

事实上, 对式 (1.5.20) 中的算子 $G_n[\mu_n(t)](t)$ 使用式 (1.5.19) 展开得

$$E(X(t)) = \sum_{n=1}^{\infty}\int_0^t \mathrm{d}x_n \int_0^{x_n}\mathrm{d}x_{n-1}\int_0^{x_{n-1}}\mathrm{d}x_{n-2}\cdots\int_0^{x_2}\lambda^n \mathrm{e}^{-\lambda x_n}E(w_0(t, x_n, \xi_n))\mathrm{d}x_1$$

[①] 此结果来源于文献 [131], 但该结果可能有误.

$$= \sum_{n=1}^{\infty} \lambda^n \int_0^t e^{-\lambda x_n} E(w_0(t,x_n,\xi_n)) dx_n \int_0^{x_n} dx_{n-1} \int_0^{x_{n-1}} dx_{n-2} \cdots \int_0^{x_2} 1 dx_1.$$
(1.5.23)

由式 (1.2.2) 和式 (1.2.5) 得

$$\int_0^{x_n} dx_{n-1} \int_0^{x_{n-1}} dx_{n-2} \cdots \int_0^{x_2} 1 dx_1 = \frac{x_n^{n-1}}{(n-1)!},$$

将上式代入式 (1.5.23) 中得

$$E(X(t)) = \sum_{n=1}^{\infty} \lambda^n \int_0^t e^{-\lambda x_n} E(w_0(t,x_n,\xi_n)) \frac{x_n^{n-1}}{(n-1)!} dx_n,$$

交换积分与求和号的顺序, 并注意到 $\xi_1, \xi_2, \cdots$ 同分布, 则

$$E(X(t)) = \int_0^t E(w_0(t,x,\xi)) e^{-\lambda x} \sum_{n=1}^{\infty} \lambda^n \frac{x^{n-1}}{(n-1)!} dx = \lambda \int_0^t E(w_0(t,x,\xi)) dx.$$
(1.5.24)

式 (1.5.24) 与式 (1.5.13) 相同.

1.6 数理统计

1.6.1 数理统计基本概念

数理统计中重要的基本概念包括总体、样本、样本函数 (统计量)、抽样分布. 以下若不特殊说明, 总假设 n 为正整数.

1.6.1.1 总体

从概率论与数理统计的角度来看, 我们把研究对象中随机的量称为总体, 这个随机量可能是一个随机变量, 也可能是一个随机过程. 换句话说, 总体是数理统计的研究对象.

定义 1.6.1 将所要研究的随机变量或随机过程称为一个总体.

为叙述方便, 下面我们将总体对应的随机变量或随机过程统一用 ξ 表示. 在实际研究中, 通常是在 ξ 的某个概率框架下进行研究的. 若 ξ 是随机变量, 其概率框架就是 ξ 的概率分布 (族); 若 ξ 是一个随机过程, 其概率框架就是能确定其有限维分布族的概率属性. 所以, 有时会把 ξ 对应的概率框架称为总体, 而把概率构架中的参数称为**总体参数**. 本节用 θ 来统一表示总体参数.

1.6.1.2 样本

定义 1.6.2 由总体产生的有限个实际的结果称为样本.

产生样本的过程称为抽样或试验, 样本就是抽样或试验的一组结果. 结果的个数称为**样本容量**, 每一个结果称为**样品**, 样品间通常是独立同分布的. 例如, 设 $X_1, X_2, \cdots, X_n$ 是 ξ 的一个样本, 则这一个样本的容量就是 n, 对 $\forall i = 1, 2, \cdots, n$, X_i 就是总体 ξ 的一个结果, 称为第 i 个样品. 当然理论上讲, 试验越多越好, 样本容量越大越好, 但在总体 ξ 是随机过程的情况下, 实际中可能只能试验一次, 不能重复试验, 此时样本容量就为 1. 例如, 设总体 ξ 是一个离散时间的马尔可夫链, 我们只观察一次运行结果到时刻 n 为止, 得到 $W_1, W_2, \cdots, W_n$, 其中 $W_i, i = 1, 2, \cdots, n$ 表示 i 时刻过程试验所处的状态, 此时样本容量为 1, 也就是说, 相当于 $X_1 = \{W_1, W_2, \cdots, W_n\}$. 为后面叙述方便, 本节统一用 $\boldsymbol{X}$ 表示一个样本. 若样本容量为 n, 则 $\boldsymbol{X} = (X_1, X_2, \cdots, X_n)$, 其中 $X_1, X_2, \cdots, X_n$ 独立同分布. 若样本容量为 1, 则 $\boldsymbol{X} = X_1$, 此种情形大部分发生在总体 ξ 是随机过程的情形, 此时 $\boldsymbol{X}$(或说 X_1) 通常就是 ξ 的一个样本轨道.

当给定一个样本后, 我们通常会考虑这个样本发生的可能性, 通常用概率函数来反映样本发生的可能性.

定义 1.6.3 描述一个 (具体) 样本发生可能性的概率函数称为样本密度, 如果总体是一个随机过程, 则样本密度可特别称为样本轨道密度或样本路径密度.

设样本为 $\boldsymbol{X} = (X_1, X_2, \cdots, X_n)$, 则样本密度我们统一用 $f_{\boldsymbol{X}}(x_1, x_2, \cdots, x_n)$ 形式表示, 不再区别是离散型的分布列还是连续型的概率密度函数.

样本密度通常与总体的概率框架有关. 例如, 设总体 $\xi \sim \mathrm{Poi}(\lambda)$, 则样本 $\boldsymbol{X} = (X_1, X_2, \cdots, X_n)$ 的样本密度为

$$f_{\boldsymbol{X}}(x_1, x_2, \cdots, x_n) = P(X_1 = x_1, X_2 = x_2, \cdots, X_n = x_n) = \prod_{i=1}^{n} \frac{\lambda^{x_i}}{x_i!} \mathrm{e}^{-\lambda}.$$

若总体 $\boldsymbol{\xi} = \{\xi_m, m = 0, 1, \cdots\} \sim \mathbf{MP}(\boldsymbol{A}, \boldsymbol{P})$, $\boldsymbol{\xi}$ 的状态空间为 $\boldsymbol{V}$, 设 X_1 表示 $\boldsymbol{\xi}$ 到时刻 n 的一个样本轨道, 则 $\boldsymbol{X} = X_1 = \{x_1, x_2, \cdots, x_n\}$ 就是总体 $\boldsymbol{\xi}$ 容量为 1 的一个样本, 其样本轨道密度为

$$f_{\boldsymbol{X}}(x_1, x_2, \cdots, x_n) = P(\xi_1 = x_1, \xi_2 = x_2, \cdots, \xi_n = x_n) = \sum_{x_0 \in \boldsymbol{V}} \alpha_{x_0} \prod_{i=1}^{n} p_{x_{i-1}, x_i},$$

其中, α_{x_0} 是过程 $\boldsymbol{\xi}$ 在状态 x_0 的初始概率, p_{x_{i-1}, x_i} 是 $\boldsymbol{\xi}$ 由状态 x_{i-1} 到 x_i 一步转移概率.

定义 1.6.4 若样本密度包含了总体的某个参数 θ, 此时将样本密度看作是参数 θ 的函数, 则样本密度称为似然函数, 通常记作 $\mathrm{Li}(\theta)$, 有时也记作 $\mathrm{Li}(\theta; \boldsymbol{X})$ [①].

[①] 一般都使用 $L(\theta; \boldsymbol{X})$ 或 $L(\theta)$ 表示似然函数, 由于本书已用 $L_X(x)$ 表示随机变量的拉普拉斯函数, 为防止混淆, 我们使用 $\mathrm{Li}(\theta)$ 或 $\mathrm{Li}(\theta; \boldsymbol{X})$ 表示似然函数.

1.6.1.3 样本函数与统计量

定义 1.6.5 设 $g(x)$ 表示一个实值函数, 称 $g(\boldsymbol{X})$ 为样本 $\boldsymbol{X}$ 的一个样本函数. 若 $g(\boldsymbol{X})$ 中不包含总体 ξ 中的未知参数, 则特别称 $g(\boldsymbol{X})$ 为统计量, 把统计量服从的分布统称为抽样分布.

设样本 $\boldsymbol{X} = (X_1, X_2, \cdots, X_n)$, 则下面是一些基本统计量, 一般用于总体是随机变量的情形.

(1) **样本均值**: $\overline{X} \triangleq \dfrac{1}{n} \sum\limits_{i=1}^{n} X_i$.

(2) **样本 k 阶 (原点) 矩**: $\overline{X^k} \triangleq \dfrac{1}{n} \sum\limits_{i=1}^{n} X_i^k$, 其中 k 为正整数.

(3) **样本方差**: $S^2 \triangleq \dfrac{1}{n} \sum\limits_{i=1}^{n} (X_i - \overline{X})^2$.

(4) **顺 (次) 序统计量**: $X_{(i)} \triangleq \{$将$X_1, X_2, \cdots, X_n$ 从小到大排序后第 i 个位置的样品$\}$, $i = 1, 2, \cdots, n$.

易得 $S^2 = \overline{X^2} - (\overline{X})^2$, 所以样本二阶矩不小于样本一阶矩的平方, 即

$$\overline{X^2} \geqslant (\overline{X})^2. \tag{1.6.1}$$

1.6.2 数理统计的基本思想与基本内容

数理统计的基本思想就是利用统计量通过样本来推断总体的情况. 也就是说, 已知的东西是样本, 未知的要解决的问题是总体的某个东西 (参数或概率属性). 那么如何解决呢? 就是寻找一个合适的统计量, 通过统计量的性质去解决总体中的未知东西. 要解决的问题和寻找统计量的不同思想构成了数理统计的基本研究内容与基本方法.

1.6.3 参数估计

参数估计是数理统计的基本研究内容之一. 这里参数是指总体的某个未知参数 (不妨记作 θ), 它可能是总体概率框架中的某个参数, 也可能是某一个数字特征, 或者是某个事件发生的概率等. **参数估计**的意思就是根据样本估计一下这个参数 θ 的可能取值. 例如, 参数估计的点估计方法就是用一个统计量的值作为参数 θ 的估计, 此时称这个统计量为参数的**估计量**. 而得到估计量的不同思想就构成了点估计的不同方法, 常见的经典方法有矩估计、极大似然估计 (最大似然估计)、贝叶斯估计. 设待估计参数为 θ, 其估计量一般用 $\widehat{\theta}$ 表示. 评价估计量好坏的一个常用标准就是无偏估计.

定义 1.6.6 若 $E(\widehat{\theta}) = \theta$, 则称 $\widehat{\theta}$ 是 θ 的无偏估计.

1.6.3.1 矩估计

既然样本 X 来源于总体 ξ, 那么样本的矩 $\overline{X^k}$ 就应该与总体的矩 $E(\xi^k)$ 是一样的, 这是矩估计方法的思想基础. 设 θ 是 m 维的, 即有 m 个待估参数, 其中 m 为正整数, 则矩估计的步骤为

(1) 建立等式方程组

$$\overline{X^k} = E(\xi^k), \quad k = 1, 2, \cdots, r, \tag{1.6.2}$$

其中 $r \geqslant m$;

(2) 将 $E(\xi^k)$ 表示成待估参数 θ 的函数;

(3) 解方程组, 解出 θ, 将解出的 θ 写成 $\widehat{\theta}$ 的形式.

矩估计一般适用于总体 ξ 是随机变量的情形.

1.6.3.2 极大似然估计

设 $\text{Li}(\theta; X)$ 是一个似然函数, 似然函数实质上是样本密度, 表明了样本 X 发生的可能性. 既然在 θ 下这个样本 X 发生了, 说明这个样本 X 在真实的 θ 下发生的可能性是最大的, 所以使似然函数 $\text{Li}(\theta)$ 达到最大的 θ 就是真实的 θ, 即

$$\widehat{\theta} = \arg\max_{\theta} \text{Li}(\theta),$$

其中 arc 表示反函数.

如果似然函数 $\text{Li}(\theta)$ 关于 θ 是连续可导的, 通常可通过求导数获得驻点的方法求最大值. 此时, 为了求导方便, 可通过计算对数似然函数的驻点求最大值, 即有

$$\widehat{\theta} = \arg\max_{\theta} \text{Li}(\theta) = \arg\max_{\theta} \ln(\text{Li}(\theta)).$$

一般来说, 若连续的似然函数只有一个极值点, 则这个极值点就是最大值点.

极大似然估计也称为最大似然估计. 极大似然估计有一个简单实用的性质: 若 $\widehat{\theta}$ 是 θ 的极大似然估计, 则 $g(\widehat{\theta})$ 是 $g(\theta)$ 的极大似然估计, 其中 $g(\theta)$ 是 θ 的任一函数. 此性质称为极大似然估计的**不变性** [94]316.

1.6.3.3 贝叶斯估计

贝叶斯估计的基本思想是将待估参数 θ 也看作是一个随机变量. 预先设定 θ 的一个可能的分布 (称为**先验分布**, 为了与 θ 区别, 先验分布中的参数称为**超参数**); 将样本密度看作是在 θ 条件下 X 发生的条件样本密度, 根据条件样本密度和先验分布应用贝叶斯公式得到 X 条件下 θ 发生的分布 (称为**后验分布**); 然后使用这个后验分布计算出满足某个准则的值作为 θ 的估计. 例如, 满足均方 (或平方) 误差准则的贝叶斯估计就是 θ 的后验期望估计.

设给定一个具体的样本 $X = t$, Θ 是 $X = t$ 条件下 θ 的取值范围, 则均方 (或平方) 误差准则下贝叶斯估计的步骤如下 (以 θ 的先验分布为连续型为例):

(1) 给定 θ 的先验分布, 设其密度为 $f_\theta(x)$;

(2) 根据似然函数计算给定 $\theta = x$ 条件下 $X = t$ 发生的条件样本密度, 即令

$$f_{\{X|\theta=x\}}(t) = \text{Li}(\theta; X)|_{\theta=x, X=t};$$

(3) 计算 θ 与 X 在 $X = t$ 处的联合样本密度, 即

$$f_{\{X,\theta\}}(t, x) = f_{\{X|\theta=x\}}(t) f_\theta(x); \tag{1.6.3}$$

(4) 由贝叶斯公式计算 θ 发生的后验密度, 也就是在 $X = t$ 条件下 θ 的条件密度, 即

$$f_{\{\theta|X=t\}}(x) = \frac{f_{\{X,\theta\}}(t, x)}{\int_\Theta f_{\{X,\theta\}}(t, y) \mathrm{d}y};$$

(5) 计算 θ 的后验期望得到估计, 即

$$\widehat{\theta} = \int_\Theta x f_{\{\theta|X=t\}}(x) \mathrm{d}x.$$

1.6.3.4 多层贝叶斯估计

将 θ 的先验分布看作是**第一层先验分布**, 将 θ 的这个第一层先验分布中的超参数 (不妨设为 ρ) 也看作是随机变量, 也预先给出超参数 ρ 的分布 (称为**超先验**或**第二层先验**), 将 θ 的先验分布看作是在 ρ 发生条件下的条件分布, 因此先验分布和超先验相乘得到 θ 与 ρ 的联合分布, 由此联合分布求出关于 θ 的边际分布 (称作是 θ 的**多层先验**), 用此 θ 的多层先验作为贝叶斯估计步骤中 θ 的先验分布进行贝叶斯估计. 具体操作如下:

(1) 给定 θ 的先验分布, 记作 $f_{\{\theta|\rho=y\}}(x)$, 其中 ρ 为超参数;

(2) 给定 ρ 的分布即超分布 $f_\rho(y)$;

(3) 计算 θ 与 ρ 的联合分布, 即

$$f_{\{\theta, \rho\}}(x, y) = f_{\{\theta|\rho=y\}}(x) f_\rho(y);$$

(4) 计算 θ 的多层先验, 即

$$f_\theta(x) = \int_\Upsilon f_{\{\theta, \rho\}}(x, y) \mathrm{d}y,$$

其中 Υ 是超参数 ρ 的可取值范围;

(5) 用此多层先验代替式 (1.6.3) 中的先验分布继续贝叶斯估计中后面的步骤.

第 2 章 截断 δ 冲击模型引论

2.1 截断 δ 冲击模型的例子与背景

在现实世界中, 事物的寿命结束除了自身老化 (ageing, aging) 原因之外, 大部分是由遭受外部因素影响引起的, 外部因素引起的损伤有的是持续不断的压力环境造成磨损 (wear) 损伤, 有的是在某些时间点上间断冲击 (shock) 影响造成的损伤. 其中外部因素间断冲击影响这种损伤作用在事物上的持续时间通常可浓缩成一个一个时间点, 由此抽象出来的数学模型称为**冲击模型**. 在冲击模型中, 外部因素称为**冲击**, 被冲击的事物称为系统, 引起事物寿命结束的方式称为**失效机制**, 寿命结束称为**系统失效**.

冲击模型中有一类模型称为截断 δ 冲击模型. 通俗地讲, 系统经过冲击后, 如果间隔时间达到失效参数 (常用 δ 表示) 大小时还没有新冲击到达, 则系统失效, 这样的模型称为截断 δ 冲击模型. 大多数冲击模型均假设冲击是对系统有害的, 然而截断 δ 冲击模型的冲击对系统的寿命延续却是有利的, 此外, 截断 δ 冲击模型系统的失效不在冲击到达时刻发生. 这两点是截断 δ 冲击模型有别于其他冲击模型的重要特征.

截断 δ 冲击模型在工程、医学、管理等许多领域都有其现实应用背景. 下面列举一些实际应用.

例 2.1.1 (行人阻滞问题 [14],[19]133) 随着现代化城市的发展, 城市的车流量显著增加, 在没有红绿灯的地方, 行人过马路就显得比较困难. 假设一个行人在时刻 0 到达人行横道线的位置, 将经过人行横道线的车辆看作是冲击, 为了保证行人能安全地横过公路, 需要两次车辆的距离有多于某个时间单位 (不妨设为 δ) 的空隙, 也就是说, 行人在第一个大于 δ 的车距横过马路. 所以, 从时刻 0 开始算起, 直到行人完全过完马路的时间就是截断 δ 冲击模型的寿命. 根据这个寿命性质, 交通部门可以合理地设置交通红绿灯的时间.

例 2.1.2 (设备检修问题 [121]) 在可靠性工程中, 长期运行的设备每经过一段时间就需要进行检修维护, 如果超过最大允许修理时间还未检修, 设备就会报废. 这里每一次维护就相当于一次冲击. 例如, 汽车的轮胎可以看作一个系统, 对轮胎充气可以看作是对系统的冲击. 显然这样的冲击对轮胎是有利的, 事实上, 在汽车行驶了相当长一段时间情况下, 若不对轮胎充气, 轮胎就会损坏.

2.1 截断 δ 冲击模型的例子与背景

例 2.1.3 (吃药问题[127]) 在医学中, 长期靠药物维持的患者, 必须按时服药, 但由于各种因素, 不可能完全做到固定间隔时间服药, 仅能在一定范围的间隔时间内服药, 患者一旦超过最大允许的服药间隔时间还没有服药, 病情就会加重, 甚至死亡. 这里每一次吃药相当于对患者系统的一次冲击, "最大允许的服药间隔时间" 相当于失效参数 δ.

例 2.1.4 (精神分裂症的前脉冲抑制[49]) 精神分裂症往往与异常的惊吓反应有关, 通常, 如果较小的脉冲来得早一些, 我们就不会被脉冲吓倒, 这种现象称为前脉冲抑制. 因为早期脉冲会抑制惊吓反应, 如果 "较小的脉冲" 这种冲击到达时间间隔太长的话 (超过某一时长 δ), 那么精神分裂症患者的惊吓反应就没有像预期的那样得到减弱, 因而其 PPI 降低.

例 2.1.5 (客户关系管理[85]) 在关系营销中, 做一次交易仅仅是公司客户关系的开始而不是结束. 一个关系营销过程可以描述如下: 当一个客户做了一次购买后, 公司为了保留住这个客户, 在一个固定周期内会使用各种促销手段进行促销, 以使该客户以后一直在该公司购买. 客户的一次响应相当于一次冲击, 该冲击对维持客户关系有利. 若客户超过公司设定的某个 δ 长的时间还没有响应, 则公司将中止客户关系. 这种营销策略称为 δ 策略. 关系营销中主要研究客户的全周期寿命价值, 这可以用截断 δ 冲击模型的标值过程进行建模.

例 2.1.6 (生态保护[105,129]) 良好的生态系统是人类赖以生存的条件, 环境保护已成为国民社会经济发展的主要问题. 生态环境保护是一个多因素交错的复杂冲击系统, 例如, 毒杂草入侵本地草场问题中, 杂草入侵是会对本地草场造成损伤的冲击, 为了防止草场环境发生破坏: 一方面, 本地草场有一定的抵抗入侵恢复的能力; 另一方面, 人类为了保护草场而进行的人为干预 (例如除草) 是对本地草场有利的冲击. 由于成本条件的限制, 这种干预可能是不定期的, 如果长时间未进行干预, 草场可能会造成不可逆转的恶化. 寻找适宜的干预周期是环境保护中急需解决的问题. 其中, "人为干预" 就是一个典型的截断 δ 冲击模型.

例 2.1.7 (制造系统、离散事件动态系统[34]) 考虑一个串行生产线, 其加工方式是一个工件顺序经过若干道工序而加工成成品或半成品. 每一道工序对加工时间都有要求, 若加工时间超过设置时长, 则该工件就可能报废或者重新回炉, 因而引起制造成本增加. 这里的工序相当于冲击, 允许的最大加工时长就相当于冲击失效参数, 因此可用截断 δ 冲击模型来建模一个工序生产管理过程.

上面例子表明, 截断 δ 冲击模型来源于现实世界的生产实践, 应用领域包含了众多学科, 具有重要的现实意义. 此外, 截断 δ 冲击模型的科学意义主要体现在以下两个方面.

例 2.1.8 (冲击模型的扩展) 截断 δ 冲击模型是对传统冲击模型概念的扩展. 一般来说, 传统冲击模型均假设冲击对系统是有害的, 而基于现实实践抽象出

来的截断 δ 冲击模型[①]的冲击对系统是有益的, 这是截断 δ 冲击模型与传统冲击模型一个显著不同的特点. 截断 δ 冲击模型的冲击是为了维护系统的寿命, 冲击越频繁对系统越有利. 截断 δ 冲击模型的研究丰富了冲击模型可靠性理论的研究领域, 已成为可靠性理论的一个重要组成部分.

例 2.1.9 (迟滞微分方程) 由于截断 δ 冲击模型的寿命相对于失效前最后一次冲击时刻具有一个滞后期, 所以计算系统可靠性时经常会构建成一个带有迟滞项的微分方程. 我们知道, 在一般情况下, 迟滞微分方程的求解是比较困难的. 然而, 我们可另外通过概率的方法计算出截断 δ 冲击模型的可靠性, 这也给我们提供了一个求解某一类迟滞微分方程的方法.

2.2 截断 δ 冲击模型的发展历史与发展前景

本节详细介绍截断 δ 冲击模型的发展历史.

2.2.1 发展历史

早期的冲击模型关注的是由冲击量引起失效的模型, 包括冲击量累积模型 (例如 Esary 等[2]、A-Hameed 和 Proschan[3])、冲击量极端值模型 (例如 Shanthikumar 和 Sumita[11,13]). 在以后的研究中, 除了基础过程和研究内容上改变之外, 主要开始冲击失效机制上的扩展, 例如, 序贯冲击模型[37] 和混合冲击模型[38].

δ 冲击模型是由冲击间隔引起失效的模型. 李泽慧[14] 研究行人阻滞交通问题时得到了间隔失效的思想, 出现了 δ 冲击模型的雏形. 李泽慧、黄宝胜和王冠军[26] 是最早将这一思想当作冲击模型来系统研究的作者, 是所有 δ 冲击模型的鼻祖. 而 Li, Chan 和 Yuan[28] 正式提出了 (经典) δ 冲击模型的名字. 目前 δ 冲击模型已成为冲击模型领域的研究热点, 有关冲击模型更多的发展历程见白建明等[105]、李泽慧等[62,74]、Bai 等[72] 相关文献.

截断 δ 冲击模型是在经典 δ 冲击模型的基础上扩展产生的. 李泽慧和陈锋[47] 可以说是最早尝试研究截断 δ 冲击模型 (当时称为对偶 δ 冲击模型) 的文献. Ma 和 Li[85] 在研究市场营销中客户关系时又发现了截断 δ 冲击模型的影子. 根据两类模型的关系并借鉴 (经典) δ 冲击模型的名称, Ma 和 Li[93] 正式将这一模型命名为截断 δ 冲击模型. 目前, 截断 δ 冲击模型在单元件系统、单调关联系统、维修更换、参数估计、复合标值过程、客户关系管理等领域都有研究.

关于离散时间截断 δ 冲击模型, 基本上研究的都是具体基础过程的模型. 例如, 张攀等[104]、Bian 等[134] 分别基于点距序列 (相邻两次冲击点的时间间隔) 和

[①] 更确切地讲是三类对偶 δ 冲击模型. 详见本书 2.3.2 节的描述.

点示序列 (每个时刻点是否有冲击发生) 研究了冲击基础过程为伯努利 (二项) 过程的截断 δ 冲击模型的可靠度. 马明和王冬 [118]、王世超等 [136] 分别研究了冲击更新间隔分别为对数分布和阶为 2 的幂级数分布的截断 δ 冲击模型的可靠度. 综合以往基础研究, 治建华和马明 [116] 研究了更一般的离散时间更新链冲击间隔的截断 δ 冲击模型的寿命性质, 使得以往基础研究都成为特例. Bian 等 [134] 扩展研究了马尔可夫链冲击点示截断 δ 冲击模型, 得到了三类初始分布下的可靠性函数及平均寿命. 最近, 姜伟欣和马明等 [143,145] 对离散时间更新截断 δ 冲击模型进行了扩展, 分别给出了离散弱更新幂级数和有重点伯努利冲击到达的开型截断 δ 冲击模型的可靠度与平均寿命.

在连续时间截断 δ 冲击模型方面, 结果最丰富的无疑是泊松截断 δ 冲击模型. 早在 2002 年, 李泽慧和陈锋就尝试研究了泊松截断 δ 冲击模型的一些性质, 得到了平均寿命、渐近性质, 寿命分布属于 NBU 分布类等重要性质, 但在计算可靠度时积分有误. Ma 和 Li [93] 在完成预备积分基础上 (马明 [84]), 除了完善了以上结果外, 更进一步得到了泊松截断 δ 冲击模型的可靠度、拉普拉斯变换函数、矩母函数, 并发现寿命分布是混合型的 (寿命分布既不是连续型也不是离散型), 证明了任意阶都是存在的, 得到了矩的精确显式表达式, 证明了在失效参数或冲击速率趋于无穷时, 寿命与平均寿命的比例极限分布是参数为 1 的指数分布. Ma 和 Shi [147] 应用对偶无记忆法不需重积分也得到了泊松截断 δ 冲击模型的可靠度. 张攀等 [123] 将其扩展到非齐次泊松截断 δ 冲击模型情形, 得到了可靠度的积分表示式, 讨论了可靠度界、矩存在性、失效率, 得到了寿命分布属于 IFRA 或 DFRA 分布类的结果. 此后, 研究朝着一般的更新模型发展. 梁小林和李泽慧 [63,80]、Liang 等 [97] 研究维修更换策略时顺便给出了更新截断 δ 冲击模型的平均寿命. 最早系统研究更新截断 δ 冲击模型的是土耳其学者 Eryilmaz, Erylimaz 和 Bayramoglu [113] 给出了更新截断 δ 冲击模型可靠度的积分表示式、平均寿命, 以及寿命的二阶矩和方差, 并将结果应用到了均匀更新间隔的截断 δ 冲击模型. 王苗苗和马明等 [137] 完善了均匀截断 δ 冲击模型的结果, 给出了均匀截断 δ 冲击模型可靠度的精确表达式及寿命的密度表达式.

最近, Chadjicon stantinidis 和 Erylimaz [146] 研究了冲击间隔为矩阵几何分布、位相型分布和矩阵指数分布的 (离散和连续) 更新截断 δ 冲击模型, 得到了一些比较丰富的结果.

以上研究仅限于单元件系统, 对于单调关联系统的研究比较少. 王世超等 [138] 尝试研究了独立串联系统截断 δ 冲击模型这种最简单的情形, 即每个元件分别遭受各自的冲击、冲击源间是独立的、元件间失效也是独立的情形, 在每个元件失效机制服从截断 δ 冲击模型条件下, 得到了一些可靠性指标.

基于冲击模型的维修更换策略一直是可靠性学者感兴趣的研究方向. 在 "每

个工作周期内系统寿命服从更新截断 δ 冲击模型, 失效临界值随维修次数递减, 维修时间随维修次数构成一个单调几何 (比例) 过程, 更换时间期望相同" 等标准假设条件下, 梁小林和李泽慧[63,80]、Liang 等[97] 得到了系统的最优 N 型更换策略. 贺澜和孟宪云[139] 在标准假设基础上考虑了可修与致命两类不同失效状态, 也得到了基于更新截断 δ 冲击模型失效的最优 N 型更换策略.

关于截断 δ 冲击模型的统计研究仅限于参数估计上. 马明等[119,148] 在三种样本轨道数据情形下分别给出了泊松截断 δ 冲击模型失效参数和冲击强度的极大似然估计量与贝叶斯估计, 并以此构造了无偏估计. 白静盼等[121,125] 讨论了 $(0,b)$ 区间均匀更新间隔截断 δ 冲击模型的似然估计和贝叶斯估计. 作为进一步扩展, Bai 等[127]、刘翠萍和白静盼[132] 分别讨论了 (a,b) 区间均匀更新间隔截断 δ 冲击模型的似然估计和贝叶斯估计. 以上所有的估计都是在完全失效数据情形下讨论的.

作为复合过程的扩展, 马明[88]、郑莹和马明[110]、冶建华等[133] 在研究自激滤过泊松过程基础上分别得到了泊松截断 δ 冲击模型标值过程的一阶矩、二阶矩及协方差. 在此基础上, 郑莹和马明[115] 应用 M 函数的极限性质及泊松截断 δ 冲击模型标值过程得到了滤过泊松过程期望的简洁证明.

截断 δ 冲击模型已应用在客户关系管理研究上. Ma 和 Li[93] 首次以冲击模型的观点建立起了截断 δ 冲击模型与关系营销的关系, 指出在一个泊松关系营销系统模式下, 一个客户公司的关系恰好构成了一个截断 δ 冲击模型, 客户的现时寿命价值是一个特殊的截断 δ 冲击模型的标值过程. 基于这个思想, 应用泊松截断 δ 冲击模型标值过程的理论结果, 马明[88] 给出了客户的平均现时寿命价值, 郑莹和马明[110] 给出了客户现时寿命价值的二阶矩. 马明和白静盼[119] 应用泊松截断 δ 冲击模型参数估计结果, 基于营销支出客户响应时间统计数据, 给出了泊松关系营销系统活跃客户响应率的估计式.

2.2.2 发展前景

无论哪一种冲击模型的研究, 都是沿着从简单具体基础过程到一般复杂基础过程的轨迹发展的, 例如都是从齐次泊松基础过程开始研究, 然后扩展. 这一扩展过程有三个方向: 一是一般化基础过程; 二是变更失效参数; 三是混合模型. 第一, 传统的研究历程就是冲击基础过程从泊松过程到更新过程再到马尔可夫过程这个路线. 这些基础过程共同的特点是与过去冲击无关, 这有些不太现实, 因为现实生活中许多冲击不是独立的, 有可能受过去的冲击影响, 所以一般化基础过程的研究趋势就是研究基础过程与历史冲击相关的冲击模型, 这将导致自激冲击模型的出现. 第二, 在变更失效参数方向上, 主要是将失效参数从单纯的常数变为时间函数、随机变量, 甚至是随机过程, 这最终会导致重随机冲击模型的研究. 第三,混合模型方向就是将冲击量失效与冲击间隔失效两类模型混合得到新的冲击模型,这是近几年研究的热门方向,例如:Lorvand 等 [140]、常春波和曾建潮 [141]、Parvardeh 和 Balakrishnan [142]、Eryilmaz [101]、Chadjiconstantinidis [149].

最后,就是 δ 冲击模型应用研究,挖掘冲击模型的应用领域,与其他学科交叉产生新的科学问题也是一个发展趋势. 例如,在管理学中客户关系管理、运筹学维修更换中的应用. 近年来有学者尝试使用冲击模型的观点来研究生态问题,例如王琪等 [129].

综上所述,截断 δ 冲击模型在理论研究与应用研究两方面都有很大的研究扩展空间.

2.3 截断 δ 冲击模型的定义、分类与研究内容

本节详细介绍冲击模型及截断 δ 冲击模型的定义、研究内容、研究方法等基本内容.

2.3.1 冲击模型

首先引入冲击系统的概念. 冲击系统是由冲击源与被冲击事物相互作用构成的系统. 在冲击系统中,被冲击事物遭受冲击源发出的间隔随机冲击而产生损伤,最终因冲击损伤而导致系统失效. 我们把这种现象称为**冲击 (失效) 现象**.

在实际应用中,被冲击事物 (被冲击对象) 也称为被冲击系统,简称为**系统**,这个系统可能是一个产品 (item)、一个设备 (device)、一个元件 (unit)、一个复杂系统 (complex system) 或者任一实体,在本文中我们统一用 "系统" 称谓. 冲击源发出的随机冲击可能是震动 (jolts)、打击 (blows)、压力 (stresses) 等,作用于系统上的任一有影响的行为都可称为**冲击** (如果作用时间很短,可理想化浓缩成一个点来看待的话). 冲击行为对系统产生的影响称为损伤 (damage),任何影响都可称为**损伤**,例如磨损 (wear)、疲劳 (fatigue) 等.

在可靠性理论中,描述 (研究) 这种 (失效) 现象的可靠性模型称为**冲击 (损伤) 模型** (shock model, shock damage model). 冲击模型是可靠性模型中一类重要的数学模型.

一个冲击模型由三个基本要素组成,即冲击过程 (shock process)、状态过程 (state process)、失效机制 (failure criteria).

第一个基本要素**冲击过程**是描述冲击源发出的冲击规律的过程. 一般来说,冲击过程由冲击主过程及其伴随过程构成. 冲击主过程也称为**基础过程** (underlying process),表明了冲击到达的规律,可用冲击次数、冲击时刻或冲击间隔等特征量来描述. **冲击伴随过程** (shock adjoint process) 用于描述伴随着冲击主过程产

生的一些特征量过程, 如冲击量 (或称冲击强度, magnitude)、冲击损伤等. 冲击损伤过程表明了每一次冲击对系统造成的损伤情况, 冲击损伤通常与冲击量、冲击次数、冲击时刻或冲击间隔相关联. 由于每一次 "冲击" 可看作是一个 "事件点", 所以冲击主过程通常构成一个随机点过程, 因此, 从随机过程角度讲, 冲击过程 (即冲击主过程和冲击伴随过程) 是一个标值点过程.

第二个基本要素**状态过程**是描述被冲击系统所处状态的过程. 系统的状态可能由于自身原因或冲击损伤而产生变化, 状态过程描述了系统状态的变化规律.

第三个基本要素**失效机制**规定了系统失效的条件. 失效条件通常是由冲击损伤的效应与一个失效域 (或阈值, threshold) 进行比较的, 如果比对成功则系统失效. 失效域可以是一个确定区间、一个随机变量区间或一个随机过程区间.

在冲击模型定义中, "**失效参数**" 和 "**寿命**" 是与失效机制伴随的两个量, 也是冲击模型两个重要的基本量. 失效参数就是构建失效域的临界值. 而系统从初始时刻到失效时刻之间消逝 (elapsed) 的时间叫作寿命, 常用 T 表示. 系统失效也称为寿命结束. 从这个意义上讲, 规定失效机制的过程也就是定义寿命的过程.

一个冲击模型可用如下符号表示:

$$\text{SM \{shock process; state process; failure criteria\}}, \tag{2.3.1}$$

其中 "SM" 是 "shock model" 的缩写, 表明这是一个冲击模型. 如果为了强调冲击主过程和伴随过程, 表示式 (2.3.1) 中的 "shock process" 也表示为 "shock underlying process, shock adjoint process", 如果不考虑冲击伴随过程, 或者说冲击伴随过程不参与引起冲击损伤, 则表示式 (2.3.1) 中的 "shock process" 可简单仅用 "shock underlying process" 代替. 有时, 为了强调失效参数, 可在表示式 (2.3.1) 中的 "failure criteria" 的后面用括号标出失效参数, 即 "failure criteria (parameter)" 的形式. 如果明确定义了寿命 T, 表示式 (2.3.1) 中的 "failure criteria" 也可用 T 代替. 如果系统状态固定不变化 (系统状态与失效无关), 则称系统是静止的, 此时表示式 (2.3.1) 中的 "state process" 可简单仅用大写字母 "S" 代替, 字符 "S" 是 "静止" 单词的缩写, 表明 "系统是静止的, 或系统寿命与系统状态无关", 此时在不引出混淆情况下, 也可简记为 SM {shock process; failure criteria}.

抽象地讲, 设 $\boldsymbol{W} = (\boldsymbol{\Psi}, \boldsymbol{D})$ 是一个标值点过程, 其中主过程 $\boldsymbol{\Psi}$ 是一个点过程, 标值过程 $\boldsymbol{D} = \{D_n, n = 1, 2, \cdots\}$ 中的 D_n 表示第 n 次冲击产生的标值. 设 $\boldsymbol{X} = \{X(t), t \geqslant 0\}$ 表示 t 时刻 (被冲击) 系统所处的状态, 令

$$T \triangleq \inf\{t \,|K(\boldsymbol{W}, \boldsymbol{X}, t) \in C\},$$

其中 $\inf A$ 表示集合 A 的下确界 (规定空集 $\varnothing$ 的下确界为 ∞), C 表示实数的一个子集, K 是关于标值点过程、系统状态过程和过程中索引时间 t 的函数. 则

SM($\boldsymbol{W}$; $\boldsymbol{X}$; T) 或 SM{($\boldsymbol{\Psi}$, $\boldsymbol{D}$); $\boldsymbol{X}$; T} (若不引起混淆, 也可记为 SM($\boldsymbol{W}$, $\boldsymbol{X}$, T) 或 SM{($\boldsymbol{\Psi}$, $\boldsymbol{D}$), $\boldsymbol{X}$, T}) 就表示了一个冲击模型, 其中, C 称为冲击模型的失效参数, $\boldsymbol{\Psi}$ 称为冲击模型的冲击过程, $\boldsymbol{D}$ 称为冲击模型的伴随过程, $K(\boldsymbol{W}, \boldsymbol{X}, t) \in C$ 表明冲击模型的失效机制, T 称为冲击模型的寿命, 也称为系统的寿命或系统失效时间. 一般来说, 由于寿命的定义中包含了失效机制, 所以只要在点过程基础上定义一个寿命 (或定义失效机制) 就得到一个冲击模型, 因此, 有时可以简单地用 T 表示一个模型.

2.3.2 截断 δ 冲击模型的定义

δ 冲击模型是一类由冲击间隔时间引起失效的模型. 其中, 由于小的间隔引起失效的冲击模型称为**经典 δ 冲击模型**, 反之, 由于大的冲击间隔引起的失效统称为**对偶 δ 冲击模型**. 由于寿命定义的不同, 对偶 δ 冲击模型有三种形式, 分别称为 I 型、II 型、III 型对偶 δ 冲击模型, 其中, II 型对偶 δ 冲击模型也称为截断 δ 冲击模型. 通俗地讲, 系统经过冲击后, 时间达到失效参数 (常用 δ 表示) 还没有新冲击到达, 则系统失效, 这样的对偶 δ 冲击模型称为截断 δ 冲击模型[1].

下面定义 2.3.1 给出了截断 δ 冲击模型的精确定义.

定义 2.3.1 设点过程 $\boldsymbol{\Psi}$ 的点距序列为 $\{Z_n, n = 1, 2, \cdots\}$, 给定非负实常数 $\delta > 0$, 记

$$M = \inf\{n \mid Z_{n+1} > \delta, n = 0, 1, \cdots\} \tag{2.3.2}$$

及

$$T = \begin{cases} \delta, & M = 0, \\ \sum_{i=1}^{M} Z_i + \delta, & M > 0, \end{cases} \tag{2.3.3}$$

则称该模型是冲击过程为 $\boldsymbol{\Psi}$、失效参数为 δ 的开型截断 δ 冲击模型, 简称为截断 δ 冲击模型, 记作 SM{$\boldsymbol{\Psi}$; CD(δ)} 或 SM{$\boldsymbol{\Psi}$, CD(δ)}. 称 T 为系统 (或模型) 的寿命, M 为模型 (或系统) 失效前 (时) 的总冲击次数. 此时也可称 T 遵循 (或服从) 截断 δ 冲击模型, 记作 $T \sim$ SM{$\boldsymbol{\Psi}$; CD(δ)} 或 $T \sim$ SM{$\boldsymbol{\Psi}$, CD(δ)}.

在记号 SM{$\boldsymbol{\Psi}$, CD(δ)} 中, 字母 CD 是英文 censored delta 的缩写, 若不需要强调失效参数, 可简记为 SM{$\boldsymbol{\Psi}$, CD}. 由于式 (2.3.3) 中已明确给出了寿命 T 的定义, 所以模型也可用 SM{$\boldsymbol{\Psi}$, T} 表示.

---

[1] 考虑定义 2.3.1, 若将式 (2.3.3) 的寿命定义更改为 $T = Z_1 + Z_2 + \cdots + Z_{M+1}$, 则对应模型称为 I 型对偶 δ 冲击模型; 若寿命定义为 $T = Z_0 + Z_1 + Z_2 + \cdots + Z_M$, 其中 $Z_0 \equiv 0$, 则对应模型称为 III 型对偶 δ 冲击模型.

在截断 δ 冲击模型中, 冲击过程 Ψ 的点距序列 $\{Z_n, n = 1, 2, \cdots\}$ 也称为**冲击间隔序列**, 其中 Z_n 表示第 $n-1$ 次与第 n 次冲击之间的间隔时间. 冲击过程 Ψ 的点时序列 $\{S_n, n = 1, 2, \cdots\}$ 也称为**冲击时刻序列**, 其中 S_n 表示第 n 次冲击发生时刻. 若冲击过程 Ψ 是连续时间点过程, 则点 (计) 数过程 $\{N(t), t \geqslant 0\}$ 也称为**冲击次数过程**, 其中 $N(t)$ 表示到 t 时为止 $[0, t]$ 区间上总共冲击次数. 若冲击过程 Ψ 是离散时间点过程, 则点 (计) 数序列 $\{N_n, n = 1, 2, \cdots\}$ 也称为**冲击次数序列**, 其中 N_n 表示到离散时刻 n 为止总共冲击次数. 失效参数 δ 是判断系统是否失效的一个重要指标, 所以也有文献称为**阈值、失效临界值**.

为了避免 $P(T = \infty) \equiv 1$ 这种平凡极端情形出现, 我们补充假设, 存在 $n \in \{1, 2, \cdots\}$, 使得 $P(Z_n > \delta) > 0$. 此外, 有时为了避免 $P(T = \delta) \equiv 1$, 也需要假设 $P(Z_1 > \delta) < 1$. 我们称这两个假设为**免平凡性假设**. 以后若不特殊说明, 均假设所讨论的截断 δ 冲击模型满足免平凡性假设.

由系统寿命 T 的定义可知, T 满足以下性质:

$$T \geqslant \delta, \text{ a.s.} \tag{2.3.4}$$

我们称式 (2.3.4) 为截断 δ 冲击模型寿命的**一致下界性**.

系统寿命 T 有其他等价表示. 例如, 若设 $S_0 \equiv 0$, 则寿命 T 也可表示为

$$T = S_M + \delta.$$

同样若设 $Z_0 \equiv 0$, 则寿命 T 也可表示为

$$T = \sum_{i=0}^{M} Z_i.$$

易见在 $P(Z_1 = 0) = 0$ 且 $P(Z_1 > \delta) > 0$ 条件下, 成立

$$\{T = \delta\} \Leftrightarrow \{Z_1 > \delta\} \Leftrightarrow \{M = 0\}, \tag{2.3.5}$$

但在 $P(Z_1 = 0) > 0$ 条件下,

$$\{T = \delta\} \nLeftrightarrow \{Z_1 > \delta\} \Leftrightarrow \{M = 0\}.$$

注意 $\{Z_1 > \delta\} \Leftrightarrow \{M = 0\}$ 在任何情况都成立.

由式 (2.3.2) 和式 (2.3.3), 易得对 $n = 1, 2, \cdots$,

$$\{S_n \leqslant T\} \Leftrightarrow \{S_i - S_{i-1} \leqslant \delta, i = 1, 2, \cdots, n\}, \quad \text{其中} \quad S_0 \equiv 0. \tag{2.3.6}$$

系统失效时的总冲击次数 M 满足以下等价事件, 对 $\forall m = 0, 1, 2, \cdots$,

$$\{M = m\} \Leftrightarrow \{M \geqslant m, Z_{m+1} > \delta\} \tag{2.3.7}$$

2.3 截断 δ 冲击模型的定义、分类与研究内容

且
$$\{M \geqslant m\} \Leftrightarrow \{Z_0 \leqslant \delta, Z_1 \leqslant \delta, \cdots, Z_m \leqslant \delta\}, \qquad (2.3.8)$$

其中, $Z_0 \equiv 0$. 特别地, 由式 (2.3.8) 和式 (2.3.6) 可得, 当 $m \geqslant 1$ 时,

$$\{M \geqslant m\} \Leftrightarrow \{Z_1 \leqslant \delta, Z_2 \leqslant \delta, \cdots, Z_m \leqslant \delta\}$$
$$\Leftrightarrow \{S_i - S_{i-1} \leqslant \delta, i = 1, 2, \cdots, m\} \Leftrightarrow \{S_m \leqslant T\}. \qquad (2.3.9)$$

需要特别注意的是, 在式 (2.3.2) 中, 失效条件是首次存在间隔 $Z_{n+1} > \delta$[①]. 而 $Z_{n+1} > \delta$ 表明冲击间隔失效区域为 (δ, ∞), 由于失效区域中没有包含点 δ, 所以我们称模型为**开型截断 δ 冲击模型**. 此外, 按通俗的话说, 式 (2.3.2) 和式 (2.3.3) 表明, 开型截断 δ 冲击模型失效机制为 "如果距上次冲击后, 时间达到[②]δ 单位长还没有冲击到达, 则系统失效", 所以, 开型截断 δ 冲击模型也可称为**达无型截断 δ 冲击模型**.

若将式 (2.3.2) 中条件更改为
$$M = \inf\{n | Z_{n+1} \geqslant \delta, n = 0, 1, \cdots\}, \qquad (2.3.10)$$

此时冲击间隔失效区域变为 $[\delta, \infty)$, 我们把这种模型称为**闭型截断 δ 冲击模型**. 此时

$$\{M \geqslant m\} \Leftrightarrow \{Z_0 < \delta, Z_1 < \delta, \cdots, Z_m < \delta\},$$

其中, $Z_0 \equiv 0$.

闭型截断 δ 冲击模型和开型截断 δ 冲击模型的主要区别就是冲击间隔恰好等于失效参数 δ 时是否失效. 若对 $\forall n = 1, 2, \cdots$, Z_n 都是连续型分布, 则开型截断 δ 冲击模型和闭型截断 δ 冲击模型的失效条件是等价的, 此时两种模型没有区别. 但若存在 $n = 1, 2, \cdots$, Z_n 是非连续型分布 (特别是离散型分布), 而 δ 也恰好是 Z_n 的样本点 (即 $P(Z_n = \delta) > 0$) 情况下, 开型截断 δ 冲击模型和闭型截断 δ 冲击模型的失效条件不等价, 此时两种模型不一样. 但显然, 在某些情况下, 开型截断 δ 冲击模型和闭型截断 δ 冲击模型是可以互相转化的, 因此只需研究一种模型即可.

本书所讨论的截断 δ 冲击模型都是指开型截断 δ 冲击模型.

---

① 不是 $Z_{n+1} \geqslant \delta$, 在 Z_{n+1} 为非连续型分布且 $P(Z_{n+1} = \delta) > 0$ 情形下, $Z_{n+1} > \delta$ 与 $Z_{n+1} \geqslant \delta$ 是不等价的.

② 不是 "超过". 早期文献 [116,118,124,128] 虽然寿命定义的数学表达式与本书一致, 但用汉语通俗描述时都使用了 "如果距上次冲击后, 时间超过 δ 单位长还没有冲击到达, 则系统失效", 这种描述与寿命的数学描述不一致 (读者想一下为什么?). 为了通俗描述与数学定义一致, 本书采用 "如果时长达到 δ 单位还没有冲击发生则系统失效" 的描述方式.

2.3.3 截断 δ 冲击模型的分类

首先根据冲击过程的时间参数进行分类, 如果冲击过程 Ψ 是一个离散时间的点过程, 则称 SM$\{\Psi, \text{CD}\}$ 为**离散时间截断 δ 冲击模型**, 特别记作 SM$\{\Psi_\text{D}, \text{CD}\}$; 如果冲击过程 Ψ 是一个连续时间的点过程, 则称 SM$\{\Psi, \text{CD}\}$ 为**连续时间截断 δ 冲击模型**, 特别记作 SM$\{\Psi_\text{C}, \text{CD}\}$.

由于我们假设离散时间点过程的索引时间点为非负整数点, 所以若不特殊说明, 以后我们也总假定离散时间截断 δ 冲击模型的索引时间点为非负整数点, 即仅在非负整数时间点上考虑离散时间截断 δ 冲击模型.

截断 δ 冲击模型也可按冲击过程的类型进行分类.

定义 2.3.2 如果点过程 Ψ 是一个离散时间更新点过程, 即 $\Psi \sim [\textbf{RNDP}(\{p_k\})]$, 则称 SM$\{\Psi, \text{CD}(\delta)\}$ 是冲击间隔分布列为 $\{p_k\}$、失效参数为 δ 的离散时间更新截断 δ 冲击模型, 记作 SM$\{[\textbf{RNDP}(\{p_k\})], \text{CD}(\delta)\}$.

例如, SM$\{[\textbf{BP}(p)], \text{CD}(\delta)\}$ 和 SM$\{[\textbf{RNDP}(\text{NG}(p))], \text{CD}(\delta)\}$ 就是两个特殊的离散时间更新截断 δ 冲击模型, 其中, SM$\{[\textbf{BP}(p)], \text{CD}(\delta)\}$ 称作**二项截断 δ 冲击模型**或**伯努利截断 δ 冲击模型**, 而 SM$\{[\textbf{RNDP}(\text{NG}(p))], \text{CD}(\delta)\}$ 称作**有重点 (冲击的) 伯努利截断 δ 冲击模型**.

定义 2.3.3 如果点过程 $\Psi \sim [\textbf{RNP}(F(t))]$, 则称 SM$\{\Psi, \text{CD}(\delta)\}$ 是冲击间隔分布为 $F(t)$、失效参数为 δ 的更新截断 δ 冲击模型, 记作 SM$\{[\textbf{RNP}(F(t))], \text{CD}(\delta)\}$. 特别地, 若 Ψ 是一个纯更新点过程, 则称 SM$\{[\textbf{RNP}(F(t))], \text{CD}(\delta)\}$ 为纯更新截断 δ 冲击模型; 若 Ψ 是一个更新链点过程, 则称 SM$\{[\textbf{RNP}(F(t))], \text{CD}(\delta)\}$ 为更新链截断 δ 冲击模型.

遵循免平凡性假设, 在 SM$\{[\textbf{RNP}(F(t))], \text{CD}(\delta)\}$ 中, 总假定 $0 < F(\delta) < 1$.

在纯更新截断 δ 冲击模型中, 设冲击间隔的分布密度为 $f(t)$, 则纯更新截断 δ 冲击模型也可记作 SM$\{[\textbf{RNP}_\text{C}(f(t))], \text{CD}(\delta)\}$. 同理, 在更新链截断 δ 冲击模型中, 若设冲击间隔的分布列为 $\{p_k\}$, 则更新链截断 δ 冲击模型也可记作 SM$\{[\textbf{RNP}_\text{D}(\{p_k\})], \text{CD}(\delta)\}$.

例如, SM$\{[\textbf{RNP}(\text{U}(a,b))], \text{CD}(\delta)\}$ 表示冲击间隔分布为区间 (a,b) 上均匀分布的纯更新截断 δ 冲击模型, 简称**均匀更新截断 δ 冲击模型**. 由免平凡性假设, 均匀更新截断 δ 冲击模型中 $a < \delta < b$.

此外, SM$\{[\textbf{RNP}(\text{Exp}(\lambda))], \text{CD}(\delta)\}$ 表示冲击参数为 λ、失效参数为 δ 的泊松截断 δ 冲击模型, 即冲击间隔是一个指数流或冲击过程是一个泊松点过程. 泊松截断 δ 冲击模型也可由如下方式定义.

定义 2.3.4 如果点过程 $\Psi \sim [\textbf{PP}(\lambda)]$, 则称 SM$\{\Psi, \text{CD}(\delta)\}$ 是冲击参数为 λ、失效参数为 δ 的泊松截断 δ 冲击模型, 记作 SM$\{[\textbf{PP}(\lambda)], \text{CD}(\delta)\}$.

泊松截断 δ 冲击模型也称为**简单流截断 δ 冲击模型**或**指数更新截断 δ 冲击模型**.

比更新截断 δ 冲击模型更一般的模型是独立点距截断 δ 冲击模型.

定义 2.3.5 设 $\{Z_n, n = 1, 2, \cdots\}$ 是点过程 Ψ 的点距序列, 如果 $\{Z_n, n = 1, 2, \cdots\} \sim \mathbf{INP}$, 则称 SM$\{\Psi, \text{CD}(\delta)\}$ 是失效参数为 δ 的独立点距截断 δ 冲击模型, 记作 SM$\{[\mathbf{INP}]_{\mathbf{z}}, \text{CD}(\delta)\}$.

也可根据系统 (即被冲击对象) 的个数及其关联关系进行分类. 如果系统可看作是一个整体, 则称 SM$\{\Psi, \text{CD}\}$ 为**元件型截断 δ 冲击模型**. 如果系统是一个单调关联系统, 则称 SM$\{\Psi, \text{CD}\}$ 为**单调系统截断 δ 冲击模型**. 如果系统是一个人文社会网络关系, 则称 SM$\{\Psi, \text{CD}\}$ 为**复杂系统截断 δ 冲击模型**. 本书所讨论的截断 δ 冲击模型都是元件型截断 δ 冲击模型.

根据系统的运动状态可分为质点模型和运动型模型, 如果系统是静止不动的 (即系统状态固定不变), 则称 SM$\{\Psi, \text{CD}\}$ 为**质点截断 δ 冲击模型**; 如果系统本身是随机变化的, 则称 SM$\{\Psi, \text{CD}\}$ 为**运动型截断 δ 冲击模型**, 此时, 需要在模型表示式中将系统的状态变化规律明确表示出, 即成为 SM$\{\Psi, \text{state process}, \text{CD}(\delta)\}$ 的形式.

此外, 也可对模型进行扩展, 例如可将参数 δ 扩展为与时间有关的函数, 或者扩展为一个随机变量, 甚至于是一个随机过程, 此时可将定义 2.3.1 中 δ 为常数情形的 SM$\{\Psi, \text{CD}(\delta)\}$ 称为**经典截断 δ 冲击模型**.

2.3.4 截断 δ 冲击模型中常见的可靠性指标

截断 δ 冲击模型本质上是一个可靠性模型, 所以与可靠性理论一样, 其研究核心是寿命, 基本上所有的研究内容都是围绕着寿命展开的. 在这些研究中, 由寿命性质定义出的用于评价度量系统可靠性的指标是首要的研究内容. 下面介绍一些冲击模型中常见的可靠性指标. 以下 T 都表示截断 δ 冲击模型的系统寿命.

2.3.4.1 可靠度

定义 2.3.6 系统寿命 T 的生存函数 $\overline{F}_T(t)$ 称为系统的可靠度, 或称可靠性函数, 记作 $R(t)$, 即

$$R(t) \triangleq \overline{F}_T(t) = P(T > t), \quad t \geqslant 0.$$

在截断 δ 冲击模型中, 由寿命的一致下界性, 当 $t < \delta$ 时,

$$R(t) = \overline{F}_T(t) = P(T > t) = 1, \tag{2.3.11}$$

所以, 对任一 SM$\{\Psi, \text{CD}(\delta)\}$, 其可靠度只需研究 $t \geqslant \delta$ 情形. 我们称式 (2.3.11) 为截断 δ 冲击模型可靠度的**初始条件**或**边界条件**.

围绕可靠度可研究可靠度的显然表达式、寿命分布类、可靠度的界、寿命渐近性等性质.

2.3.4.2 系统失效率

定义 2.3.7 称式 (2.3.12) 定义的 $r(t)$ 为系统的失效率, 即

$$r(t) \triangleq \lim_{h \to 0} \frac{P\{t < T \leqslant t+h | T > t\}}{h}, \quad t \geqslant 0. \tag{2.3.12}$$

若 T 为连续型分布, 则式 (2.3.12) 可变形为

$$r(t) \triangleq \frac{f_T(t)}{\overline{F}_T(t)}, \quad t \geqslant 0,$$

其中, $f_T(t)$ 为 T 的密度函数.

若 T 为离散型分布, 式 (2.3.12) 可变形为

$$r(k) = P(T = k | T \geqslant k) = \frac{p_T(k)}{\overline{F}_T(k) + p_T(k)}, \quad k = 0, 1, \cdots,$$

其中, $p_T(k)$ 为 T 的分布列.

失效率度量了在系统存活情况下, 系统将会瞬间失效的可能性.

2.3.4.3 系统直到失效时的平均时间

定义 2.3.8 系统寿命 T 的期望 $E[T]$ 称为系统直到失效时的平均时间, 也称为**系统的平均寿命**, 记作 MTTF, 即

$$\text{MTTF} \triangleq E[T] = \int_0^\infty t \mathrm{d} F_T(t).$$

由寿命的一致下界性式 (2.3.4), $E[T] \geqslant \delta$, 即 MTTF $\geqslant \delta$. 另外, 由可靠度的初始条件式 (2.3.11), 也可证得 $E[T] \geqslant \delta$. 事实上,

$$E[T] = \int_0^\infty \overline{F}_T(t) \mathrm{d}t = \int_0^\delta 1 \mathrm{d}t + \int_\delta^\infty \overline{F}_T(t) \mathrm{d}t = \delta + \int_\delta^\infty \overline{F}_T(t) \mathrm{d}t \geqslant \delta. \tag{2.3.13}$$

我们将 MTTF $\geqslant \delta$ 称作是截断 δ 冲击模型平均寿命的**一致下界性**.

2.3.4.4 系统平均剩余寿命

定义 2.3.9 设 $t \geqslant 0$, 在 $T \geqslant t$ 条件下, $T - t$ 的期望称为系统寿命 T 的平均剩余寿命, 即

$$E[T - t | T \geqslant t] = \frac{1}{\overline{F}_T(t)} \int_t^\infty \overline{F}_T(x) \mathrm{d}x.$$

除去一般的可靠性指标, 冲击模型还有下面一些自己特有的指标.

2.3 截断 δ 冲击模型的定义、分类与研究内容

2.3.4.5 系统冲击度

定义 2.3.10 系统失效前的总冲击次数 M 的分布列称为系统的**冲击度**, 记作 $D(n)$, 即

$$D(n) \triangleq P(M=n), \quad n = 0, 1, \cdots.$$

冲击度反映了系统冲击发生的频次. 另外有时将 $P(M > n)$ 称为系统的**累积冲击度**.

2.3.4.6 系统失效前的平均冲击度

定义 2.3.11 系统失效前的总冲击次数 M 的期望 $E[M]$ 称为**系统失效前的平均冲击度**, 简称为**平均冲击度**, 记作 MNBF, 即

$$\text{MNBF} \triangleq E[M] = \sum_{n=0}^{\infty} nP(M=n).$$

2.3.4.7 系统活过 n 次冲击的概率

定义 2.3.12 设 $t \geqslant 0, n = 0, 1, \cdots$, 在 t 时刻为止总共冲击 n 次的条件下, 系统仍旧存活的概率, 称为**系统活过 n 次冲击的概率**, 即

$$P(T > t | N(t) = n).$$

系统活过 n 次冲击的概率反映了系统抵抗冲击的能力, 可称为**耐受力函数**.

2.3.5 截断 δ 冲击模型可靠性指标的常用计算方法

在可靠性指标中, 无疑可靠度和平均寿命是最基础和最重要的指标. 计算这两个指标经常通过条件化方法使用全期望公式来计算, 通常选取的条件有下面 5 种 (以连续时间截断 δ 冲击模型为例, 设 $t \geqslant 0$).

1) 关于系统失效之前总冲击次数 M 取条件
(1) $\overline{F}_T(t) = E\left[P(T > t | M)\right]$;
(2) $E[T] = E\left[E[T | M]\right]$.
2) 关于首次冲击时刻 S_1 (或首次冲击间隔 Z_1) 取条件
(1) $\overline{F}_T(t) = E\left[P(T > t | S_1)\right]$;
(2) $E[T] = E\left[E[T | S_1]\right]$.
3) 关于 t 之前最后一次冲击时刻 $S_{N(t)}$ 取条件
(1) $\overline{F}_T(t) = E\left[P(T > t | S_{N(t)})\right]$;
(2) $E[T] = E\left[E[T | S_{N(t)}]\right]$.

4) 关于 t 之前总冲击次数 $N(t)$ 取条件
(1) $\overline{F}_T(t) = E\left[P(T > t | N(t))\right]$;
(2) $E[T] = E\left[E[T|N(t)]\right]$.

5) 关于系统失效之前最后一次冲击时刻 S_M 取条件
(1) $\overline{F}_T(t) = E\left[P(T > t | S_M)\right]$;
(2) $E[T] = E\left[E[T|S_M]\right]$.

在这些条件化方法中,从其使用方便程度来看,第 1 种似乎是最一般的方法,第 2 种和第 3 种条件一般用于更新截断 δ 冲击模型中,通常将这两种方法称为**更新推理法**,第 4 种条件一般用于冲击过程具有顺序统计量性质的截断 δ 冲击模型中,而第 5 种条件通常可转化为第 1 种条件. 实际计算中常根据具体截断 δ 冲击模型的特性选取合适的条件,再将这些条件按需要展开,有时会化为联合分布的情形.

2.3.6 截断 δ 冲击模型中常见的寿命分布类

截断 δ 冲击模型作为一类可靠性数学模型,使用可靠性指标对寿命分布进行分类也是其研究内容之一,下面给出一些常用的有关寿命分布类的概念.

定义 2.3.13[25]57 若寿命 T 满足对 $\forall x, t \geqslant 0$,

$$P(T \geqslant x + t \mid T \geqslant t) \leqslant P(T \geqslant x),$$

则称 T 属于新比旧好的类. 记作 $T \in \mathrm{NBU}$. 若

$$P(T \geqslant x + t \mid T \geqslant t) \geqslant P(T \geqslant x),$$

则称 T 属于新比旧差的类. 记作 $T \in \mathrm{NWU}$.

NBU 类有下面好的性质.

定理 2.3.1[25]58 若 $T \in \mathrm{NBU}$,则对任意 $k = 1, 2, \cdots$,$E(T^k) < \infty$.

定理 2.3.1 表明,NBU 类的任意阶矩都存在.

第 3 章 连续时间截断 δ 冲击模型

在这一章中, 讨论一些基本的连续时间截断 δ 冲击模型. 3.1 节描述了一个具体的时间连续的冲击模型, 即泊松截断 δ 冲击模型; 3.2 节将泊松截断 δ 冲击模型扩展为连续更新截断 δ 冲击模型; 3.3 节研究了时倚非齐次泊松截断 δ 冲击模型.

3.1 泊松截断 δ 冲击模型

3.1.1 泊松截断 δ 冲击模型的定义

简单地说, 在截断 δ 冲击模型中, 如果冲击按照一个泊松流到达, 则称为 (齐次) 泊松截断 δ 冲击模型.

定义 3.1.1 如果点过程 $\boldsymbol{\Psi} \sim [\mathbf{PP}(\lambda)]$, 则称 $\mathrm{SM}\{\boldsymbol{\Psi}, \mathrm{CD}(\delta)\}$ 是冲击参数为 λ、失效参数为 δ 的泊松截断 δ 冲击模型, 记作 $\mathrm{SM}\{[\mathbf{PP}(\lambda)], \mathrm{CD}(\delta)\}$.

一个完整严格的泊松截断 δ 冲击模型定义如下.

定义 3.1.2 设泊松点过程 $[\mathbf{PP}(\lambda)]$ 的点距序列为 $\mathbf{Z} = \{Z_n, n = 1, 2, \cdots\}$, 给定非负实常数 $\delta > 0$, 记

$$M = \inf\{n | Z_{n+1} > \delta, n = 0, 1, \cdots\}$$

及

$$T = \begin{cases} \delta, & M = 0, \\ \sum_{i=1}^{M} Z_i + \delta, & M > 0, \end{cases} \quad (3.1.1)$$

其中, 规定 $\inf \varnothing = \infty$, 则称该模型是冲击率为 λ、失效参数为 δ 的泊松截断 δ 冲击模型, 记作 $\mathrm{SM}\{[\mathbf{PP}(\lambda)], \mathrm{CD}(\delta)\}$, 称 T 为 $\mathrm{SM}\{[\mathbf{PP}(\lambda)], \mathrm{CD}(\delta)\}$ 的系统寿命, 也可记作 $T \sim \mathrm{SM}\{[\mathbf{PP}(\lambda)], \mathrm{CD}(\delta)\}$.

一个简洁不太严格形式的定义如下.

定义 3.1.3 设冲击按照一个齐次泊松流到达, 如果相距上次冲击后, 时间达到 δ 单位长还没有新冲击到达, 系统就失效, 则称这样的冲击系统为泊松截断 δ 冲击模型.

下面若不特殊说明，总假设 $T \sim \text{SM}\{[\mathbf{PP}(\lambda)], \text{CD}(\delta)\}$，$M$ 为 $\text{SM}\{[\mathbf{PP}(\lambda)], \text{CD}(\delta)\}$ 失效前总冲击次数，$\{N(t), t \geqslant 0\}$，$\{S_n, n = 1, 2, \cdots\}$，$\{Z_n, n = 1, 2, \cdots\}$ 分别为 $[\mathbf{PP}(\lambda)]$ 的点数过程、点时过程和点距过程. 依 $[\mathbf{PP}(\lambda)]$ 的性质，对 $\forall n = 1, 2, \cdots$，$Z_n \sim \text{Exp}(\lambda)$，$S_n \sim \text{Gam}(n, \lambda)$，且 $Z_1, Z_2, \cdots$ 相互独立，$\forall t \geqslant 0$，$N(t) \sim \text{Poi}(\lambda t)$.

3.1.2 失效前总冲击次数

不难证明，$\text{SM}\{[\mathbf{PP}(\lambda)], \text{CD}(\delta)\}$ 的失效前总冲击次数服从参数为 $\mathrm{e}^{-\lambda\delta}$ 的非负值几何分布，即有 $M \sim \text{NG}(\mathrm{e}^{-\lambda\delta})$.

定理 3.1.1 $\text{SM}\{[\mathbf{PP}(\lambda)], \text{CD}(\delta)\}$ 的系统冲击度为
$$D(n) = (1 - \mathrm{e}^{-\lambda\delta})^n \mathrm{e}^{-\lambda\delta}, \quad n = 0, 1, 2, \cdots. \tag{3.1.2}$$

证明 由式 (2.3.7) 和式 (2.3.8) 得
$$\{M = n\} \Leftrightarrow \{Z_0 \leqslant \delta, Z_1 \leqslant \delta, \cdots, Z_n \leqslant \delta, Z_{n+1} > \delta\},$$
其中 $Z_0 \equiv 0$，再由泊松点过程冲击间隔 $Z_1, Z_2, \cdots$ 的独立同指数分布性质，结论立得. ∎

由非负值几何分布的期望 (附表 6)，立得推论 3.1.1.

推论 3.1.1 $\text{SM}\{[\mathbf{PP}(\lambda)], \text{CD}(\delta)\}$ 失效前的平均冲击度为
$$\text{MNBF} = \mathrm{e}^{\lambda\delta} - 1.$$

3.1.3 系统的寿命分布

本节分别通过系统可靠度、系统寿命的拉普拉斯函数、矩母函数等分布特征来刻画泊松截断 δ 冲击模型的系统寿命分布.

3.1.3.1 系统可靠度

下面的定理给出齐次泊松截断 δ 冲击模型系统的可靠度，也就是系统寿命的生存函数. 由截断 δ 冲击模型系统寿命的一致下界性 (即式 (2.3.4))，我们只需要考虑 $t \geqslant \delta$ 情形.

定理 3.1.2 $\text{SM}\{[\mathbf{PP}(\lambda)], \text{CD}(\delta)\}$ 的可靠度为
$$R(t) = \mathrm{e}^{-\lambda t} \sum_{n=1}^{\infty} \frac{\lambda^n}{n!} \sum_{k=0}^{n+1} (-1)^k \binom{n+1}{k} (t - k\delta)_+^n, \quad t \geqslant \delta. \tag{3.1.3}$$

证明 设 $t > \delta$，对寿命的生存函数 $\bar{F}_T(t)$ 取条件 $N(t)$，注意到此时 $P(T > t \mid N(t) = 0) = 0$，可得
$$P(T > t) = \sum_{n=1}^{\infty} P(T > t \mid N(t) = n) P(N(t) = n). \tag{3.1.4}$$

3.1 泊松截断 δ 冲击模型

由于在 $n \geqslant 1, N(t) = n$ 的条件下,

$$\{T > t\} \Leftrightarrow \{Z_1 \leqslant \delta, Z_2 \leqslant \delta, \cdots, Z_n \leqslant \delta, t - S_n \leqslant \delta\},$$

因此, 由定理 1.5.21 的条款 (1) 式 (1.5.3) 及定理 1.2.11 的式 (1.2.14) 得

$$P(T > t | N(t) = n) = P\left(Z_i \leqslant \delta, i = 1, 2, \cdots, n; t - \delta \leqslant \sum_{i=1}^{n} Z_i \Big| N(t) = n\right)$$

$$= \frac{n!}{t^n} \underset{\substack{0 \leqslant x_1 \leqslant \delta, 0 \leqslant x_2 \leqslant \delta, \cdots, 0 \leqslant x_n \leqslant \delta \\ t - \delta < x_1 + x_2 + \cdots + x_n < t}}{\iint \cdots \int} \mathrm{d}x_1 \mathrm{d}x_2 \cdots \mathrm{d}x_n$$

$$= \frac{1}{t^n} \sum_{k=0}^{n+1} (-1)^k \binom{n+1}{k} (t - k\delta)_+^n. \tag{3.1.5}$$

将式 (3.1.5) 和定理 1.5.18 的式 (1.5.1) 代入式 (3.1.4) 得

$$P(T > t) = \mathrm{e}^{-\lambda t} \sum_{n=1}^{\infty} \frac{\lambda^n}{n!} \sum_{k=0}^{n+1} (-1)^k \binom{n+1}{k} (t - k\delta)_+^n. \tag{3.1.6}$$

■

注意式 (3.1.6) 对 $t < \delta$ 并不成立, 这是因为, 若 $0 \leqslant t < \delta$, 则得

$$\mathrm{e}^{-\lambda t} \sum_{n=1}^{\infty} \frac{\lambda^n}{n!} \sum_{k=0}^{n+1} (-1)^k \binom{n+1}{k} (t - k\delta)_+^n = \mathrm{e}^{-\lambda t} \sum_{n=1}^{\infty} \frac{(\lambda t)^n}{n!} = 1 - \mathrm{e}^{-\lambda t} \neq 1. \tag{3.1.7}$$

此外当 $n = 0$ 时, 考虑到 $t \geqslant \delta$ 及 $0^0 = 1$ 的规定, 因为

$$\frac{\lambda^n}{n!} \sum_{k=0}^{n+1} (-1)^k \binom{n+1}{k} (t - k\delta)_+^n = (t)_+^0 - (t - \delta)_+^0 = (t)^0 - (t - \delta)^0 = 0,$$

所以式 (3.1.3) 中级数项的下标 n 也可从 0 开始, 即定理 3.1.2 等价于推论 3.1.2.

推论 3.1.2 若规定 $0^0 = 1$, 则对 $t \geqslant \delta$, SM$\{[\mathbf{PP}(\lambda)], \mathrm{CD}(\delta)\}$ 的可靠度为

$$R(t) = \mathrm{e}^{-\lambda t} \sum_{n=0}^{\infty} \frac{\lambda^n}{n!} \sum_{k=0}^{n+1} (-1)^k \binom{n+1}{k} (t - k\delta)_+^n. \tag{3.1.8}$$

注意式 (3.1.8) 也未包含 $0 \leqslant t < \delta$ 的情形.

事实上, 若 $m\delta \leqslant t < (m+1)\delta$, 其中 m 为正整数, 则式 (3.1.8) 与式 (3.1.3) 中级数项的下标 n 也可从 m 开始, 这是因为, 若 $n = 0, 1, \cdots, m-1$, 则由推论 1.1.1 得

$$\sum_{k=0}^{n+1} (-1)^k \binom{n+1}{k} (t-k\delta)_+^n = \sum_{k=0}^{n+1} (-1)^k \binom{n+1}{k} (t-k\delta)^n = 0,$$

所以得推论 3.1.3.

推论 3.1.3 若 $m\delta \leqslant t < (m+1)\delta, m = 1, 2, \cdots$, 则 $\mathrm{SM}\{[\mathbf{PP}(\lambda)], \mathrm{CD}(\delta)\}$ 的可靠度为

$$R(t) = \mathrm{e}^{-\lambda t} \sum_{n=m}^{\infty} \frac{\lambda^n}{n!} \sum_{k=0}^{n+1} (-1)^k \binom{n+1}{k} (t-k\delta)_+^n. \tag{3.1.9}$$

此外, 由定理 1.2.19 可得: 对 $\forall -\infty < t < \infty$ 及 $n = 1, 2, \cdots,$

$$\frac{1}{n!} \sum_{k=0}^{n+1} (-1)^k \binom{n+1}{k} (t-k\delta)_+^n = H_{n+1,\delta}(t).$$

所以式 (3.1.3) 中表达式也可用 H 函数 (见定义 1.2.14) 表示, 即得推论 3.1.4.

推论 3.1.4 $\mathrm{SM}\{[\mathbf{PP}(\lambda)], \mathrm{CD}(\delta)\}$ 的可靠度为

$$R(t) = \mathrm{e}^{-\lambda t} \sum_{n=1}^{\infty} \lambda^n H_{n+1,\delta}(t), \quad t \geqslant \delta. \tag{3.1.10}$$

由于当 $t \geqslant \delta$ 时 $H_{1,\delta}(t) = 0$, 所以, 亦有如下结论.

推论 3.1.5 $\mathrm{SM}\{[\mathbf{PP}(\lambda)], \mathrm{CD}(\delta)\}$ 的可靠度为

$$R(t) = \mathrm{e}^{-\lambda t} \sum_{n=0}^{\infty} \lambda^n H_{n+1,\delta}(t), \quad t \geqslant \delta. \tag{3.1.11}$$

实际上, 式 (3.1.11) 包含了 $0 \leqslant t < \delta$ 的情形. 因为当 $0 \leqslant t < \delta$ 时, 对 $n = 0, 1, 2, \cdots,$

$$H_{n+1,\delta}(t) = \frac{t^n}{n!},$$

所以

$$\mathrm{e}^{-\lambda t} \sum_{n=0}^{\infty} \lambda^n H_{n+1,\delta}(t) = \mathrm{e}^{-\lambda t} \sum_{n=0}^{\infty} \frac{(\lambda t)^n}{n!} = 1.$$

所以可将推论 3.1.5 中 t 的限定范围由 $t \geqslant \delta$ 扩大到 $t \geqslant 0$, 即有如下结论.

3.1 泊松截断 δ 冲击模型

推论 3.1.6 [93] SM{[**PP**(λ)], CD(δ)} 的可靠度为

$$R(t) = e^{-\lambda t} \sum_{n=0}^{\infty} \lambda^n H_{n+1,\delta}(t), \quad t \geqslant 0. \tag{3.1.12}$$

注意推论 3.1.2 与推论 3.1.6 的不同之处在于, 当 $n = 0$ 且 $0 \leqslant t < \delta$ 时, 式 (3.1.12) 中的 $H_{n+1,\delta}(t)$ 与式 (3.1.8) 中的 $\dfrac{1}{n!}\sum_{k=0}^{n+1}(-1)^k \binom{n+1}{k}(t-k\delta)_+^n$ 不相等.

文献 [147] 给出了 SM{[**PP**(λ)], CD(δ)} 可靠度的另一种形式, 即

$$R(t) = \sum_{m=1}^{\infty} \sum_{k=1}^{m} e^{-\lambda(t \vee ((k+1)\delta))}(-1)^k \binom{m}{k} \sum_{i=0}^{m-1} \frac{(\lambda(t-(k+1)\delta))_+^i}{i!}, \quad t \geqslant \delta.$$

该文献证明了上式与式 (3.1.12) 的等价性.

我们看到, 泊松截断 δ 冲击模型系统的可靠度函数 $R(t)$ 有些复杂, 为了直观理解这个函数, 针对参数 (δ 和 λ) 的一些特定值给出 $R(t)$ 的数值解及其图像, 看一下 $R(t)$ 有什么性质. 从截断 δ 冲击模型寿命的定义可知, $R(t)$ 的大小依赖于 δ 和 $E[Z_1] = \dfrac{1}{\lambda}$ 之间比较大小, 所以我们主要选择 δ 与 $\dfrac{1}{\lambda}$ 相差不太多的情形来考察. 表 3.1.1 给出了在每种情形下首次 $R(t) = 0$ 的时刻 t (在误差限为 0.001 意义下) 的数值解 (也就是首次 $R(t) \leqslant 0.001$ 的时刻 t 的数值解). 图 3.1.1、图 3.1.2 和图 3.1.3 分别描绘了 $\dfrac{\lambda}{\delta}$ 大于 1、等于 1 和小于 1 三种情况部分模型可靠度函数的图像, 即 SM{[**PP**(1)], CD(0.5)}, SM{[**PP**(1)], CD(1)} 和 SM{[**PP**(1)], CD(2)} 可靠度函数的图像.

表 3.1.1 首次使 $R(t) = 0$ 的时刻 t (误差小于等于 **0.001**)[93]

min{t|$R(t) = 0$}		λ					
		0.2	0.5	1	2	5	10
δ	0.2	0.399	0.52	0.619	0.822	1.521	3.545
	0.5	1.299	1.683	2.308	3.801	13.24	65.696
	1	3.094	4.616	7.601	17.723	131.391	>1300
	2	8.213	15.202	35.446	175.776	>1300	>1300
	5	38.005	132.396	>1300	>1300	>1300	>1300
	10	177.229	>1300	>1300	>1300	>1300	>1300

从表 3.1.1 可看出, 在概率意义下, 当其中一个参数固定时, 寿命会随着另一个参数的增加而递增. 当 $\lambda\delta \geqslant 5$ 时, 寿命增加显著.

从 $R(t)$ 的图形我们可以观察到, $R(t)$ 在 $t = \delta$ 处有一个跳跃 (突降), 在 $t = 2\delta$ 处形成一个尖点. $R(t)$ 在区间 $t \in (\delta, 2\delta)$ 内线性下降.

事实上, $R(t)$ 在 $t = \delta$ 突降 (跳跃) 的幅度可由如下公式计算得到

$$\lim_{t \to \delta-} R(t) - R(\delta) = \mathrm{e}^{-\lambda\delta}.$$

由此我们可以得到如下结论.

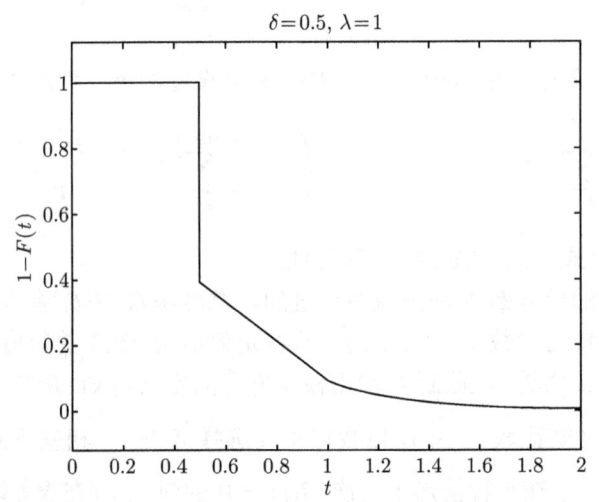

图 3.1.1 SM{[**PP**(1)], CD(0.5)} 的可靠度 $R(t)$[93]

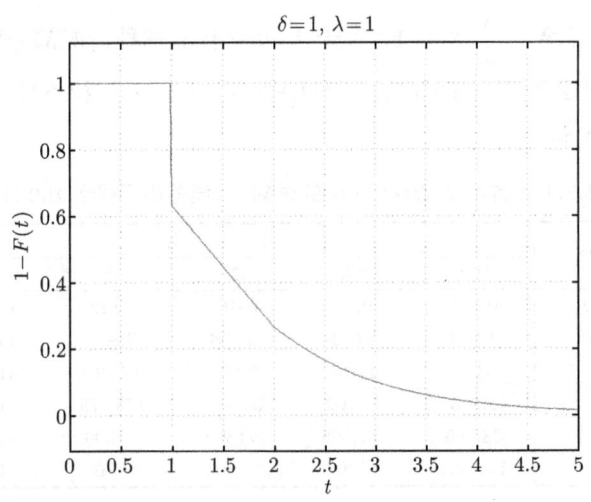

图 3.1.2 SM{**PP**(1), CD(1)} 的可靠度 $R(t)$[93]

推论 3.1.7[93] $P(T = \delta) = \mathrm{e}^{-\lambda\delta}$.

3.1 泊松截断 δ 冲击模型

实际上, 由 $\{T = \delta\} \Leftrightarrow \{Z_1 > \delta\}$ 这个事实, 也可推得 $P(T = \delta) = \mathrm{e}^{-\lambda\delta}$.

由定理 3.1.2 和推论 3.1.7 可得泊松截断 δ 冲击模型的一个重要结论.

定理 3.1.3 泊松截断 δ 冲击模型的寿命分布既不是离散型也不是连续型的, 而是 (简单) 混合型的.

因为 $P(T < \delta) = 0$, 从推论 3.1.7, 我们可以得到推论 3.1.8.

推论 3.1.8 [93] 设 $X \sim \mathrm{Exp}(\lambda)$, $T \sim \mathrm{SM}\{[\mathbf{PP}(\lambda)], \mathrm{CD}(\delta)\}$, 则

$$P(T > \delta) = P(X < \delta).$$

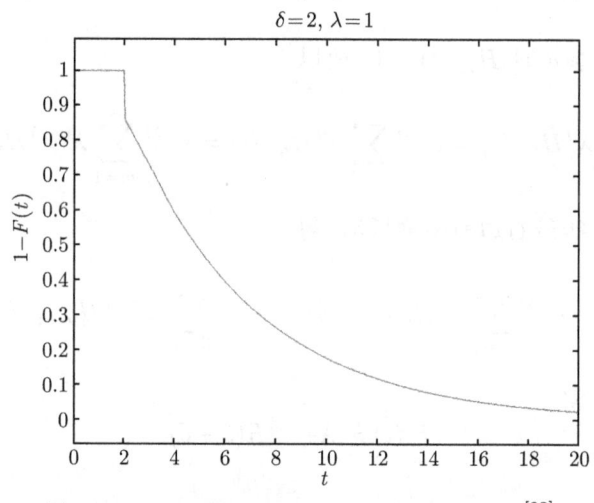

图 3.1.3 $\mathrm{SM}\{[\mathbf{PP}(1)], \mathrm{CD}(2)\}$ 的可靠度 $R(t)$ [93]

由推论 3.1.4 和推论 3.1.6 可得到寿命 T 的密度 $f_T(t)$.

推论 3.1.9 设 $t \geqslant 0$, T 与 $R(t)$ 分别为 $\mathrm{SM}\{[\mathbf{PP}(\lambda)], \mathrm{CD}(\delta)\}$ 的寿命和可靠度, 则在 $R(t)$ 的可微点上, T 的密度为[①]

$$f_T(t) = \begin{cases} \lambda\mathrm{e}^{-\lambda\delta}R(t-\delta), & t > \delta, \\ 0, & 0 \leqslant t < \delta, \end{cases} \qquad (3.1.13)$$

其中, $t \neq k\delta, k = 1, 2, \cdots$.

证明 当 $0 \leqslant t < \delta$ 时, 由可靠度的初始条件式 (2.3.11), 立得 $f_T(t) = 0$.

现设 $t > \delta$, 考察式 (3.1.10), 由于 $\sum_{n=1}^{\infty} \lambda^n H_{n+1,\delta}(t)$ 是一致收敛的 (定理 1.2.24), 所以对 T 的分布函数 $F_T(t) = 1 - R(t)$ 直接关于 t 求导得

---

① 文献 [93] 结果 $f_T(t) = \lambda\mathrm{e}^{\lambda\delta}\overline{F}_T(t - \delta)$ 有误.

$$f_T(t) = F_T'(t) = \lambda e^{-\lambda t} \sum_{n=1}^{\infty} \lambda^n H_{n+1,\delta}(t) - e^{-\lambda t} \sum_{n=1}^{\infty} \lambda^n H'_{n+1,\delta}(t).$$

由定理 1.2.22 条款 (3), 对 $\forall n = 1, 2, \cdots$, 当 $t \neq k\delta, k = 1, 2, \cdots, n+1$ 时

$$H'_{n+1,\delta}(t) = H_{n,\delta}(t) - H_{n,\delta}(t-\delta),$$

所以

$$f_T(t) = \lambda e^{-\lambda t} \sum_{n=1}^{\infty} \lambda^n H_{n+1,\delta}(t) - e^{-\lambda t} \sum_{n=1}^{\infty} \lambda^n H_{n,\delta}(t) + e^{-\lambda t} \sum_{n=1}^{\infty} \lambda^n H_{n,\delta}(t-\delta).$$
(3.1.14)

注意到当 $t \geqslant \delta$ 时 $H_{1,\delta}(t) = 0$, 所以

$$e^{-\lambda t} \sum_{n=1}^{\infty} \lambda^n H_{n,\delta}(t) = e^{-\lambda t} \sum_{n=2}^{\infty} \lambda^n H_{n,\delta}(t) = e^{-\lambda t} \sum_{m=1}^{\infty} \lambda^{m+1} H_{m+1,\delta}(t),$$

因此式 (3.1.14) 等号右边前两项抵消, 得

$$f_T(t) = e^{-\lambda t} \sum_{n=1}^{\infty} \lambda^n H_{n,\delta}(t-\delta) = e^{-\lambda t} \sum_{m=0}^{\infty} \lambda^{m+1} H_{m+1,\delta}(t-\delta).$$

对比式 (3.1.12) 得

$$f_T(t) = \lambda e^{-\lambda \delta} R(t-\delta).$$

推论得证. ∎

注意, 因为 $P(T = \delta) \neq 0$, 所以 $f_T(t)$ 不满足正则性, 即 $\int_0^{\infty} f_T(t) \, dt \neq 1$, 而是 $\int_0^{\infty} f_T(t) \, dt = 1 - P(T = \delta) = 1 - e^{-\lambda \delta}$, 事实上, 由附表 21 中非负随机变量生存函数计算期望公式得

$$\int_0^{\infty} f_T(t) \, dt = \lambda e^{-\lambda \delta} \int_{\delta}^{\infty} \overline{F}_T(t-\delta) \, dt = \lambda e^{-\lambda \delta} E[T], \tag{3.1.15}$$

其中 $\overline{F}_T(t) = R(t)$ 是 T 的生存函数, 将后面定理 3.1.8 中的 $E[T] = \dfrac{1}{\lambda}(e^{\lambda \delta} - 1)$ 代入式 (3.1.15) 得 $\int_0^{\infty} f_T(t) \, dt = 1 - e^{-\lambda \delta}$.

综上所述, $\mathrm{SM}\{[\mathbf{PP}(\lambda)], \mathrm{CD}(\delta)\}$ 的寿命分布由其密度和在 δ 处的分布列联合确定, 即若设 $g_T(t; \delta)$ 表示 T 的概率函数[①]($g_T(t; \delta)$ 括号中分号后的 δ 表示 $t = \delta$

---

① "概率函数" 的概念见 1.3.3.4 节末尾的描述.

是具有分布列的点), 则有

$$g_T(t;\delta) = \begin{cases} 1 - e^{-\lambda\delta}, & t = \delta, \\ e^{-\lambda t} \sum_{n=1}^{\infty} \lambda^n H_{n,\delta}(t-\delta), & t \neq \delta. \end{cases} \quad (3.1.16)$$

式 (3.1.16) 表明, 若 $-\infty < t < \delta$, 则 $g_T(t;\delta) = 0$.

3.1.3.2 系统寿命的拉普拉斯函数

下面, 我们限定 $s \geqslant 0$ 条件下考察寿命 T 的拉普拉斯函数 $L_T(s)$.

定理 3.1.4[47,93,146] 设 $T \sim \mathrm{SM}\{[\mathbf{PP}(\lambda)], \mathrm{CD}(\delta)\}$, 则 T 的拉普拉斯函数

$$L_T(s) = \frac{\lambda + s}{se^{(s+\lambda)\delta} + \lambda}, \quad s \geqslant 0. \quad (3.1.17)$$

证明 由于 $T = S_M + \delta$, 我们首先计算 S_M 的拉普拉斯函数. 注意到 $S_0 \equiv 0$ 及 $\forall n \geqslant 1$, $S_n = \sum_{i=1}^{n} Z_i$, 所以对任取 $s \geqslant 0$,

$$L_{S_M}(s) = E[\exp(-sS_M)] = D(0) + \sum_{n=1}^{\infty} E\left[\exp\left(-s\sum_{i=1}^{n} Z_i\right) \bigg| M = n\right] D(n), \quad (3.1.18)$$

其中, $D(n) = P(M = n), n = 0, 1, 2, \cdots$ 是 $\mathrm{SM}\{[\mathbf{PP}(\lambda)], \mathrm{CD}(\delta)\}$ 的冲击度.

由于当 $n \geqslant 1$ 时,

$$\{M = n\} \Leftrightarrow \{Z_1 \leqslant \delta, Z_2 \leqslant \delta, \cdots, Z_n \leqslant \delta, Z_{n+1} > \delta\}.$$

再考虑到 $Z_1, Z_2, \cdots, Z_{n+1}$ 的独立同分布性, 有

$$E\left[\exp\left(-s\sum_{i=1}^{n} Z_i\right) \bigg| M = n\right] = (E[\exp(-sZ_1)|Z_1 \leqslant \delta])^n. \quad (3.1.19)$$

因为 $s > 0$, 将附表 22 右截尾指数分布的拉普拉斯函数 $s \neq -\lambda$ 情形代入式 (3.1.19) 得

$$E\left[\exp\left(-s\sum_{i=1}^{n} Z_i\right) \bigg| M = n\right] = \left(\frac{\lambda}{\lambda + s} \frac{1 - e^{-(s+\lambda)\delta}}{1 - e^{-\lambda\delta}}\right)^n. \quad (3.1.20)$$

将式 (3.1.20) 及式 (3.1.2) 代入式 (3.1.18) 得

$$L_{S_M}(s) = \mathrm{e}^{-\lambda\delta} + \mathrm{e}^{-\lambda\delta}\sum_{n=1}^{\infty}\left(\frac{\lambda(1-\mathrm{e}^{-(s+\lambda)\delta})}{\lambda+s}\right)^n = \mathrm{e}^{-\lambda\delta}\sum_{n=0}^{\infty}\left(\frac{\lambda(1-\mathrm{e}^{-(s+\lambda)\delta})}{\lambda+s}\right)^n. \tag{3.1.21}$$

在 $s \geqslant 0$ 条件下, 易得 $0 < \lambda(1-\mathrm{e}^{-(s+\lambda)\delta}) < \lambda \leqslant \lambda+s$, 即 $0 < \dfrac{\lambda(1-\mathrm{e}^{-(s+\lambda)\delta})}{\lambda+s} < 1$, 所以

$$\sum_{n=0}^{\infty}\left(\frac{\lambda(1-\mathrm{e}^{-(s+\lambda)\delta})}{\lambda+s}\right)^n = \frac{\lambda+s}{s+\lambda\mathrm{e}^{-(s+\lambda)\delta}}, \tag{3.1.22}$$

将式 (3.1.22) 代入式 (3.1.21) 得

$$L_{S_M}(s) = \frac{\mathrm{e}^{-\lambda\delta}(\lambda+s)}{s+\lambda\mathrm{e}^{-(s+\lambda)\delta}},$$

因此

$$L_T(s) = \mathrm{e}^{-s\delta}L_{S_M}(s) = \frac{\lambda+s}{s\mathrm{e}^{(s+\lambda)\delta}+\lambda}. \qquad\blacksquare$$

3.1.3.3 系统寿命的矩母函数

下面我们在 $s < \lambda$ 范围内讨论寿命矩母函数的存在性.

定理 3.1.5 [93] 设 $T \sim \mathrm{SM}\{[\mathbf{PP}(\lambda)], \mathrm{CD}(\delta)\}$, $\phi_T(s)$ 表示 T 的矩母函数, 则存在 $0 < c \leqslant \lambda$, 使得在 $-\infty < s < c$ 上 $\phi_T(s)$ 存在, 且

$$\phi_T(s) = \frac{\lambda-s}{\lambda-s\mathrm{e}^{(\lambda-s)\delta}} = \frac{(\lambda-s)\mathrm{e}^{s\delta}}{\lambda\mathrm{e}^{s\delta}-s\mathrm{e}^{\lambda\delta}}. \tag{3.1.23}$$

证明 如果矩母函数存在, 则有 $\phi_T(s) = L_T(-s)$, 根据定理 3.1.4, 易得

$$\phi_T(s) = \frac{\lambda-s}{-s\mathrm{e}^{(-s+\lambda)\delta}+\lambda} = \frac{(\lambda-s)\mathrm{e}^{s\delta}}{\lambda\mathrm{e}^{s\delta}-s\mathrm{e}^{\lambda\delta}}.$$

此外, 由定理 3.1.4 的证明过程可知, 如果我们将 s 替换成 $-s$, 则类似可推导出矩母函数. 由于当 $s \neq \lambda$ 时, 右截尾指数分布的矩母函数为 $\dfrac{\lambda}{\lambda-s}\dfrac{1-\mathrm{e}^{-(\lambda-s)\delta}}{1-\mathrm{e}^{-\lambda\delta}}$, 所以推导过程中需要判断级数 $\displaystyle\sum_{n=0}^{\infty}\left(\dfrac{\lambda(1-\mathrm{e}^{-(\lambda-s)\delta})}{\lambda-s}\right)^n$ 的收敛性, 易知收敛条件为

$$\left|\frac{\lambda(1-\mathrm{e}^{-(\lambda-s)\delta})}{\lambda-s}\right| < 1. \tag{3.1.24}$$

3.1 泊松截断 δ 冲击模型

先证当 $-\infty < s < 0$ 时, 式 (3.1.24) 成立 (实际上这对应于拉普拉斯函数 $s > 0$ 的情形, 所以一定成立). 事实上, 因为 $s < 0$, 所以有 $\lambda - s > \lambda > 0$, 因此 $0 < 1 - e^{-(\lambda-s)\delta} < 1$, 进一步有

$$0 < \lambda(1 - e^{-(\lambda-s)\delta}) < \lambda < \lambda - s,$$

即 $0 < \dfrac{\lambda(1 - e^{-(\lambda-s)\delta})}{\lambda - s} < 1$. 所以式 (3.1.24) 成立.

现设定在 $0 \leqslant s < \lambda$ 的情形下讨论式 (3.1.24) 的成立性. 此时要使得式 (3.1.24) 成立, 可由式 (3.1.24) 推得等价于下式成立, 即 s 要满足

$$se^{-s\delta} < \lambda e^{-\lambda\delta}. \tag{3.1.25}$$

为此考察函数 $g(x) \triangleq xe^{-x\delta}, x \geqslant 0$ 的性质, 易得
(1) $g(x)$ 在 $0 \leqslant x < \infty$ 上是连续函数;
(2) $g(0) = 0$;
(3) $g(\infty) = \lim\limits_{x \to \infty} g(x) = \lim\limits_{x \to \infty} xe^{-x\delta} = 0$;
(4) $x = \dfrac{1}{\delta}$ 是 $g(x)$ 的最大值点;
(5) $\left[0, \dfrac{1}{\delta}\right]$ 是单调递增区间, $\left[\dfrac{1}{\delta}, \infty\right)$ 是单调递减区间.

由式 (3.1.25), 现在就是要在 $0 \leqslant s < \lambda$ 条件下寻找满足 $g(s) < g(\lambda)$ 的 s 的范围. 分两种情况讨论:

(I) $\lambda \leqslant \dfrac{1}{\delta}$.

此时 λ 在单调递增区间, 所以对所有的 $0 \leqslant s < \lambda$, 都有 $g(s) < g(\lambda)$, 即若取 $c = \lambda$, 则当 $0 \leqslant s < c$ 时式 (3.1.25) 成立.

(II) $\dfrac{1}{\delta} < \lambda$.

此时 λ 在单调递减区间, 且满足 $g\left(\dfrac{1}{\delta}\right) > g(\lambda) > g(\infty)$, 若记 $a = g(\lambda)$, 即有 $0 < a < g\left(\dfrac{1}{\delta}\right)$, 则 $g(0) < a < g\left(\dfrac{1}{\delta}\right)$, 根据介值定理, 存在一点 $0 < c < \dfrac{1}{\delta}$, 使得 $g(c) = a$, 由于 c 位于单调递增区间, 所以对所有 $0 \leqslant s < c$, 都有

$$g(s) < g(c). \tag{3.1.26}$$

由于 $g(c) = a = g(\lambda)$, 式 (3.1.26) 意味着对所有 $0 \leqslant s < c$, 都有

$$g(s) < g(\lambda), \tag{3.1.27}$$

注意到 $c < \dfrac{1}{\delta} < \lambda$, 所以式 (3.1.27) 意味着式 (3.1.25) 成立.

综上所述, 定理得证. ∎

3.1.4　系统寿命的分布类

下面的命题揭示了泊松截断 δ 冲击模型系统寿命分布的序关系和类性质.

定理 3.1.6[93]　设 $T_1 \sim \mathrm{SM}\{[\mathbf{PP}(\lambda)], \mathrm{CD}(\delta_1)\}$, $T_2 \sim \mathrm{SM}\{[\mathbf{PP}(\lambda)], \mathrm{CD}(\delta_2)\}$, 如果 $\delta_1 < \delta_2$, 则 $T_1 \leqslant_{\mathrm{st}} T_2$.

证明　设 $t \geqslant 0$, 对 $\forall n = 1, 2, \cdots$, 由式 (3.1.5) 得: 系统能活过 n 次冲击的概率为

$$P(T_1 > t | N(t) = n) = \frac{n!}{t^n} \iint \cdots \int_{\substack{0 \leqslant x_1 \leqslant \delta_1, 0 \leqslant x_2 \leqslant \delta_1, \cdots, 0 \leqslant x_n \leqslant \delta_1 \\ t - \delta_1 < x_1 + x_2 + \cdots + x_n < t}} \mathrm{d}x_1 \mathrm{d}x_2 \cdots \mathrm{d}x_n$$

及

$$P(T_2 > t | N(t) = n) = \frac{n!}{t^n} \iint \cdots \int_{\substack{0 \leqslant x_1 \leqslant \delta_2, 0 \leqslant x_2 \leqslant \delta_2, \cdots, 0 \leqslant x_n \leqslant \delta_2 \\ t - \delta_2 < x_1 + x_2 + \cdots + x_n < t}} \mathrm{d}x_1 \mathrm{d}x_2 \cdots \mathrm{d}x_n.$$

因为 $\delta_1 < \delta_2$, 所以积分区域

$$\{(x_1, x_2, \cdots, x_n) | 0 \leqslant x_1 \leqslant \delta_1, 0 \leqslant x_2 \leqslant \delta_1, \cdots,$$
$$0 \leqslant x_n \leqslant \delta_1, t - \delta_1 < x_1 + x_2 + \cdots + x_n < t\}$$
$$\subset \{(x_1, x_2, \cdots, x_n) | 0 \leqslant x_1 \leqslant \delta_2, 0 \leqslant x_2 \leqslant \delta_2, \cdots,$$
$$0 \leqslant x_n \leqslant \delta_2, t - \delta_2 < x_1 + x_2 + \cdots + x_n < t\}.$$

因此

$$P(T_1 > t | N(t) = n) \leqslant P(T_2 > t | N(t) = n),$$

即有

$$P(T_1 > t) \leqslant P(T_2 > t).$$

由定义 1.3.8, 推论得证. ∎

定理 3.1.7[47,93]　泊松截断 δ 冲击模型的系统寿命属于 NBU 类.

证明　设 $T \sim \mathrm{SM}\{[\mathbf{PP}(\lambda)], \mathrm{CD}(\delta)\}$, 由 NBU 类的定义 (定义 2.3.13), 我们只需证明 $\forall s, t \geqslant 0$,

$$P(T > s + t \mid T > s) \leqslant P(T > t). \tag{3.1.28}$$

3.1 泊松截断 δ 冲击模型

因为当 $t < \delta$ 时 $P(T > t) = 1$, 故当 $t < \delta$ 时

$$P(T > s + t \mid T > s) \leqslant P(T > t). \tag{3.1.29}$$

下面在 $t \geqslant \delta$ 条件下比较 $P(T > s + t \mid T > s)$ 和 $P(T > t)$ 的大小.

先讨论 $P(T > t)$, 对生存函数 $P(T > t)$ 关于首次冲击间隔 Z_1 取条件, 则有

$$P(T > t) = P(T > t, Z_1 > \delta) + \int_0^\delta P(T > t \mid Z_1 = x)\mathrm{d}F_{Z_1}(x), \tag{3.1.30}$$

因为 $\{Z_1 > \delta\} \Leftrightarrow \{T = \delta\}$, 而 $t \geqslant \delta$, 所以有

$$P(T > t, Z_1 > \delta) = 0. \tag{3.1.31}$$

此外, 设 $0 < x \leqslant \delta$, 则 $\{Z_1 = x\}$ 意味着系统在 $S_1 = x$ 点处还未失效, 所以要想系统在 t 时刻还存活 (即 $T > t$), 只需系统从 $S_1 = x$ 开始, 再存活 $t - x$ 时长即可, 然而由泊松过程的平稳独立增量性, 在 $\{Z_1 = x\}$ 条件下, 系统从 0 点出发的寿命分布, 与系统从 $S_1 = x$ 出发的寿命分布是一样的, 所以

$$P(T > t \mid Z_1 = x) = P(T > t - x), \tag{3.1.32}$$

将式 (3.1.32) 和式 (3.1.31) 代入式 (3.1.30) 得

$$P(T > t) = \int_0^\delta P(T > t - x)\mathrm{d}F_{Z_1}(x). \tag{3.1.33}$$

为了讨论 $P(T > s + t \mid T > s)$, 令 $X = S_{N(s)+1} - s$, $Y = s - S_{N(s)}$, X 称为泊松过程在点 s 处的剩余寿命, Y 称为泊松过程在点 s 处的年龄 (见定理 1.5.22). 对 $P(T > s + t \mid T > s)$ 先取条件 Y, 再取条件 X. 为了详细看清取条件的过程, 观察图 3.1.4.

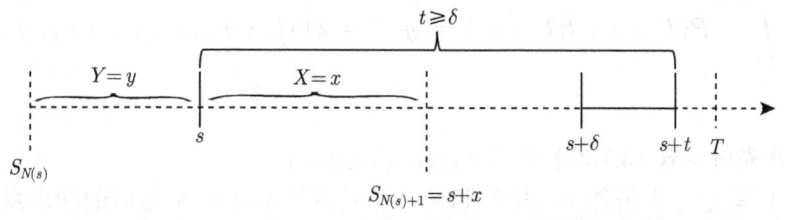

图 3.1.4 $\{T > s + t \mid T > s, Y, X\}$ 的样本轨道

在图 3.1.4 中, 坐标横轴下方标注的是位置点, 上方标注的是两点间的长度, 其中用实线表示确定的位置或长度, 用虚线表示随机 (不确定的) 位置或长度.

首先给定点 s 和 $s+t$, 由于 $t \geqslant \delta$, 所以 $s+\delta$ 在 s 与 $s+t$ 之间, 但 X 和 Y 的长度是不确定的, 相应的 s 之前最近一次冲击点 $S_{N(s)}$ 位置、s 之后首次冲击点 $S_{N(t)+1}$ 位置也是不确定的.

先取条件 Y. 由于 $P(T>s+t \mid T>s)$ 中条件 $\{T>s\}$ 发生意味着系统在 s 点还未失效, 所以 $Y=y \leqslant \delta$ (否则如果 $Y=y>\delta$, 随着系统从点 $S_{N(t)}$ 向右时间演变, 在到达点 s 之前就达到 δ 长度, 此时还没有冲击到达, 系统就在 s 前失效了, 这与 $\{T>s\}$ 矛盾. 注意 $S_{N(t)+1}$ 才是下一个冲击点), 所以

$$P(T>s+t \mid T>s) = E[P(T>s+t|T>s,Y)|T>s]$$
$$= \int_0^\delta P(T>s+t|T>s,Y=y)\,\mathrm{d}F_{\{Y|T>s\}}(y). \quad (3.1.34)$$

再对 $P(T>s+t|T>s,Y=y)$ 取条件 X. 首要问题是 $X=x$ 可以取值多少呢? 因为 $T>s+t$ 意味着系统在 $s+t$ 存活, 即不能在 $s+t$ 之前失效, 这说明 s 两边的间隔长度和不能超过 δ (否则, 系统在 $S_{N(t)}$ 和 $S_{N(t)+1}$ 间失效), 即 $Y+X = S_{N(t)+1} - S_{N(t)} \leqslant \delta$, 或说 $X \leqslant \delta - Y$, 所以在给定 $Y=y<\delta$ 条件下, $X=x \leqslant \delta - y$, 因此

$$P(T>s+t \mid T>s, Y=y)$$
$$= E\left[P(T>s+t \mid T>s,Y=y,X)|T>s,Y=y\right]$$
$$= \int_0^{\delta-y} P(T>s+t|T>s,Y=y,X=x)\,\mathrm{d}F_{\{X|T>s,Y=y\}}(x), \quad (3.1.35)$$

将式 (3.1.35) 代入式 (3.1.34) 得

$$P(T>s+t|T>s)$$
$$= \int_0^\delta \int_0^{\delta-y} P(T>s+t|T>s,Y=y,X=x)\mathrm{d}F_{\{X|T>s,Y=y\}}(x)\mathrm{d}F_{\{Y|T>s\}}(y).$$
$$(3.1.36)$$

现在先讨论式 (3.1.36) 中的 $F_{\{X|T>s,Y=y\}}(x)$.

在 $Y=y<\delta$ 条件下, 由于 $\{T>s\}$ 是否发生是由 s 之前的冲击点决定的, 而 $X \leqslant x$ 是点 s 之后的事情, 所以由泊松过程的独立增量性, 对 $\forall x>0$, 事件 $\{X \leqslant x\}$ 和事件 $\{T>s\}$ 是相互独立的 (注意随机变量本身 X 和 T 不是相互独立, 为什么?), 因此

$$F_{\{X|T>s,Y=y\}}(x) = F_{\{X|Y=y\}}(x).$$

3.1 泊松截断 δ 冲击模型

另外由于泊松过程在给定点处的年龄与给定点处的剩余寿命 (不是指截断 δ 冲击模型的寿命 T) 是相互独立的 (定理 1.5.22 条款 (3)),即 X 与 Y 是独立的,所以

$$F_{\{X|T>s,Y=y\}}(x) = F_{\{X|Y=y\}}(x) = F_X(x),$$

最后泊松过程在给定点处的剩余寿命也服从指数分布,即 X 与冲击间隔 Z_1 分布相同 (见定理 1.5.22 条款 (2)),所以

$$F_{\{X|T>s,Y=y\}}(x) = F_{\{X|Y=y\}}(x) = F_X(x) = F_{Z_1}(x). \tag{3.1.37}$$

将式 (3.1.37) 代入式 (3.1.36) 得

$$P(T>s+t|T>s)$$
$$= \int_0^\delta \int_0^{\delta-y} P(T>s+t|T>s, Y=y, X=x) \mathrm{d}F_{Z_1}(x)\,\mathrm{d}F_{\{Y|T>s\}}(y). \tag{3.1.38}$$

现在继续通过观察图 3.1.4 来探索 $P(T>s+t \mid T>s, Y=y, X=x)$ 的等价事件概率.

由图 3.1.4 可得,因为 $X=x$,所以 $S_{N(s)+1}=s+x$. 由于 $\{T>s+t\}$ 意味着系统在 $s+t$ 内存活,在 $\{T>s, Y=y, X=x\}$ 条件下,要想系统寿命能活过 (到) 点 $s+t$,等价于系统从 $S_{N(s)+1}=s+x$ 开始,系统能活过 $s+x$ 到 $s+t$ 这个区间长度,换句话说即 (截断 δ 冲击模型的) 系统剩余寿命要大于 $(s+t)-(s+x)=t-x$,而由泊松过程的平稳独立增量性,泊松截断 δ 冲击模型的系统剩余寿命与系统原寿命分布是一样的 (因为从概率意义上讲,相当于系统从点 $s+x$ 处重新开始了新过程,每一次冲击后若未失效就意味着系统重生了),既然分布一样,那么截断 δ 冲击模型的系统剩余寿命大于 $t-x$ 的概率与原系统寿命 $T>t-x$ 的概率就是一样的,即在 $x+y \leqslant \delta$ 条件下

$$P(T>s+t \mid T>s, Y=y, X=x) = P(T>t-x). \tag{3.1.39}$$

将式 (3.1.39) 代入式 (3.1.38) 得

$$P(T>s+t \mid T>s) = \int_0^\delta \int_0^{\delta-y} P(T>t-x) \mathrm{d}F_{Z_1}(x)\,\mathrm{d}F_{\{Y|T>s\}}(y), \tag{3.1.40}$$

在式 (3.1.40) 中交换积分顺序, 得

$$P(T>s+t \mid T>s) = \int_0^\delta \int_0^{\delta-x} P(T>t-x) \mathrm{d}F_{\{Y|T>s\}}(y)\,\mathrm{d}F_{Z_1}(x). \tag{3.1.41}$$

所以, 比较式 (3.1.33) 与式 (3.1.41) 得: 要想证明当 $t \geqslant \delta$ 时式 (3.1.28) 成立, 只需证明在 $x \leqslant \delta$ 条件下

$$\int_0^{\delta-x} P(T>t-x) \mathrm{d} F_{\{Y|T>s\}}(y) \leqslant P(T>t-x),$$

而由于分布函数的正则性 (式 (1.3.4))

$$\int_0^{\delta-x} \mathrm{d} F_{\{Y|T>s\}}(y) \leqslant \int_0^{\infty} \mathrm{d} F_{\{Y|T>s\}}(y) = 1,$$

所以, 当 $t \geqslant \delta$ 和 $x \leqslant \delta$ 时

$$\int_0^{\delta-x} P(T>t-x) \mathrm{d} F_{\{Y|T>s\}}(y)$$
$$= P(T>t-x) \int_0^{\delta-x} \mathrm{d} F_{\{Y|T>s\}}(y) \leqslant P(T>t-x),$$

所以当 $t \geqslant \delta$ 时式 (3.1.28) 成立, 即

$$P(T \geqslant s+t | T \geqslant s) \leqslant P(T \geqslant t). \tag{3.1.42}$$

综述式 (3.1.29) 和式 (3.1.42), 我们有: 对 $\forall s, t > 0$,

$$P(T \geqslant s+t \mid T \geqslant s) \leqslant P(T \geqslant t). \qquad \blacksquare$$

3.1.5 系统寿命的矩

在本小节, 我们研究寿命的矩. 结合定理 2.3.1, 定理 3.1.7 表明泊松截断 δ 冲击模型系统寿命 T 的所有矩都存在, 即对任意的整数 $k > 0$, $E[T^k] < \infty$. 结合一般矩母函数的性质 (定理 1.3.1 及定理 1.3.2 条款 (5)) 可得, 定理 3.1.5 也表明寿命 T 的所有矩都是存在的.

T 的矩我们可以显式表示出来. 首先看一下平均寿命.

定理 3.1.8[47,93,146] 设 $T \sim \mathrm{SM}\{[\mathbf{PP}(\lambda)], \mathrm{CD}(\delta)\}$, 则

$$E[T] = \frac{1}{\lambda}(\mathrm{e}^{\lambda \delta} - 1). \tag{3.1.43}$$

证明 对定理 3.1.5 中式 (3.1.23) 关于 s 求导并令 $s = 0$ 得

$$E[T] = \left.\frac{\mathrm{d} \phi_T(s)}{\mathrm{d} s}\right|_{s=0} = \frac{1}{\lambda}(\mathrm{e}^{\lambda \delta} - 1). \qquad \blacksquare$$

3.1 泊松截断 δ 冲击模型

由指数不等式性质 [91]346: 若 $x \neq 0$, 则 $e^x > 1 + x$, 可得

$$E[T] = \frac{1}{\lambda}(e^{\lambda\delta} - 1) > \frac{1}{\lambda}(1 + \lambda\delta - 1) = \delta.$$

这实质上就是截断 δ 冲击模型平均寿命的一致下界性 (式 (2.3.13)).

下面计算寿命的任意阶矩.

定理 3.1.9 [93] 设 $T \sim \text{SM}\{[\mathbf{PP}(\lambda)], \text{CD}(\delta)\}$, 则对任意正整数 n, T 的 n 阶矩为

$$E[T^n] = \sum_{i=1}^{n} (-1)^{n-i} \frac{n!}{(n-i)!} \frac{\delta^n}{(\lambda\delta)^i} e^{i\lambda\delta} \left[i^{n-i} - (i-1)^{n-i} e^{-\lambda\delta} \right],$$

此处 $0^0 = 1$.

证明 设 $\phi_T(s)$ 表示 T 的矩母函数, $n = 1, 2, \cdots$. 因为寿命 T 的所有阶矩都存在, 所以 $E[T^n] = \phi_T^{(n)}(0)$, 其中 $\phi_T^{(n)}(0)$ 表示 $\phi_T(s)$ 在 0 点处的 n 阶导数.

记 $h_s \triangleq (se^{(\lambda-s)\delta} - \lambda)^{-1}$, 对式 (3.1.23) 中 $\phi_T(s)$ 求关于 s 的 n 阶导数, 使用莱布尼茨公式①, 得

$$\frac{d^n \phi_T(s)}{ds^n} = n h_s^{(n-1)} + (s - \lambda) h_s^{(n)}, \tag{3.1.44}$$

此处, $h_s^{(n)}$ 表示 h_s 关于 s 的 n 阶导数.

接下来, 我们计算 h_s 关于 s 的 n 阶导数 $h_s^{(n)}$. 设 $s \geqslant 0$, 由矩母函数存在条件式 (3.1.25) 可得 $0 < \frac{1}{\lambda} s e^{(\lambda-s)\delta} < 1$, 所以

$$h_s = -\frac{1}{\lambda}\left(1 - \frac{1}{\lambda} s e^{(\lambda-s)\delta}\right)^{-1} = -\frac{1}{\lambda} \sum_{i=0}^{\infty} \left[\frac{1}{\lambda} s e^{(\lambda-s)\delta}\right]^i = -\frac{1}{\lambda} \sum_{i=0}^{\infty} \frac{1}{\lambda^i} s^i e^{(\lambda-s)i\delta},$$

所以再次使用莱布尼茨公式得 (关于 s 求导)

$$h_s^{(n)} = -\frac{1}{\lambda} \sum_{i=0}^{\infty} \frac{1}{\lambda^i} \left(s^i e^{(\lambda-s)i\delta}\right)^{(n)} = -\frac{1}{\lambda} \sum_{i=0}^{\infty} \frac{1}{\lambda^i} \sum_{j=0}^{n} \binom{n}{j} (s^i)^{(j)} (e^{(\lambda-s)i\delta})^{(n-j)}. \tag{3.1.45}$$

将 $(e^{(\lambda-s)i\delta})^{(n-j)} = (-i\delta)^{n-j} e^{(\lambda-s)i\delta}$ 代入式 (3.1.45) 得

$$h_s^{(n)} = -\frac{1}{\lambda} \sum_{i=0}^{\infty} \frac{1}{\lambda^i} \sum_{j=0}^{n} \binom{n}{j} (s^i)^{(j)} (-i\delta)^{n-j} e^{(\lambda-s)i\delta}.$$

---

① 莱布尼茨公式: 设函数 $h(x)$ 与 $g(x)$ 有 n 阶导数, 记 $h^{(0)}(x) = h(x)$, $g^{(0)}(x) = g(x)$. 则 $h(x)g(x)$ 的 n 阶导数 $(h(x)g(x))^{(n)} = \sum_{i=0}^{n} \binom{n}{i} h^{(i)}(x) g^{(n-i)}(x)$.

因为
$$(s^i)^{(j)} = \begin{cases} \dfrac{i!}{(i-j)!} s^{i-j}, & j \leqslant i, \\ 0, & j > i, \end{cases}$$

所以
$$h_s^{(n)} = -\frac{1}{\lambda} \sum_{i=0}^{n} \frac{1}{\lambda^i} \sum_{j=0}^{i} \binom{n}{j} \frac{i!}{(i-j)!} s^{i-j} (-i\delta)^{n-j} e^{(\lambda-s)i\delta}$$
$$- \frac{1}{\lambda} \sum_{i=n+1}^{\infty} \frac{1}{\lambda^i} \sum_{j=0}^{n} \binom{n}{j} \frac{i!}{(i-j)!} s^{i-j} (-i\delta)^{n-j} e^{(\lambda-s)i\delta}.$$

注意到
$$0^k = \begin{cases} 0, & k > 0, \\ 1, & k = 0, \end{cases}$$

且
$$h_s^{(n)}|_{s=0} = -\frac{1}{\lambda} \sum_{i=0}^{n} \frac{1}{\lambda^i} \binom{n}{i} i! (-i\delta)^{n-i} e^{\lambda i\delta} = -\frac{1}{\lambda} \sum_{i=0}^{n} \frac{1}{\lambda^i} \frac{n!}{(n-i)!} (-i\delta)^{n-i} e^{\lambda i\delta},$$

所以由式 (3.1.44) 及定理 1.3.2 条款 (5) 得

$$E[T^n] = -\sum_{i=0}^{n-1} \frac{1}{\lambda^{i+1}} \frac{n!}{(n-1-i)!} (-i\delta)^{n-1-i} e^{\lambda i\delta} + \sum_{i=0}^{n} \frac{1}{\lambda^i} \frac{n!}{(n-i)!} (-i\delta)^{n-i} e^{\lambda i\delta}. \tag{3.1.46}$$

注意到因为 $n \geqslant 1$, 式 (3.1.46) 等号右边第二项

$$\sum_{i=0}^{n} \frac{1}{\lambda^i} \frac{n!}{(n-i)!} (-i\delta)^{n-i} e^{\lambda i\delta} = \sum_{i=0}^{n-1} \frac{1}{\lambda^{i+1}} \frac{n!}{(n-1-i)!} (-(i+1)\delta)^{n-1-i} e^{\lambda(i+1)\delta},$$

所以
$$E[T^n] = \sum_{i=0}^{n-1} \frac{1}{\lambda^{i+1}} \frac{n!}{(n-1-i)!} e^{\lambda i\delta} (-\delta)^{n-1-i} \left[(i+1)^{n-i-1} e^{\lambda\delta} - i^{n-1-i} \right]$$
$$= \sum_{i=1}^{n} (-1)^{n-i} \frac{n!}{(n-i)!} \frac{\delta^n}{(\lambda\delta)^i} e^{\lambda i\delta} \left[i^{n-i} - (i-1)^{n-i} e^{-\lambda\delta} \right]. \blacksquare$$

3.1 泊松截断 δ 冲击模型

由定理 3.1.9 易得寿命的期望与方差. 事实上, 当 $n = 1$ 时, 可得 $E[T] = \frac{1}{\lambda}(e^{\lambda\delta} - 1)$; 当 $n = 2$ 时, 可得

$$E[T^2] = \frac{2}{\lambda}e^{\lambda\delta}\left[\frac{1}{\lambda}(e^{\lambda\delta} - 1) - \delta\right], \qquad (3.1.47)$$

所以

$$\text{Var}(T) = E[T^2] - [E[T]]^2 = \frac{\exp(2\lambda\delta) - 2\lambda\delta\exp(\lambda\delta) - 1}{\lambda^2}. \qquad (3.1.48)$$

3.1.6 系统寿命的渐近性质

定理 3.1.10 [47,93] 设 $T \sim \text{SM}\{[\mathbf{PP}(\lambda)], \text{CD}(\delta)\}$, 则当 $\delta \to \infty$ 时, $\frac{T}{E[T]}$ 的分布逼近于具有单位均值的指数分布, 即

$$\lim_{\delta \to \infty} P\left(\frac{T}{E[T]} \leqslant t\right) = 1 - e^{-t}, \quad t \geqslant 0.$$

证明 记 $a = \frac{1}{E[T]}$, 设 $s > 0$, 由式 (3.1.17) 与拉普拉斯函数的性质 (定理 1.3.4 条款 (3)) 得

$$L_{aT}(s) = L_T(as) = \frac{\lambda + as}{ase^{(as+\lambda)\delta} + \lambda},$$

将 $a = \frac{1}{E[T]} = \frac{\lambda}{e^{\lambda\delta} - 1}$ 代入并整理得

$$L_{aT}(s) = \frac{1 + \dfrac{s}{e^{\lambda\delta} - 1}}{1 + \dfrac{s\exp\left(\dfrac{\lambda\delta s}{e^{\lambda\delta} - 1}\right)}{1 - e^{-\lambda\delta}}},$$

由于当 $\delta \to \infty$ 时, $\frac{1}{e^{\lambda\delta} - 1} \to 0$, $\exp\left(\frac{\lambda\delta s}{e^{\lambda\delta} - 1}\right) \to 1$, $1 - e^{-\lambda\delta} \to 1$, 所以

$$\lim_{\delta \to \infty} L_{\frac{T}{E[T]}}(s) = \frac{1}{1 + s}.$$

因为 $\frac{1}{1+s}$ 是参数为 1 的指数分布的拉普拉斯函数 (见附表 19), 定理得证. ∎

类似地，我们可以得到定理 3.1.11.

定理 3.1.11[93]　设 $T\sim \text{SM}\{[\mathbf{PP}(\lambda)], \text{CD}(\delta)\}$，则当 $\lambda \to \infty$ 或 $\delta\lambda \to \infty$ 时，$\dfrac{T}{E[T]}$ 的极限分布是参数为 1 的指数分布.

使用定理 3.1.10 和定理 3.1.11，易得下面的推论 3.1.10.

推论 3.1.10 [47,93]　设 $T \sim \text{SM}\{[\mathbf{PP}(\lambda)], \text{CD}(\delta)\}$，点过程 $\mathbf{\Psi}_C(t) \sim [\mathbf{RNP}(F_T(t))]$，则当 $\delta\lambda \to \infty$ 时，$\mathbf{\Psi}_C\left(\dfrac{t}{ET}\right)$ 渐近收敛于 $[\mathbf{PP}(1)]$.

3.2　更新截断 δ 冲击模型

在泊松截断 δ 冲击模型中，其冲击基础过程泊松点过程是一个特殊的更新点过程. 在这一节中，我们将冲击基础过程扩展为一个较一般的连续时间更新点过程来研究.

3.2.1　更新截断 δ 冲击模型的定义

若截断 δ 冲击模型的冲击基础过程是一个连续时间的更新点过程，即冲击间隔是独立同分布的，则称其为 (连续时间) 更新截断 δ 冲击模型，最早研究更新截断 δ 冲击模型的是土耳其的 Eryilmaz.

定义 3.2.1　设 $\text{SM}\{\mathbf{\Psi}, \text{CD}(\delta)\}$ 是一个连续时间截断 δ 冲击模型，如果点过程 $\mathbf{\Psi}$ 是一个连续时间更新点过程，即 $\mathbf{\Psi} \sim [\mathbf{RNP}(F(t))]$，则称 $\text{SM}\{\mathbf{\Psi}, \text{CD}(\delta)\}$ 是冲击间隔分布为 $F(t)$、失效参数为 δ 的连续时间更新截断 δ 冲击模型，简称为更新截断 δ 冲击模型，记作 $\text{SM}\{[\mathbf{RNP}(F(t))], \text{CD}(\delta)\}$.

特别地，如果 $\mathbf{\Psi}$ 为纯更新点过程 (即 $F(t)$ 是连续型分布)，则称

$$\text{SM}\{[\mathbf{RNP}(F(t))], \text{CD}(\delta)\}$$

为**纯更新截断 δ 冲击模型**；如果 $\mathbf{\Psi}$ 是一个更新链点过程，则称 $\text{SM}\{[\mathbf{RNP}(F(t))], \text{CD}(\delta)\}$ 为**更新链截断 δ 冲击模型**. 其中，如果 $\mathbf{\Psi}$ 为格点更新点过程 (即 $F(t)$ 是格点分布)，则称 $\text{SM}\{[\mathbf{RNP}(F(t))], \text{CD}(\delta)\}$ 为**周期型 (或格点) 更新截断 δ 冲击模型**.

一个完整严格的更新截断 δ 冲击模型定义如下.

定义 3.2.2　设点过程 $[\mathbf{RNP}(F(t))]$ 的点距序列为 $\{Z_n, n = 1, 2, \cdots\}$，给定实数 $\delta > 0$，记

$$M = \inf\{n \mid Z_{n+1} > \delta, n = 0, 1, \cdots\}$$

及

3.2 更新截断 δ 冲击模型

$$T = \begin{cases} \delta, & M = 0, \\ \sum_{i=1}^{M} Z_i + \delta, & M > 0, \end{cases} \quad (3.2.1)$$

其中规定 $\inf \varnothing = \infty$, 则称该模型是冲击间隔分布为 $F(t)$、失效参数为 δ 的更新截断 δ 冲击模型, 记作 SM{[**RNP**$(F(t))$], CD(δ)}, 也可记作 $T \sim$ SM{[**RNP**$(F(t))$], CD(δ)}[①].

在 SM{[**RNP**$(F(t))$], CD(δ)} 中, 由于 $F(t)$ 是冲击点距 (冲击间隔) 的分布, 当然 $F(0) = 0$. 此外, 假设 $0 < F(\delta) < 1$(即不考虑平凡情形, 也就是不考虑 $F(\delta) = 0$ 和 $F(\delta) = 1$ 的情形. 如果 $F(\delta) = 0$, 则系统必然在 δ 时刻处失效. 而如果 $F(\delta) = 1$, 则系统永远不会失效了). 在后面讨论中如果为了特别强调 $F(t)$ 是冲击间隔的分布, 常将 $F(t)$ 记作 $F_Z(t)$ 或 $F_{Z_1}(t)$, 其中 Z 表示与 $Z_1, Z_2, \cdots$ 独立同分布的随机变量.

下面若不特殊说明, 总假设 $\{N(t), t \geqslant 0\}$, $\{S_n, n = 1, 2, \cdots\}$, $\{Z_n, n = 1, 2, \cdots\}$ 分别表示 SM{[**RNP**$(F(t))$], CD(δ)} 中 [**RNP**$(F(t))$] 的点数过程、点时过程和点距过程, $T \sim$ SM{[**RNP**$(F(t))$], CD(δ)}, M 为 SM{[**RNP**$(F(t))$], CD(δ)} 失效前总冲击次数.

3.2.2 失效前总冲击次数

易得, 失效前总共冲击次数 M 服从参数为 $\overline{F}(\delta) = 1 - F(\delta)$ 的非负值几何分布, 即有 $M \sim$ NG$(\overline{F}(\delta))$.

定理 3.2.1 [146] SM{[**RNP**$(F(t))$], CD(δ)} 的系统冲击度为

$$D(n) = (F(\delta))^n (1 - F(\delta)), \quad n = 0, 1, 2, \cdots. \quad (3.2.2)$$

由非负值型几何分布的生存函数和期望, 立得系统的累积冲击度与失效前的平均冲击次数.

定理 3.2.2 SM{[**RNP**$(F(t))$], CD(δ)} 的系统累积冲击度为

$$P(M > n) = P(M \geqslant n + 1) = (F(\delta))^{n+1}, \quad n = 0, 1, 2, \cdots.$$

定理 3.2.3 [146] SM{[**RNP**$(F(t))$], CD(δ)} 的系统平均冲击度为

$$\text{MNBF} = \frac{F(\delta)}{\overline{F}(\delta)}. \quad (3.2.3)$$

可以看出, 定理 3.1.1 和推论 3.1.1 分别是定理 3.2.1 和定理 3.2.3 的推论. 由定理 3.2.1 和定理 3.2.2 可得均匀截断 δ 冲击模型的冲击度性质.

---
① 设 [**RNP**$(F(t))$] 是常返更新点过程 (即不考虑拟更新点过程和延迟更新点过程).

推论 3.2.1 SM{[**RNP**(U(a,b))], CD(δ)}[①]的系统冲击度为

$$D(n) = \frac{(\delta-a)^n(b-\delta)}{(b-a)^{n+1}}, \quad n = 0,1,2,\cdots. \tag{3.2.4}$$

推论 3.2.2 SM{[**RNP**(U(a,b))], CD(δ)} 的系统累积冲击度为

$$P(M>n) = P(M \geqslant n+1) = \left(\frac{\delta-a}{b-a}\right)^{n+1}, \quad n = 0,1,2,\cdots. \tag{3.2.5}$$

3.2.3 系统的可靠度

在讨论更新截断 δ 冲击模型的系统可靠度之前, 先给出系统寿命 T 的一个重要性质.

定理 3.2.4[113] 设 SM{[**RNP**($F(t)$)], CD(δ)} 是一个纯更新截断 δ 冲击模型, 即冲击间隔分布是连续型分布, 则 SM{[**RNP**($F(t)$)], CD(δ)} 的系统寿命 T 的分布既不是离散型的也不是纯连续型的, 即其分布是混合型的.

证明 首先, 在纯更新截断 δ 冲击模型中, 时间索引度量是连续的, 且冲击间隔分布是连续型分布, 所以系统在任何时间点都有可能遭受冲击, T 可能的取值是非格点的连续的, 但

$$P(T=\delta) = P(M=0) = 1 - F(\delta) > 0,$$

即在 $t=\delta$ 处, T 的分布函数 $F_T(t)$ 有一个跳跃. 因此 T 的分布是混合型的. ∎

下面我们利用冲击时刻关于冲击间隔的条件分布计算更新截断 δ 冲击模型系统的可靠度. 因为当 $t<\delta$ 时 $P(T>t) \equiv 1$(截断 δ 冲击模型可靠度的初始条件), 所以我们只需要考虑 $t \geqslant \delta$ 的情形. 以下若不特殊说明, 均指 $t \geqslant \delta$.

定理 3.2.5[113] SM{[**RNP**($F(t)$)], CD(δ)} 的可靠度为

$$R(t) = \overline{F}(\delta) \sum_{n=1}^{\infty} \overline{F}_{\{S_n|Z_1\leqslant\delta,Z_2\leqslant\delta,\cdots,Z_n\leqslant\delta\}}(t-\delta)(F(\delta))^n, \quad t \geqslant \delta, \tag{3.2.6}$$

其中, $\overline{F}_{\{S_n|Z_1\leqslant\delta,Z_2\leqslant\delta,\cdots,Z_n\leqslant\delta\}}(t-\delta)$ 表示 S_n 在 $t-\delta$ 处的条件生存函数 (在给定 $Z_1\leqslant\delta,Z_2\leqslant\delta,\cdots,Z_n\leqslant\delta$ 条件下).

证明 因为 $\{T>t\} \Leftrightarrow \{S_M+\delta>t\}$, 对 $\{S_M+\delta>t\}$ 取条件 M, 得

$$P(T>t) = \sum_{n=0}^{\infty} P(S_M > t-\delta|M=n)P(M=n).$$

因为 $S_0 \equiv 0$, 在 $t \geqslant \delta$ 条件下, $P(S_M > t-\delta|M=0) = 0$, 所以

---

① 由平凡性假设, SM{[**RNP**(U(a,b))], CD(δ)} 中总有 $a < \delta < b$.

3.2 更新截断 δ 冲击模型

$$P(T > t) = \sum_{n=1}^{\infty} P(S_n > t - \delta | M = n) P(M = n). \tag{3.2.7}$$

因为对 $\forall n = 1, 2, \cdots$, $\{M = n\} \Leftrightarrow \{Z_1 \leqslant \delta, Z_2 \leqslant \delta, \cdots, Z_n \leqslant \delta, Z_{n+1} > \delta\}$, 考虑到 $Z_1, Z_2, \cdots, Z_n$ 与 Z_{n+1} 的独立性, 并将式 (3.2.2) 代入式 (3.2.7) 得

$$P(T > t) = \sum_{n=1}^{\infty} P(S_n > t - \delta | Z_1 \leqslant \delta, Z_2 \leqslant \delta, \cdots, Z_n \leqslant \delta)(F(\delta))^n \overline{F}(\delta).$$

因此, 若记 $\overline{F}_{\{S_n | Z_1 \leqslant \delta, Z_2 \leqslant \delta, \cdots, Z_n \leqslant \delta\}}(x)$ 表示在给定 $\{Z_1 \leqslant \delta, Z_2 \leqslant \delta, \cdots, Z_n \leqslant \delta\}$ 条件下 S_n 的条件生存函数, 则有定理 3.2.5 成立. ∎

此外, 由于

$$\overline{F}_{\{S_n | Z_1 \leqslant \delta, Z_2 \leqslant \delta, \cdots, Z_n \leqslant \delta\}}(t - \delta) = 1 - F_{\{S_n | Z_1 \leqslant \delta, Z_2 \leqslant \delta, \cdots, Z_n \leqslant \delta\}}(t - \delta), \tag{3.2.8}$$

其中, $F_{\{S_n | Z_1 \leqslant \delta, Z_2 \leqslant \delta, \cdots, Z_n \leqslant \delta\}}(t - \delta)$ 表示 S_n 在 $t - \delta$ 处的条件分布函数 (在给定 $Z_1 \leqslant \delta, Z_2 \leqslant \delta, \cdots, Z_n \leqslant \delta$ 条件下).

将式 (3.2.8) 代入式 (3.2.6) 得

$$R(t) = \overline{F}(\delta) \left[\sum_{n=1}^{\infty} (F(\delta))^n - \sum_{n=1}^{\infty} F_{\{S_n | Z_1 \leqslant \delta, Z_2 \leqslant \delta, \cdots, Z_n \leqslant \delta\}}(t - \delta)(F(\delta))^n \right]. \tag{3.2.9}$$

因为

$$\sum_{n=1}^{\infty} (F(\delta))^n = \frac{F(\delta)}{1 - F(\delta)}, \tag{3.2.10}$$

将式 (3.2.10) 代入式 (3.2.9) 可得下面定理 3.2.6.

定理 3.2.6 SM$\{[\mathbf{RNP}(F(t))], \mathrm{CD}(\delta)\}$ 的可靠度为

$$R(t) = F(\delta) - \overline{F}(\delta) \sum_{n=1}^{\infty} F_{\{S_n | Z_1 \leqslant \delta, Z_2 \leqslant \delta, \cdots, Z_n \leqslant \delta\}}(t - \delta)(F(\delta))^n, \quad t \geqslant \delta, \tag{3.2.11}$$

其中, $F_{\{S_n | Z_1 \leqslant \delta, Z_2 \leqslant \delta, \cdots, Z_n \leqslant \delta\}}(x)$ 表示给定 $\{Z_1 \leqslant \delta, Z_2 \leqslant \delta, \cdots, Z_n \leqslant \delta\}$ 条件下, S_n 的条件分布函数.

根据定理 3.2.6, 要想计算可靠度必须首先计算 $F_{\{S_n | Z_1 \leqslant \delta, Z_2 \leqslant \delta, \cdots, Z_n \leqslant \delta\}}(t)$, 下面定理 3.2.7 给出了 $F_{\{S_n | Z_1 \leqslant \delta, Z_2 \leqslant \delta, \cdots, Z_n \leqslant \delta\}}(t)$ 的一些等价形式.

定理 3.2.7 设更新点过程 $[\mathbf{RNP}(F(t))]$ 的点时过程与点距过程分别为 $\{S_n, n = 1, 2, \cdots\}$ 和 $\{Z_n, n = 1, 2, \cdots\}$, 常数 δ 满足 $0 < F(\delta) < 1$, 另记

$$G(t) = \begin{cases} 0, & t < 0, \\ \dfrac{F(t)}{F(\delta)}, & 0 \leqslant t < \delta, \\ 1, & t \geqslant \delta, \end{cases}$$

则对 $\forall n = 1, 2, \cdots$，关于 $F_{\{S_n | Z_1 \leqslant \delta, Z_2 \leqslant \delta, \cdots, Z_n \leqslant \delta\}}(t)$ 有以下等价描述.

(1) $F_{\{S_n | Z_1 \leqslant \delta, Z_2 \leqslant \delta, \cdots, Z_n \leqslant \delta\}}(t)$ 是 $F(t)$ 的以 $F(\delta)$ 为归一化因子的右截尾分布的 n 重卷积，即 $F(x)$ 的以 $F(\delta)$ 为归一化因子的右截尾分布函数就是 $G(t)$.

(2) $F_{\{S_n | Z_1 \leqslant \delta, Z_2 \leqslant \delta, \cdots, Z_n \leqslant \delta\}}(t)$ 是 $G(t)$ 的 n 重卷积.

(3)[113] 令 $X_1, X_2, \cdots$ 独立同分布，且其共同分布函数为 $G(t)$，记 $\widetilde{S}_n = \sum_{i=1}^{n} X_i$，则 $F_{\{S_n | Z_1 \leqslant \delta, Z_2 \leqslant \delta, \cdots, Z_n \leqslant \delta\}}(t)$ 是 $\widetilde{S}_n$ 的分布函数. 换句话说，$\{S_n | Z_1 \leqslant \delta, Z_2 \leqslant \delta, \cdots, Z_n \leqslant \delta\}$ 与 $\widetilde{S}_n$ 的分布相同.

(4) 设 $F_{\{Z_1 | Z_1 \leqslant \delta\}}(t)$ 表示给定 $Z_1 \leqslant \delta$ 条件下 Z_1 的条件分布，则 $F_{\{S_n | Z_1 \leqslant \delta, Z_2 \leqslant \delta, \cdots, Z_n \leqslant \delta\}}(t)$ 是 $F_{(Z_1 | Z_1 \leqslant \delta)}(t)$ 的 n 重卷积. 换句话说，$G(t)$ 就是 $F_{\{Z_1 | Z_1 \leqslant \delta\}}(t)$.

(5) 设 $\xi_i \sim \mathrm{U}(0, F(\delta))$，$i = 1, 2, \cdots, n$ 相互独立，记 $X_i = \mathrm{arc}(F(\xi_i))$，$i = 1, 2, \cdots, n$，则 $F_{\{S_n | Z_1 \leqslant \delta, Z_2 \leqslant \delta, \cdots, Z_n \leqslant \delta\}}(t)$ 是 $\sum_{i=1}^{n} X_i$ 的分布函数. 换句话说，X_i 的分布函数为 $G(t)$.

(6) 若 $F(x)$ 是连续型分布函数，设其密度为 $f(x)$，则

$$F_{\{S_n | Z_1 \leqslant \delta, Z_2 \leqslant \delta, \cdots, Z_n \leqslant \delta\}}(t) = \frac{1}{[F(\delta)]^n} \underset{\substack{x_1 + x_2 + \cdots + x_n \leqslant t \\ 0 \leqslant x_i \leqslant \delta, i = 1, 2, \cdots, n}}{\iint \cdots \int} \prod_{i=1}^{n} f(x_i) \mathrm{d}x_1 \mathrm{d}x_2 \cdots \mathrm{d}x_n.$$

(3.2.12)

证明 **条款 (1) 的证明** 由 1.3.8.1 节右截尾分布的定义可知 $F(x)$ 的以 $F(\delta)$ 为归一化因子的右截尾分布函数就是 $G(t)$.

由条款 (1) 易得条款 (2) 和 (3).

条款 (4) 的证明 因为 Z_1 的分布函数就是 $F(x)$，所以

$$F_{\{Z_1 | Z_1 \leqslant \delta\}}(t) = P(Z_1 \leqslant t | Z_1 \leqslant \delta) = \frac{P(Z_1 \leqslant t, Z_1 \leqslant \delta)}{P(Z_1 \leqslant \delta)} = \begin{cases} 0, & t < 0, \\ \dfrac{F(t)}{F(\delta)}, & 0 \leqslant t < \delta, \\ 1, & t \geqslant \delta. \end{cases}$$

条款 (5) 的证明 设 $i = 1, 2, \cdots, n$，因为

$$F_{X_i}(t) = P(X_i \leqslant t) = P(\mathrm{arc}(F(\xi_i)) \leqslant t) = P(\xi_i \leqslant F(t)).$$

3.2 更新截断 δ 冲击模型

又因为 $\xi_i \sim U(0, F(\delta))$, 即 ξ_i 服从区间 $(0, F(\delta))$ 上的均匀分布, 所以

$$F_{X_i}(t) = P(\xi_i \leqslant F(t)) = \begin{cases} 0, & F(t) < 0, \\ \dfrac{F(t)}{F(\delta)}, & 0 \leqslant F(t) < F(\delta), \\ 1, & F(t) \geqslant F(\delta) \end{cases} = \begin{cases} 0, & t < 0, \\ \dfrac{F(t)}{F(\delta)}, & 0 \leqslant t < \delta, \\ 1, & t \geqslant \delta. \end{cases}$$

条款 (6) 的证明 因为 $Z_1, Z_2, \cdots, Z_n$ 是独立同分布的, 所以

$$F_{\{S_n | Z_1 \leqslant \delta, Z_2 \leqslant \delta, \cdots, Z_n \leqslant \delta\}}(t) = \frac{P\left(\sum_{i=1}^n Z_i \leqslant t, Z_1 \leqslant \delta, Z_2 \leqslant \delta, \cdots, Z_n \leqslant \delta\right)}{P(Z_1 \leqslant \delta, Z_2 \leqslant \delta, \cdots, Z_n \leqslant \delta)}$$

$$= \frac{P\left(\sum_{i=1}^n Z_i \leqslant t, Z_1 \leqslant \delta, Z_2 \leqslant \delta, \cdots, Z_n \leqslant \delta\right)}{[F(\delta)]^n},$$

将分母使用 $Z_1, Z_2, \cdots, Z_n$ 的密度计算即得条款 (6). ∎

下面用定理 3.2.7 的条款 (4) 及定理 3.2.6 计算 $\mathrm{SM}\{[\mathbf{RNP}(U(0,b))], \mathrm{CD}(\delta)\}$ 的可靠度.

在 $\mathrm{SM}\{[\mathbf{RNP}(U(0,b))], \mathrm{CD}(\delta)\}$ 中, 冲击点距 $Z_i \sim U(0, b), i = 1, 2, \cdots, b > \delta$, 因此

$$G(t) = \begin{cases} 0, & t < 0, \\ \dfrac{t}{\delta}, & 0 \leqslant t < \delta, \\ 1, & t \geqslant \delta, \end{cases}$$

即 $(Z_i | Z_i \leqslant \delta) \sim U(0, \delta), i = 1, 2, \cdots$, 这个事实也可由定理 1.3.16 得到, 而由推论 1.3.4 中式 (1.3.22) 得

$$F_{\{S_n | Z_1 \leqslant \delta, Z_2 \leqslant \delta, \cdots, Z_n \leqslant \delta\}}(t - \delta) = \frac{1}{n! \delta^n} \sum_{k=0}^n (-1)^k \binom{n}{k} (t - (k+1)\delta)_+^n, \quad (3.2.13)$$

将式 (3.2.13) 代入式 (3.2.11) 得推论 3.2.3.

推论 3.2.3 $\mathrm{SM}\{[\mathbf{RNP}(U(0,b))], \mathrm{CD}(\delta)\}$ 系统的可靠度为

$$R(t) = \frac{\delta}{b} - \frac{b - \delta}{b} \sum_{n=1}^\infty \frac{1}{n! b^n} \sum_{k=0}^n (-1)^k \binom{n}{k} (t - (k+1)\delta)_+^n, \quad t \geqslant \delta.$$

3.2.4 系统寿命的拉普拉斯函数

定理 3.2.8[97,146] 设 $T \sim \mathrm{SM}\{[\mathbf{RNP}(F(t))], \mathrm{CD}(\delta)\}$,则 T 的拉普拉斯函数为

$$L_T(s) = \frac{\mathrm{e}^{-s\delta}\overline{F}(\delta)}{1 - \int_0^\delta \mathrm{e}^{-sx}\mathrm{d}F(x)}, \quad s > 0. \tag{3.2.14}$$

证明 记 $Z_0 = 0$. 对任取 $s > 0$,失效前最后一次冲击点的拉普拉斯函数为

$$L_{S_M}(s) = E\left[\exp\left(-s\sum_{i=0}^M Z_i\right)\right].$$

对上式取条件 M,并注意到,当 $M = 0$ 时, $S_M = S_0 \equiv 0$,而

$$P(M = 0) = P(Z_1 > \delta) = \overline{F}(\delta),$$

所以

$$L_{S_M}(s) = \overline{F}(\delta) + \sum_{n=1}^\infty E\left(\prod_{i=0}^n \exp(-sZ_i) \bigg| M = n\right) P(M = n). \tag{3.2.15}$$

由于 $\{M = n\} \Leftrightarrow \{Z_1 \leqslant \delta, Z_2 \leqslant \delta, \cdots, Z_n \leqslant \delta, Z_{n+1} > \delta\}$,由更新点距序列的独立同分布性质,得

$$E\left(\prod_{i=0}^n \exp(-sZ_i) \bigg| M = n\right)$$
$$= E\left(\prod_{i=1}^n \exp(-sZ_i) \bigg| Z_1 \leqslant \delta, Z_2 \leqslant \delta, \cdots, Z_n \leqslant \delta, Z_{n+1} > \delta\right)$$
$$= [E(\exp(-sZ_1)|Z_1 \leqslant \delta)]^n. \tag{3.2.16}$$

将式 (3.2.16) 和式 (3.2.2) 代入式 (3.2.15) 得

$$L_{S_M}(s) = \overline{F}(\delta) + \overline{F}(\delta)\sum_{n=1}^\infty [F(\delta)E(\exp(-sZ_1)|Z_1 \leqslant \delta)]^n. \tag{3.2.17}$$

注意到若取 $n = 0$,则有

$$\overline{F}(\delta)[F(\delta)E(\exp(-sZ_1)|Z_1 \leqslant \delta)]^n = \overline{F}(\delta),$$

3.2 更新截断 δ 冲击模型

所以, 式 (3.2.17) 也可写为

$$L_{S_M}(s) = \overline{F}(\delta) \sum_{n=0}^{\infty} [F(\delta) E\left(\exp(-sZ_1)|Z_1 \leqslant \delta\right)]^n.$$

因为 $s > 0$, $F(\delta)E\left[\exp(-sZ_1)|Z_1 \leqslant \delta\right] < 1$, 所以

$$L_{S_M}(s) = \frac{\overline{F}(\delta)}{1 - F(\delta) E\left[\exp(-sZ_1)|Z_1 \leqslant \delta\right]}. \tag{3.2.18}$$

注意到 $E\left[\exp(-sZ_1)|Z_1 \leqslant \delta\right]$ 恰为 Z_1 在 $Z_1 \leqslant \delta$ 条件下的拉普拉斯函数, 也就是 Z_1 在点 δ 处的右截尾分布的拉普拉斯函数, 而由定理 1.3.15 中的式 (1.3.35) 得

$$E\left[\exp(-sZ_1)|Z_1 \leqslant \delta\right] = L_{\{Z_1|Z_1 \leqslant \delta\}}(s) = \frac{1}{F(\delta)} \int_0^\delta e^{-st} dF(t). \tag{3.2.19}$$

所以将式 (3.2.19) 代入式 (3.2.18) 得

$$L_{S_M}(s) = \frac{\overline{F}(\delta)}{1 - \int_0^\delta e^{-st} dF(t)}.$$

由拉普拉斯函数的性质 (定理 1.3.4 条款 (3)) 得

$$L_T(s) = L_{S_M+\delta}(s) = e^{-s\delta} L_{S_M}(s) = \frac{e^{-s\delta} \overline{F}(\delta)}{1 - \int_0^\delta e^{-st} dF(t)}.$$

这完成了定理 3.2.8 中式 (3.2.14) 的证明.

推论 3.2.4[146] 设 $T \sim \text{SM}\{[\mathbf{RNP}(\text{U}(0,b))], \text{CD}(\delta)\}$, 则

$$L_T(s) = \frac{s(b-\delta)}{e^{s\delta}(sb-1)+1}, \quad s > 0. \tag{3.2.20}$$

证明 在 $\text{SM}\{[\mathbf{RNP}(\text{U}(0,b))], \text{CD}(\delta)\}$, $Z_1 \sim \text{U}(0,b)$, 所以

$$F(x) = \frac{x}{b}, \quad 0 \leqslant x < b, \tag{3.2.21}$$

因此

$$\int_0^\delta e^{-sx} dF(x) = \frac{1}{b} \int_0^\delta e^{-sx} dx = \frac{1}{sb}(1 - e^{-s\delta}). \tag{3.2.22}$$

将式 (3.2.22) 和式 (3.2.21) 代入式 (3.2.14) 并化简得

$$L_T(s) = \frac{s(b-\delta)}{e^{s\delta}(sb-1)+1}. \qquad \blacksquare$$

3.2.5 系统的平均寿命

令人惊奇的是,虽然更新截断 δ 冲击模型的可靠度比较复杂,但是其失效前平均寿命却很容易求得.

定理 3.2.9 设 $T \sim \text{SM}\{[\textbf{RNP}(F(t))], \text{CD}(\delta)\}$,则以下描述等价:

(1)[113]
$$E[T] = \frac{F(\delta)}{\overline{F}(\delta)} E[Z_1|Z_1 \leqslant \delta] + \delta; \tag{3.2.23}$$

(2) $E[T] = \dfrac{\int_0^\delta x \mathrm{d}F(x)}{\overline{F}(\delta)} + \delta;$ \hfill (3.2.24)

(3) $E[T] = \dfrac{1}{\overline{F}(\delta)} \int_0^\delta [F(\delta) - F(x)] \mathrm{d}x + \delta;$ \hfill (3.2.25)

(4)[97] $E[T] = \dfrac{\delta - \int_0^\delta F(x)\,\mathrm{d}x}{\overline{F}(\delta)} = \dfrac{\int_0^\delta \overline{F}(x)\,\mathrm{d}x}{\overline{F}(\delta)};$ \hfill (3.2.26)

(5) $E[T] = \dfrac{\delta + \int_0^\delta (x - \delta) \mathrm{d}F(x)}{\overline{F}(\delta)}.$ \hfill (3.2.27)

证明 先证明上面几个表达式是等价的.
(1) 因为

$$E[Z_1|Z_1 \leqslant \delta] = \int_0^\delta x \mathrm{d}F_{\{Z_1|Z_1 \leqslant \delta\}}(x) = \frac{1}{F(\delta)} \int_0^\delta x \mathrm{d}F(x). \tag{3.2.28}$$

这说明式 (3.2.23) 与式 (3.2.24) 等价.

(2) 对 $\int_0^\delta x \mathrm{d}F(x)$ 使用分部积分法得

$$\int_0^\delta x \mathrm{d}F(x) = \delta F(\delta) - \int_0^\delta F(x)\,\mathrm{d}x = \int_0^\delta [F(\delta) - F(x)]\,\mathrm{d}x. \tag{3.2.29}$$

将式 (3.2.29) 代入式 (3.2.24) 得式 (3.2.25),所以式 (3.2.24) 与式 (3.2.25) 等价. 此外将式 (3.2.29) 中第二个等号两边表达式代入式 (3.2.25),可得式 (3.2.26),说明式 (3.2.26) 与式 (3.2.25) 等价.

(3) 注意到 $\text{SM}\{[\textbf{RNP}(F(t))], \text{CD}(\delta)\}$ 中 $F(0) = 0$,所以

$$\int_0^\delta (x - \delta) \mathrm{d}F(x) = \int_0^\delta x \mathrm{d}F(x) - \delta \int_0^\delta \mathrm{d}F(x) = \int_0^\delta x \mathrm{d}F(x) - \delta F(\delta),$$

因此

$$\delta+\int_0^\delta (x-\delta)\mathrm{d}F(x) = \int_0^\delta x\mathrm{d}F(x)+\delta(1-F(\delta)) = \int_0^\delta x\mathrm{d}F(x)+\delta\overline{F}(\delta). \quad (3.2.30)$$

将式 (3.2.30) 代入式 (3.2.27) 即得式 (3.2.24), 所以式 (3.2.24) 与式 (3.2.27) 等价. ∎

下面用多种方法推导定理 3.2.9.

3.2.5.1 冲击次数条件法

冲击次数条件法取自文献 [113], 由于该方法通过关于冲击次数 M 取条件来计算期望, 因此我们称其为冲击次数条件法. 该方法步骤如下.

设 $Z_0 = 0$, 对 $\sum_{i=0}^{M} Z_i$ 取条件 M, 考虑到当 $n=0$ 时 $E\left(\sum_{i=0}^{n} Z_i \bigg| M=n\right) = E[Z_0] = 0$, 所以

$$E\left[\sum_{i=0}^{M} Z_i\right] = \sum_{n=1}^{\infty} E\left(\sum_{i=0}^{n} Z_i \bigg| M=n\right) P(M=n), \quad (3.2.31)$$

由式 (2.3.7) 和式 (2.3.8), 对 $\forall n = 1, 2, \cdots,$

$$\{M=n\} \Leftrightarrow \{Z_1 \leqslant \delta, Z_2 \leqslant \delta, \cdots, Z_n \leqslant \delta, Z_{n+1} > \delta\},$$

所以

$$E\left(\sum_{i=0}^{n} Z_i \bigg| M=n\right) = E\left(\sum_{i=0}^{n} Z_i \bigg| Z_1 \leqslant \delta, Z_2 \leqslant \delta, \cdots, Z_n \leqslant \delta, Z_{n+1} > \delta\right),$$

考虑到更新冲击点距序列是独立同分布的, 所以

$$E\left(\sum_{i=0}^{n} Z_i \bigg| M=n\right) = nE[Z_1|Z_1 \leqslant \delta]. \quad (3.2.32)$$

将式 (3.2.32) 代入式 (3.2.31) 得

$$E\left[\sum_{i=0}^{M} Z_i\right] = \sum_{n=1}^{\infty} nE[Z_1|Z_1 < \delta]P(M=n) = E[Z_1|Z_1 < \delta]E[M]. \quad (3.2.33)$$

将式 (3.2.3) 代入式 (3.2.33) 得

$$E\left[\sum_{i=0}^{M} Z_i\right] = E[Z_1|Z_1 < \delta]\frac{F(\delta)}{\overline{F}(\delta)}.$$

因此

$$E[T] = E\left[\sum_{i=0}^{M} Z_i + \delta\right] = \frac{F(\delta)}{\overline{F}(\delta)}E[Z_1|Z_1 < \delta] + \delta.$$

这完成了式 (3.2.23) 的证明. ∎

3.2.5.2 更新推理法

更新推理法通过取条件 "首次冲击间隔" 来计算, 由于最终可得到一个更新方程, 所以称为更新推理法, 也称为首次冲击间隔条件法.

对平均寿命取条件首次冲击间隔 Z_1 得

$$E[T] = E\left[E[T|Z_1]\right] = E[T|Z_1 > \delta]P(Z_1 > \delta) + \int_0^{\delta} E[T|Z_1 = x]\mathrm{d}F(x). \quad (3.2.34)$$

若 $Z_1 > \delta$, 则意味着系统直到 δ 还没有冲击发生, 此时有 $T = \delta$, 所以

$$E[T|Z_1 > \delta] = E[\delta|Z_1 > \delta] = \delta. \quad (3.2.35)$$

设 $x \leqslant \delta$, 则 $Z_1 = x$ 意味着系统在 $S_1 = x$ 时刻仍旧存活, 由更新截断 δ 冲击模型的更新性, 从概率意义上讲, 系统在点 $S_1 = x$ 处又 "重生" 了, 所以新系统 "从点 $S_1 = x$ 出发直到系统失效" 的平均时间与原系统 "从初始时刻出发到系统失效" 的平均时间是一样的, 考虑到原系统到 $S_1 = x$ 时已经存活了 x 长的时间单位, 所以, 当 $x \leqslant \delta$ 时, 有

$$E[T|Z_1 = x] = x + E[T]. \quad (3.2.36)$$

将式 (3.2.36) 和式 (3.2.35) 代入式 (3.2.34) 并积分计算得

$$E[T] = \delta\overline{F}(\delta) + \int_0^{\delta}(x + E[T])\mathrm{d}F(x) = \delta\overline{F}(\delta) + \int_0^{\delta} x\mathrm{d}F(x) + E[T]F(\delta).$$

移项, 解方程即得

$$E[T] = \delta + \frac{\int_0^{\delta} x\mathrm{d}F(x)}{\overline{F}(\delta)}.$$

这就完成了式 (3.2.24) 的证明. ∎

3.2.5.3 可靠度法

可靠度法就是直接使用可靠度计算期望的公式来计算期望.

注意到当 $t \leqslant \delta$ 时, $\overline{F}_T(t) = P(T > t) = 1$, 因此

$$E[T] = \int_0^\infty \overline{F}_T(t)\, \mathrm{d}t = \int_0^\delta \overline{F}_T(t)\, \mathrm{d}t + \int_\delta^\infty \overline{F}_T(t)\, \mathrm{d}t = \delta + \int_\delta^\infty \overline{F}_T(t)\, \mathrm{d}t. \tag{3.2.37}$$

将式 (3.2.6) 代入式 (3.2.37) 并对积分实施变量替换得

$$\begin{aligned}
E[T] &= \delta + \int_\delta^\infty \overline{F}(\delta) \sum_{n=1}^\infty \overline{F}_{\{S_n|Z_1 \leqslant \delta, Z_2 \leqslant \delta, \cdots, Z_n \leqslant \delta\}}(t-\delta)(F(\delta))^n \mathrm{d}t \\
&= \delta + \overline{F}(\delta) \sum_{n=1}^\infty (F(\delta))^n \int_0^\infty \overline{F}_{\{S_n|Z_1 \leqslant \delta, Z_2 \leqslant \delta, \cdots, Z_n \leqslant \delta\}}(x)\, \mathrm{d}x.
\end{aligned}$$

由附表 21 中生存函数计算期望公式得

$$\int_0^\infty \overline{F}_{\{S_n|Z_1 \leqslant \delta, Z_2 \leqslant \delta, \cdots, Z_n \leqslant \delta\}}(x)\, \mathrm{d}x$$

$$= E[S_n|Z_1 \leqslant \delta, Z_2 \leqslant \delta, \cdots, Z_n \leqslant \delta] = nE[Z_1|Z_1 \leqslant \delta].$$

所以

$$E[T] = \delta + \overline{F}(\delta) E[Z_1|Z_1 \leqslant \delta] \sum_{n=1}^\infty n(F(\delta))^n. \tag{3.2.38}$$

再由定理 1.2.4 条款 (2) 得

$$\sum_{n=1}^\infty n(F(\delta))^n = \frac{F(\delta)}{[1-F(\delta)]^2}, \tag{3.2.39}$$

将式 (3.2.39) 代入式 (3.2.38) 并化简得

$$E[T] = \delta + \frac{F(\delta)}{\overline{F}(\delta)} E[Z_1|Z_1 \leqslant \delta].$$

这也完成了式 (3.2.23) 的证明. ∎

3.2.5.4 拉普拉斯变换法

拉普拉斯变换法就是直接使用系统寿命的拉普拉斯函数计算期望的公式来计算期望. 由附表 21 中拉普拉斯函数计算期望公式得

$$E[T] = -L'_T(0) = -\left(\frac{e^{-s\delta}\overline{F}(\delta)}{1-\int_0^\delta e^{-sx}dF(x)}\right)'_s\bigg|_{s=0}, \qquad (3.2.40)$$

注意到

$$\int_0^\delta e^{-sx}dF(x)\bigg|_{s=0} = \int_0^\delta dF(x) = F(\delta),$$

由式 (3.2.40) 易得式 (3.2.24) 成立.

这完成了式 (3.2.24) 的证明.

此外, 若直接对式 (3.2.18) 求导并令 $s=0$, 则得

$$E[S_M] = -L'_{S_M}(0) = -\left(\frac{\overline{F}(\delta)}{1-F(\delta)E\left[\exp(-sZ_1)|Z_1\leqslant\delta\right]}\right)'_s\bigg|_{s=0}. \qquad (3.2.41)$$

由于拉普拉斯函数在 0 点处的值为 1, 即

$$E\left[\exp(-sZ_1)|Z_1\leqslant\delta\right]\big|_{s=0} = 1, \qquad (3.2.42)$$

且

$$\left(E\left[\exp(-sZ_1)|Z_1\leqslant\delta\right]\right)'_s\big|_{s=0} = -E\left[Z_1|Z_1\leqslant\delta\right], \qquad (3.2.43)$$

所以将式 (3.2.43) 与式 (3.2.42) 代入式 (3.2.41) 得

$$E[S_M] = \frac{F(\delta)E\left[Z_1|Z_1\leqslant\delta\right]}{\overline{F}(\delta)}. \qquad (3.2.44)$$

再由式 (1.3.37) 得

$$E\left[Z_1|Z_1\leqslant\delta\right] = \delta - \frac{1}{F(\delta)}\int_0^\delta F(x)\,dx. \qquad (3.2.45)$$

所以将式 (3.2.45) 代入式 (3.2.44) 得

$$E[S_M] = \frac{F(\delta)\delta - \int_0^\delta F(x)\,dx}{\overline{F}(\delta)}.$$

注意到 $F(\delta) + \overline{F}(\delta) = 1$, 即得

$$E[T] = E[S_M] + \delta = \frac{\delta - \int_0^\delta F(x)\mathrm{d}x}{\overline{F}(\delta)}.$$

这完成了式 (3.2.26) 的证明.

使用定理 3.2.9 立得下面结果.

推论 3.2.5[113] 设 $T \sim \mathrm{SM}\{[\mathbf{PP}(\lambda)], \mathrm{CD}(\delta)\}$, 则

$$E[T] = \frac{1}{\lambda}(\mathrm{e}^{\lambda\delta} - 1).$$

证明 因为在 $\mathrm{SM}\{[\mathbf{PP}(\lambda)], \mathrm{CD}(\delta)\}$ 中, 冲击间隔 $Z_1 \sim \mathrm{Exp}(\lambda)$, 将 $\overline{F}(x) = \mathrm{e}^{-\lambda x}, x \geqslant 0$ 代入式 (3.2.26) 得

$$E[T] = \frac{\int_0^\delta \mathrm{e}^{-\lambda x}\mathrm{d}x}{\mathrm{e}^{-\lambda\delta}} = \frac{\mathrm{e}^{\lambda\delta} - 1}{\lambda}.$$ ∎

推论 3.2.6[113,146] 设 $T \sim \mathrm{SM}\{[\mathbf{RNP}(\mathrm{U}(0,b))], \mathrm{CD}(\delta)\}$, 则

$$E[T] = \frac{\delta^2}{2(b-\delta)} + \delta = \frac{\delta(2b-\delta)}{2(b-\delta)}. \tag{3.2.46}$$

证明 因为 $\mathrm{SM}\{[\mathbf{RNP}(\mathrm{U}(0,b))], \mathrm{CD}(\delta)\}$ 中, 冲击间隔 $Z_1 \sim \mathrm{U}(0,b)$, 注意到 $0 < \delta < b$, 由定理 1.3.16 知 $(Z_1|Z_1 \leqslant \delta) \sim \mathrm{U}(0,\delta)$, 所以

$$E[Z_1|Z_1 \leqslant \delta] = \frac{\delta}{2} \quad \text{且} \quad F(\delta) = \frac{\delta}{b}, \tag{3.2.47}$$

将式 (3.2.47) 代入式 (3.2.23) 并化简, 推论可证. ∎

3.3 时倚非齐次泊松截断 δ 冲击模型

在这一节中, 研究冲击基础过程形成一个非齐次泊松过程的情形. 本节内容是在文献 [123] 基础上进一步完善得到的.

3.3.1 时倚非齐次泊松截断 δ 冲击模型的定义

简单地说, 在截断 δ 冲击模型中, 如果冲击按照一个时倚非齐次泊松流到达, 则称为时倚非齐次泊松截断 δ 冲击模型, 简称为时倚泊松截断 δ 冲击模型, 即

定义 3.3.1 如果点过程 $\Psi \sim [\mathbf{NPP}(\lambda(t))]$, 则称 $\mathrm{SM}\{\Psi, \mathrm{CD}(\delta)\}$ 是冲击参数为 $\lambda(t)$、失效参数为 δ 的时倚 (非齐次) 泊松截断 δ 冲击模型, 记作 $\mathrm{SM}\{[\mathbf{NPP}(\lambda(t))], \mathrm{CD}(\delta)\}$.

下面分别给出时倚泊松截断 δ 冲击模型的严格定义和简洁定义.

定义 3.3.2 设时倚泊松点过程 $[\mathbf{NPP}(\lambda(t))]$ 的点距序列为 $\mathbf{Z} = \{Z_n, n = 1, 2, \cdots\}$, 给定非负实常数 $\delta > 0$, 记

$$M = \inf\{n | Z_{n+1} > \delta, n = 0, 1, \cdots\}$$

及

$$T = \begin{cases} \delta, & M = 0, \\ \sum_{i=1}^{M} Z_i + \delta, & M > 0, \end{cases} \tag{3.3.1}$$

其中规定 $\inf \varnothing = \infty$, 则称该模型是冲击率为 $\lambda(t)$、失效参数为 δ 的时倚泊松截断 δ 冲击模型, 记作 $\mathrm{SM}\{[\mathbf{NPP}(\lambda(t))], \mathrm{CD}(\delta)\}$, 也可记作 $T \sim \mathrm{SM}\{[\mathbf{NPP}(\lambda(t))], \mathrm{CD}(\delta)\}$.

一个不太严格形式的简洁定义如下.

定义 3.3.3 设冲击按照一个时倚泊松流到达, 如果相距上次冲击后, 时间达到 δ 单位长还没有新冲击发生, 系统就失效, 称这样的系统为时倚泊松截断 δ 冲击模型.

以下假设对任意 $t > 0$, 冲击的累积强度 $\Lambda(t) = \int_0^t \lambda(x) \mathrm{d}x < \infty$ 且 $\Lambda(\infty) \triangleq \lim_{t \to \infty} \Lambda(t) = \int_0^\infty \lambda(x) \mathrm{d}x = \infty$. 设 $\{N(t), t \geqslant 0\}$, $\{S_n, n = 1, 2, \cdots\}$, $\{Z_n, n = 1, 2, \cdots\}$ 分别为 $[\mathbf{NPP}(\lambda(t))]$ 的点数过程、点时序列和点距序列. T 与 M 分别为 $\mathrm{SM}\{[\mathbf{NPP}(\lambda(t))], \mathrm{CD}(\delta)\}$ 的系统寿命和失效前总冲击次数.

3.3.2 系统的可靠度

本节给出时倚泊松截断 δ 冲击模型系统寿命的可靠度.

定理 3.3.1[123] $\mathrm{SM}\{[\mathbf{NPP}(\lambda(t))], \mathrm{CD}(\delta)\}$ 的可靠度为

$$R(t) = \mathrm{e}^{-\Lambda(t)} \sum_{n=1}^{\infty} \underset{\substack{0 \leqslant x_i - x_{i-1} \leqslant \delta, i=1,2,\cdots,n \\ t - \delta \leqslant x_n \leqslant t}}{\iint \cdots \int} \prod_{i=1}^{n} \lambda(x_i) \, \mathrm{d}x_1 \mathrm{d}x_2 \cdots \mathrm{d}x_n, \quad t \geqslant \delta, \tag{3.3.2}$$

其中, $x_0 = 0$.

证明 设 $t \geqslant \delta$, 则

3.3 时倚非齐次泊松截断 δ 冲击模型

$$P(T > t) = E[P(T > t \mid N(t))] = \sum_{n=0}^{\infty} P(T > t \mid N(t) = n) P(N(t) = n)$$

$$= P(T > t | N(t) = 0) P(N(t) = 0)$$

$$+ \sum_{n=1}^{\infty} P(T > t | N(t) = n) P(N(t) = n).$$

因为当 $t \geqslant \delta$ 时, $P(T > t | N(t) = 0) = 0$, 所以有

$$P(T > t) = \sum_{n=1}^{\infty} P(T > t \mid N(t) = n) P(N(t) = n)$$

$$= \sum_{n=1}^{\infty} P(S_1 \leqslant \delta, S_2 - S_1 \leqslant \delta, \cdots, t - S_n \leqslant \delta | N(t) = n) P(N(t) = n), \tag{3.3.3}$$

而

$$P(S_1 \leqslant \delta, S_2 - S_1 \leqslant \delta, \cdots, t - S_n \leqslant \delta \mid N(t) = n)$$

$$= \iint \cdots \int_{\substack{x_i - x_{i-1} \leqslant \delta, i=1,2,\cdots,n \\ x_n \geqslant t-\delta}} f_{\{S_1,S_2,\cdots,S_n | N(t)=n\}}(x_1, x_2, \cdots, x_n) \mathrm{d}x_1 \mathrm{d}x_2 \cdots \mathrm{d}x_n, \tag{3.3.4}$$

其中 $x_0 = 0$, $f_{\{S_1,S_2,\cdots,S_n|N(t)=n\}}(x_1,x_2,\cdots,x_n)$ 是 $S_1, S_2, \cdots, S_n$ 在 $N(t) = n$ 条件下的条件联合密度. 而由定理 1.5.36 得

$$f_{\{S_1,S_2,\cdots,S_n|N(t)=n\}}(x_1, x_2, \cdots, x_n) = n! \prod_{i=1}^{n} \frac{\lambda(x_i)}{\Lambda^n(t)}, \quad 0 \leqslant x_1 \leqslant x_2 \leqslant \cdots \leqslant x_n \leqslant t, \tag{3.3.5}$$

将式 (3.3.5) 代入式 (3.3.4) 得

$$P(S_1 \leqslant \delta, S_2 - S_1 \leqslant \delta, \cdots, t - S_n \leqslant \delta | N(t) = n)$$

$$= \frac{n!}{\Lambda^n(t)} \iint \cdots \int_{\substack{0 \leqslant x_i - x_{i-1} \leqslant \delta, i=1,2,\cdots,n \\ t-\delta \leqslant x_n \leqslant t}} \prod_{i=1}^{n} \lambda(x_i) \, \mathrm{d}x_1 \mathrm{d}x_2 \cdots \mathrm{d}x_n. \tag{3.3.6}$$

由定理 1.5.33 式 (1.5.8) 知

$$P(N(t) = n) = \frac{\Lambda^n(t)}{n!} \mathrm{e}^{-\Lambda(t)}, \quad n = 0, 1, \cdots, \tag{3.3.7}$$

将式 (3.3.6) 和式 (3.3.7) 代入式 (3.3.3) 得

$$P(T>t) = e^{-\Lambda(t)} \sum_{n=1}^{\infty} \iint\limits_{\substack{0 \leqslant x_i - x_{i-1} \leqslant \delta, i=1,2,\cdots,n \\ t-\delta \leqslant x_n \leqslant t}} \cdots \int \prod_{i=1}^{n} \lambda(x_i)\, dx_1 dx_2 \cdots dx_n.$$

下证 $\sum_{n=1}^{\infty} \int\limits_{\substack{0 \leqslant x_i - x_{i-1} \leqslant \delta, i=1,2,\cdots,n \\ t-\delta \leqslant x_n \leqslant t}} \cdots \int \prod_{i=1}^{n} \lambda(x_i)\, dx_1 dx_2 \cdots dx_n$ 收敛. 首先放大积分范围得

$$\iint\limits_{\substack{0 \leqslant x_i - x_{i-1} \leqslant \delta, i=1,2,\cdots,n \\ t-\delta \leqslant x_n \leqslant t}} \cdots \int \prod_{i=1}^{n} \lambda(x_i)\, dx_1 dx_2 \cdots dx_n$$

$$\leqslant \iint\limits_{0 \leqslant x_1 \leqslant x_2 \leqslant \cdots \leqslant x_n \leqslant t} \cdots \int \prod_{i=1}^{n} \lambda(x_i)\, dx_1 dx_2 \cdots dx_n.$$

而由定理 1.2.7 得

$$\iint\limits_{0 \leqslant x_1 \leqslant x_2 \leqslant \cdots \leqslant x_n \leqslant t} \cdots \int \prod_{i=1}^{n} \lambda(x_i)\, dx_1 dx_2 \cdots dx_n = \frac{1}{n!} \left(\int_0^t \lambda(x) dx \right)^n = \frac{1}{n!} \Lambda^n(t),$$

所以

$$\iint\limits_{\substack{0 \leqslant x_i - x_{i-1} \leqslant \delta, i=1,2,\cdots,n \\ t-\delta \leqslant x_n \leqslant t}} \cdots \int \prod_{i=1}^{n} \lambda(x_i)\, dx_1 dx_2 \cdots dx_n \leqslant \frac{\Lambda^n(t)}{n!}. \tag{3.3.8}$$

令 $a_n(t) = \dfrac{\Lambda^n(t)}{n!}$, 因为 $\Lambda(t) < \infty$, 所以

$$\lim_{n \to \infty} \frac{a_{n+1}(t)}{a_n(t)} = \lim_{n \to \infty} \frac{\Lambda(t)}{n+1} = 0,$$

即 $\sum_{n=1}^{\infty} a_n(t)$ 收敛, 实际上, $\sum_{n=1}^{\infty} a_n(t) = \sum_{n=1}^{\infty} \dfrac{\Lambda^n(t)}{n!} = e^{\Lambda(t)} - 1$. 结合式 (3.3.8),

$$\sum_{n=1}^{\infty} \iint\limits_{\substack{0 \leqslant x_i - x_{i-1} \leqslant \delta, i=1,2,\cdots,n \\ t-\delta \leqslant x_n \leqslant t}} \cdots \int \prod_{i=1}^{n} \lambda(x_i)\, dx_1 dx_2 \cdots dx_n < \infty. \qquad \blacksquare$$

3.3.3 可靠度的界

SM{[**NPP**($\lambda(t)$)], CD(δ)} 的可靠度比较复杂, 在实际应用中, 有时只需要知道可靠度的上界即可. 下面在一些充分条件下给出 SM{[**NPP**($\lambda(t)$)], CD(δ)} 可靠度的上界.

首先由定理 3.3.1 的证明可知

$$\sum_{n=1}^{\infty} \underset{\substack{0 \leqslant x_i - x_{i-1} \leqslant \delta, i=1,2,\cdots,n \\ t-\delta \leqslant x_n \leqslant t}}{\iint \cdots \int} \prod_{i=1}^{n} \lambda(x_i) \mathrm{d}x_1 \mathrm{d}x_2 \cdots \mathrm{d}x_n \leqslant \sum_{n=1}^{\infty} \frac{\Lambda^n(t)}{n!} = \mathrm{e}^{\Lambda(t)} - 1,$$

代入式 (3.3.2) 得下面定理 3.3.2.

定理 3.3.2 设 $R(t)$ 是 SM{[**NPP**($\lambda(t)$)], CD(δ)} 的可靠度, 则对 $\forall t \geqslant \delta$,

$$R(t) \leqslant 1 - \mathrm{e}^{-\Lambda(t)}.$$

下面在强度函数 $\lambda(t)$ 一致有界条件下, 讨论可靠度的界.

定理 3.3.3 设 $R(t)$ 是 SM{[**NPP**($\lambda(t)$)], CD(δ)} 的可靠度, 若存在 $\alpha > 0$, 使对 $\forall x \geqslant 0, \lambda(x) \leqslant \alpha$, 则对 $\forall t > \delta$,

$$R(t) \leqslant \mathrm{e}^{-\Lambda(t)} \sum_{n=1}^{\infty} \alpha^n \frac{1}{n!} \sum_{i=0}^{n+1} (-1)^i \binom{n+1}{i} (t-i\delta)_+^n.$$

证明 首先, 因为 $\forall x \geqslant 0, \lambda(x) \leqslant \alpha$, 所以

$$\underset{\substack{0 \leqslant x_i - x_{i-1} \leqslant \delta, i=1,2,\cdots,n \\ t-\delta \leqslant x_n \leqslant t}}{\iint \cdots \int} \prod_{i=1}^{n} \lambda(x_i) \, \mathrm{d}x_1 \mathrm{d}x_2 \cdots \mathrm{d}x_n$$

$$\leqslant \alpha^n \underset{\substack{0 \leqslant x_i - x_{i-1} \leqslant \delta, i=1,2,\cdots,n \\ t-\delta \leqslant x_n \leqslant t}}{\iint \cdots \int} 1 \, \mathrm{d}x_1 \mathrm{d}x_2 \cdots \mathrm{d}x_n. \tag{3.3.9}$$

而由定理 1.2.20 条款 (2) 及定理 1.2.19 式 (1.2.21) 得

$$\underset{\substack{0 \leqslant x_i - x_{i-1} \leqslant \delta, i=1,2,\cdots,n \\ t-\delta \leqslant x_n \leqslant t}}{\iint \cdots \int} 1 \mathrm{d}x_1 \mathrm{d}x_2 \cdots \mathrm{d}x_n$$

$$= H_{n+1,\delta}(t) = \frac{1}{n!} \sum_{i=0}^{n+1} (-1)^i \binom{n+1}{i} (t-i\delta)_+^n, \tag{3.3.10}$$

由式 (3.3.10)、式 (3.3.9) 和式 (3.3.2) 定理得证.

注意到 $\mathrm{e}^{-\alpha t}\sum_{n=1}^{\infty}\frac{\alpha^n}{n!}\sum_{k=0}^{n+1}(-1)^k\begin{pmatrix}n+1\\k\end{pmatrix}(t-k\delta)_+^n$ 是 $\mathrm{SM}\{\mathbf{PP}(\alpha),\mathrm{CD}(\delta)\}$ 的可靠度, 所以定理 3.3.3 表明一个时倚泊松截断 δ 冲击模型的可靠度可由一个齐次泊松截断 δ 冲击模型的可靠度限定.

定理 3.3.4 设 $R(t)$ 是 $\mathrm{SM}\{[\mathbf{NPP}(\lambda(t))],\mathrm{CD}(\delta)\}$ 的可靠度, 若 $\lambda(t)$ 单调递减, 且 $\lambda(0)\leqslant\frac{1}{\delta}$, 则对 $\forall t\geqslant\delta$,

$$R(t)\leqslant \mathrm{e}^{-\Lambda(t)}\frac{(\Lambda(\delta))^{\lceil\frac{t-\delta}{\delta}\rceil}}{1-\Lambda(\delta)}. \tag{3.3.11}$$

证明 首先考察式 (3.3.3) 中的事件

$$P(S_1\leqslant\delta,S_2-S_1\leqslant\delta,\cdots,t-S_n\leqslant\delta\mid N(t)=n), \tag{3.3.12}$$

由 $S_1\leqslant\delta,S_2-S_1\leqslant\delta,\cdots,S_n-S_{n-1}\leqslant\delta$ 相加可得 $S_n\leqslant n\delta$, 所以若要式 (3.3.12) 的概率不为 0 (也就是说在 $S_1\leqslant\delta,S_2-S_1\leqslant\delta,\cdots,S_n-S_{n-1}\leqslant\delta$ 发生的同时, 让 $t-S_n\leqslant\delta$ 也发生), 必然有 $n\delta\geqslant t-\delta$, 即 $n\geqslant\frac{t-\delta}{\delta}$, 所以式 (3.3.3) 或式 (3.3.2) 中和号下标可为 $n=\left\lceil\frac{t-\delta}{\delta}\right\rceil$, 其中, $\left\lceil\frac{t-\delta}{\delta}\right\rceil$ 表示不小于 $\frac{t-\delta}{\delta}$ 的最小整数, 因此式 (3.3.2) 可变形为: 对 $t>\delta$,

$$R(t)=\mathrm{e}^{-\Lambda(t)}\sum_{n=\lceil\frac{t-\delta}{\delta}\rceil}^{\infty}\iint\cdots\int_{\substack{0\leqslant x_i-x_{i-1}\leqslant\delta,i=1,2,\cdots,n\\t-\delta\leqslant x_n\leqslant t}}\prod_{i=1}^n\lambda(x_i)\,\mathrm{d}x_1\mathrm{d}x_2\cdots\mathrm{d}x_n. \tag{3.3.13}$$

令 $y_i=x_i-x_{i-1},i=1,2,\cdots,n$, 实施变量替换得

$$\iint\cdots\int_{\substack{0\leqslant x_i-x_{i-1}\leqslant\delta,i=1,2,\cdots,n\\t-\delta\leqslant x_n\leqslant t}}\prod_{i=1}^n\lambda(x_i)\,\mathrm{d}x_1\mathrm{d}x_2\cdots\mathrm{d}x_n$$

$$=\iint\cdots\int_{\substack{0\leqslant y_i\leqslant\delta,i=1,2,\cdots,n\\t-\delta\leqslant y_1+y_2+\cdots+y_n\leqslant t}}\prod_{i=1}^n\lambda(y_1+y_2+\cdots+y_i)\,\mathrm{d}y_1\mathrm{d}y_2\cdots\mathrm{d}y_n. \tag{3.3.14}$$

先放大积分区域

$$\iint\cdots\int_{\substack{0\leqslant y_i\leqslant\delta,i=1,2,\cdots,n\\t-\delta\leqslant y_1+\cdots+y_n\leqslant t}}\prod_{i=1}^n\lambda(y_1+y_2+\cdots+y_i)\,\mathrm{d}y_1\mathrm{d}y_2\cdots\mathrm{d}y_n$$

$$\leqslant \underset{\substack{0\leqslant y_i\leqslant \delta,\\ i=1,2,\cdots,n}}{\iint\cdots\int} \prod_{i=1}^n \lambda(y_1+y_2+\cdots+y_i)\,\mathrm{d}y_1\mathrm{d}y_2\cdots\mathrm{d}y_n. \tag{3.3.15}$$

由于 $\lambda(x)$ 单调递减，$\lambda(y_1+y_2+\cdots+y_i) \leqslant \lambda(y_i)$，再放大积分变量得

$$\underset{0\leqslant y_i\leqslant \delta,i=1,2,\cdots,n}{\iint\cdots\int} \prod_{i=1}^n \lambda(y_1+y_2+\cdots+y_i)\,\mathrm{d}y_1\mathrm{d}y_2\cdots\mathrm{d}y_n$$
$$\leqslant \underset{0\leqslant y_i\leqslant \delta,i=1,2,\cdots,n}{\iint\cdots\int} \prod_{i=1}^n \lambda(y_i)\,\mathrm{d}y_1\mathrm{d}y_2\cdots\mathrm{d}y_n, \tag{3.3.16}$$

所以由式 (3.3.16)、式 (3.3.15) 和式 (3.3.14) 得

$$\underset{\substack{0\leqslant x_i-x_{i-1}\leqslant\delta,i=1,2,\cdots,n\\ t-\delta\leqslant x_n\leqslant t}}{\iint\cdots\int} \prod_{i=1}^n \lambda(x_i)\,\mathrm{d}x_1\mathrm{d}x_2\cdots\mathrm{d}x_n$$
$$\leqslant \underset{0\leqslant y_i\leqslant\delta,i=1,2,\cdots,n}{\iint\cdots\int} \prod_{i=1}^n \lambda(y_i)\,\mathrm{d}y_1\mathrm{d}y_2\cdots\mathrm{d}y_n. \tag{3.3.17}$$

由于

$$\underset{0\leqslant y_i\leqslant\delta,i=1,2,\cdots,n}{\iint\cdots\int} \prod_{i=1}^n \lambda(y_i)\,\mathrm{d}y_1\mathrm{d}y_2\cdots\mathrm{d}y_n = \left[\int_0^\delta \lambda(x)\,\mathrm{d}x\right]^n = \Lambda^n(\delta),$$

代入式 (3.3.17) 即得

$$\underset{\substack{0\leqslant x_i-x_{i-1}\leqslant\delta,i=1,2,\cdots,n\\ t-\delta\leqslant x_n\leqslant t}}{\iint\cdots\int} \prod_{i=1}^n \lambda(x_i)\,\mathrm{d}x_1\mathrm{d}x_2\cdots\mathrm{d}x_n \leqslant \Lambda^n(\delta). \tag{3.3.18}$$

由于 $\lambda(x)$ 单调递减且 $\lambda(0) \leqslant \dfrac{1}{\delta}$，所以当 $0 < x < \delta$ 时，$\lambda(x) < \dfrac{1}{\delta}$，易得

$$\Lambda(\delta) = \int_0^\delta \lambda(x)\,\mathrm{d}x < \int_0^\delta \frac{1}{\delta}\,\mathrm{d}x = 1,$$

因此将式 (3.3.18) 代入式 (3.3.13) 得

$$R(t) \leqslant \mathrm{e}^{-\Lambda(t)} \sum_{n=\lceil \frac{t-\delta}{\delta}\rceil}^\infty \Lambda^n(\delta) = \mathrm{e}^{-\Lambda(t)}\frac{(\Lambda(\delta))^{\lceil \frac{t-\delta}{\delta}\rceil}}{1-\Lambda(\delta)}. \tag{3.3.19}$$

■

需要说明的是，可以证明，定理 3.3.2—定理 3.3.4 中得到的 $R(t)$ 的上界都是小于等于 1 的.

3.3.4 系统寿命矩的存在性

本节给出时倚泊松截断 δ 冲击模型系统寿命矩存在的一个充分条件.

定理 3.3.5 设 $T \sim \text{SM}\{[\mathbf{NPP}(\lambda(t))], \text{CD}(\delta)\}$, 若 $\lambda(t)$ 单调递减, $\lim\limits_{t\to\infty} \lambda(t)$ 存在且大于 0, 且 $\lambda(0) \leqslant \dfrac{1}{\delta}$, 则对 $\forall n = 1, 2, \cdots, E[T^n] < \infty$.

证明 由附表 21 中生存函数计算矩的公式得对 $n = 1, 2, \cdots$,

$$E[T^n] = n\int_0^\infty t^{n-1}\overline{F}_T(t)\mathrm{d}t = n\left(\int_0^\delta t^{n-1}\mathrm{d}t + \int_\delta^\infty t^{n-1}\overline{F}_T(t)\mathrm{d}t\right), \quad (3.3.20)$$

所以只需证明 $\int_\delta^\infty t^{n-1}\overline{F}_T(t)\mathrm{d}t$ 收敛即可.

由于 $\lambda(x)$ 单调递减, $\lambda(0) \leqslant \dfrac{1}{\delta}$, 可得 $\Lambda(\delta) < 1$, 所以由式 (3.3.11) 得对 $\forall t \geqslant \delta$,

$$\overline{F}_T(t) = R(t) \leqslant \mathrm{e}^{-\Lambda(t)}\dfrac{1}{1-\Lambda(\delta)},$$

所以

$$\int_\delta^\infty t^{n-1}\overline{F}_T(t)\mathrm{d}t \leqslant \dfrac{1}{1-\Lambda(\delta)}\int_\delta^\infty t^{n-1}\mathrm{e}^{-\Lambda(t)}\mathrm{d}t \leqslant \dfrac{1}{1-\Lambda(\delta)}\int_0^\infty t^{n-1}\mathrm{e}^{-\Lambda(t)}\mathrm{d}t. \quad (3.3.21)$$

设 $\lim\limits_{x\to\infty} \lambda(x) = c > 0$, 因为 $\lambda(x)$ 单调递减, 所以对 $x > 0$,

$$\lambda(x) \geqslant c, \quad 即 \quad \Lambda(t) \geqslant ct. \quad (3.3.22)$$

将式 (3.3.22) 代入式 (3.3.21) 得

$$\int_\delta^\infty t^{n-1}\overline{F}_T(t)\mathrm{d}t \leqslant \dfrac{1}{1-\Lambda(\delta)}\int_0^\infty t^{n-1}\mathrm{e}^{-ct}\mathrm{d}t = \dfrac{1}{c^n(1-\Lambda(\delta))}\int_0^\infty x^{n-1}\mathrm{e}^{-x}\mathrm{d}x. \quad (3.3.23)$$

注意到 $\Gamma(n) = \int_0^\infty x^{n-1}\mathrm{e}^{-x}\mathrm{d}x$ 是伽马函数, 对任意的 $n > 0$ 都收敛, 所以 $\int_\delta^\infty t^{n-1}\overline{F}_T(t)\mathrm{d}t < \infty$.

定理得证. ∎

特别地, 由定理 3.3.5 的证明过程式 (3.3.23) 可得

$$\int_\delta^\infty t^{n-1}\overline{F}_T(t)\mathrm{d}t \leqslant \dfrac{1}{c^n(1-\Lambda(\delta))}\Gamma(n) = \dfrac{(n-1)!}{c^n(1-\Lambda(\delta))}, \quad (3.3.24)$$

将式 (3.3.24) 代入式 (3.3.20) 得

$$E[T^n] \leqslant n\left(\int_0^\delta t^{n-1}\mathrm{d}t + \frac{(n-1)!}{c^n(1-\Lambda(\delta))}\right) = \delta^n + \frac{n!}{c^n(1-\Lambda(\delta))}.$$

由此得下面推论 3.3.1.

推论 3.3.1 设 $T \sim \mathrm{SM}\{[\mathbf{NPP}(\lambda(t))], \mathrm{CD}(\delta)\}$，若 $\lambda(t)$ 单调递减，$\lim\limits_{t\to\infty}\lambda(t) = c > 0$，$\lambda(0) \leqslant \dfrac{1}{\delta}$，则对 $\forall n = 1, 2, \cdots$，

$$E[T^n] \leqslant \delta^n + \frac{n!}{c^n(1-\Lambda(\delta))}.$$

3.3.5 系统寿命的失效率

下面定理给出时倚泊松截断 δ 冲击模型系统寿命的失效率.

定理 3.3.6 $\mathrm{SM}\{[\mathbf{NPP}(\lambda(t))], \mathrm{CD}(\delta)\}$ 的系统失效率为

$$r(t) = \begin{cases} \dfrac{\lambda(t-\delta)\mathrm{e}^{-\Lambda(t)}(\mathrm{e}^{\Lambda(t-\delta)}+1)}{R(t)}, & \delta < t < 2\delta, \\ \lambda(t-\delta)\mathrm{e}^{-(\Lambda(t)-\Lambda(t-\delta))}\dfrac{R(t-\delta)}{R(t)}, & t > 2\delta. \end{cases}$$

证明 设 $T \sim \mathrm{SM}\{[\mathbf{NPP}(\lambda(t))], \mathrm{CD}(\delta)\}$，由于 $P(T < \delta) = 0$，所以只需要考虑 $t \geqslant \delta$ 时的情况.

令 $x_0 = 0$. 对 $\forall n = 1, 2, \cdots$，记

$$g_{n,\delta}(t) = \iint\limits_{\substack{0\leqslant x_i-x_{i-1}\leqslant\delta, i=1,2,\cdots,n \\ t-\delta\leqslant x_n\leqslant t}}\cdots\int \prod_{i=1}^n \lambda(x_i)\,\mathrm{d}x_1\mathrm{d}x_2\cdots\mathrm{d}x_n. \tag{3.3.25}$$

则由定理 3.3.1，当 $t \geqslant \delta$ 时，系统寿命的可靠度为

$$R(t) = \mathrm{e}^{-\Lambda(t)}\sum_{n=1}^\infty g_{n,\delta}(t).$$

所以 T 的密度函数为 (在 $R(t)$ 的可微点上)

$$f_T(t) = -R'(t) = \lambda(t)\mathrm{e}^{-\Lambda(t)}\sum_{n=1}^\infty g_{n,\delta}(t) - \mathrm{e}^{-\Lambda(t)}\sum_{n=1}^\infty g'_{n,\delta}(t)$$

$$= \lambda(t)R(t) - \mathrm{e}^{-\Lambda(t)}\sum_{n=1}^\infty g'_{n,\delta}(t). \tag{3.3.26}$$

注意到 $\{0 \leqslant x_n - x_{n-1} \leqslant \delta\} \Leftrightarrow \{x_n - \delta \leqslant x_{n-1} \leqslant x_n\}$, 所以由式 (3.3.25) 可得对 $n = 2, 3, \cdots$,

$$g_{n,\delta}(t) = \int_{t-\delta}^{t} \lambda(x_n) \mathrm{d}x_n \underset{\substack{0 \leqslant x_i - x_{i-1} \leqslant \delta, i=1,2,\cdots,n-1 \\ x_n - \delta \leqslant x_{n-1} \leqslant x_n}}{\iint \cdots \int} \prod_{i=1}^{n-1} \lambda(x_i) \, \mathrm{d}x_1 \mathrm{d}x_2 \cdots \mathrm{d}x_{n-1}$$

$$= \int_{t-\delta}^{t} \lambda(x_n) g_{n-1,\delta}(x_n) \mathrm{d}x_n,$$

所以

$$g'_{n,\delta}(t) = \lambda(t) g_{n-1,\delta}(t) - \lambda(t-\delta) g_{n-1,\delta}(t-\delta)$$

及

$$\sum_{n=1}^{\infty} g'_{n,\delta}(t) = \lambda(t) \sum_{n=2}^{\infty} g_{n-1,\delta}(t) - \lambda(t-\delta) \sum_{n=2}^{\infty} g_{n-1,\delta}(t-\delta) + g'_{1,\delta}(t)$$

$$= \lambda(t) \sum_{n=1}^{\infty} g_{n,\delta}(t) - \lambda(t-\delta) \sum_{n=1}^{\infty} g_{n,\delta}(t-\delta) + g'_{1,\delta}(t). \qquad (3.3.27)$$

将式 (3.3.27) 代入式 (3.3.26), 并注意到 $R(t) = \mathrm{e}^{-\Lambda(t)} \sum_{n=1}^{\infty} g_{n,\delta}(t)$, 所以得

$$f_T(t) = \lambda(t-\delta) \mathrm{e}^{-(\Lambda(t)-\Lambda(t-\delta))} R(t-\delta) - \mathrm{e}^{-\Lambda(t)} g'_{1,\delta}(t).$$

因此系统寿命的失效率为

$$r(t) = \frac{f_T(t)}{R(t)} = \frac{\lambda(t-\delta)\mathrm{e}^{-(\Lambda(t)-\Lambda(t-\delta))} R(t-\delta) - \mathrm{e}^{-\Lambda(t)} g'_{1,\delta}(t)}{R(t)}, \qquad (3.3.28)$$

易得

$$g_{1,\delta}(y) = \int_{\substack{0 \leqslant x \leqslant \delta \\ y-\delta \leqslant x \leqslant y}} \lambda(x) \mathrm{d}x = \begin{cases} 0, & y < 0, \\ \Lambda(y), & 0 \leqslant y < \delta, \\ \Lambda(\delta) - \Lambda(y-\delta), & \delta \leqslant y < 2\delta, \\ 0, & y \geqslant 2\delta \end{cases}$$

及

$$g'_{1,\delta}(y) = \begin{cases} 0, & y < 0, \\ \lambda(y), & 0 < y < \delta, \\ -\lambda(y-\delta), & \delta < y < 2\delta, \\ 0, & y > 2\delta. \end{cases} \qquad (3.3.29)$$

将式 (3.3.29) 代入式 (3.3.28) 中, 并注意到当 $\delta \leqslant t < 2\delta$, 即 $0 \leqslant t - \delta < \delta$ 时, $R(t-\delta) = 1$ 可得

$$r(t) = \begin{cases} \dfrac{\lambda(t-\delta)\mathrm{e}^{-\Lambda(t)}(\mathrm{e}^{\Lambda(t-\delta)}+1)}{R(t)}, & \delta < t < 2\delta, \\ \lambda(t-\delta)\mathrm{e}^{-(\Lambda(t)-\Lambda(t-\delta))}\dfrac{R(t-\delta)}{R(t)}, & t > 2\delta. \end{cases}$$

∎

第 4 章 离散时间截断 δ 冲击模型

本章研究离散时间开型截断 δ 冲击模型的寿命性质. 4.1 节给出了没有重点冲击的离散时间开型截断 δ 冲击模型的样本轨道. 4.2 节至 4.4 节分别研究了伯努利截断 δ 冲击模型、离散时间更新截断 δ 冲击模型、马尔可夫链点示截断 δ 冲击模型. 本章讨论的离散时间截断 δ 冲击模型都假设离散时间单位为整数 1, 冲击点过程 Ψ 服从周期为 1 的格点分布, 所以此时失效参数 δ 是一个正整数. 注意, 本书讨论的都是开型 (或称为达无型) 截断 δ 冲击模型, 即系统失效机制为: 如果时长达到 δ 单位还没有冲击发生则系统失效.

4.1 离散时间截断 δ 冲击模型的样本轨道

考虑一个离散时间开型 $\mathrm{SM}\{\Psi_\mathrm{D}, \mathrm{CD}(\delta)\}$, 注意此时失效参数 δ 是一个正整数. 设 $\{Y_i, i = 0, 1, 2, \cdots\}$ 是冲击过程 Ψ 的点示序列, 即 $Y_i = 1$ 表示在 i 时刻有冲击发生, $Y_i = 0$ 表示在 i 时刻冲击未发生. 我们考察冲击点没有重 (复) 点情形的样本轨道, 即 $Y_i = 1$ 也表明在 i 时刻仅有一个冲击发生. 设 T 是 $\mathrm{SM}\{\Psi_\mathrm{D}, \mathrm{CD}(\delta)\}$ 的系统寿命, M 为系统失效前的总冲击次数.

给定非负整数 n, m, 下面我们使用 $\{Y_i, i = 0, 1, 2, \cdots\}$ 的样本轨道来研究事件 $\{T = n, M = m\}$, 将 $\{T = n, M = m\}$ 发生时 $\{Y_i, i = 0, 1, 2, \cdots\}$ 对应的样本轨道记作 $Y_{1,2,\cdots,T}^{(n,m)}$. 根据 $T = n$ 与 $M = m$ 的含义, 意味着轨道 $Y_{1,2,\cdots,T}^{(n,m)}$ 中有 m 个 1 且其总长度为 n. 根据开型截断 δ 冲击模型的定义, 轨道 $Y_{1,2,\cdots,T}^{(n,m)}$ 中最后有连贯 δ 个 0, 且是首次有相继 δ 个 0 出现.

没有重点冲击的 $\mathrm{SM}\{\Psi_\mathrm{D}, \mathrm{CD}(\delta)\}$ 的样本轨道 $Y_{1,2,\cdots,T}^{(n,m)}$ 可由图 4.1.1 示例, 其中 $x_i, i = 1, 2, \cdots, m$ 表示轨道中第 $i-1$ 个 1 和第 i 个 1 之间 0 的个数, 也即第 $i-1$ 次冲击和第 i 次冲击之间没有冲击发生的时刻点的个数. 特别地, $n = m + \delta$, $n = \delta$ (此时等价于 $m = 0$) 和 $n = \delta + 1$ 情形的样本轨道图例分别见图 4.1.2、图 4.1.3 和图 4.1.4.

轨道 $Y_{1,2,\cdots,T}^{(n,m)}$ 中有 m 个 1, $x_1 + x_2 + \cdots + x_m + \delta$ 个 0, 且若 $m \neq 0$ (即 $n \neq \delta$ 或说 $n = \delta + 1, \delta + 2, \cdots$), 则满足

$$x_1 + x_2 + \cdots + x_m + m + \delta = n, \quad 0 \leqslant x_i \leqslant \delta - 1, \quad i = 1, 2, \cdots, m. \quad (4.1.1)$$

4.1 离散时间截断 δ 冲击模型的样本轨道

由式 (4.1.1) 得: 若 $m \neq 0$, 则

$$m \leqslant n - \delta \leqslant m\delta. \tag{4.1.2}$$

此外, 若 $m = 0$, 则由图 4.1.3 可看出只能 $n = \delta$, 所以式 (4.1.2) 对 $m = 0$ 也成立.

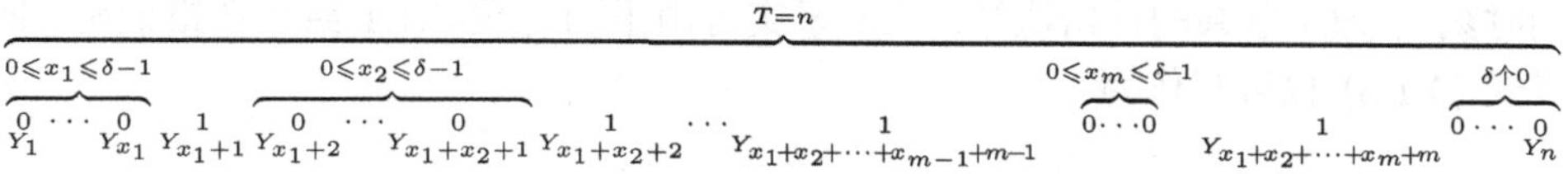

图 4.1.1　SM$\{\boldsymbol{\Psi}_{\mathrm{D}}, \mathrm{CD}(\delta)\}$ 的样本轨道 $Y^{(n,m)}_{1,2,\cdots,T}$

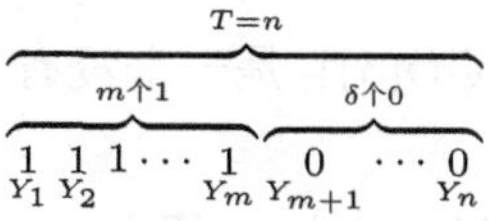

图 4.1.2　SM$\{\boldsymbol{\Psi}_{\mathrm{D}}, \mathrm{CD}(\delta)\}$ 的样本轨道 $Y^{(m+\delta,m)}_{1,2,\cdots,T}(n = m + \delta)$

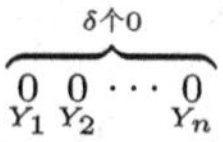

图 4.1.3　SM$\{\boldsymbol{\Psi}_{\mathrm{D}}, \mathrm{CD}(\delta)\}$ 的样本轨道 $Y^{(\delta,0)}_{1,2,\cdots,T}(n = \delta)$

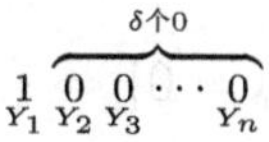

图 4.1.4　SM$\{\boldsymbol{\Psi}_{\mathrm{D}}, \mathrm{CD}(\delta)\}$ 的样本轨道 $Y^{(\delta+1,1)}_{1,2,\cdots,T}(n = \delta + 1)$

由寿命 T 和失效前总冲击次数 M 的定义, 事件 $\{T = n, M = m\}$ 发生等价于形如 $Y^{(n,m)}_{1,2,\cdots,T}$ 样式的轨道发生, 所以, 要讨论事件 $\{T = n, M = m\}$ 的发生, 只需讨论形如 $Y^{(n,m)}_{1,2,\cdots,T}$ 样式的轨道即可. 而

$$P(T = n) = \sum_{m=0}^{\infty} P(T = n, M = m).$$

显然, 当不满足式 (4.1.2) 时, $P(T = n, M = m) = 0$, 所以没有重点冲击的离散开型 SM$\{\boldsymbol{\Psi}_{\mathrm{D}}, \mathrm{CD}(\delta)\}$ 的系统寿命可表示为, 对 $n = \delta + 1, \delta + 2, \cdots$ 有

$$P(T = n) = \sum_{m=\lceil \frac{n-\delta}{\delta} \rceil}^{n-\delta} P(T = n, M = m), \tag{4.1.3}$$

其中, $\left\lceil \dfrac{n-\delta}{\delta} \right\rceil$ 表示不小于 $\dfrac{n-\delta}{\delta}$ 的最小整数.

注意 $\{T=\delta\} \Leftrightarrow \{M=0\}$, 所以式 (4.1.3) 对 $n=\delta$ 也成立.

由轨道 $Y_{1,2,\cdots,T}^{(n,m)}$ 易得 $\{T=n, M=m\} \Leftrightarrow \{T=n, N_T=m\} \Leftrightarrow \{T=n, N_n=m\}$, 其中 $\{N_n, n=0,1,2,\cdots\}$ 是冲击过程 Ψ 的点数序列, 即 N_n 表示到时刻 n 为止总共的冲击次数. 这一事实可由下面定理 4.1.1 给出严格证明. 所以式 (4.1.3) 也可写作为

$$P(T=n) = \sum_{m=\lceil \frac{n-\delta}{\delta} \rceil}^{n-\delta} P(T=n, N_n=m). \qquad (4.1.4)$$

定理 4.1.1 设 $\mathrm{SM}\{\Psi_\mathrm{D}, \mathrm{CD}(\delta)\}$ 是一个没有重点的离散开型截断 δ 冲击模型, 则

$$\{T=n, M=m\} \Leftrightarrow \{T=n, N_n=m\}. \qquad (4.1.5)$$

证明 若 $m=0$, 则 n 只能为 δ, 所以只需证 $\{T=\delta, M=0\} \Leftrightarrow \{T=\delta, N_\delta=0\}$. 事实上, 由于没有冲击重点, 即 $Z_1 \neq 0$, 所以由式 (2.3.5) 可得

$$\{T=\delta, M=0\} \Leftrightarrow \{T=\delta\},$$

再根据截断 δ 冲击模型的定义, $\{T=\delta\}$ 发生意味着时间达到 δ 时还未有冲击到达, 即

$$\{T=\delta\} \Leftrightarrow \{N_\delta=0\} \Leftrightarrow \{T=\delta, N_\delta=0\}.$$

所以式 (4.1.5) 对 $m=0$ 成立.

若 $m \geqslant 1$, 由 T 和 N_n 的定义得

$\{T=n, N_n=m\}$

$\Leftrightarrow \{Z_1 \leqslant \delta, Z_2 \leqslant \delta, \cdots, Z_m \leqslant \delta, Z_{m+1} > \delta, S_m+\delta=n, S_m \leqslant n, S_{m+1} > n\}$,

其中, $\{S_n, n=1,2,\cdots\}$ 是冲击过程 Ψ 的点时序列. 因为 $\{Z_{m+1} > \delta, S_m+\delta=n\}$ 可推出 $\{S_{m+1} > n, S_m \leqslant n\}$, 即

$$\{Z_{m+1} > \delta, S_m+\delta=n\} \subset \{S_{m+1} = S_m + Z_{m+1} > n, S_m \leqslant n\},$$

所以

$$\{T=n, N_n=m\} \Leftrightarrow \{Z_1 \leqslant \delta, Z_2 \leqslant \delta, \cdots, Z_m \leqslant \delta, Z_{m+1} > \delta, S_m+\delta=n\}. \qquad (4.1.6)$$

而另一方面

$$\{T=n, M=m\} \Leftrightarrow \{Z_1 \leqslant \delta, Z_2 \leqslant \delta, \cdots, Z_m \leqslant \delta, Z_{m+1} > \delta, S_m + \delta = n\}.$$

所以式 (4.1.5) 对 $m = 1, 2, \cdots$ 成立.

综上所述, 定理得证. ∎

4.2 伯努利截断 δ 冲击模型

在这一节中, 研究冲击过程服从一个伯努利点过程 (即二项点过程) 的离散时间开型截断 δ 冲击模型.

4.2.1 伯努利截断 δ 冲击模型的定义

在离散时间开型截断 δ 冲击模型中, 如果冲击按照一个伯努利点过程到达, 则称模型为伯努利开型截断 δ 冲击模型, 简称为伯努利截断 δ 冲击模型, 也称为二项截断 δ 冲击模型. 下面给出伯努利截断 δ 冲击模型的三个等价定义.

定义 4.2.1 如果点过程 $\mathbf{\Psi} \sim [\mathbf{BP}(p)]$, 则称离散开型 $\mathrm{SM}\{\mathbf{\Psi}, \mathrm{CD}(\delta)\}$ 是冲击参数为 p、失效参数为 δ 的伯努利截断 δ 冲击模型, 记作 $\mathrm{SM}\{[\mathbf{BP}(p)], \mathrm{CD}(\delta)\}$.

定义 4.2.2 设伯努利点过程 $[\mathbf{BP}(p)]$ 的点距序列为 $\{Z_n, n = 1, 2, \cdots\}$, 给定正整数 δ, 记

$$M = \inf\{n | Z_{n+1} > \delta, n = 0, 1, \cdots\}$$

及

$$T = \begin{cases} \delta, & M = 0, \\ \sum_{i=1}^{M} Z_i + \delta, & M > 0, \end{cases} \quad (4.2.1)$$

其中规定 $\inf \phi = \infty$, 则称该模型是冲击参数为 p、失效参数为 δ 的伯努利截断 δ 冲击模型, 记作 $\mathrm{SM}\{[\mathbf{BP}(p)], \mathrm{CD}(\delta)\}$, 也可记作 $T \sim \mathrm{SM}\{[\mathbf{BP}(p)], \mathrm{CD}(\delta)\}$.

定义 4.2.3 设冲击按照一个伯努利点过程到达, 如果相距上次冲击后, 时间达到 δ 单位长还没有新冲击到达, 系统就失效, 则称这样的系统为伯努利 (开型) 截断 δ 冲击模型.

由于在 $[\mathbf{BP}(p)]$ 中, 对 $\forall n = 1, 2, \cdots, Z_n \sim \mathrm{PG}(p)$, 即有 $P(Z_n = 0) = 0$, 所以 $\mathrm{SM}\{[\mathbf{BP}(p)], \mathrm{CD}(\delta)\}$ 是一个冲击点没有重点的截断 δ 冲击模型.

下面若不特殊说明, 总假设 $T \sim \mathrm{SM}\{[\mathbf{BP}(p)], \mathrm{CD}(\delta)\}$, M 为 $\mathrm{SM}\{[\mathbf{BP}(p)], \mathrm{CD}(\delta)\}$ 失效前总冲击次数, $\{N_n, n = 1, 2, \cdots\}$, $\{S_n, n = 1, 2, \cdots\}$, $\{Z_n, n = 1, 2, \cdots\}$ 和 $\{Y_n, n = 0, 1, 2, \cdots\}$ 分别为 $[\mathbf{BP}(p)]$ 的点数序列、点时序列、点距序列和点示序列.

4.2.2 失效前总冲击次数

类似于泊松截断 δ 冲击模型,$\mathrm{SM}\{[\mathbf{BP}(p)], \mathrm{CD}(\delta)\}$ 失效前总冲击次数 M 服从参数为 $(1-p)^\delta$ 的非负值几何分布,即有 $M \sim \mathrm{NG}((1-p)^\delta)$。

定理 4.2.1 $\mathrm{SM}\{[\mathbf{BP}(p)], \mathrm{CD}(\delta)\}$ 的系统冲击度为

$$D(n) = (1-q^\delta)^n q^\delta, \quad n = 0, 1, 2, \cdots, \tag{4.2.2}$$

其中,$q = 1 - p$。

证明 由式 (2.3.7) 和式 (2.3.8) 得:对 $\forall n = 0, 1, 2, \cdots,$

$$\{M = n\} \Leftrightarrow \{Z_0 \leqslant \delta, Z_1 \leqslant \delta, \cdots, Z_n \leqslant \delta, Z_{n+1} > \delta\},$$

其中 $Z_0 \equiv 0$,再由伯努利点过程冲击间隔 $Z_1, Z_2, \cdots$ 的相互独立且同正值几何分布性质,结论立得。■

由于 M 服从参数为 $(1-p)^\delta$ 的非负值几何分布,由非负值几何分布的期望(见附表 6),立得如下结论。

推论 4.2.1 $\mathrm{SM}\{[\mathbf{BP}(p)], \mathrm{CD}(\delta)\}$ 的系统平均冲击度为

$$\mathrm{MNBF} = \frac{1-(1-p)^\delta}{(1-p)^\delta} = \frac{1}{(1-p)^\delta} - 1.$$

4.2.3 系统的寿命分布

下面考虑系统寿命 T 的分布。由截断 δ 冲击模型可靠度的初始条件 (式 (2.3.11)) 知,当 $n < \delta$ 时 $P(T > n) = 1$,即此时 $P(T = n) = 0$,所以我们只需要考虑 $n \geqslant \delta$ 情形即可。

定理 4.2.2[104,134] 设 $T \sim \mathrm{SM}\{[\mathbf{BP}(p)], \mathrm{CD}(\delta)\}$,则 $\mathrm{SM}\{[\mathbf{BP}(p)], \mathrm{CD}(\delta)\}$ 的系统寿命分布为:对 $n = \delta, \delta+1, \cdots,$

$$P(T=n) = \sum_{m=\lceil \frac{n-\delta}{\delta} \rceil}^{n-\delta} p^m (1-p)^{n-m} \sum_{i=0}^{m} (-1)^i \binom{m}{i} \binom{n-(1+i)\delta-1}{m-1}_+, \tag{4.2.3}$$

其中,$\lceil \frac{n-\delta}{\delta} \rceil$ 表示不小于 $\frac{n-\delta}{\delta}$ 的最小整数,$\binom{n-(1+i)\delta-1}{m-1}_+$ 表示弱广义组合数。

证明 当 $n = \delta$ 时,有 $\{T = n\} \Leftrightarrow \{T = \delta\} \Leftrightarrow \{Z_1 > \delta\}$,所以由定理 1.5.4 条款 (4) 得

$$P(T = n) = P(Z_1 > \delta) = (1-p)^\delta. \tag{4.2.4}$$

4.2 伯努利截断 δ 冲击模型

现考虑 $n = \delta+1, \delta+2, \cdots$, 此时系统失效前至少有一次冲击, 由于没有重点, 由式 (4.1.4) 得

$$P(T=n) = \sum_{m=\lceil \frac{n-\delta}{\delta} \rceil}^{n-\delta} P(T=n, N_n = m), \tag{4.2.5}$$

因为 $n = \delta+1, \delta+2, \cdots$, 所以 $\left\lceil \dfrac{n-\delta}{\delta} \right\rceil \geqslant 1$, 因此可将式 (4.1.6) 代入式 (4.2.5) 得

$$P(T=n) = \sum_{m=\lceil \frac{n-\delta}{\delta} \rceil}^{n-\delta} P(Z_1 \leqslant \delta, Z_2 \leqslant \delta, \cdots, Z_m \leqslant \delta, Z_{m+1} > \delta, S_m + \delta = n).$$
$$\tag{4.2.6}$$

尽管可使用式 (4.1.2) 得到式 (4.2.5) 或式 (4.1.4) 中 $P(T=n, N_n=m) \neq 0$ 的 m 的范围为 $\dfrac{n-\delta}{\delta} \leqslant m \leqslant n-\delta$, 但现在作为验证, 我们使用下面方式重新确定一下 m 的范围.

考察式 (4.2.6) 等号右边的事件, 显然, 因为 $\mathrm{SM}\{[\mathbf{BP}(p)], \mathrm{CD}(\delta)\}$ 是一个无重点冲击的模型, 所以如果系统失效前有 m 个冲击发生, 则

$$\{Z_1 \leqslant \delta, Z_2 \leqslant \delta, \cdots, Z_m \leqslant \delta\} \Leftrightarrow \{1 \leqslant Z_1 \leqslant \delta, 1 \leqslant Z_2 \leqslant \delta, \cdots, 1 \leqslant Z_m \leqslant \delta\},$$
$$\tag{4.2.7}$$

由此可推出 $\{m \leqslant Z_1 + Z_2 + \cdots + Z_m \leqslant m\delta\}$, 即 $\{m \leqslant S_m \leqslant m\delta\}$ 或等价地,

$$\{m + \delta \leqslant S_m + \delta \leqslant (m+1)\delta\},$$

所以要想 $\{S_m + \delta = n\}$ 发生, 必有 $m+\delta \leqslant n \leqslant (m+1)\delta$, 也即 $\dfrac{n-\delta}{\delta} \leqslant m \leqslant n-\delta$.

考虑到式 (4.2.7) 成立, 将式 (4.2.6) 用联合分布列展开得

$$P(T=n)$$
$$= \sum_{m=\lceil \frac{n-\delta}{\delta} \rceil}^{n-\delta} \sum_{\substack{1 \leqslant x_i \leqslant \delta, i=1,2,\cdots,m \\ x_1+x_2+\cdots+x_m=n-\delta}} P(Z_1=x_1, Z_2=x_2, \cdots, Z_m=x_m, Z_{m+1} > \delta).$$

因为 $Z_1, Z_2, \cdots$ 相互独立, 所以

$$P(T=n) = \sum_{m=\lceil \frac{n-\delta}{\delta} \rceil}^{n-\delta} \sum_{\substack{1 \leqslant x_i \leqslant \delta, i=1,2,\cdots,m \\ x_1+x_2+\cdots+x_m=n-\delta}} \prod_{k=1}^{m} P(Z_k=x_k) P(Z_{m+1} > \delta). \tag{4.2.8}$$

将定理 1.5.4 条款 (2) 和 (4) 的结果代入式 (4.2.8) 得

$$P(T=n) = \sum_{m=\lceil \frac{n-\delta}{\delta} \rceil}^{n-\delta} \sum_{\substack{1 \leqslant x_i \leqslant \delta, i=1,2,\cdots,m \\ x_1+x_2+\cdots+x_m=n-\delta}} \left[\prod_{k=1}^{m} (1-p)^{x_k-1} p \right] (1-p)^{\delta}$$

$$= \sum_{m=\lceil \frac{n-\delta}{\delta} \rceil}^{n-\delta} \sum_{\substack{1 \leqslant x_i \leqslant \delta, i=1,2,\cdots,m \\ x_1+x_2+\cdots+x_m=n-\delta}} (1-p)^{x_1+\cdots+x_m-m} p^m (1-p)^{\delta}. \quad (4.2.9)$$

注意到式 (4.2.9) 中内层求和号下标条件 $x_1 + x_2 + \cdots + x_m = n - \delta$，所以

$$P(T=n) = \sum_{m=\lceil \frac{n-\delta}{\delta} \rceil}^{n-\delta} (1-p)^{n-m} p^m \sum_{\substack{1 \leqslant x_i \leqslant \delta, i=1,2,\cdots,m \\ x_1+x_2+\cdots+x_m=n-\delta}} 1. \quad (4.2.10)$$

由推论 1.1.10 式 (1.1.27) 得：当 $m \leqslant n - \delta \leqslant m\delta$ 时

$$\sum_{\substack{1 \leqslant x_i \leqslant \delta, i=1,2,\cdots,m \\ x_1+x_2 1+\cdots+x_m=n-\delta}} 1 = \sum_{i=0}^{m} (-1)^i \binom{m}{i} \binom{n-\delta-1-\delta i}{m-1}_+,$$

代入式 (4.2.10) 得

$$P(T=n) = \sum_{m=\lceil \frac{n-\delta}{\delta} \rceil}^{n-\delta} p^m (1-p)^{n-m} \sum_{i=0}^{m} (-1)^i \binom{m}{i} \binom{n-\delta-\delta i-1}{m-1}_+. \quad (4.2.11)$$

若在式 (4.2.11) 中等号右端取 $n = \delta$，此时仅有 $m = 0$，则等式 (4.2.11) 右端

$$\sum_{m=\lceil \frac{n-\delta}{\delta} \rceil}^{n-\delta} p^m (1-p)^{n-m} \sum_{i=0}^{m} (-1)^i \binom{m}{i} \binom{n-\delta-\delta i-1}{m-1}_+$$

$$= (1-p)^{\delta} \binom{-1}{-1}_+,$$

由定义 1.1.3 得 $\binom{-1}{-1}_+ = 1$，所以此时等式 (4.2.11) 右端

$$\sum_{m=\lceil \frac{n-\delta}{\delta} \rceil}^{n-\delta} p^m (1-p)^{n-m} \sum_{i=0}^{m} (-1)^i \binom{m}{i} \binom{n-\delta-\delta i-1}{m-1}_+$$

$$= (1-p)^\delta = P(T=\delta),$$

与式 (4.2.4) 结果相同, 即式 (4.2.11) 也包含了 $T = \delta$ 情形.

定理得证. ∎

注意到当 $m > 1$ 且 $n - (1+i)\delta - 1 < m - 1$, 即 $i > \dfrac{n-m}{\delta} - 1$ 时

$$\binom{n-(1+i)\delta-1}{m-1}_+ = 0,$$

所以, 由定理 4.2.2 可得推论 4.2.2.

推论 4.2.2 SM$\{[\mathbf{BP}(p)], \mathrm{CD}(\delta)\}$ 的系统寿命分布为: 对 $n = 2\delta + 1, 2\delta + 2, \cdots$,

$$P(T=n) = \sum_{m=\lceil \frac{n-\delta}{\delta} \rceil}^{n-\delta} p^m(1-p)^{n-m} \sum_{i=0}^{\lfloor \frac{n-m}{\delta} \rfloor - 1} (-1)^i \binom{m}{i}\binom{n-(1+i)\delta-1}{m-1}, \tag{4.2.12}$$

其中, $\left\lceil \dfrac{n-\delta}{\delta} \right\rceil$ 表示不小于 $\dfrac{n-\delta}{\delta}$ 的最小整数, $\left\lfloor \dfrac{n-m}{\delta} \right\rfloor$ 表示不大于 $\dfrac{n-m}{\delta}$ 的最大整数.

4.2.4 系统寿命的概率母函数

定理 4.2.3 [134,146] 设 $T \sim \mathrm{SM}\{[\mathbf{BP}(p)], \mathrm{CD}(\delta)\}$, 则系统寿命 T 的概率母函数为

$$\psi_T(t) = \frac{(1-tq)t^\delta q^\delta}{1-t+t^{\delta+1}pq^\delta}, \quad -1 \leqslant t \leqslant 1, \tag{4.2.13}$$

其中, $q = 1 - p$.

证明 系统寿命 T 的概率母函数为

$$\psi_T(t) = E(t^T) = t^\delta E(t^{Z_0+Z_1+\cdots+Z_M}), \tag{4.2.14}$$

其中 $Z_0 \equiv 0$. 取条件 M 得

$$E(t^{Z_0+Z_1+\cdots+Z_M}) = P(M=0) + \sum_{n=1}^{\infty} E(t^{Z_1}t^{Z_2}\cdots t^{Z_n}|M=n)P(M=n),$$

由 M 的定义以及 $Z_i, i = 1, 2, \cdots$ 的独立同分布性可得

$$E(t^{Z_0+Z_1+\cdots+Z_M}) = P(M=0) + \sum_{n=1}^{\infty} \left[E(t^{Z_1}|Z_1 \leqslant \delta)\right]^n P(M=n)$$

$$= \sum_{n=0}^{\infty} \left[E(t^{Z_1} | Z_1 \leqslant \delta) \right]^n P(M = n). \qquad (4.2.15)$$

记 $q = 1 - p$. 注意到 $E(t^{Z_1} | Z_1 \leqslant \delta)$ 恰为 Z_1 在点 δ 处的右截尾分布的概率母函数, 而 $Z_1 \sim \text{PG}(p)$, 所以将右截尾正值几何分布概率母函数 (式 (1.3.38)) 及 SM$\{[\mathbf{BP}(p)], \text{CD}(\delta)\}$ 的系统冲击度 (式 (4.2.2)) 代入式 (4.2.15) 得当 $t \neq \dfrac{1}{1-p}$ 时

$$E(t^{Z_0 + Z_1 + \cdots + Z_M}) = \sum_{n=0}^{\infty} \left[\frac{pt}{1-q^\delta} \frac{1-(tq)^\delta}{1-tq} \right]^n (1-q^\delta)^n q^\delta = q^\delta \sum_{n=0}^{\infty} \left[\frac{pt(1-(tq)^\delta)}{1-tq} \right]^n,$$

易得当 $-1 \leqslant t \leqslant 1$ 时, $\left| \dfrac{pt\left[1-(qt)^\delta\right]}{1-qt} \right| < 1$, 级数 $\sum_{n=0}^{\infty} \left[\dfrac{pt(1-(tq)^\delta)}{1-tq} \right]^n$ 收敛, 所以此时有

$$E(t^{Z_0 + Z_1 + \cdots + Z_M}) = \frac{(1-tq)q^\delta}{1-t+t^{\delta+1}pq^\delta}. \qquad (4.2.16)$$

将式 (4.2.16) 代入式 (4.2.14) 定理得证. ∎

4.2.5 系统的平均寿命

以下关于系统寿命的期望与方差参见文献 [104] 与 [134].

定理 4.2.4 设 $T \sim \text{SM}\{[\mathbf{BP}(p)], \text{CD}(\delta)\}$, 则系统失效前的平均寿命为

$$\text{MTTF} = \frac{1-(1-p)^\delta}{p(1-p)^\delta}. \qquad (4.2.17)$$

证明 设 $-1 \leqslant t \leqslant 1$, 对母函数 $\psi_T(t)$ 计算导数得

$$\psi_T'(t) = \frac{\delta q^\delta t^{\delta-1} - (\delta + q + \delta q - 1)q^\delta t^\delta + \delta q^{\delta+1} t^{\delta+1} - pq^{2\delta} t^{2\delta}}{(1-t+pq^\delta t^{\delta+1})^2},$$

其中 $q = 1-p$, 由 $E[T] = \psi_T'(1)$ 推论得证. ∎

式 (4.2.17) 有几种变形, 例如

$$\text{MTTF} = \frac{1}{p(1-p)^\delta} - \frac{1}{p} = \frac{1}{(1-p)^\delta} + \frac{1}{p(1-p)^{\delta-1}} - \frac{1}{p}.$$

推论 4.2.3 设 $T \sim \text{SM}\{[\mathbf{BP}(p)], \text{CD}(\delta)\}$, 则系统寿命 T 的方差为

$$\text{Var}(T) = \frac{1}{p} - \frac{1}{p^2} + \frac{1}{p^2(1-p)^{2\delta}} - \frac{1+2\delta}{p(1-p)^\delta}.$$

证明 T 的方差可用概率生成函数表示为 [22]217

$$\mathrm{Var}(T) = \psi''(1) + \psi'(1) - [\psi'(1)]^2, \tag{4.2.18}$$

对 $\psi(z)$ 求 $z=1$ 处的二阶导数得

$$\psi''(1) = \frac{2\left[p(1-p)^{2\delta} - (1-p)^\delta(\delta p + p + 1) + 1\right]}{p^2(1-p)^{2\delta}}. \tag{4.2.19}$$

将式 (4.2.17)、式 (4.2.19) 代入式 (4.2.18) 整理得

$$\mathrm{Var}(T) = \frac{1}{p} - \frac{1}{p^2} + \frac{1}{p^2(1-p)^{2\delta}} - \frac{1+2\delta}{p(1-p)^\delta}.$$

推论得证. ∎

4.3 离散时间更新截断 δ 冲击模型

4.2 节的伯努利截断 δ 冲击模型的冲击过程是一类具体的基础过程, 本节扩展研究冲击过程是一般离散时间更新点过程情形的截断 δ 冲击模型, 伯努利截断 δ 冲击模型是本节模型的一个特例.

4.3.1 离散时间更新截断 δ 冲击模型的定义

在离散时间开型截断 δ 冲击模型中, 如果冲击按照某种离散时间更新链到达, 则该冲击模型称为离散时间更新截断 δ 冲击模型. 下面给出离散时间更新截断 δ 冲击模型的三个等价定义.

定义 4.3.1 设点过程 $\boldsymbol{\Psi}$ 是一个离散时间更新点过程, 即 $\boldsymbol{\Psi} \sim [\mathbf{RNDP}(\{p_k\})]$, 则称 SM$\{\boldsymbol{\Psi}; \mathrm{CD}(\delta)\}$ 是冲击间隔分布列为 $\{p_k\}$、失效参数为 δ 的离散时间更新截断 δ 冲击模型, 记作 SM$\{[\mathbf{RNDP}(\{p_k\})], \mathrm{CD}(\delta)\}$.

定义 4.3.2 设点过程 $[\mathbf{RNDP}(\{p_k\})]$ 的点距序列为 $\{Z_n, n=1,2,\cdots\}$, 给定正整数 δ, 记

$$M = \inf\{n \mid Z_{n+1} > \delta, n = 0, 1, \cdots\}$$

及

$$T = \begin{cases} \delta, & M = 0, \\ \sum_{i=1}^{M} Z_i + \delta, & M > 0, \end{cases} \tag{4.3.1}$$

其中, $\inf \varnothing = \infty$, 则称该模型是冲击间隔分布列为 $\{p_k\}$、失效参数为 δ 的离散时间更新截断 δ 冲击模型, 记作 SM$\{[\mathbf{RNDP}(\{p_k\})], \mathrm{CD}(\delta)\}$.

定义 4.3.3 设冲击按照一个离散时间更新链到达,如果相距上次冲击后,时间达到 δ 单位长还没有新冲击到达,系统就失效,则称这样的系统为离散时间更新截断 δ 冲击模型.

通常 $\{p_k\}$ 也称为冲击参数.

考虑一个 SM$\{[\mathbf{RNDP}(\{p_k\})],\mathrm{CD}(\delta)\}$,以下若不特殊说明,其点距序列都用 $\{Z_n, n=1,2,\cdots\}$ 表示. 设 $F(k)$ 和 $\overline{F}(k)$ 分别是分布列 $\{p_k\}$ 对应的分布函数和生存函数. 则对 $\forall k=0,1,2,\cdots$,有

$$F(k)=\sum_{i=1}^{k}p_i \quad 与 \quad \overline{F}(k)=\sum_{i=k+1}^{\infty}p_i.$$

由 $[\mathbf{RNDP}(\{p_k\})]$ 的性质,$Z_1,Z_2,\cdots$ 相互独立同分布,且对 $n=1,2,\cdots$,

$$p_k=P(X_n=k), \quad k=0,1,2,\cdots, \quad 且 \quad \sum_{k=0}^{\infty}p_k=1.$$

我们不考虑 $p_0\equiv 1$ 的平凡情形 ($p_0\equiv 1$ 意味着所有的冲击都在 0 点发生). 此外,同连续时间更新截断 δ 冲击模型类似,假设 $0<\sum_{k=0}^{\delta}p_k<1$ (即不考虑平凡情形,也就是不考虑 $\sum_{k=0}^{\delta}p_k=0$ 和 $\sum_{k=0}^{\delta}p_k=1$ 的情形. 如果 $\sum_{k=0}^{\delta}p_k=0$,则系统必然在 δ 时刻处失效. 而如果 $\sum_{k=0}^{\delta}p_k=1$,则系统永远不会失效了).

4.3.2 失效前总冲击次数

易得,失效前总冲击次数 M 服从参数为 $\overline{F}(\delta)=\sum_{k=\delta+1}^{\infty}p_k$ 的非负值几何分布.

定理 4.3.1 SM$\{[\mathbf{RNDP}(\{p_k\})],\mathrm{CD}(\delta)\}$ 的系统冲击度为

$$D(n)=(F(\delta))^n(\overline{F}(\delta)), \quad n=0,1,2,\cdots. \tag{4.3.2}$$

证明 由式 (2.3.7) 和 (2.3.8) 得: 对 $n=0,1,2,\cdots$,

$$\{M=n\}\Leftrightarrow\{Z_0\leqslant\delta,Z_1\leqslant\delta,\cdots,Z_n\leqslant\delta,Z_{n+1}>\delta\},$$

其中 $Z_0\equiv 0$.

由于 $[\mathbf{RNDP}(p_k)]$ 中 $Z_1,Z_2,\cdots$ 独立同分布,所以

4.3 离散时间更新截断 δ 冲击模型

$$P\{Z_0 \leqslant \delta, Z_1 \leqslant \delta, \cdots, Z_n \leqslant \delta, Z_{n+1} > \delta\} = \prod_{i=0}^{n} P(Z_i \leqslant \delta) P(Z_{n+1} > \delta)$$

结论可得. ∎

由非负值几何分布的期望, 立得系统失效前的平均冲击次数.

定理 4.3.2 SM{[**RNDP**({p_k})], CD(δ)} 的系统平均冲击度为

$$\text{MNBF} = \frac{F(\delta)}{\overline{F}(\delta)}.$$

4.3.3 系统的寿命分布

下面研究系统寿命 T 的概率分布. 注意如果 $p_0 > 0$, 则 SM{[**RNDP**({p_k})], CD(δ)}, 就是一个可以有冲击重点的情形. 先看一种平凡情形, 即当 $\delta = 1$ 时的情形.

定理 4.3.3[116] 设 $p_0 < 1$, $T \sim$ SM{[**RNDP**({p_k})], CD(1)}, 则

$$\text{SM}\{[\textbf{RNDP}(\{p_k\})], \text{CD}(1)\}$$

的系统寿命分布为

$$P(T = m) = \frac{p_1^{m-1}(1 - p_0 - p_1)}{(1 - p_0)^m}, \quad m = 1, 2, \cdots,$$

其中, 规定 $0^0 = 1$.

证明 先考虑 $m = 1$ 情形. 因为

$$P(T = m) = P(T = 1) = P(Z_1 > 1)$$
$$+ \sum_{n=1}^{\infty} P(Z_1 = 0, Z_2 = 0, \cdots, Z_n = 0, Z_{n+1} > 1),$$

而 $Z_1, Z_2, \cdots$ 相互独立同分布

$$\sum_{n=1}^{\infty} P(Z_1 = 0, Z_2 = 0, \cdots, Z_n = 0, Z_{n+1} > 1) = P(Z_1 > 1) \sum_{n=1}^{\infty} p_0^n = \overline{F}(1) \frac{p_0}{1 - p_0},$$

其中 $\overline{F}(1) = P(Z_1 > 1) = 1 - p_0 - p_1$, 所以

$$P(T = 1) = P(Z_1 > 1) + \overline{F}(1) \frac{p_0}{1 - p_0} = \overline{F}(1) \left[1 + \frac{p_0}{1 - p_0}\right] = \frac{\overline{F}(1)}{1 - p_0} = 1 - \frac{p_1}{1 - p_0}.$$

当 $m > 1$ 时, 注意到

$$\{T = m\} \Leftrightarrow \{\exists n \geqslant 1, Z_1 + Z_2 + \cdots + Z_n$$

$$= m-1, Z_1 \leqslant 1, Z_2 \leqslant 1, \cdots, Z_n \leqslant 1, Z_{n+1} > 1\},$$

并且
$$\{Z_1 \leqslant 1, Z_2 \leqslant 1, \cdots, Z_n \leqslant 1\} \subset \{Z_1 + Z_2 + \cdots + Z_n \leqslant n\},$$
所以如果 $\{Z_1 + Z_2 + \cdots + Z_n = m-1\}$ 成立, 则必有 $m-1 \leqslant n$, 因此

$$P(T=m) = \overline{F}(1) \sum_{n=m-1}^{\infty} \sum_{\substack{x_1+x_2+\cdots+x_n=m-1 \\ x_i=0\text{或}1, i=1,2,\cdots,n}} P(Z_1=x_1, Z_2=x_2, \cdots, Z_n=x_n). \tag{4.3.3}$$

由于 $\sum\limits_{\substack{x_1+x_2+\cdots+x_n=m-1 \\ x_i=0\text{或}1, i=1,2,\cdots,n}} P(Z_1=x_1, Z_2=x_2, \cdots, Z_n=x_n)$ 表示 "从 $Z_1, Z_2, \cdots,$ Z_n 中选中 $m-1$ 个 Z_i 令其值为 1, 剩余 $n-m+1$ 个 Z_i 取值为 0" 的所有可能事件概率相加, 并且 $Z_i, i=1,2,\cdots,n$ 是独立同分布的, 因此

$$\sum_{\substack{x_1+x_2+\cdots+x_n=m-1 \\ x_i=0\text{或}1, i=1,2,\cdots,n}} P(Z_1=x_1, Z_2=x_2, \cdots, Z_n=x_n) = \binom{n}{m-1} p_1^{m-1} p_0^{n-m+1}. \tag{4.3.4}$$

将式 (4.3.4) 代入式 (4.3.3) 即有

$$P(T=m) = \overline{F}(1) p_1^{m-1} \sum_{n=m-1}^{\infty} \binom{n}{m-1} p_0^{n-m+1}. \tag{4.3.5}$$

为计算 $\sum\limits_{n=m-1}^{\infty} \binom{n}{m-1} p_0^{n-m+1}$, 考察参数为 $m-1$ 和 $1-p_0$ 的正值负二项分布 $\mathrm{PPa}(m-1, 1-p_0)$ 的期望 (正值负二项分布的分布列见附表 12, 正值负二项分布的期望见附表 6), $\mathrm{PPa}(m-1, 1-p_0)$ 的分布列和期望分别为

$$\binom{n-1}{(m-1)-1}(1-p_0)^{m-1} p_0^{n-(m-1)}, \quad n=m-1, m, \cdots \quad \text{和} \quad \frac{m-1}{1-p_0},$$

所以有恒等式

$$\sum_{n=m-1}^{\infty} n \binom{n-1}{(m-1)-1}(1-p_0)^{m-1} p_0^{n-(m-1)} = \frac{m-1}{1-p_0}.$$

4.3 离散时间更新截断 δ 冲击模型

再由定理 1.1.4 得 $n \binom{n-1}{(m-1)-1} = (m-1)\binom{n}{m-1}$, 所以

$$\sum_{n=m-1}^{\infty} (m-1)\binom{n}{m-1}(1-p_0)^{m-1}p_0^{n-(m-1)} = \frac{m-1}{1-p_0},$$

即

$$\sum_{n=m-1}^{\infty} \binom{n}{m-1} p_0^{n-(m-1)} = \frac{1}{(1-p_0)^m}. \tag{4.3.6}$$

将式 (4.3.6) 代入式 (4.3.5) 得

$$P(T=m) = \frac{p_1^{m-1}}{(1-p_0)^m}\overline{F}(1) = \frac{p_1^{m-1}}{(1-p_0)^m}(1-p_0-p_1). \tag{4.3.7}$$

显然, 式 (4.3.7) 对 $m=1$ 的情形也成立. 定理得证. ∎

定理 4.3.3 表明, SM{[**RNDP**($\{p_k\}$)], CD(1)} 系统寿命的分布完全由 p_0 和 p_1 决定. 由定理 4.3.3 易得推论 4.3.1.

推论 4.3.1[116] 设 $T \sim \text{SM}\{[\textbf{RNDP}(\{p_k\})], \text{CD}(1)\}$, 如果 $p_0 = p_1 = 0$, 则 $P(T=1) = 1$.

直观上亦可知推论 4.3.1 成立.

对任意的失效临界值 δ 的情形, 有下面定理 4.3.4.

定理 4.3.4[116] 设 $p_0 < 1$, $T \sim \text{SM}\{[\textbf{RNDP}(\{p_k\})], \text{CD}(\delta)\}$, 则系统寿命 T 的分布列为

$$P(T=m) = \overline{F}(\delta)\sum_{i=\lceil\frac{m-\delta}{\delta}\rceil}^{\infty}\sum_{\substack{k_0+k_1+\cdots+k_i=m-\delta \\ 0\leqslant k_l\leqslant \delta, l=0,1,\cdots,i}} p_{k_0}p_{k_1}\cdots p_{k_i}, \quad m=\delta,\delta+1,\cdots, \tag{4.3.8}$$

其中, 常量 $p_{k_0} \equiv 1$, 常量 $k_0 \equiv 0$, 常量 p_{k_0} 不表示 p_0, $\left\lceil\dfrac{m-\delta}{\delta}\right\rceil$ 表示不小于 $\dfrac{m-\delta}{\delta}$ 的最小整数, 规定 $\sum_{\varnothing} = 0$, $\varnothing$ 表示空集.

证明 记常量 $Z_0 \equiv 0$, 由寿命 T 的定义,

$$P(T=m) = P\left(\sum_{n=0}^{M} Z_n = m - \delta\right). \tag{4.3.9}$$

显然, 若 $m < \delta$, 则 $P(T=m) = 0$, 此实质为可靠度的一致下界性.

假设 $m = \delta$, 则由式 (4.3.9), 取条件 M 得

$$P(T = m) = P(T = \delta) = P\left(\sum_{n=0}^{M} Z_n = 0\right) = \sum_{i=0}^{\infty} P\left(\sum_{n=0}^{i} Z_n = 0, M = i\right).$$

因为事件 $\left\{\sum_{n=0}^{i} Z_n = 0, M = i\right\}$ 发生等价于 $\{Z_0 = 0, Z_1 = 0, \cdots, Z_i = 0, Z_{i+1} > \delta\}$ 发生, 所以

$$P(T = \delta) = P(Z_1 > \delta) + \sum_{i=1}^{\infty} P(Z_1 = 0, Z_2 = 0, \cdots, Z_i = 0, Z_{i+1} > \delta), \quad (4.3.10)$$

由独立性

$$P(Z_1 = 0, Z_2 = 0, \cdots, Z_i = 0, Z_{i+1} > \delta) = p_0^i \overline{F}(\delta),$$

代入式 (4.3.10) 得

$$P(T = \delta) = \overline{F}(\delta)\left[1 + \sum_{i=1}^{\infty} p_0^i\right] = \overline{F}(\delta)\left[1 + \frac{p_0}{1 - p_0}\right] = \frac{\overline{F}(\delta)}{1 - p_0}. \quad (4.3.11)$$

现考虑 $m > \delta$, 即 $m = \delta + 1, \delta + 2, \cdots$, 此时系统失效前至少有一次冲击, 即 $M \geqslant 1$, 所以类似讨论得

$$P(T = m) = \sum_{i=1}^{\infty} P\left(\sum_{n=1}^{i} Z_n = m - \delta, M = i\right)$$

$$= \overline{F}(\delta) \sum_{i=1}^{\infty} P\left(\sum_{n=1}^{i} Z_n = m - \delta, Z_1 \leqslant \delta, Z_2 \leqslant \delta, \cdots, Z_i \leqslant \delta\right).$$

若 $Z_1 \leqslant \delta, Z_2 \leqslant \delta, \cdots, Z_i \leqslant \delta$, 则有 $Z_1 + Z_2 + \cdots + Z_i \leqslant i\delta$, 所以当 $m - \delta > i\delta$ 时事件 $\left\{\sum_{n=1}^{i} Z_n = m - \delta, Z_1 \leqslant \delta, Z_2 \leqslant \delta, \cdots, Z_i \leqslant \delta\right\}$ 不可能发生, 所以必须满足 $m - \delta \leqslant i\delta$, 即 $i \geqslant \left\lceil \dfrac{m - \delta}{\delta} \right\rceil$, 注意此时因为 $m = \delta + 1, \delta + 2, \cdots$, $\left\lceil \dfrac{m - \delta}{\delta} \right\rceil \geqslant 1$. 又由于

$$P\left(\sum_{n=1}^{i} Z_n = m - \delta, Z_1 \leqslant \delta, \cdots, Z_i \leqslant \delta\right)$$

4.3 离散时间更新截断 δ 冲击模型

$$= \sum_{\substack{k_1+k_2+\cdots+k_i=m-\delta \\ k_l \leqslant \delta, l=1,2,\cdots,i}} P(Z_1=k_1, Z_2=k_2, \cdots, Z_i=k_i),$$

所以

$$P(T=m) = \overline{F}(\delta) \sum_{i=\lceil \frac{m-\delta}{\delta} \rceil}^{\infty} \sum_{\substack{k_1+k_2+\cdots+k_i=m-\delta \\ 0 \leqslant k_l \leqslant \delta, l=1,2,\cdots,i}} p_{k_1} p_{k_2} \cdots p_{k_i}. \tag{4.3.12}$$

为了从形式上能把式 (4.3.12) 与式 (4.3.11) 统一表示, 我们记常量 $p_{k_0} \equiv 1$, 常量 $k_0 \equiv 0$ (p_{k_0} 仅是一种记号, 与 p_0 不同), 则式 (4.3.12) 可等价表示为

$$P(T=m) = \overline{F}(\delta) \sum_{i=\lceil \frac{m-\delta}{\delta} \rceil}^{\infty} \sum_{\substack{k_0+k_1+\cdots+k_i=m-\delta \\ 0 \leqslant k_l \leqslant \delta, l=0,1,\cdots,i}} p_{k_0} p_{k_1} \cdots p_{k_i}. \tag{4.3.13}$$

注意不要将符号 p_{k_0} 与 p_0 混淆, 即不能将 p_{k_0} 替换为 p_0.

现在考察式 (4.3.13) 等号右端表达式, 若 $m=\delta$, 则式 (4.3.13) 等号右端表达式变为

$$\overline{F}(\delta) \sum_{i=0}^{\infty} \sum_{\substack{k_0+k_1+\cdots+k_i=0 \\ 0 \leqslant k_l \leqslant \delta, l=0,1,\cdots,i}} p_{k_0} p_{k_1} \cdots p_{k_i} = \overline{F}(\delta) \left[1 + \sum_{i=1}^{\infty} \sum_{k_1=k_2=\cdots=k_i=0} p_{k_1} p_{k_2} \cdots p_{k_i} \right]$$

$$= \overline{F}(\delta) \left[1 + \sum_{i=1}^{\infty} p_0^i \right] = \overline{F}(\delta) \sum_{i=0}^{\infty} p_0^i = \frac{\overline{F}(\delta)}{1-p_0},$$

与式 (4.3.11) 结果相同, 则式 (4.3.13) 包含了 $P(T=\delta)$ 情形.

定理得证. ∎

由定理 4.3.4 可得, SM{[**RNDP**({p_k})], CD(δ)} 的寿命分布只与 $p_0, p_1, \cdots, p_\delta$ 有关, 即得如下结论.

推论 4.3.2[116] 失效参数为 δ 的离散时间更新截断 δ 冲击模型的系统寿命分布完全由冲击间隔分布的前 δ 个值的概率决定.

在前面的讨论中, 并没有强调冲击点有无重点. 换句话说, 定理 4.3.4 仅要求 $p_0 < 1$, 所以可能 $p_0 > 0$, 由于 $p_0 > 0$ 表示冲击间隔为 0 有正概率, 这意味着相邻冲击有可能会在同一时刻发生, 同一个冲击点有可能有多个冲击发生. 下面专门讨论没有重点的情形, 即令 $p_0 = 0$.

推论 4.3.3[116] 设 $T \sim$ SM{[**RNDP**({p_k})], CD(δ)}, 其中 $p_0 = 0$, 则系统寿

命分布为

$$P(T=m) = \begin{cases} \overline{F}(\delta), & m = \delta, \\ \overline{F}(\delta) \sum_{i=\lceil \frac{m-\delta}{\delta} \rceil}^{m-\delta} \sum_{\substack{k_1+k_2+\cdots+k_i=m-\delta \\ 1 \leqslant k_l \leqslant \delta, l=1,2,\cdots,i}} p_{k_1} p_{k_2} \cdots p_{k_i}, & m = \delta+1, \delta+2, \cdots, \end{cases}$$
(4.3.14)

其中, $\left\lceil \dfrac{m-\delta}{\delta} \right\rceil$ 表示不小于 $\dfrac{m-\delta}{\delta}$ 的最小整数, 规定 $\sum\limits_{\varnothing} = 0$, $\varnothing$ 表示空集.

证明 先考虑 $m = \delta$, 因为无重点, 由式 (2.3.5), $\{T = m = \delta\} \Leftrightarrow \{Z_1 > \delta\}$, 所以

$$P\{T = \delta\} = P\{Z_1 > \delta\} = \overline{F}(\delta).$$

设 $m = \delta+1, \delta+2, \cdots$, 考虑式 (4.3.8), 因为 $p_0 = 0$, 所以和式中 k_l 的范围变为 $1 \leqslant k_l \leqslant \delta$, 且由式 (4.1.3) 无重点的系统寿命表达式和号上界变为 $m-\delta$, 因此有

$$P(T=m) = \overline{F}(\delta) \sum_{i=\lceil \frac{m-\delta}{\delta} \rceil}^{m-\delta} \sum_{\substack{k_1+k_2+\cdots+k_i=m-\delta \\ 1 \leqslant k_l \leqslant \delta, l=1,2,\cdots,i}} p_{k_1} p_{k_2} \cdots p_{k_i},$$

即推论得证. ∎

考察式 (4.3.8), 若对任意 $i = 1, 2, \cdots$, 联合分布列 $p_{k_1} p_{k_2} \cdots p_{k_i}$ 可写成 $k_1, k_2, \cdots, k_i$ 和的函数, 即存在 $g(x,y) \geqslant 0$, 使得

$$\prod_{l=1}^{i} p_{k_l} = g\left(i, \sum_{l=1}^{i} k_l\right),$$

则

$$\sum_{\substack{k_1+k_2+\cdots+k_i=m-\delta \\ 0 \leqslant k_l \leqslant \delta, l=1,2,\cdots,i}} p_{k_1} p_{k_2} \cdots p_{k_i} = g(i, m-\delta) \sum_{\substack{k_1+k_2+\cdots+k_i=m-\delta \\ 0 \leqslant k_l \leqslant \delta, l=1,2,\cdots,i}} 1, \qquad (4.3.15)$$

而由推论 1.1.9 式 (1.1.25) 得: 当 $m - \delta \leqslant i\delta$ 时

$$\sum_{\substack{k_1+k_2+\cdots+k_i=m-\delta \\ 0 \leqslant k_l \leqslant \delta, l=1,2,\cdots,i}} 1 = \sum_{l=0}^{i} (-1)^l \binom{i}{l} \binom{m-\delta-(\delta+1)l+i-1}{i-1}_+, \qquad (4.3.16)$$

将式 (4.3.16) 代入式 (4.3.15), 再代入式 (4.3.8), 可得定理 4.3.5.

4.3 离散时间更新截断 δ 冲击模型

定理 4.3.5[116] 设 $T \sim \mathrm{SM}\{[\mathbf{RNDP}(\{p_k\})], \mathrm{CD}(\delta)\}$, $p_0 < 1$, 若存在 $g(x,y) \geqslant 0$, 使得对 $\forall i = 1, 2, \cdots$ 及 $k_l = 0, 1, 2, \cdots$, 其中 $l = 1, 2, \cdots, i$, 满足 $\prod\limits_{l=1}^{i} p_{k_l} = g\left(i, \sum\limits_{l=1}^{i} k_l\right)$, 则对整数 $m > \delta$, 有

$$P(T = m)$$
$$= \overline{F}(\delta) \sum_{i=\lceil \frac{m-\delta}{\delta} \rceil}^{\infty} g(i, m-\delta) \sum_{l=0}^{i} (-1)^l \binom{i}{l} \binom{m-\delta-(\delta+1)l+i-1}{i-1}_{+}. \tag{4.3.17}$$

由定理 4.3.5 可容易地得到有重点伯努利截断 δ 冲击模型的寿命分布 (推论 4.3.4).

推论 4.3.4[145] $\mathrm{SM}\{[\mathbf{RNDP}(\mathrm{NG}(p))], \mathrm{CD}(\delta)\}$ 的寿命分布为: 对 $m = \delta + 1, \delta + 2, \cdots$,

$$P(T = m) = (1-p)^{m+1} \sum_{i=\lceil \frac{m-\delta}{\delta} \rceil}^{\infty} p^i \sum_{l=0}^{i} (-1)^l \binom{i}{l} \binom{m-\delta-(\delta+1)l+i-1}{i-1}_{+}. \tag{4.3.18}$$

证明 在 $[\mathbf{RNDP}(\mathrm{NG}(p))]$ 中, 因为对 $\forall n = 1, 2, \cdots$,

$$p_k \triangleq P(Z_n = k) = p(1-p)^k, \quad k = 0, 1, 2, \cdots,$$

则有对 $\forall i = 1, 2, \cdots$ 及 $k_l = 0, 1, 2, \cdots$, 其中 $l = 1, 2, \cdots, i$, 有

$$\prod_{l=1}^{i} p_{k_l} = \prod_{l=1}^{i} p(1-p)^{k_l} = p^i (1-p)^{k_1+k_2+\cdots+k_i} \triangleq g\left(i, \sum_{l=1}^{i} k_l\right).$$

另由附表 10 得非负值几何分布 NG(p) 的生存函数为

$$\overline{F}(\delta) = (1-p)^{\delta+1}. \tag{4.3.19}$$

将 $g(x,y) \triangleq p^x(1-p)^y$ 与式 (4.3.19) 代入式 (4.3.17) 得式 (4.3.18) 成立. ∎

类似由推论 1.1.10 及推论 4.3.3 可得定理 4.3.6.

定理 4.3.6[116] 设 $T \sim \mathrm{SM}\{[\mathbf{RNDP}(\{p_k\})], \mathrm{CD}(\delta)\}$, $p_0 = 0$, 若存在 $g(x,y) \geqslant 0$, 使得对 $\forall i = 1, 2, \cdots$ 及 $k_l = 1, 2, \cdots$, 其中 $l = 1, 2, \cdots, i$, 满足 $\prod\limits_{l=1}^{i} p_{k_l} =$

$g\left(i,\sum_{l=1}^{i}k_l\right)$，则对整数 $m>\delta$，有

$$P(T=m)=\overline{F}(\delta)\sum_{i=\lceil\frac{m-\delta}{\delta}\rceil}^{m-\delta}g(i,m-\delta)\sum_{l=0}^{i}(-1)^l\binom{i}{l}\binom{m-\delta-\delta l-1}{i-1}_+.$$
(4.3.20)

作为定理 4.3.6 的一个应用，我们考察冲击间隔为正值几何分布与离散型均匀分布的模型.

在 $\text{SM}\{[\mathbf{BP}(p)],\text{CD}(\delta)\}$ 中，因为对 $\forall n=1,2,\cdots$，

$$p_k\triangleq P(Z_n=k)=p(1-p)^{k-1},\quad k=1,2,\cdots,$$

所以，若记 $\lambda=\dfrac{p}{1-p}$，则对 $\forall i=1,2,\cdots$ 及 $k_l=1,2,\cdots$，其中 $l=1,2,\cdots,i$，有

$$\prod_{l=1}^{i}p_{k_l}=\prod_{l=1}^{i}p(1-p)^{k_l-1}=\lambda^i(1-p)^{k_1+k_2+\cdots+k_i}\triangleq g\left(i,\sum_{l=1}^{i}k_l\right).$$

由附表 10 得正值几何分布的生存函数为

$$\overline{F}(\delta)=\sum_{k=\delta+1}^{\infty}p(1-p)^{k-1}=(1-p)^{\delta}. \tag{4.3.21}$$

将 $g(x,y)\triangleq\lambda^x(1-p)^y$ 与式 (4.3.21) 代入式 (4.3.20) 得

$$P(T=m)=(1-p)^m\sum_{i=\lceil\frac{m-\delta}{\delta}\rceil}^{m-\delta}\lambda^i\sum_{l=0}^{i}(-1)^l\binom{i}{l}\binom{m-\delta-\delta l-1}{i-1}_+,\quad m>\delta.$$

比较可知，结果与定理 4.2.2 的式 (4.2.3) 相同.

推论 4.3.5[124]　设正整数 $n>2,\delta=2,3,\cdots,n-1$，则 $\text{SM}\{[\mathbf{RNDP}(\text{DU}(n))],\text{CD}(\delta)\}$ 的寿命分布为：对 $m=\delta+1,\delta+2,\cdots$，

$$P(T=m)=\left(1-\frac{\delta}{n}\right)\sum_{i=\lceil\frac{m-\delta}{\delta}\rceil}^{m-\delta}\frac{1}{n^i}\sum_{l=0}^{i}(-1)^l\binom{i}{l}\binom{m-\delta-\delta l-1}{i-1}_+.$$

证明　对 $\forall i=1,2,\cdots$ 及 $k_l=1,2,\cdots,n,\ l=1,2,\cdots,i$，由离散均匀分布 $\text{DU}(n)$ 的分布列 (见附表 12) 得

$$\prod_{l=1}^{i}p_{k_l}=\prod_{l=1}^{i}\frac{1}{n}=\frac{1}{n^i}\triangleq g\left(i,\sum_{l=1}^{i}k_l\right), \tag{4.3.22}$$

4.3 离散时间更新截断 δ 冲击模型

而离散均匀分布在 δ 处的生存函数 (见附表 10) 为

$$\overline{F}(\delta) = 1 - \frac{\delta}{n}, \tag{4.3.23}$$

将 $g(x,y) \triangleq n^{-x}$ 与式 (4.3.23) 代入式 (4.3.20) 得

$$P(T=m) = \left(1 - \frac{\delta}{n}\right) \sum_{i=\lceil \frac{m-\delta}{\delta} \rceil}^{m-\delta} \frac{1}{n^i} \sum_{l=0}^{i} (-1)^l \binom{i}{l} \binom{m-\delta-\delta l - 1}{i-1}_+ . \blacksquare$$

4.3.4 系统的平均寿命

定理 4.3.7[116] 设 $T \sim \text{SM}\{[\mathbf{RNDP}(\{p_k\})], \text{CD}(\delta)\}$, 若 $E[T] < \infty$, 则

$$E[T] = \frac{\sum_{k=1}^{\delta} k p_k}{\overline{F}(\delta)} + \delta. \tag{4.3.24}$$

证明 对 $E[T]$ 取条件首次冲击间隔 Z_1, 有

$$E[T] = E[E[T|Z_1]] = \sum_{m=0}^{\delta} E[T|Z_1=m]p_m + \sum_{m=\delta+1}^{\infty} E[T|Z_1=m]p_m. \tag{4.3.25}$$

对于 $m = \delta+1, \delta+2, \cdots$, $Z_1 = m$ 意味着系统直到 δ 还没有冲击发生, 所以此时有 $T = \delta$, 即

$$E[T|Z_1 = m] = E[\delta|Z_1 = m] = \delta. \tag{4.3.26}$$

对于 $m = 0, 1, \cdots, \delta$, $Z_1 = m$ 意味着系统在冲击点 $S_1 = m$ 处仍旧存活, 由离散时间更新截断 δ 冲击模型的更新性, 从概率意义上讲, 系统从点 $S_1 = m$ 处又重新开始了 (重新开始的含义是: 系统 "从 $S_1 = m$ 开始后面演变" 的概率规律与系统 "从 $S_0 = 0$ 开始运行系统演变" 的概率规律是一样的, 且 $S_1 = m$ 后面的演变与 $S_1 = m$ 前面已发生的演变是独立的), 所以系统 "从点 $S_1 = m$ 出发直到系统失效" 的平均时间与原系统 "从初始时刻出发到系统失效" 的平均时间是一样的, 考虑到原系统到 $S_1 = m$ 时已经存活了 m 个时间单位, 所以

$$E[T|Z_1 = m] = m + E[T]. \tag{4.3.27}$$

将式 (4.3.27) 和式 (4.3.26) 代入式 (4.3.25) 得

$$E[T] = \sum_{m=0}^{\delta} (m + E[T])p_m + \sum_{m=\delta+1}^{\infty} \delta p_m,$$

对上式关于 $E[T]$ 解方程并考虑到 $\sum_{m=\delta+1}^{\infty} p_m = 1 - \sum_{m=0}^{\delta} p_m$，可得

$$E[T] = \frac{\sum_{m=0}^{\delta} m p_m + \delta\left(1 - \sum_{m=0}^{\delta} p_m\right)}{1 - \sum_{m=0}^{\delta} p_m} = \frac{\sum_{m=0}^{\delta} m p_m}{1 - \sum_{m=0}^{\delta} p_m} + \delta.$$ ∎

由定理 4.3.7 不难推得 SM$\{[\mathbf{BP}(p)], \mathrm{CD}(\delta)\}$, SM$\{[\mathbf{RNDP}(\mathrm{NG}(p))], \mathrm{CD}(\delta)\}$ 与 SM$\{[\mathbf{RNDP}(\mathrm{DU}(n))], \mathrm{CD}(\delta)\}$ 的平均寿命.

推论 4.3.6[104,145]　SM$\{[\mathbf{BP}(p)], \mathrm{CD}(\delta)\}$ 与 SM$\{[\mathbf{RNDP}(\mathrm{NG}(p))], \mathrm{CD}(\delta)\}$ 的系统平均寿命都为

$$\mathrm{MTTF} = \frac{1-(1-p)^\delta}{p(1-p)^\delta} = \frac{1}{(1-p)^\delta} + \frac{1}{p(1-p)^{\delta-1}} - \frac{1}{p}.$$

推论 4.3.7[146]　设正整数 δ, n 满足 $1 < \delta < n$，则 SM$\{[\mathbf{RNDP}(\mathrm{DU}(n))], \mathrm{CD}(\delta)\}$ 平均寿命为[①]

$$\mathrm{MTTF} = \frac{\delta(\delta+1)}{2(n-\delta)} + \delta.$$

更多有关具体的离散时间更新截断 δ 冲击模型的结论可参见文献 [118], [124], [128], [146].

4.4　马尔可夫链点示截断 δ 冲击模型

如果冲击基础过程按某种离散的马尔可夫链到达, 则称该冲击模型为马尔可夫链截断 δ 冲击模型. 在这一节中, 将研究一类特殊的马尔可夫链截断 δ 冲击模型, 即冲击点是否发生冲击服从马尔可夫链的离散时间截断 δ 冲击模型, 称为马尔可夫链点示截断 δ 冲击模型, 也称为点马尔可夫链截断 δ 冲击模型.

4.4.1　马尔可夫链点示截断 δ 冲击模型的定义

马尔可夫链点示 δ 截断冲击模型的定义如下.

定义 4.4.1　设 $\{Y_n, n = 0, 1, 2, \cdots\}$ 和 $\{Z_n, n = 1, 2, \cdots\}$ 分别是离散时间点过程 $\mathbf{\Psi}$ 的点示序列和点距序列, 其中 $\{Y_n, n = 0, 1, 2, \cdots\} \sim \mathbf{MP}(\boldsymbol{\mu}, \boldsymbol{P})$. 给定正整数 $\delta > 0$, 记

$$M = \inf\{n | Z_{n+1} > \delta, n = 0, 1, \cdots\}$$

[①] 文献 [128] 中关于 SM$\{[\mathbf{RNDP}(\mathrm{U}(n))], \mathrm{CD}(\delta)\}$ 平均寿命计算结果有误.

4.4 马尔可夫链点示截断 δ 冲击模型

及

$$T = \begin{cases} \delta, & M = 0, \\ \sum_{i=1}^{M} Z_i + \delta, & M > 0, \end{cases} \quad (4.4.1)$$

则称该模型是冲击参数为 $(\boldsymbol{\mu}, \boldsymbol{P})$、失效参数为 δ 的马尔可夫链点示截断 δ 冲击模型，记作 $\mathrm{SM}\{[\mathbf{MP_Y}(\boldsymbol{\mu}, \boldsymbol{P})], \mathrm{CD}(\delta)\}$ 或 $T \sim \mathrm{SM}\{[\mathbf{MP_Y}(\boldsymbol{\mu}, \boldsymbol{P})], \mathrm{CD}(\delta)\}$.

马尔可夫链点示 δ 截断冲击模型的一个简洁不太严格的形式定义由下面定义 4.4.2 给出.

定义 4.4.2 设冲击按照一个离散时间点示马尔可夫链到达 (即冲击点过程的点示序列是一个马尔可夫链), 如果相距上次冲击后, 时间达到 δ 单位长还没有新冲击到达, 系统就失效, 则称这样的系统为马尔可夫链点示截断 δ 冲击模型.

在 $\mathrm{SM}\{[\mathbf{MP_Y}(\boldsymbol{\mu}, \boldsymbol{P})], \mathrm{CD}(\delta)\}$ 中, 设点示序列的转移概率矩阵 $\boldsymbol{P} = \begin{pmatrix} p_{00} & p_{01} \\ p_{10} & p_{11} \end{pmatrix}$, 其中, $\forall i, j = 0, 1, 0 < p_{ij} < 1$ 且 $p_{00} + p_{01} = 1$, $p_{10} + p_{11} = 1$, 则根据马氏性, 对 $\forall n = 1, 2, \cdots$ 及 $i, j, y_0, y_1, \cdots, y_{n-1} = 0, 1$, 有

$$P(Y_n = j | Y_0 = y_0, Y_1 = y_1, \cdots, Y_{n-2} = y_{n-2}, Y_{n-1} = i)$$
$$= P(Y_n = j | Y_{n-1} = i) = p_{ij}.$$

记 $\boldsymbol{\mu}_0 = (1, 0)$, $\boldsymbol{\mu}_1 = (0, 1)$, $\boldsymbol{\mu}_p = (p, 1-p)$, 其中 $0 \leqslant p \leqslant 1$. 下面分别研究 $\mathrm{SM}\{[\mathbf{MP_Y}(\boldsymbol{\mu}_0, \boldsymbol{P})], \mathrm{CD}(\delta)\}$, $\mathrm{SM}\{[\mathbf{MP_Y}(\boldsymbol{\mu}_1, \boldsymbol{P})], \mathrm{CD}(\delta)\}$ 和 $\mathrm{SM}\{[\mathbf{MP_Y}(\boldsymbol{\mu}_p, \boldsymbol{P})], \mathrm{CD}(\delta)\}$ 等三个模型的系统寿命性质, 我们把这三种模型分别称为初始时刻无冲击、初始时刻有冲击、初始时刻随机冲击的马尔可夫链点示截断 δ 冲击模型.

4.4.2 系统的寿命分布

下面首先研究三个模型的寿命分布. 为了避免平凡性, 基于截断 δ 冲击模型可靠度的初始条件, 我们仅考虑 $n \geqslant \delta \geqslant 2$ 的情形.

4.4.2.1 初始时刻有冲击的系统寿命分布

考虑 $\mathrm{SM}\{[\mathbf{MP_Y}(\boldsymbol{\mu}_1, \boldsymbol{P})], \mathrm{CD}(\delta)\}$, 设 $\{Y_n, n = 0, 1, 2, \cdots\}$ 是 $[\mathbf{MP_Y}(\boldsymbol{\mu}_1, \boldsymbol{P})]$ 的点示序列, 因为 $\boldsymbol{\mu}_1 = (0, 1)$ 表示 $P(Y_0 = 0) = 0$ 及 $P(Y_0 = 1) = 1$, 这意味着系统在初始时刻已遭受冲击.

定理 4.4.1[134,135] 设 $T_1 \sim \mathrm{SM}\{[\mathbf{MP_Y}(\boldsymbol{\mu}_1, \boldsymbol{P})], \mathrm{CD}(\delta)\}$, 则 $\mathrm{SM}\{[\mathbf{MP_Y}(\boldsymbol{\mu}_1, \boldsymbol{P})], \mathrm{CD}(\delta)\}$ 的系统寿命分布为

$$P\{T_1 = n\}$$

$$= \begin{cases} 0, & 0 < n < \delta, \\ p_{10}p_{00}^{\delta-1}, & n = \delta, \\ p_{11}p_{10}p_{00}^{\delta-1}, & n = \delta+1, \\ \sum\limits_{m=\lceil \frac{n-\delta}{\delta} \rceil}^{n-\delta-1} \sum\limits_{k=(2m-n+\delta)_+}^{\lfloor \frac{m\delta-n+\delta}{\delta-1} \rfloor \wedge (m-1)} h_\delta(n,m,k) p_{11}^k p_{10}^{m-k+1} p_{00}^{n-2m+k-1} p_{01}^{m-k} \\ \quad + p_{11}^{n-\delta} p_{10} p_{00}^{\delta-1}, & n \geqslant \delta+2, \end{cases}$$
(4.4.2)

其中, $h_\delta(n,m,k) = \binom{m}{k} \sum\limits_{i=0}^{\lfloor \frac{n-2m-\delta+k}{\delta-1} \rfloor} (-1)^i \binom{m-k}{i} \binom{n-m-\delta-(\delta-1)i-1}{m-k-1}_+$,

$\lceil \frac{n-\delta}{\delta} \rceil$ 表示不小于 $\frac{n-\delta}{\delta}$ 的最小正整数, $\lfloor \frac{m\delta-n+\delta}{\delta-1} \rfloor$ 表示不大于 $\frac{m\delta-n+\delta}{\delta-1}$ 的最大正整数, $(x)_+ = \max(0,x)$.

证明 先考虑 $n = \delta$ 与 $n = \delta+1$ 两种特殊情形. 考察图 4.1.3 和图 4.1.4 两个样本轨道, 显然, 当 $n = \delta$ 和 $n = \delta+1$ 时, 概率分别为

$$P(T_1 = \delta) = P(Y_0 = 1, Y_1 = 0, Y_2 = 0, \cdots, Y_\delta = 0)$$

和

$$P(T_1 = \delta+1) = P(Y_0 = 1, Y_1 = 1, Y_2 = 0, Y_3 = 0, \cdots, Y_{\delta+1} = 0).$$

由马尔可夫性可得

$$P(T_1 = \delta) = P(Y_0 = 1)P(Y_1 = 0|Y_0 = 1)$$
$$\cdot P(Y_2 = 0|Y_1 = 0)P(Y_3 = 0|Y_2 = 0)\cdots P(Y_\delta = 0|Y_{\delta-1} = 0)$$

及

$$P(T_1 = \delta+1) = P(Y_0 = 1)P(Y_1 = 1|Y_0 = 1)P(Y_2 = 0|Y_1 = 1)$$
$$\cdot P(Y_3 = 0|Y_2 = 0)\cdots P(Y_{\delta+1} = 0|Y_\delta = 0),$$

所以有

$$P(T_1 = \delta) = p_{10}p_{00}^{\delta-1} \quad 及 \quad P(T_1 = \delta+1) = p_{11}p_{10}p_{00}^{\delta-1}.$$

下面对于 $n \geqslant \delta+2$ 的情形进行讨论. 由式 (4.1.3) 得

$$P(T_1 = n) = \sum_{m=\lceil \frac{n-\delta}{\delta} \rceil}^{n-\delta} P(T_1 = n, M = m), \qquad (4.4.3)$$

4.4 马尔可夫链点示截断 δ 冲击模型

其中 M 是 $\mathrm{SM}\{[\mathbf{MP_Y}(\boldsymbol{\mu}_1,\boldsymbol{P})],\mathrm{CD}(\delta)\}$ 系统失效前的总冲击次数.

现在 $\left\lceil\dfrac{n-\delta}{\delta}\right\rceil \leqslant m \leqslant n-\delta$ 条件下考察轨道图 4.1.1 中的轨道 $Y_{1,2,\cdots,T}^{(n,m)}$, 首先注意因为 $\left\lceil\dfrac{n-\delta}{\delta}\right\rceil$ 表示不小于 $\dfrac{n-\delta}{\delta}$ 的最小整数, 所以要想 $\left\lceil\dfrac{n-\delta}{\delta}\right\rceil=0$, 只能 $n=\delta$, 因此在 $n\geqslant\delta+2$ 情形下, 有 $m\geqslant\left\lceil\dfrac{n-\delta}{\delta}\right\rceil\geqslant 1$.

假设 $Y_{1,2,\cdots,T}^{(n,m)}$ 中有 k 个 x_i 为 0, $k=0,1,\cdots,m$.

若 $m=n-\delta$, 由式 (4.1.1) 可知, 此时 m 个 x_i 全部为 0, 即 k 有唯一取值 $k=m=n-\delta$, 此时

$$P\{T_1=n,M=m\}=p_{11}^{n-\delta}p_{10}p_{00}^{\delta-1}. \tag{4.4.4}$$

现设 $\left\lceil\dfrac{n-\delta}{\delta}\right\rceil\leqslant m\leqslant n-\delta-1$ (注意, 因为 $n\geqslant\delta+2$ 且 $\delta\geqslant 2$, 所以 $\left\lceil\dfrac{n-\delta}{\delta}\right\rceil\leqslant n-\delta-1$ 一定成立), 此时轨道 $Y_{1,2,\cdots,T}^{(n,m)}$ 中 x_i 不可能全部为 0 (即不可能 $k=m$), 否则, 由式 (4.1.1) 可得 $m=n-\delta$, 与 $\left\lceil\dfrac{n-\delta}{\delta}\right\rceil\leqslant m\leqslant n-\delta-1$ 矛盾, 因此在 $\left\lceil\dfrac{n-\delta}{\delta}\right\rceil\leqslant m\leqslant n-\delta-1$ 条件下至少有一个 $x_i\neq 0$, 即有 $0\leqslant k\leqslant m-1$.

首先, 不妨假设前 k 个 x_i 为 0, 即 $x_1=0,x_2=0,\cdots,x_k=0$, 此时满足

$$x_1=0,x_2=0,\cdots,x_k=0,x_{k+1}+x_{k+2}+\cdots+x_m=n-m-\delta,$$
$$1\leqslant x_i\leqslant\delta-1,\quad i=k+1,k+2,\cdots,m. \tag{4.4.5}$$

由于 $k\leqslant m-1$ 意味着至少有一个 x_i 不为零, 所以在

$$1\leqslant m-k\leqslant n-m-\delta\leqslant(m-k)(\delta-1) \tag{4.4.6}$$

条件下式 (4.4.5) 是有意义的.

对于固定的 k 及 $x_1,x_2,\cdots,x_k,x_{k+1},x_{k+2},\cdots,x_m$ (其中, $x_1=0,x_2=0,\cdots,x_k=0,x_{k+1}\neq 0,x_{k+2}\neq 0,\cdots,x_m\neq 0$), $Y_{1,2,\cdots,T}^{(n,m)}$ 发生的概率为

$$\overbrace{p_{11}p_{11}\cdots\cdots p_{11}}^{k}\cdot p_{10}p_{00}^{x_{k+1}-1}p_{01}\cdot p_{10}p_{00}^{x_{k+2}-1}p_{01}\cdots\cdots p_{10}p_{00}^{x_m-1}p_{01}\cdot p_{10}p_{00}^{\delta-1}$$
$$=p_{11}^{k}p_{10}^{m-k+1}p_{00}^{n-2m+k-1}p_{01}^{m-k}. \tag{4.4.7}$$

由定理 1.1.14 式 (1.1.26) 可得, 在式 (4.4.6) 条件下, 满足式 (4.4.5) 的所有不同的 $x_{k+1}, x_{k+2}, \cdots, x_m$ 构成的形如 $Y_{1,2,\cdots,T}^{(n,m)}$ 样式的轨道数目为

$$\sum_{i=0}^{m-k} (-1)^i \binom{m-k}{i} \binom{n-m-\delta-(\delta-1)i-1}{m-k-1}_+. \tag{4.4.8}$$

实际上, 式 (4.4.8) 中弱广义组合数不等于 0 的 i 的范围应满足 $(n-m-\delta-(\delta-1)i-1)-(m-k-1) \geqslant 0$, 即要求 $i \leqslant \dfrac{n-2m-\delta+k}{\delta-1}$, 由于式 (4.4.6) 成立, 一定有 $\dfrac{n-2m-\delta+k}{\delta-1} \leqslant m-k$, 所以式 (4.4.8) 也可表示为

$$\sum_{i=0}^{\lfloor \frac{n-2m-\delta+k}{\delta-1} \rfloor} (-1)^i \binom{m-k}{i} \binom{n-m-\delta-(\delta-1)i-1}{m-k-1}_+, \tag{4.4.9}$$

式中 $\left\lfloor \dfrac{n-2m-\delta+k}{\delta-1} \right\rfloor$ 表示不大于 $\left\lfloor \dfrac{n-2m-\delta+k}{\delta-1} \right\rfloor$ 的最大整数.

因为式 (4.4.7) 的概率值与各 x_i 值无关, 所以满足式 (4.4.5) 的形如 $Y_{1,2,\cdots,T}^{(n,m)}$ 样式的轨道发生的概率为

$$\sum_{i=0}^{\lfloor \frac{n-2m-\delta+k}{\delta-1} \rfloor} (-1)^i \binom{m-k}{i} \binom{n-m-\delta-(\delta-1)i-1}{m-k-1}_+$$
$$\times p_{11}^k p_{10}^{m-k+1} p_{00}^{n-2m+k-1} p_{01}^{m-k}.$$

因此, 一般地, 满足 $x_1, x_2, \cdots, x_m$ 中有 k 个为 0 (此处 "一般地" 意思是不一定前 k 个 x_i 为 0), 其余 $m-k$ 个不为 0 的形如 $Y_{1,2,\cdots,T}^{(n,m)}$ 轨道的概率为

$$\binom{m}{k} \sum_{i=0}^{\lfloor \frac{n-2m-\delta+k}{\delta-1} \rfloor} (-1)^i \binom{m-k}{i}$$
$$\times \binom{n-m-\delta-(\delta-1)i-1}{m-k-1}_+ p_{11}^k p_{10}^{m-k+1} p_{00}^{n-2m+k-1} p_{01}^{m-k}.$$

为方便写作, 记

$$h_\delta(n,m,k) = \binom{m}{k} \sum_{i=0}^{\lfloor \frac{n-2m-\delta+k}{\delta-1} \rfloor} (-1)^i \binom{m-k}{i} \binom{n-m-\delta-(\delta-1)i-1}{m-k-1}_+.$$

由式 (4.4.6) 可得 $2m - n + \delta \leqslant k \leqslant \dfrac{m\delta - n + \delta}{\delta - 1}$,又因为 $0 \leqslant k \leqslant m - 1$,所以能使 $Y_{1,2,\cdots,T}^{(n,m)}$ 发生的 k 的适宜范围为

$$(2m - n + \delta)_+ \leqslant k \leqslant \left\lfloor \frac{m\delta - n + \delta}{\delta - 1} \right\rfloor \wedge (m - 1),$$

其中,$(2m - n + \delta)_+ = \max(0, 2m - n + \delta)$,$\left\lfloor \dfrac{m\delta - n + \delta}{\delta - 1} \right\rfloor$ 表示不大于 $\dfrac{m\delta - n + \delta}{\delta - 1}$ 的最大整数. 注意在前面讨论设定的 $\left\lceil \dfrac{n - \delta}{\delta} \right\rceil \leqslant m \leqslant n - \delta - 1$ 和 $n \geqslant \delta + 2$ 条件下 $(2m - n + \delta)_+ \leqslant \left\lfloor \dfrac{m\delta - n + \delta}{\delta - 1} \right\rfloor \wedge (m - 1)$ 一定成立.

综上所述,至少有一个 $x_i \neq 0$ 的形如 $Y_{1,2,\cdots,T}^{(n,m)}$ 样式的轨道发生的概率为

$$\sum_{k=(2m-n+\delta)_+}^{\left\lfloor \frac{m\delta-n+\delta}{\delta-1} \right\rfloor \wedge (m-1)} h_\delta(n, m, k) p_{11}^k p_{10}^{m-k+1} p_{00}^{n-2m+k-1} p_{01}^{m-k}. \tag{4.4.10}$$

由 $\{T_1 = n, M = m\}$ 与 $Y_{1,2,\cdots,T}^{(n,m)}$ 的关系,式 (4.4.10) 也是当 n, m 满足 $\left\lceil \dfrac{n - \delta}{\delta} \right\rceil \leqslant m \leqslant n - \delta - 1$ 时,事件 $\{T_1 = n, M = m\}$ 发生的概率.

将式 (4.4.4)、式 (4.4.10) 代入式 (4.4.3) 得当 $n \geqslant \delta + 2$ 时,

$$P\{T_1 = n\} = \sum_{m=\left\lceil \frac{n-\delta}{\delta} \right\rceil}^{n-\delta-1} \sum_{k=(2m-n+\delta)_+}^{\left\lfloor \frac{m\delta-n+\delta}{\delta-1} \right\rfloor \wedge (m-1)} h_\delta(n, m, k) p_{11}^k p_{10}^{m-k+1} p_{00}^{n-2m+k-1} p_{01}^{m-k}$$
$$+ p_{11}^{n-\delta} p_{10} p_{00}^{\delta-1}.$$

定理得证. ∎

4.4.2.2 初始时刻无冲击的系统寿命分布

下面讨论 $\mathrm{SM}\{[\mathbf{MP_Y}(\boldsymbol{\mu}_0, \boldsymbol{P})], \mathrm{CD}(\delta)\}$ 系统的寿命分布.

设 $\{Y_n, n = 0, 1, 2, \cdots\}$ 是 $[\mathbf{MP_Y}(\boldsymbol{\mu}_0, \boldsymbol{P})]$ 的点示序列,因为 $\boldsymbol{\mu}_0 = (1, 0)$ 表示 $P(Y_0 = 0) = 1$ 且 $P(Y_0 = 1) = 0$,这意味着系统在 0 时刻没有发生冲击.

设 $\{Z_n, n = 1, 2, \cdots\}$ 是 $[\mathbf{MP_Y}(\boldsymbol{\mu}_0, \boldsymbol{P})]$ 的点距序列,由定理 1.5.13 的条款 (1) 和条款 (2) 得,$Z_1 \sim \mathrm{PG}(p_{01})$,即 $\forall k = 1, 2, \cdots$,其分布列为

$$p_{Z_1}(k) = P(Z_1 = k) = p_{00}^{k-1} p_{01}. \tag{4.4.11}$$

定理 4.4.2[135] 设 $T_0 \sim \text{SM}\{\mathbf{MP_Y}(\boldsymbol{\mu}_0, \boldsymbol{P}), \text{CD}(\delta)\}$, 则 $\text{SM}\{\mathbf{MP_Y}(\boldsymbol{\mu}_0, \boldsymbol{P}),$ $\text{CD}(\delta)\}$ 的系统寿命分布为

$$P(T_0 = n) = \begin{cases} 0, & 0 < n < \delta, \\ p_{00}^{\delta}, & n = \delta, \\ p_{01} p_{10} p_{00}^{\delta-1}, & n = \delta + 1, \\ p_{10} p_{00}^{n-2} p_{01} + p_{11} p_{10} p_{00}^{n-3} p_{01} + \sum_{l=\delta+2}^{n-1} g(l) p_{00}^{n-l-1} p_{01}, & \delta + 2 \leqslant n \leqslant 2\delta, \\ p_{11} p_{10} p_{00}^{2\delta-2} p_{01} + \sum_{l=\delta+2}^{2\delta} g(l) p_{00}^{2\delta-l} p_{01}, & n = 2\delta + 1, \\ \sum_{l=n-\delta}^{n-1} g(l) p_{00}^{n-l-1} p_{01}, & n \geqslant 2\delta + 2, \end{cases}$$

(4.4.12)

其中, 规定当 $a < b$ 时 $\sum_{l=b}^{a} = 0$ 且

$$g(l) = \sum_{m=\lceil \frac{l-\delta}{\delta} \rceil}^{l-\delta-1} \sum_{k=(2m-l+\delta)_+}^{\lfloor \frac{m\delta-l+\delta}{\delta-1} \rfloor \wedge (m-1)} h_\delta(l, m, k) \, p_{11}^k p_{10}^{m-k+1} p_{00}^{l-2m+k-1} p_{01}^{m-k} + p_{11}^{l-\delta} p_{10} p_{00}^{\delta-1},$$

$$h_\delta(l, m, k) = \binom{m}{k} \sum_{i=0}^{\lfloor \frac{l-2m-\delta+k}{\delta-1} \rfloor} (-1)^i \binom{m-k}{i} \binom{l-m-\delta-(\delta-1)i-1}{m-k-1}_+.$$

证明 仍旧先考虑 $n = \delta$ 与 $n = \delta + 1$ 两种特殊情形. 考察图 4.1.3 和图 4.1.4 两个样本轨道, 注意此时 $Y_0 = 0$, 显然, 当 $n = \delta$ 和 $n = \delta + 1$ 时, 概率分别为

$$P(T_0 = \delta) = p_{00}^{\delta} \quad \text{和} \quad P(T_0 = \delta + 1) = p_{01} p_{10} p_{00}^{\delta-1}. \tag{4.4.13}$$

下面考虑 $n \geqslant \delta + 2$, 取条件首次冲击间隔 Z_1, 得

$$P(T_0 = n) = E[P(T_0 = n | Z_1)] = \sum_{l=1}^{\infty} P(T_0 = n | Z_1 = l) P(Z_1 = l)$$

$$= \sum_{l=1}^{\delta} P(T_0 = n | Z_1 = l) P(Z_1 = l)$$

$$+ \sum_{l=\delta+1}^{\infty} P(T_0 = n | Z_1 = l) P(Z_1 = l).$$

4.4 马尔可夫链点示截断 δ 冲击模型

因为当 $l > \delta$ 时, $\{Z_1 = l\} \subset \{T_0 = \delta\}$, 所以 $P(T_0 > \delta | Z_1 = l) = 0$, 即

$$\sum_{l=\delta+1}^{\infty} P(T_0 = n | Z_1 = l) P(Z_1 = l) = 0.$$

因此

$$P(T_0 = n) = \sum_{l=1}^{\delta} P(T_0 = n | Z_1 = l) P(Z_1 = l).$$

当 $l \leqslant \delta$ 时, $Z_1 = l$ 表示首次冲击发生间隔小于或等于 δ, 所以系统运行到时刻 l 时还未失效, 因此事件 $\{T_0 = n | Z_1 = l\}$ 发生等价于 "系统从时刻 l 出发, 经 $n - l$ 时长系统才失效", 注意到此时 $Y_l = 1$, 所以

$$P(T_0 = n | Z_1 = l) = P(T_1 = n - l),$$

其中 $T_1 \sim \mathrm{SM}\{[\mathbf{MP_Y}(\boldsymbol{\mu}_1, \boldsymbol{P})], \mathrm{CD}(\delta)\}$. 可得

$$P(T_0 = n) = \sum_{l=1}^{\delta} P(T_1 = n - l) P(Z_1 = l) = \sum_{l=n-\delta}^{n-1} P(T_1 = l) P(Z_1 = n - l). \tag{4.4.14}$$

将式 (4.4.11) 代入式 (4.4.14) 得

$$P(T_0 = n) = \sum_{l=n-\delta}^{n-1} P(T_1 = l) p_{00}^{n-l-1} p_{01}. \tag{4.4.15}$$

将定理 4.4.1 中的式 (4.4.2) 代入式 (4.4.15) 可算得 $P(T_0 = n)$.

为了更细致地表示 $P(T_0 = n)$, 下面细分 $P(T_1 = l)$ 的情况, 为叙述方便, 记 $g(l) = P(T_1 = l)$.

根据定理 4.4.1, T_1 的分布列 $g(l)$ 可分为 4 种情况 (即 $l \in (-\infty, \delta)$, $l = \delta$, $l = \delta + 1$ 和 $l \in (\delta + 1, \infty)$), 所以需要讨论式 (4.4.15) 中 l 所在的区间 $[n - \delta, n - 1]$ 与这 4 种情况的位置关系. 注意到我们现在讨论的条件是 $n \geqslant \delta + 2$ 和 $\delta \geqslant 2$, 而 $[n - \delta, n - 1]$ 的区间长度为 $\delta - 1$, 所以直觉上区间 $[n - \delta, n - 1]$ 与 $(-\infty, \delta), \delta, \delta + 1, (\delta + 1, \infty)$ 之间的位置关系共有 8 种情形, 这 8 种情形由图 4.4.1 给出. 在这 8 种情形中, 每一种情形都要根据 $n - \delta, n - 1, \delta, \delta + 1$ 这 4 个点的位置关系分别得出相应情形成立的 n 与 δ 的取值范围.

由于图 4.4.1 (a) 中 $n - 1 < \delta$, 图 4.4.1 (b) 中 $n - 1 = \delta$, 不满足 $n \geqslant \delta + 2$ 条件, 所以情形 1 和情形 2 不在我们讨论的范围之内.

図 4.4.1 δ 与 n 的位置关系

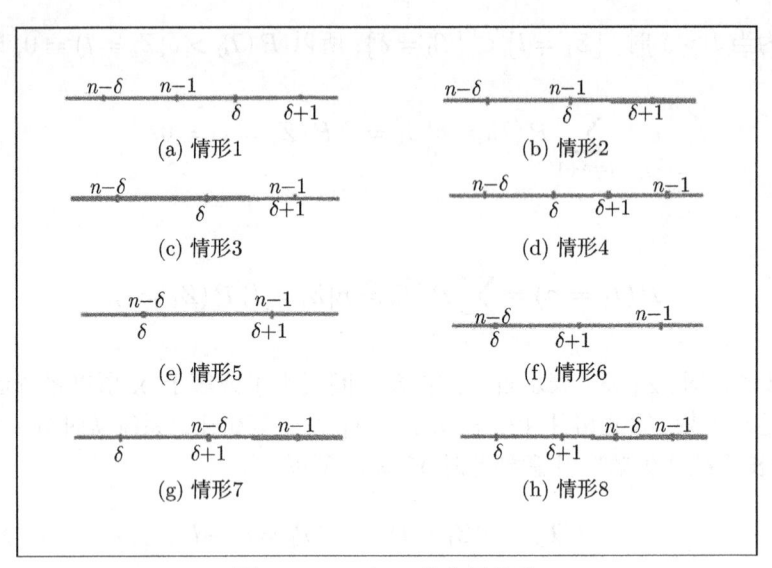

图 4.4.1 (c) 表明 $n-1 = \delta+1$ 且 $n-\delta < \delta$, 即 $n = \delta+2 < 2\delta$; 由图 4.4.1(c) 可看出, 图 4.4.1 (c) 中区间 $[n-\delta, n-1]$ 内部 (不包含边界) 至少包含一个点 (即点 δ), 所以区间长度 $(n-1)-(n-\delta) \geqslant 2$, 即 $\delta \geqslant 3$, 此外, 由 $\delta+2 < 2\delta$, 也可解得 $\delta \geqslant 3$. 因为 $n = \delta+2$, 此时区间 $l \in [n-\delta, n-1] = [2, \delta+1]$, 注意到当 $l < \delta$ 时, $g(l) = 0$ (由式 (4.4.2) 得), 所以由式 (4.4.15) 和定理 4.4.1 得: 当 $n = \delta+2$ 且 $\delta \geqslant 3$ 时

$$P(T_0 = n) = \sum_{l=n-\delta}^{n-1} g(l) p_{00}^{n-l-1} p_{01} = \sum_{l=2}^{\delta+1} g(l) p_{00}^{n-l-1} p_{01}$$

$$= g(\delta) p_{00}^{n-\delta-1} p_{01} + g(\delta+1) p_{00}^{n-\delta-2} p_{01}. \tag{4.4.16}$$

图 4.4.1 (d) 表示 $n-1 > \delta+1$ 且 $n-\delta < \delta$, 即 $\delta+2 < n < 2\delta$; 而区间 $[n-\delta, n-1]$ 内部至少包含两个点 (即点 δ 与 $\delta+1$), 所以区间长度 $(n-1)-(n-\delta) \geqslant 3$, 解得 $\delta \geqslant 4$, 此外由 $\delta+2 < n < 2\delta$ 得 $2\delta > \delta+2 \Rightarrow \delta > 2$; 综述当 $\delta+2 < n < 2\delta$ 且 $\delta \geqslant 4$ 时,

$$P(T_0 = n) = g(\delta) p_{00}^{n-\delta-1} p_{01} + g(\delta+1) p_{00}^{n-\delta-2} p_{01}$$

$$+ \sum_{l=\delta+2}^{n-1} g(l) p_{00}^{n-l-1} p_{01}. \tag{4.4.17}$$

图 4.4.1 (e) 表示 $n-1 = \delta+1$ 且 $n-\delta = \delta$, 即 $n = \delta+2 = 2\delta$; 从图 4.4.1 (e) 中

4.4 马尔可夫链点示截断 δ 冲击模型

可看出区间 $[n-\delta, n-1]$ 内部不包含任何点, 所以区间长度 $(n-1)-(n-\delta)=1$, 即 $\delta=2$, 此外, 由 $\delta+2=2\delta$, 也解得 $\delta=2$, 即当 $n=2\delta$ 且 $\delta=2$ 时,

$$P(T_0=n) = \sum_{l=n-\delta}^{n-1} g(l)p_{00}^{n-l-1}p_{01}$$

$$= \sum_{l=2}^{3} g(l)p_{00}^{n-l-1}p_{01} = \sum_{l=\delta}^{\delta+1} g(l)p_{00}^{n-l-1}p_{01}$$

$$= g(\delta)p_{00}^{n-\delta-1}p_{01} + g(\delta+1)p_{00}^{n-\delta-2}p_{01}. \qquad (4.4.18)$$

图 4.4.1 (f) 表示 $n-1 > \delta+1$ 且 $n-\delta = \delta$, 即 $n = 2\delta > \delta+2$; 而区间 $[n-\delta, n-1]$ 中至少包含一个 $\delta+1$ 点, 所以区间长度 $(n-1)-(n-\delta) \geqslant 2$, 即 $\delta \geqslant 3$, 此外, 由 $2\delta > \delta+2$, 也可解得 $\delta \geqslant 3$, 即当 $n = 2\delta$ 且 $\delta \geqslant 3$ 时

$$P(T_0=n) = g(\delta)p_{00}^{n-\delta-1}p_{01} + g(\delta+1)p_{00}^{n-\delta-2}p_{01} + \sum_{l=\delta+2}^{n-1} g(l)p_{00}^{n-l-1}p_{01}. \quad (4.4.19)$$

图 4.4.1 (g) 表示 $n-\delta = \delta+1$, 即 $n = 2\delta+1$; 而区间 $[n-\delta, n-1]$ 中可包含任意多点 (也可不包含点), 所以区间长度 $(n-1)-(n-\delta) \geqslant 1$, 解得 $\delta \geqslant 2$. 即当 $n = 2\delta+1$ 且 $\delta \geqslant 2$ 时

$$P(T_0=n) = g(\delta+1)p_{00}^{\delta-1}p_{01} + \sum_{l=\delta+2}^{n-1} g(l)p_{00}^{2\delta-l}p_{01}. \qquad (4.4.20)$$

图 4.4.1 (h) 表示 $n-\delta > \delta+1$, 即 $n > 2\delta+1$; 区间 $[n-\delta, n-1]$ 中可包含任意多点 (也可不包含点), 所以区间长度 $(n-1)-(n-\delta) \geqslant 1$, 解得 $\delta \geqslant 2$. 即当 $n > 2\delta+1$ 且 $\delta \geqslant 2$ 时,

$$P(T_0=n) = \sum_{l=n-\delta}^{n-1} g(l)p_{00}^{n-l-1}p_{01}. \qquad (4.4.21)$$

若规定, 当 $a < b$ 时 $\sum_{l=b}^{a} = 0$, 则式 (4.4.16)—式 (4.4.19) 可统一表示为

$$P(T_0=n) = g(\delta)p_{00}^{n-\delta-1}p_{01} + g(\delta+1)p_{00}^{n-\delta-2}p_{01}$$

$$+ \sum_{l=\delta+2}^{n-1} g(l)p_{00}^{n-l-1}p_{01}, \qquad (4.4.22)$$

其中, $\delta + 2 \leqslant n \leqslant 2\delta, \delta \geqslant 2$.

由定理 4.4.1 得

$$g(\delta) = p_{10}p_{00}^{\delta-1} \tag{4.4.23}$$

和

$$g(\delta+1) = p_{11}p_{10}p_{00}^{\delta-1}. \tag{4.4.24}$$

将式 (4.4.23) 和式 (4.4.24) 代入式 (4.4.22) 得

$$P(T_0 = n) = p_{10}p_{00}^{n-2}p_{01} + p_{11}p_{10}p_{00}^{n-3}p_{01} + \sum_{l=\delta+2}^{n-1} g(l)p_{00}^{n-l-1}p_{01}, \tag{4.4.25}$$

其中, $\delta + 2 \leqslant n \leqslant 2\delta, \delta \geqslant 2$.

将式 (4.4.24) 代入式 (4.4.20) 得

$$P(T_0 = n) = p_{11}p_{10}p_{00}^{2\delta-2}p_{01} + \sum_{l=\delta+2}^{n-1} g(l)p_{00}^{2\delta-l}p_{01}, \tag{4.4.26}$$

其中, $n = 2\delta + 1, \delta \geqslant 2$.

综合式 (4.4.13)、式 (4.4.21)、式 (4.4.25) 和式 (4.4.26), 定理得证. ∎

4.4.2.3 初始时刻随机冲击的系统寿命分布

下面讨论 $\mathrm{SM}\{[\mathbf{MP_Y}(\boldsymbol{\mu}_p, \boldsymbol{P})], \mathrm{CD}(\delta)\}$ 系统的寿命分布.

设 $\{Y_n, n = 0, 1, 2, \cdots\}$ 是 $[\mathbf{MP_Y}(\boldsymbol{\mu}_p, \boldsymbol{P})]$ 的点示序列, 因为 $\boldsymbol{\mu}_p = (1-p, p)$ 表示 $P(Y_0 = 0) = 1-p$, $P(Y_0 = 1) = p$, 这意味着系统在 0 时刻发生冲击是随机的.

定理 4.4.3[135] 设 $T_p \sim \mathrm{SM}\{[\mathbf{MP_Y}(\boldsymbol{\mu}_p, \boldsymbol{P})], \mathrm{CD}(\delta)\}$, 则 $\mathrm{SM}\{[\mathbf{MP_Y}(\boldsymbol{\mu}_p, \boldsymbol{P})], \mathrm{CD}(\delta)\}$ 的系统寿命分布为

$P(T_p = n)$

$$= \begin{cases} 0, & 0 < n < \delta, \\ p\left(p_{10}p_{00}^{\delta-1}\right) + (1-p)p_{00}^{\delta}, & n = \delta, \\ p\left(p_{11}p_{10}p_{00}^{\delta-1}\right) + (1-p)p_{01}p_{10}p_{00}^{\delta-1}, & n = \delta+1, \\ pg(n) + (1-p)\left(p_{10}p_{00}^{n-2}p_{01} + p_{11}p_{10}p_{00}^{n-3}p_{01} + \sum_{l=\delta+2}^{n-1} g(l)p_{00}^{n-l-1}p_{01}\right), & \delta+2 \leqslant n \leqslant 2\delta, \\ pg(n) + (1-p)\left(p_{11}p_{10}p_{00}^{n-3}p_{01} + \sum_{l=\delta+2}^{n-1} g(l)p_{00}^{n-l-1}p_{01}\right), & n = 2\delta+1, \\ pg(n) + (1-p)\left(\sum_{l=n-\delta}^{n-1} g(l)p_{00}^{n-l-1}p_{01}\right), & n \geqslant 2\delta+2, \end{cases}$$

其中, $g(n) = \sum_{m=\lceil \frac{n-\delta}{\delta} \rceil}^{n-\delta-1} \sum_{k=(2m-n+\delta)_+}^{\lfloor \frac{m\delta-n+\delta}{\delta-1} \rfloor \wedge (m-1)} h_\delta(n,m,k) p_{11}^k p_{10}^{m-k+1} p_{00}^{n-2m+k-1} p_{01}^{m-k}$

$+ p_{11}^{n-\delta} p_{10} p_{00}^{\delta-1}, h_\delta(n,m,k) = \binom{m}{k} \sum_{i=0}^{\lfloor \frac{n-2m-\delta+k}{\delta-1} \rfloor} (-1)^i \binom{m-k}{i} \binom{n-m-\delta-(\delta-1)i-1}{m-k-1}$.

证明 设 $\{Y_n, n=0,1,2,\cdots\}$ 是 $[\mathbf{MP_Y}(\boldsymbol{\mu}_p, \boldsymbol{P})]$ 的点示序列. 对 $\{T_p = n\}$ 关于初始时刻的状态取条件得

$$P(T_p = n) = P(Y_0 = 1)P(T_p = n|Y_0 = 1) + P(Y_0 = 0)P(T_p = n|Y_0 = 0).$$

当 $Y_0 = 1$ 时, $\{T_p = n\}$ 表示初始时刻有冲击发生, 系统在 n 时刻失效, 所以

$$P(T_p = n|Y_0 = 1) = P(T_1 = n),$$

其中, $T_1 \sim \mathrm{SM}\{[\mathbf{MP_Y}(\boldsymbol{\mu}_1, \boldsymbol{P})], \mathrm{CD}(\delta)\}$.

同理, 当 $Y_0 = 0$ 时, $\{T_p = n\}$ 表示初始时刻没有冲击发生, 系统在 n 时刻失效, 所以

$$P(T_p = n|Y_0 = 0) = P(T_0 = n),$$

其中, $T_0 \sim \mathrm{SM}\{[\mathbf{MP_Y}(\boldsymbol{\mu}_0, \boldsymbol{P})], \mathrm{CD}(\delta)\}$, 即有

$$P(T_p = n) = pP(T_1 = n) + (1-p)P(T_0 = n). \tag{4.4.27}$$

将式 (4.4.2) 和式 (4.4.12) 代入式 (4.4.27), 定理得证. ∎

4.4.3 系统的平均寿命

4.4.3.1 初始时刻有冲击的系统平均寿命

定理 4.4.4[135] 设 $T_1 \sim \mathrm{SM}\{[\mathbf{MP_Y}(\boldsymbol{\mu}_1, \boldsymbol{P})], \mathrm{CD}(\delta)\}$, 则 $\mathrm{SM}\{[\mathbf{MP_Y}(\boldsymbol{\mu}_1, \boldsymbol{P})], \mathrm{CD}(\delta)\}$ 的系统平均寿命 MTTF 为

$$E[T_1] = \frac{1}{p_{00}^{\delta-1}}\left(\frac{1}{p_{10}} + \frac{1}{p_{01}}\right) - \frac{1}{p_{01}}. \tag{4.4.28}$$

证明 设 $Z_0 \equiv 0$, M 是 $\mathrm{SM}\{[\mathbf{MP_Y}(\boldsymbol{\mu}_1, \boldsymbol{P})], \mathrm{CD}(\delta)\}$ 系统失效前总冲击次数, $\{Z_n, n=1,2,\cdots\}$ 是 $\mathrm{SM}\{[\mathbf{MP_Y}(\boldsymbol{\mu}_1, \boldsymbol{P})], \mathrm{CD}(\delta)\}$ 的点距序列.

由定理 1.5.14 的条款 (1), $Z_1 \sim \mathrm{De}(0)$, 所以

$$T_1 = \sum_{n=0}^M Z_n + \delta = \sum_{n=2}^M Z_n + \delta.$$

而由定理 1.5.12 得 $\{Z_n, n = 2, 3, \cdots\} \sim \mathbf{RNFP}_D(\{p_k\})$, 其中

$$p_k = \begin{cases} p_{11}, & k = 1, \\ p_{10} p_{00}^{k-2} p_{01}, & k \geqslant 2. \end{cases} \quad (4.4.29)$$

所以可以使用离散时间更新截断 δ 冲击模型 $\mathrm{SM}\{[\mathbf{RNDP}(\{p_k\})], \mathrm{CD}(\delta)\}$ 的结果来计算系统的平均寿命 $E[T_1]$.

将式 (4.4.29) 代入式 (4.3.24) 得

$$E[T_1] = \frac{\sum_{k=1}^{\delta} k p_k}{\sum_{k=\delta+1}^{\infty} p_k} + \delta = \frac{p_{11} + p_{10} p_{01} \sum_{k=2}^{\delta} k p_{00}^{k-2}}{p_{10} p_{01} \sum_{k=\delta+1}^{\infty} p_{00}^{k-2}} + \delta, \quad (4.4.30)$$

而由定理 1.2.3 条款 (2) 和定理 1.2.4 条款 (1) 分别得

$$\sum_{k=2}^{\delta} k p_{00}^{k-2} = \frac{1 - p_{00}^{\delta-1}}{(1 - p_{00})^2} + \frac{1 - \delta p_{00}^{\delta-1}}{1 - p_{00}} = \frac{1 - p_{00}^{\delta-1} + p_{01}(1 - \delta p_{00}^{\delta-1})}{p_{01}^2} \quad (4.4.31)$$

和

$$\sum_{k=\delta+1}^{\infty} p_{00}^{k-2} = \frac{p_{00}^{\delta-1}}{1 - p_{00}}, \quad (4.4.32)$$

将式 (4.4.31) 与式 (4.4.32) 代入式 (4.4.30) 并化简得

$$E[T_1] = \frac{1}{p_{00}^{\delta-1}} \left(\frac{1}{p_{01}} + \frac{1}{p_{10}} \right) - \frac{1}{p_{01}}.$$

定理得证. ∎

推论 4.4.1[135] 若 $p_{01} = p_{11} = p$, 则 $\mathrm{SM}\{[\mathbf{MP}_Y(\boldsymbol{\mu}_1, \boldsymbol{P})], \mathrm{CD}(\delta)\}$ 的系统平均寿命为

$$\mathrm{MTTF} = \frac{1 - (1-p)^{\delta}}{p(1-p)^{\delta}}. \quad (4.4.33)$$

容易发现式 (4.4.33) 与式 (4.2.17) (即伯努利截断 δ 冲击模型的系统平均寿命) 是一致的, 这从另一角度说明在 $p_{01} = p_{11} = p$ 条件下, $\mathrm{SM}\{[\mathbf{MP}_Y(\boldsymbol{\mu}_1, \boldsymbol{P})], \mathrm{CD}(\delta)\}$ (在首次冲击不计数的条件下) 退化为离散时间更新截断 δ 冲击模型.

4.4.3.2 初始时刻无冲击的系统平均寿命

定理 4.4.5[135] 设 $T_0 \sim \mathrm{SM}\{[\mathbf{MP_Y}(\boldsymbol{\mu}_0, \boldsymbol{P})], \mathrm{CD}(\delta)\}$, 则 $\mathrm{SM}\{[\mathbf{MP_Y}(\boldsymbol{\mu}_0, \boldsymbol{P})], \mathrm{CD}(\delta)\}$ 的系统平均寿命 MTTF 为

$$E[T_0] = (1 - p_{00}^\delta)\frac{1}{p_{00}^{\delta-1}}\left(\frac{1}{p_{10}} + \frac{1}{p_{01}}\right). \tag{4.4.34}$$

证明 设 $\{Z_n, n = 1, 2, \cdots\}$ 是 $\mathrm{SM}\{[\mathbf{MP_Y}(\boldsymbol{\mu}_0, \boldsymbol{P})], \mathrm{CD}(\delta)\}$ 的点距序列, 对 $E[T_0]$ 取条件 Z_1 得

$$E[T_0] = E\left[E[T_0|Z_1]\right] = \sum_{n=1}^{\infty} E[T_0|Z_1 = n]P(Z_1 = n)$$

$$= \sum_{n=1}^{\delta} E[T_0|Z_1 = n]P(Z_1 = n) + \sum_{n=\delta+1}^{\infty} E[T_0|Z_1 = n]P(Z_1 = n). \tag{4.4.35}$$

若 $n > \delta$, 则 $Z_1 = n$ 表明系统已达失效条件, 此时 $T_0 = \delta$, 即有

$$\sum_{n=\delta+1}^{\infty} E[T_0|Z_1 = n]P(Z_1 = n) = \sum_{n=\delta+1}^{\infty} \delta P(Z_1 = n) = \delta\overline{F}_{Z_1}(\delta); \tag{4.4.36}$$

若 $n \leqslant \delta$, 则 $Z_1 = n$ 意味着 "系统已经存活了 n 个时间单位, 系统在 $S_1 = n$ 时刻仍旧存活, $Y_n = 1$", 而在 $Y_n = 1$ 条件下, 系统从 $S_1 = n$ 开始演变直到失效的时间长度, 相当于是 $\mathrm{SM}\{\mathbf{MP_Y}(\boldsymbol{\mu}_1, \boldsymbol{P}), \mathrm{CD}(\delta)\}$ 系统演变的寿命 T_1, 所以

$$\sum_{n=1}^{\delta} E[T_0|Z_1 = n]P(Z_1 = n) = \sum_{n=1}^{\delta} E[n + T_1]P(Z_1 = n) = \sum_{n=1}^{\delta} E[n + T_1]p_{Z_1}(n), \tag{4.4.37}$$

其中, $T_1 \sim \mathrm{SM}\{\mathbf{MP_Y}(\boldsymbol{\mu}_1, \boldsymbol{P}), \mathrm{CD}(\delta)\}$.

将式 (4.4.37) 和式 (4.4.36) 代入方程 (4.4.35) 得

$$E[T_0] = \sum_{n=1}^{\delta} (n + E[T_1])p_{Z_1}(n) + \delta\overline{F}_{Z_1}(\delta)$$

$$= \sum_{n=1}^{\delta} np_{Z_1}(n) + E[T_1]F_{Z_1}(\delta) + \delta\overline{F}_{Z_1}(\delta), \tag{4.4.38}$$

再将式 (4.4.28)、定理 1.5.13 条款 (2)、条款 (3) 和条款 (4) 代入式 (4.4.38) 得

$$E[T_0] = p_{01}\sum_{n=1}^{\delta} np_{00}^{n-1} + \left[\frac{1}{p_{00}^{\delta-1}}\left(\frac{1}{p_{10}} + \frac{1}{p_{01}}\right) - \frac{1}{p_{01}}\right](1 - p_{00}^\delta) + \delta p_{00}^\delta. \tag{4.4.39}$$

由定理 1.2.3 条款 (2) 得

$$\sum_{n=1}^{\delta} np_{00}^{n-1} = \frac{1-p_{00}^{\delta}}{(1-p_{00})^2} - \frac{\delta p_{00}^{\delta}}{1-p_{00}} = \frac{1-p_{00}^{\delta}}{p_{01}^2} - \frac{\delta p_{00}^{\delta}}{p_{01}}, \quad (4.4.40)$$

将式 (4.4.40) 代入式 (4.4.39) 并化简得

$$E[T_0] = (1-p_{00}^{\delta})\left(\frac{1}{p_{00}^{\delta-1}}\left(\frac{1}{p_{10}} + \frac{1}{p_{01}}\right)\right). \quad \blacksquare$$

4.4.3.3 初始时刻随机冲击的系统平均寿命

定理 4.4.6[135] 设 $T_p \sim \text{SM}\{\mathbf{MP_Y}(\boldsymbol{\mu}_p, \boldsymbol{P}), \text{CD}(\delta)\}$,则 $\text{SM}\{\mathbf{MP_Y}(\boldsymbol{\mu}_p, \boldsymbol{P}), \text{CD}(\delta)\}$ 的系统平均寿命 MTTF 为

$$E[T_p] = p\left(\frac{p_{00}}{p_{10}} - 1\right) + \left(\frac{1}{p_{10}} + \frac{1}{p_{01}}\right)\left(\frac{1}{p_{00}^{\delta-1}} - p_{00}\right). \quad (4.4.41)$$

证明 设 $\{Y_n, n=0,1,2,\cdots\}$ 是 $\text{SM}\{[\mathbf{MP_Y}(\boldsymbol{\mu}_p, \boldsymbol{P})], \text{CD}(\delta)\}$ 的点示序列,取条件 Y_0 得

$$E[T_p] = E[T_p|Y_0=1]P(Y_0=1) + E[T_p|Y_0=0]P(Y_0=0),$$

类似定理 4.4.3 证明过程中描述的原因可得

$$E[T_p|Y_0=1] = E[T_1] \quad \text{和} \quad E[T_p|Y_0=0] = E[T_0],$$

其中,$T_1 \sim \text{SM}\{[\mathbf{MP_Y}(\boldsymbol{\mu}_1, \boldsymbol{P})], \text{CD}(\delta)\}$,$T_0 \sim \text{SM}\{[\mathbf{MP_Y}(\boldsymbol{\mu}_0, \boldsymbol{P})], \text{CD}(\delta)\}$.
所以

$$E[T_p] = pE[T_1] + (1-p)E[T_0], \quad (4.4.42)$$

将式 (4.4.28) 和式 (4.4.34) 代入式 (4.4.42) 并化简,定理得证. $\blacksquare$

注意到式 (4.4.41) 的等号右边的第二项恰为 $E[T_0]$,可得

$$E[T_p] - E[T_0] = p\left(\frac{p_{00}}{p_{10}} - 1\right), \quad (4.4.43)$$

此外,由式 (4.4.28) 减式 (4.4.34) 可得

$$E[T_1] - E[T_0] = \frac{p_{00}}{p_{10}} - 1. \quad (4.4.44)$$

4.4 马尔可夫链点示截断 δ 冲击模型

由式 (4.4.44) 与式 (4.4.43) 可得

$$E[T_p] - E[T_1] = (1-p)\left(1 - \frac{p_{00}}{p_{10}}\right). \tag{4.4.45}$$

由上面的推导易得推论 4.4.2.

推论 4.4.2 设 $T_i \sim \text{SM}\{[\mathbf{MP_Y}(\boldsymbol{\mu}_i, \boldsymbol{P})], \text{CD}(\delta)\}, i = 0, 1$, $T_p \sim \text{SM}\{[\mathbf{MP_Y}(\boldsymbol{\mu}_p, \boldsymbol{P})], \text{CD}(\delta)\}$, 则

(1) $E[T_0] \geqslant E[T_1] \Leftrightarrow p_{10} \geqslant p_{00}$;

(2) 若 $p \neq 1$, 则 $E[T_p] \geqslant E[T_1] \Leftrightarrow p_{10} \geqslant p_{00}$;

(3) 若 $p \neq 0$, 则 $E[T_p] \geqslant E[T_0] \Leftrightarrow p_{00} \geqslant p_{10}$;

(4) 若 $p_{00} = p_{10}$, 则 $E[T_0] = E[T_1] = E[T_p]$.

4.4.4 嵌入马氏链法计算 $\text{SM}\{[\mathbf{MP_Y}(\boldsymbol{\mu}_1, \boldsymbol{P})], \text{CD}(\delta)\}$ 的系统寿命分布

下面利用文献 [85] 中的方法在 $[\mathbf{MP_Y}(\boldsymbol{\mu}_1, \boldsymbol{P})]$ 基础上构造一个新的马尔可夫链来分析 $\text{SM}\{[\mathbf{MP_Y}(\boldsymbol{\mu}_1, \boldsymbol{P})], \text{CD}(\delta)\}$ 的寿命性质, 我们把这一方法称作是嵌入马氏链法. 注意在 $\text{SM}\{[\mathbf{MP_Y}(\boldsymbol{\mu}_1, \boldsymbol{P})], \text{CD}(\delta)\}$ 中, $\boldsymbol{\mu}_1 = (0, 1)$, $\boldsymbol{P} = \begin{pmatrix} p_{00} & p_{01} \\ p_{10} & p_{11} \end{pmatrix}$, 其点示过程 $\{Y_n, n = 0, 1, \cdots\}$ 的初始状态 $Y_0 \equiv 1$.

由 4.1 节样本轨道 $Y_{1,2,\cdots,T}^{(n,m)}$ 可知, 若点示过程 $\{Y_n, n = 0, 1, \cdots\}$ 首次相继出现 δ 个状态 0 则系统失效, 此时后续时间的点示过程的状态对冲击系统来说已经无用了, 所以我们可以以此原理定义一个终止的点示过程 $\{\widetilde{Y}_n, n = 0, 1, \cdots\}$, 其中,

$$\widetilde{Y}_n = \begin{cases} Y_n, & n \text{ 时刻系统还未失效}, \\ 0, & \text{否则}. \end{cases}$$

这相当于假设 "如果系统失效则冲击终止, 不再有冲击发生".

为了研究 $\text{SM}\{[\mathbf{MP_Y}(\boldsymbol{\mu}_1, \boldsymbol{P})], \text{CD}(\delta)\}$ 的系统寿命性质, 对每一个固定的 $\delta \geqslant 2$, 我们定义

$$X_n = \widetilde{Y}_{n-(\delta-1)} 2^{\delta-1} + \widetilde{Y}_{n-(\delta-2)} 2^{\delta-2} + \cdots + \widetilde{Y}_n 2^0, \quad n \geqslant \delta - 1. \tag{4.4.46}$$

式 (4.4.46) 就是把 $\widetilde{Y}_{n-i}, i = 0, 1, \cdots, \delta - 1$ 当作是一个 δ 位长的二进制数的第 $i+1$ 位, 将此二进制数转换成十进制数就得到了 X_n, 换句话说, $\widetilde{Y}_{n-i}, i = 0, 1, \cdots, \delta - 1$ 就是十进制数字 X_n 的二进制表示的第 $i+1$ 位. 由于

$$X_{n+1} = 2 \times (X_n \text{二进制表示数的前} \delta - 1 \text{位}) + \widetilde{Y}_{n+1},$$

由定理 1.4.2 的判别法, 易见 $\{X_n, n = \delta - 1, \delta, \cdots\}$ 是一个马尔可夫链. $\{X_n, n = \delta - 1, \delta, \cdots\}$ 的初始时刻是 $n = \delta - 1$, 状态空间是 $\{0, 1, \cdots, 2^\delta - 1\}$, 其中状态 0 是吸收态, $\{1, 2, \cdots, 2^\delta - 1\}$ 是非常返类. 为明白这一事实, 我们给出下面的简单例子 (表 4.4.1).

表 4.4.1 当 $\delta = 2, 3$ 和 4 时 $\{X_n, n = \delta - 1, \delta, \cdots\}$ 的一个样本轨道

	n	0	1	2	3	4	5	6	7	8	9	10
	Y_n	1	1	0	0	1	1	0	0	0	1	1
$\delta = 2$	$\widetilde{Y}_n$	1	1	0	0	0	0	0	0	0	0	0
	X_n		3	2	0	0	0	0	0	0	0	0
$\delta = 3$	$\widetilde{Y}_n$	1	1	0	0	1	1	0	0	0	0	0
	X_n			6	4	1	3	6	4	0	0	0
$\delta = 4$	$\widetilde{Y}_n$	1	1	0	0	1	1	0	0	0	1	1
	X_n					12	9	3	6	12	8	1	3

根据上面分析可知, $\mathrm{SM}\{[\mathbf{MP_Y}(\boldsymbol{\mu}_1, \boldsymbol{P})], \mathrm{CD}(\delta)\}$ 的系统寿命就是马尔可夫链 $\{X_n, n = \delta - 1, \delta, \cdots\}$ 首次进入吸收态 0 的时刻, 即

定理 4.4.7 设 $T_1 \sim \mathrm{SM}\{[\mathbf{MP_Y}(\boldsymbol{\mu}_1, \boldsymbol{P})], \mathrm{CD}(\delta)\}$, 则 $T_1 = \inf\{n | X_n = 0, n \geqslant \delta - 1\}$.

对于 $\{X_n, n = \delta - 1, \delta, \cdots\}$ 的转移概率性质, 有如下命题.

引理 4.4.1 设 i, j 是 $\{X_n, n = \delta - 1, \delta, \cdots\}$ 的任意 2 个状态, $i \to j$ 表示从状态 i 一步可达状态 j, 则 $i \to j$ 当且仅当下面某个条件被满足

(1) $0 < i < 2^{\delta-1}$ 且 $j = 2i$ 或 $j = 2i + 1$;

(2) $2^{\delta-1} \leqslant i \leqslant 2^\delta - 1$ 且 $j = 2i - 2^\delta$ 或 $j = 2i + 1 - 2^\delta$;

(3) $i = 0$ 且 $j = 0$.

证明 注意到 $i \to j$ 等价于 "i 的二进制表示式的前 $\delta - 1$ 位" 与 "j 的二进制表示式的后 $\delta - 1$ 位" 相同, 所以引理结果易证. ∎

由引理 4.4.1 可知, 只有状态 $i = 0$ 和 $i = 2^{\delta-1}$ 才有可能一步转移到状态 $j = 0$.

引理 4.4.2 设 i, j 是 $\{X_n, n = \delta - 1, \delta, \cdots\}$ 的任意 2 个状态, q_{ij} 表示从状态 i 转移到状态 j 的一步转移概率, 如果 $i \to j$ 且 $i \neq 0$, 则 $q_{ij} = p_{kl}$, 此处, $k = i \pmod{2}, l = j \pmod{2}$ [①].

证明 设 $(i_\delta i_{\delta-1} \cdots i_1)_2$ 是状态 i 的二进制表示式, $(j_\delta j_{\delta-1} \cdots j_1)_2$ 是状态 j 的二进制表示式. 由于 $i \to j$, 所以 $(i_{\delta-1} i_{\delta-2} \cdots i_1)_2 = (j_\delta j_{\delta-1} \cdots j_2)_2$, 故 $P(i \to j) = P(i_1 \to j_1)$. 而 $i_1 = i \pmod 2$, $j_1 = j \pmod 2$, 引理 4.4.2 得证. ∎

---

① $i \pmod 2$ 表示 i 除以 2 的余数.

4.4 马尔可夫链点示截断 δ 冲击模型

由引理 4.4.2 可得 $q_{2^\delta-1,0} = p_{00}$. 此外, 由于 0 是吸收态, 所以 $q_{00} = 1$.
由上面分析可算得 $\{X_n, n = \delta - 1, \delta, \cdots\}$ 的转移概率矩阵 $\boldsymbol{Q}$ 有如下形式

$$\boldsymbol{Q} \triangleq (q_{ij})_{2^\delta \times 2^\delta} = \begin{pmatrix} 1 & \boldsymbol{O} \\ \boldsymbol{Q}_0 & \boldsymbol{Q}_\delta \end{pmatrix},$$

其中, $\boldsymbol{O} = \underbrace{(0, 0, \cdots, 0)}_{2^\delta-1\text{个}}$, $\boldsymbol{Q}_0 = (\underbrace{0, 0, \cdots, 0}_{2^{\delta-1}-1\text{个}}, p_{00}, \underbrace{0, 0, \cdots, 0}_{2^{\delta-1}-1\text{个}})^{\mathrm{T}}$, $\boldsymbol{Q}_\delta$ 是非常返状态 $\{1, 2, \cdots, 2^\delta - 1\}$ 间的转移矩阵. 由上面分析可得 $\boldsymbol{Q}_\delta = \begin{pmatrix} \boldsymbol{H}_\delta \\ \boldsymbol{\xi} \\ \boldsymbol{H}_\delta \end{pmatrix}$, 其中, $\boldsymbol{\xi} = (p_{01}, 0, 0, \cdots, 0)_{1\times(2^\delta-1)}$,

$$\boldsymbol{H}_\delta = \begin{pmatrix} 0 & p_{10} & p_{11} & 0 & 0 & 0 & 0 & \cdots & 0 & 0 & 0 & 0 \\ 0 & 0 & 0 & p_{00} & p_{01} & 0 & 0 & \cdots & 0 & 0 & 0 & 0 \\ 0 & 0 & 0 & 0 & 0 & p_{10} & p_{11} & \cdots & 0 & 0 & 0 & 0 \\ \vdots & \vdots & \vdots & \vdots & \vdots & \vdots & \vdots & & \vdots & \vdots & \vdots & \vdots \\ 0 & 0 & 0 & 0 & 0 & 0 & 0 & \cdots & p_{00} & p_{01} & 0 & 0 \\ 0 & 0 & 0 & 0 & 0 & 0 & 0 & \cdots & 0 & 0 & p_{10} & p_{11} \end{pmatrix}_{(2^{\delta-1}-1)\times(2^\delta-1)}$$
(4.4.47)

下面分析 $\{X_n, n = \delta - 1, \delta, \cdots\}$ 的初始分布.

注意, $\{X_n, n = \delta - 1, \delta, \cdots\}$ 的初始时刻为 $\delta - 1$, 记 $\{X_n, n = \delta - 1, \delta, \cdots\}$ 的初始分布 (向量) 为 $\boldsymbol{A} \triangleq (\pi_i, i = 0, 1, \cdots, 2^\delta - 1)$, 其中 $\pi_i = P(X_{\delta-1} = i), i = 0, 1, \cdots, 2^\delta - 1$. 易得, 由于 $Y_0 \equiv 1$, 根据 $X_{\delta-1}$ 的定义, 当 $0 \leqslant i \leqslant 2^{\delta-1} - 1$ 时, $\pi_i = 0$, 所以, 若记 $\boldsymbol{\alpha} = (\pi_i, i = 1, 2, \cdots, 2^\delta - 1)$, 则 $\{X_n, n = \delta - 1, \delta, \cdots\}$ 的初始分布有如下形式

$$\boldsymbol{A} = (0, \boldsymbol{\alpha})_{1\times 2^\delta} = (0, \boldsymbol{o}, \boldsymbol{\beta})_{1\times 2^\delta}, \tag{4.4.48}$$

其中, $\boldsymbol{o} = (\pi_1, \pi_2, \cdots, \pi_{2^{\delta-1}-1}) = \underbrace{(0, 0, \cdots, 0)}_{2^{\delta-1}-1\text{个}}$, $\boldsymbol{\beta} = (\pi_{2^{\delta-1}}, \pi_{2^{\delta-1}+1}, \cdots, \pi_{2^\delta-1})$.

特殊地, 由于 $2^{\delta-1}$ 的二进制表示为 $(1\underbrace{00\cdots 0}_{\delta-1\text{个}})_2$, 所以

$$\pi_{2^{\delta-1}} = P(X_{\delta-1} = 2^{\delta-1}) = P(Y_0 = 1, Y_1 = Y_2 = \cdots = Y_{\delta-1} = 0) = p_{10}p_{00}^{\delta-2}.$$

定理 4.4.7 表明 T_1 是过程 $\{X_n, n = \delta - 1, \delta, \cdots\}$ 首次达到吸收态的时刻, 所以根据定理 1.4.6 条款 (1) 和条款 (2) 立得以下定理 4.4.8 和定理 4.4.9.

定理 4.4.8[85] 设 $T_1 \sim \text{SM}\{[\mathbf{MP_Y}(\boldsymbol{\mu}_1, \boldsymbol{P})], \text{CD}(\delta)\}$，则 $\text{SM}\{[\mathbf{MP_Y}(\boldsymbol{\mu}_1, \boldsymbol{P})], \text{CD}(\delta)\}$ 的寿命分布为

$$P(T_1 = k) = \begin{cases} 0, & k \leqslant \delta - 1, \\ \boldsymbol{\alpha} \boldsymbol{Q}_\delta^{k-\delta}(\boldsymbol{I} - \boldsymbol{Q}_\delta)\boldsymbol{e}, & k > \delta - 1, \end{cases}$$

其中，$\boldsymbol{I}$ 是与 $\boldsymbol{Q}_\delta$ 同阶的单位矩阵，$\boldsymbol{e}$ 是元素全为 1 的列向量.

定理 4.4.9 设 $T_1 \sim \text{SM}\{[\mathbf{MP_Y}(\boldsymbol{\mu}_1, \boldsymbol{P})], \text{CD}(\delta)\}$，则 T_1 的概率母函数为

$$\psi_{T_1}(t) = t\boldsymbol{\alpha}(\boldsymbol{I} - t\boldsymbol{Q}_\delta)^{-1}(\boldsymbol{I} - \boldsymbol{Q}_\delta)\boldsymbol{e}, \quad 0 \leqslant t \leqslant 1.$$

由定理 4.4.9 可得平均寿命.

推论 4.4.3 设 $T_1 \sim \text{SM}\{[\mathbf{MP_Y}(\boldsymbol{\mu}_1, \boldsymbol{P})], \text{CD}(\delta)\}$，则 $\text{SM}\{[\mathbf{MP_Y}(\boldsymbol{\mu}_1, \boldsymbol{P})], \text{CD}(\delta)\}$ 的系统平均寿命 MTTF 为

$$E(T_1) = \left. \frac{\mathrm{d}}{\mathrm{d}t} t\boldsymbol{\alpha}(\boldsymbol{I} - t\boldsymbol{Q}_\delta)^{-1}(\boldsymbol{I} - \boldsymbol{Q}_\delta)\boldsymbol{e} \right|_{t=1}.$$

第 5 章 截断 δ 冲击模型的统计推断

本章讨论截断 δ 冲击模型的统计推断问题. 在截断 δ 冲击模型中一般有两类参数, 一类是失效参数 δ; 另一类就是冲击参数 (冲击过程的参数). 例如在 SM{[**PP**(λ)], CD(δ)} 中, 有失效参数 δ 和冲击参数 λ, λ 反映了冲击到达的速率. 在 SM{[**RNP**$(U(a,b))$], CD(δ)} 中, 除了失效参数 δ 外, 还有两个冲击参数 a 和 b. 本章基于三类完全寿命数据 (样本轨道数据) 使用不同方法对 SM{[**PP**(λ)], CD(δ)} 和 SM{[**RNP**$(U(a,b))$], CD(δ)} 模型的两类参数进行估计.

5.1 样本数据假设

设我们观测的系统寿命失效机制服从某一个截断 δ 冲击模型 SM{Ψ, CD(δ)}, 根据不同的观测和记录数据方式, 假设观察出的样本轨道数据有下面三种形式.

样本数据 A_1: 观测到一列冲击到达时间数据 $t_1, t_2, \cdots, t_n$, 且 t_n 是寿命终止前最后一次冲击时刻, 其中 $n = 1, 2, \cdots$.

样本数据 A_2: 仅观测到寿命终止时一共冲击次数是 n, $n = 0, 1, 2, \cdots$.

样本数据 A_3: 观测到多组寿命结束时间 $T_1, T_2, \cdots, T_n$, $n = 1, 2, \cdots$.

三种样本数据都是完全寿命数据, 即全部是观测到系统失效为止. 样本数据 A_1 和 A_2 都是只针对一个系统的一次试验结果, 而样本数据 A_3 是针对给定的 $n \geqslant 1$ 个相互独立的同类型系统的各自的一次试验结果.

注意样本数据 A_1 是在 $n \geqslant 1$ 下的观测结果, 而样本数据 A_2 中 n 可以等于 0. 在样本数据 A_1 中, 要想观测到冲击到达时刻, 则寿命结束时至少有一次冲击, 因此要求观测数据中的 $n \geqslant 1$, 如果寿命结束时没有观测到冲击到达时刻的数据, 则意味冲击次数 $n = 0$, 此时样本数据 A_1 退化为样本数据 A_2 中 $n = 0$ 的情形. 另外注意样本数据 A_1、A_2 中的 n 与样本数据 A_3 中的 n 是实质不同的量, 即样本数据 A_1 和 A_2 中的 n 也是观测数据, 而样本数据 A_3 中的 n 是事先给定的确定性的数据.

记 $t_0 \equiv 0$, 易得, 在样本数据 A_1 中, 有 $0 \leqslant t_i - t_{i-1} \leqslant \delta, i = 1, 2, \cdots, n$, 且 $t_{n+1} - t_n > \delta$, 但 t_{n+1} 不能观测到. 而在样本数据 A_3 中, 根据截断 δ 冲击模型寿命的一致下界性 (式 (2.3.4)), 显然有 $T_i \geqslant \delta, i = 1, 2, \cdots, n$.

设 Ψ 的点时序列和点距序列分别为 $\{S_i, i = 1, 2, \cdots\}$ 和 $\{Z_i, i = 1, 2, \cdots\}$, 系统失效时的总冲击次数为 M, 则样本数据 A_1 中的 t_i 相当于是 S_i 的一个

实现, 数据 n 则是 M 的实现. 考虑 $\{M, S_1, S_2, \cdots, S_M\}$ 的样本 (轨道) 密度[①] $f_{\{M,S_1,S_2,\cdots,S_M\}}(m, x_1, x_2, \cdots, x_m)$, 从纯数学角度看, 直观上可分为下面三种情况:

(1) 若 $m = 0$, 则
$$f_{\{M,S_1,S_2,\cdots,S_M\}}(m, x_1, x_2, \cdots, x_m) = P(M = 0) = P(Z_1 > \delta); \quad (5.1.1)$$

(2) 若 $m \geqslant 1$, 且 $0 \leqslant x_i - x_{i-1} \leqslant \delta$, $i = 1, 2, \cdots, m$, 其中 $x_0 \equiv 0$, 则
$$f_{\{M,S_1,S_2,\cdots,S_M\}}(m, x_1, x_2, \cdots, x_m) = f_{\{S_1,S_2,\cdots,S_m\}}(x_1, x_2, \cdots, x_m)$$
$$\cdot P(M = m | S_1 = x_1, S_2 = x_2, \cdots, S_m = x_m)$$
$$= f_{\{S_1,S_2,\cdots,S_m\}}(x_1, x_2, \cdots, x_m) P(Z_{m+1} > \delta);$$

(3) 其他, 即 $m \geqslant 1$, 且至少存在某个 $i \in \{1, 2, \cdots, m\}$, 使得 $x_i - x_{i-1} < 0$ 或 $x_i - x_{i-1} > \delta$, 则
$$f_{\{M,S_1,S_2,\cdots,S_M\}}(m, x_1, x_2, \cdots, x_m) = 0.$$

实际上, 在现实中第 (3) 种情形不可能出现.

注意到样本数据 A_1 恰好满足第 (2) 种情形, 所以样本数据 A_1 的样本密度为
$$f_{\{M,S_1,S_2,\cdots,S_M\}}(n, t_1, t_2, \cdots, t_n)$$
$$= f_{\{S_1,S_2,\cdots,S_n\}}(t_1, t_2, \cdots, t_n) P(M = n | S_1 = t_1, S_2 = t_2, \cdots, S_n = t_n)$$
$$= f_{\{S_1,S_2,\cdots,S_n\}}(t_1, t_2, \cdots, t_n) P(Z_{n+1} > \delta). \quad (5.1.2)$$

注意式 (5.1.2) 不满足正则性. 事实上, 首先对式 (5.1.2) 固定 $n \geqslant 1$, 并依据各种 $t_1, t_2, \cdots, t_n$ 情况积分得

$$\iint \cdots \int_{\substack{0 \leqslant t_i - t_{i-1} \leqslant \delta \\ i=1,2,\cdots,n}} f_{\{M,S_1,S_2,\cdots,S_M\}}(n, t_1, t_2, \cdots, t_n) \mathrm{d}t_1 \mathrm{d}t_2 \cdots \mathrm{d}t_n$$
$$= P(Z_{n+1} > \delta) \iint \cdots \int_{\substack{0 \leqslant t_i - t_{i-1} \leqslant \delta \\ i=1,2,\cdots,n}} f_{\{S_1,S_2,\cdots,S_n\}}(t_1, t_2, \cdots, t_n) \mathrm{d}t_1 \mathrm{d}t_2 \cdots \mathrm{d}t_n.$$

由于
$$\iint \cdots \int_{\substack{0 \leqslant t_i - t_{i-1} \leqslant \delta \\ i=1,2,\cdots,n}} f_{\{S_1,S_2,\cdots,S_n\}}(t_1, t_2, \cdots, t_n) \mathrm{d}t_1 \mathrm{d}t_2 \cdots \mathrm{d}t_n$$

[①] 样本轨道密度的概念见 1.6 节.

$$= P(Z_i \leqslant \delta, i=1,2,\cdots,n) = P(M \geqslant n),$$

所以

$$\iint\cdots\int_{\substack{0\leqslant t_i-t_{i-1}\leqslant \delta \\ i=1,2,\cdots,n}} f_{\{M,S_1,S_2,\cdots,S_M\}}(n,t_1,t_2,\cdots,t_n)\mathrm{d}t_1\mathrm{d}t_2\cdots\mathrm{d}t_n$$

$$= P(Z_{n+1} > \delta)P(M \geqslant n) = P(M = n). \tag{5.1.3}$$

注意到 $n \geqslant 1$, 可由式 (5.1.3) 得

$$\sum_{n=1}^{\infty}\iint\cdots\int_{\substack{0\leqslant t_i-t_{i-1}\leqslant \delta, \\ i=1,2,\cdots,n}} f_{\{M,S_1,S_2,\cdots,S_M\}}(n,t_1,t_2,\cdots,t_n)\mathrm{d}t_1\mathrm{d}t_2\cdots\mathrm{d}t_n$$

$$= \sum_{n=1}^{\infty} P(M=n) = 1 - P(M=0).$$

所以式 (5.1.2) 必须合并第 (1) 种情形式 (5.1.1) 才满足正则性.

针对样本数据 A_2, 由于数据 n 是 M 的实现, 所以其样本密度就是 M 的分布列, 即系统的冲击度.

5.2 泊松截断 δ 冲击模型的参数估计

在泊松截断 δ 冲击模型 SM{[**PP**(λ)], CD(δ)} 中, 失效参数 δ 和冲击参数 λ 是两个重要的参数, 在决策应用中有重要的用处, 因此有必要根据观测数据对这两个参数进行估计. 若不做特殊说明, 本节都是针对 SM{[**PP**(λ)], CD(δ)} 进行参数估计, 因此本节有关命题叙述中一般不再单独指明 SM{[**PP**(λ)], CD(δ)}. 此外, 若不特殊说明, 文中的 $\{N(t), t\geqslant 0\}$, $\{Z_n, n=1,2,\cdots\}$ 和 $\{S_n, n=1,2,\cdots\}$ 分别表示 [**PP**(λ)] 的点数过程、点距序列和点时序列, M 表示 SM{[**PP**(λ)], CD(δ)} 系统失效时的总冲击次数, T 表示 SM{[**PP**(λ)], CD(δ)} 系统寿命.

5.2.1 基于样本数据 A_1 的极大似然估计

由于在 SM{[**PP**(λ)], CD(δ)} 中, 冲击间隔 $Z_i = S_{i+1} - S_i \sim \mathrm{Exp}(\lambda), i = 1,2,\cdots$, 且相互独立, 由式 (5.1.2)、式 (1.5.2) 及定理 1.5.25 条款 (1) 可得来源于 SM{[**PP**(λ)], CD(δ)} 的样本数据 A_1 的样本密度为

$$f_{\{M,S_1,S_2,\cdots,S_M\}}(n,t_1,t_2,\cdots,t_n) = \lambda^n \mathrm{e}^{-\lambda t_n}\mathrm{e}^{-\lambda \delta}, \tag{5.2.1}$$

即似然函数为[①]

$$\mathrm{Li}(\lambda,\delta) \triangleq \lambda^n e^{-\lambda t_n} e^{-\lambda \delta}, \tag{5.2.2}$$

对数似然函数为

$$\ln(\mathrm{Li}(\lambda,\delta)) = n\ln\lambda - \lambda t_n - \lambda\delta. \tag{5.2.3}$$

式 (5.2.1)—式 (5.2.3) 成立的条件是 $n \geqslant 1$, 且 $0 < t_i - t_{i-1} \leqslant \delta$, $i = 1, 2, \cdots, n$, 其中 $t_0 \equiv 0$. 基于式 (5.1.2) 同样理由, 式 (5.2.1) 或式 (5.2.2) 不满足正则性 (除非允许 $n = 0$).

定理 5.2.1[119] 在样本数据 A_1 下, 若 δ 已知, 则 λ 的极大似然估计为

$$\widehat{\lambda} = \frac{n}{t_n + \delta}. \tag{5.2.4}$$

证明 对式 (5.2.3) 中的似然函数关于 λ 求导数, 并令其等于 0 得 $\widehat{\lambda} = \dfrac{n}{t_n + \delta}$, 由于对数似然函数关于 λ 的二阶导 $\dfrac{d^2 \ln(\mathrm{Li}(\lambda))}{d\lambda^2} = -\dfrac{n}{\lambda^2} < 0$, 且 $\dfrac{n}{t_n + \delta} > 0$, 所以定理得证. ∎

定理 5.2.2[119] 在样本数据 A_1 下, 若 δ 与 λ 均未知, 则 δ 与 λ 的极大似然估计分别是

$$\widehat{\delta} = \max\{t_i - t_{i-1}, i = 1, 2, \cdots, n\} \tag{5.2.5}$$

和

$$\widehat{\lambda} = \frac{n}{t_n + \max\{t_i - t_{i-1}, i = 1, 2, \cdots, n\}}. \tag{5.2.6}$$

证明 对式 (5.2.3) 中的似然函数分别关于 δ 与 λ 取导数, 得

$$\frac{\partial \ln \mathrm{Li}(\lambda,\delta)}{\partial \lambda} = \frac{n}{\lambda} - t_n - \delta \tag{5.2.7}$$

和

$$\frac{\partial \ln \mathrm{Li}(\lambda,\delta)}{\partial \delta} = -\lambda. \tag{5.2.8}$$

由于式 (5.2.8) 小于 0, 说明 δ 取最小值时似然函数最大, 但注意到样本数据中的每个时间间隔都不大于 δ, 所以得 $\widehat{\delta} = \max\{t_i - t_{i-1}, i = 1, 2, \cdots, n\}$. 令式 (5.2.7) 等于 0, 将 $\widehat{\delta}$ 代入得

$$\widehat{\lambda} = \frac{n}{t_n + \max\{t_i - t_{i-1}, i = 1, 2, \cdots, n\}}.$$

---
① 将样本轨道密度看作是待估参数的函数, 则样本密度就是相应参数的似然函数.

5.2 泊松截断 δ 冲击模型的参数估计

显然, $\widehat{\delta} > 0$, $\widehat{\lambda} > 0$. 定理得证. ∎

考虑到我们研究的是开型截断 δ 冲击模型, 即若 $Z_i = \delta$ 系统不失效, 所以实际应用中, 可取

$$\widehat{\delta} = \max\{t_i - t_{i-1}, i = 1, 2, \cdots, n\} + \varepsilon \tag{5.2.9}$$

作为修正, 其中 $\varepsilon > 0$ 是微小的修正量.

此外, 虽然系统寿命 T 是一个随机变量, 但在某些实际应用中需要根据数据线索推断 T 对应的样本值. 例如, 我们想推断某个实体确切的死亡时间. 由于 $T = S_M + \delta$, 现在样本数据 A_1 下, $S_M = t_n$, $\widehat{\delta} = \max\{t_i - t_{i-1}; i = 1, 2, \cdots, n\} + \varepsilon$, 所以, 可得与样本数据 A_1 对应的寿命样本值为 $T \approx t_n + \max\{t_i - t_{i-1}; i = 1, 2, \cdots, n\} + \varepsilon$, 也就是说, 我们推断这个实体死亡时间可能是 $t_n + \max\{t_i - t_{i-1}; i = 1, 2, \cdots, n\} + \varepsilon$.

下面研究估计量的统计性质. 由于样本数据 A_1 只有在 $M \geqslant 1$ 条件下才有意义, 所以对估计量计算在 $\{M \geqslant 1\}$ 条件下的条件期望.

定理 5.2.3 设 $\widehat{\delta}$ 是样本数据 A_1 下 δ 的极大似然估计量, 则[①]

$$E[\widehat{\delta}|M \geqslant 1] = \frac{\delta}{1 - e^{-\lambda\delta}} - \frac{1}{\lambda}. \tag{5.2.10}$$

证明 由式 (5.2.5) 得, 在样本数据 A_1 下, δ 的极大似然估计量为

$$\widehat{\delta} = \max\{S_i - S_{i-1}, i = 1, 2, \cdots, M\} = \max\{Z_i, i = 1, 2, \cdots, M\},$$

其中规定 $S_0 = 0$.

若对 $E[\widehat{\delta}|M \geqslant 1]$ 关于 M 取条件, 则有

$$E[\widehat{\delta}|M \geqslant 1] = \sum_{m=1}^{\infty} E[\widehat{\delta}|M = m]P(M = m|M \geqslant 1). \tag{5.2.11}$$

为计算 $E[\widehat{\delta}|M = m]$, 先计算 $P(\max(Z_i, i = 1, 2, \cdots, m) > t|M = m)$, 其中 $t \geqslant 0$, $m \geqslant 1$. 为此考虑,

$$P(\max(Z_i, i = 1, 2, \cdots, m) \leqslant t|M = m).$$

注意到

$$\{\max(Z_i, i = 1, 2, \cdots, m) \leqslant t\} \Leftrightarrow \{Z_i \leqslant t, i = 1, 2, \cdots, m\},$$

[①] 文献 [119] 定理 3 计算结果为 $E[\widehat{\delta}] = \delta - \frac{1}{\lambda}(1 - e^{-\lambda\delta})$, 是按不带条件的期望计算的.

且
$$\{M=m\} \Leftrightarrow \{Z_i \leqslant \delta, i=1,2,\cdots,m; Z_{m+1} > \delta\}.$$
所以
$$P(\max(Z_i, i=1,2,\cdots,m) \leqslant t | M=m)$$
$$= P(Z_i \leqslant t, i=1,2,\cdots,m | Z_i \leqslant \delta, i=1,2,\cdots,m; Z_{m+1} > \delta).$$

显然当 $t \geqslant \delta$ 时，$P(Z_i \leqslant t, i=1,2,\cdots,m | Z_i \leqslant \delta, i=1,2,\cdots,m; Z_{m+1} > \delta) = 1$，即
$$P(\max(Z_i, i=1,2,\cdots,m) \leqslant t | M=m) = 1;$$
当 $0 \leqslant t < \delta$ 时，由于 $Z_1, Z_2, \cdots, Z_m$ 独立同分布，
$$P(Z_i \leqslant t, i=1,2,\cdots,m | Z_i \leqslant \delta, i=1,2,\cdots,m, Z_{m+1} > \delta) = [P(Z_1 \leqslant t | Z_1 \leqslant \delta)]^m,$$
即
$$P(\max(Z_i, i=1,2,\cdots,m) \leqslant t | M=m) = \left[\frac{P(Z_1 \leqslant t)}{P(Z_1 \leqslant \delta)}\right]^m = \frac{(1-\mathrm{e}^{-\lambda t})^m}{(1-\mathrm{e}^{-\lambda \delta})^m}.$$

综上所述有，对 $m=1,2,\cdots$，
$$P(\max(Z_i, i=1,2,\cdots,m) > t | M=m) = \begin{cases} 0, & t \geqslant \delta, \\ 1 - \dfrac{(1-\mathrm{e}^{-\lambda t})^m}{(1-\mathrm{e}^{-\lambda \delta})^m}, & 0 \leqslant t < \delta, \end{cases}$$

或等价地
$$P(\widehat{\delta} > t | M=m) = \begin{cases} 0, & t \geqslant \delta, \\ 1 - \dfrac{(1-\mathrm{e}^{-\lambda t})^m}{(1-\mathrm{e}^{-\lambda \delta})^m}, & 0 \leqslant t < \delta. \end{cases} \quad (5.2.12)$$

现在考虑 $E[\widehat{\delta} | M=m]$，其中 $m=1,2,\cdots$，使用生存函数计算期望公式 (见附表 21) 得
$$E[\widehat{\delta} | M=m] = \int_0^\infty P(\widehat{\delta} > t | M=m)\mathrm{d}t, \quad (5.2.13)$$

将式 (5.2.12) 代入式 (5.2.13) 得
$$E[\widehat{\delta} | M=m] = \int_0^\delta \left[1 - \frac{(1-\mathrm{e}^{-\lambda t})^m}{(1-\mathrm{e}^{-\lambda \delta})^m}\right] \mathrm{d}t = \delta - \frac{1}{(1-\mathrm{e}^{-\lambda \delta})^m} \int_0^\delta (1-\mathrm{e}^{-\lambda t})^m \mathrm{d}t. \quad (5.2.14)$$

5.2 泊松截断 δ 冲击模型的参数估计

此外, 当 $m = 1, 2, \cdots$ 时, 由定理 3.1.1 式 (3.1.2) 得

$$P(M = m | M \geqslant 1) = \frac{P(M = m)}{P(M \geqslant 1)} = \frac{(1 - e^{-\lambda\delta})^m e^{-\lambda\delta}}{1 - e^{-\lambda\delta}} = (1 - e^{-\lambda\delta})^{m-1} e^{-\lambda\delta}. \tag{5.2.15}$$

现在考虑计算 $E[\widehat{\delta} | M \geqslant 1]$. 注意到 $\sum\limits_{m=1}^{\infty} P(M = m | M \geqslant 1) = 1$, 先将式 (5.2.14) 代入式 (5.2.11) 可得

$$E[\widehat{\delta} | M \geqslant 1] = \delta - \sum_{m=1}^{\infty} \left(\frac{1}{(1 - e^{-\lambda\delta})^m} \int_0^\delta (1 - e^{-\lambda t})^m dt \right) P(M = m | M \geqslant 1), \tag{5.2.16}$$

再将式 (5.2.15) 代入式 (5.2.16) 得

$$E[\widehat{\delta} | M \geqslant 1] = \delta - \frac{e^{-\lambda\delta}}{1 - e^{-\lambda\delta}} \sum_{m=1}^{\infty} \left(\int_0^\delta (1 - e^{-\lambda t})^m dt \right),$$

由几何级数的收敛性, 交换积分与求和顺序得

$$E[\widehat{\delta} | M \geqslant 1] = \delta - \frac{e^{-\lambda\delta}}{1 - e^{-\lambda\delta}} \int_0^\delta \sum_{m=1}^{\infty} (1 - e^{-\lambda t})^m dt$$

$$= \delta - \frac{e^{-\lambda\delta}}{1 - e^{-\lambda\delta}} \int_0^\delta e^{\lambda t}(1 - e^{-\lambda t}) dt = \frac{\delta}{1 - e^{-\lambda\delta}} - \frac{1}{\lambda}.$$

定理得证. ■

为了计算 $\widehat{\delta}$ 的 (无条件) 期望, 需要将 "寿命结束时没有冲击到达" 即 $n = 0$ 这种样本数据情形补充到样本数据 A_1 中 (称为**扩展的样本数据** A_1). 此时, 相应的样本密度式 (5.1.1) 就增加到似然函数中, 因此扩展的样本数据 A_1 对应的似然函数就是 $P(Z_1 > \delta)$ 与式 (5.1.2) 的组合, 特别针对 SM{[**PP**(λ)], CD(δ)}, 其似然函数扩展为

$$\mathrm{Li}(\lambda, \delta) = \begin{cases} e^{-\lambda\delta}, & n = 0, \\ \lambda^n e^{-\lambda t_n} e^{-\lambda\delta}, & n \geqslant 1, 0 < t_i - t_{i-1} \leqslant \delta, i = 1, 2, \cdots, n, \end{cases}$$

其中, $t_0 = 0$. 当 $n = 0$ 时, $\mathrm{Li}(\lambda, \delta) = e^{-\lambda\delta}$ 关于 λ, δ 和 $\lambda\delta$ 都单调递减, 可得 $\widehat{\delta} = 0$, 结合式 (5.2.5), 可得扩展的样本数据 A_1 下 δ 的极大似然估计 (量) $\widehat{\delta}_0$ 为

$$\widehat{\delta}_0 = \begin{cases} 0, & M = 0, \\ \max\{S_i - S_{i-1}, i = 1, 2, \cdots, M\}, & M = 1, 2, \cdots, \end{cases} \tag{5.2.17}$$

其中, $S_0 \equiv 0$. 所以有

$$E[\widehat{\delta_0}] = E[\widehat{\delta_0}|M=0]P(M=0) + E[\widehat{\delta_0}|M \geqslant 1]P(M \geqslant 1)$$
$$= E[\widehat{\delta}|M \geqslant 1]P(M \geqslant 1) \tag{5.2.18}$$

将式 (5.2.10) 与 $P(M \geqslant 1) = P(Z_1 \leqslant \delta) = 1 - e^{-\lambda\delta}$ 代入式 (5.2.18) 中, 立得下面定理 5.2.4.

定理 5.2.4 设 $\widehat{\delta_0}$ 是扩展的样本数据 A_1 下 δ 的极大似然估计量, 则[①]

$$E[\widehat{\delta_0}] = \delta - \frac{1}{\lambda}(1 - e^{-\lambda\delta}). \tag{5.2.19}$$

定理 5.2.4 表明 $\widehat{\delta_0}$ 不是 δ 的无偏估计 (定义 1.6.6), 然而我们可由式 (5.2.19) 构造出一个无偏估计, 即如定理 5.2.5 所述.

定理 5.2.5 在扩展的样本数据 A_1 下, 若 λ 已知, 则

$$\left[\max\{S_i - S_{i-1}, i = 1, 2, \cdots, M\} + \frac{1}{\lambda}\right] I_{\{M \geqslant 1\}}. \tag{5.2.20}$$

是 δ 的一个无偏估计, 其中 $I_{\{M \geqslant 1\}}$ 是示性函数.

证明 观察式 (5.2.17), $\widehat{\delta_0}$ 可表示为

$$\widehat{\delta_0} = \max\{S_i - S_{i-1}, i = 1, 2, \cdots, M\} I_{\{M \geqslant 1\}},$$

由式 (5.2.19) 及 (5.2.18), 由于

$$E[\widehat{\delta_0}] = E\left[\max\{S_i - S_{i-1}, i = 1, 2, \cdots, M\} I_{\{M \geqslant 1\}}\right] = \delta - \frac{1}{\lambda}(1 - e^{-\lambda\delta}),$$

所以根据无偏估计的定义 (定义 1.6.6) 只需证明

$$E\left[\frac{1}{\lambda} I_{\{M \geqslant 1\}}\right] = \frac{1}{\lambda}(1 - e^{-\lambda\delta})$$

即可, 而

$$E\left[I_{\{M \geqslant 1\}}\right] = P(M \geqslant 1) = P(Z_1 \leqslant \delta) = 1 - e^{-\lambda\delta}.$$

结论成立. ∎

由定理 5.2.5 可得, 式 (5.2.9) 中的修正量一般取 $\varepsilon = \frac{1}{\lambda}$.

[①] 由定理 5.2.4 可知, 文献 [119] 的定理 3 实质上计算的是扩展样本数据 A_1 下 δ 估计量的期望.

5.2.2 基于样本数据 A_2 的极大似然估计

由定理 3.1.1 中式 (3.1.2) 可得 $\mathrm{SM}\{\mathbf{PP}(\lambda), \mathrm{CD}(\delta)\}$ 基于样本数据 A_2 的似然函数为, 对于 $\forall n = 0, 1, \cdots$

$$\mathrm{Li}(\delta, \lambda) = (1 - \mathrm{e}^{-\lambda\delta})^n \mathrm{e}^{-\lambda\delta},$$

相应对数似然函数为

$$\ln\{\mathrm{Li}(\delta, \lambda)\} = n \ln(1 - \mathrm{e}^{-\lambda\delta}) - \lambda\delta. \tag{5.2.21}$$

在样本数据 A_2 下, 我们有下面的估计.

定理 5.2.6 在样本数据 A_2 下,

(1) 若 δ 已知, 则 λ 的极大似然估计是 $\widehat{\lambda} = \dfrac{\ln(n+1)}{\delta}$;

(2) 若 λ 已知, 则 δ 的极大似然估计是 $\widehat{\delta} = \dfrac{\ln(n+1)}{\lambda}$;

(3) 若 δ 与 λ 都未知, 则 $\lambda\delta$ 的极大似然估计是 $\widehat{\lambda\delta} = \ln(n+1)$.

证明 在式 (5.2.21) 两边分别关于 λ, δ 和 $\lambda\delta$ 求导并令等于 0 得

$$\begin{cases} \dfrac{\mathrm{d}\ln\{\mathrm{Li}(\delta,\lambda)\}}{\mathrm{d}\lambda} = n\dfrac{\delta\mathrm{e}^{-\lambda\delta}}{1-\mathrm{e}^{-\lambda\delta}} - \delta = 0, \\ \dfrac{\mathrm{d}\ln\{\mathrm{Li}(\delta,\lambda)\}}{\mathrm{d}\delta} = n\dfrac{\lambda\mathrm{e}^{-\lambda\delta}}{1-\mathrm{e}^{-\lambda\delta}} - \lambda = 0, \\ \dfrac{\mathrm{d}\ln\{\mathrm{Li}(\delta,\lambda)\}}{\mathrm{d}(\lambda\delta)} = n\dfrac{\mathrm{e}^{-\lambda\delta}}{1-\mathrm{e}^{-\lambda\delta}} - 1 = 0. \end{cases}$$

分别解方程得 3 个估计式, 并且 3 个估计式都大于 0, 定理得证. ∎

由定理 5.2.6 可得样本数据 A_2 下平均寿命的极大似然估计, 即

推论 5.2.1 若 λ 已知, 则在样本数据 A_2 条件下, $\mathrm{SM}\{[\mathbf{PP}(\lambda)], \mathrm{CD}(\delta)\}$ 平均寿命的极大似然估计为

$$\widehat{E[T]} = \dfrac{n}{\lambda}. \tag{5.2.22}$$

证明 将 $\widehat{\delta} = \dfrac{\ln(n+1)}{\lambda}$ 直接代入 $\mathrm{SM}\{[\mathbf{PP}(\lambda)], \mathrm{CD}(\delta)\}$ 的平均寿命 $E[T] = \dfrac{1}{\lambda}(\mathrm{e}^{\lambda\delta} - 1)$ (见定理 3.1.8 式 (3.1.43)) 中并化简得 $E[T] = \dfrac{n}{\lambda}$, 由极大似然估计的不变性 (参见 1.6.3.2 节) 得 $\widehat{E[T]} = \dfrac{n}{\lambda}$ 是 $E[T]$ 的极大似然估计. ∎

观察式 (5.2.22), 平均寿命的估计式恰如参数为 n 和 λ 的伽马分布的期望. 这个估计有一个直观的解释, 即平均寿命等于平均冲击间隔乘以总冲击次数. 此外, 由推论 3.1.1, $EM = e^{\lambda\delta} - 1$, 所以

$$E(\widehat{E[T]}) = E\left(\frac{M}{\lambda}\right) = \frac{1}{\lambda}(e^{\lambda\delta} - 1) = \widehat{E[T]},$$

因此 $\dfrac{M}{\lambda}$ 是 $\widehat{E[T]}$ 的一个无偏估计.

5.2.3 基于样本数据 $\mathbf{A_3}$ 的矩估计

在样本数据 A_3 下, 我们有下面的估计.

定理 5.2.7[119] 设 $\overline{T}$ 和 $\overline{T^2}$ 分别表示样本数据 A_3 的一阶矩和二阶矩, 即 $\overline{T} = \dfrac{1}{n}\sum\limits_{i=1}^{n}T_i, \overline{T^2} = \dfrac{1}{n}\sum\limits_{i=1}^{n}T_i^2$, 那么

(1) 若 λ 已知, 则 δ 的矩估计量为

$$\widehat{\delta} = \frac{\ln(\lambda\overline{T} + 1)}{\lambda}; \tag{5.2.23}$$

(2) 若 δ 已知, $T_1, T_2, \cdots, T_n$ 不全部是 δ, 且 $\overline{T} - \dfrac{\overline{T^2}}{2\overline{T}} < \delta$, 则 λ 的矩估计量为

$$\widehat{\lambda} = \frac{2(\overline{T} - \delta)}{\overline{T^2} - 2\overline{T}(\overline{T} - \delta)}. \tag{5.2.24}$$

证明 令

$$\begin{cases} \overline{T} = E[T], \\ \overline{T^2} = E[T^2]. \end{cases} \tag{5.2.25}$$

将式 (3.1.43) 和式 (3.1.47) 代入式 (5.2.25) 得

$$\begin{cases} \overline{T} = \dfrac{1}{\lambda}(e^{\lambda\delta} - 1), \\ \overline{T^2} = \dfrac{2}{\lambda}e^{\lambda\delta}\left[\dfrac{1}{\lambda}(e^{\lambda\delta} - 1) - \delta\right]. \end{cases} \tag{5.2.26}$$

解式 (5.2.26) 中的第 1 个方程可得式 (5.2.23). $\widehat{\delta} = \dfrac{\ln(\lambda\overline{T} + 1)}{\lambda} > 0$ 是显然的, 满足 δ 非负条件.

将式 (5.2.26) 中的第 1 个方程代入第 2 个方程得

$$\overline{T^2} = 2\left(\overline{T} + \frac{1}{\lambda}\right)(\overline{T} - \delta). \tag{5.2.27}$$

下证 $\overline{T} - \delta \neq 0$. 首先由截断 δ 冲击模型寿命的一致下界性得, 所有的 $T_i \geqslant \delta, i = 1, 2, \cdots, n$, 又由于 $T_1, T_2, \cdots, T_n$ 不全部是 δ, 即存在 $k \in \{1, 2, \cdots, n\}$, 满足 $T_k > \delta$, 因此 $\overline{T} > \delta$, 即 $\overline{T} - \delta \neq 0$.

现在关于 λ 解方程式 (5.2.27) 即可得式 (5.2.24). 由于 λ 的非负性要求, 式 (5.2.24) 成立的条件是

$$\overline{T^2} - 2\overline{T}(\overline{T} - \delta) > 0,$$

即

$$\overline{T} - \frac{\overline{T^2}}{2\overline{T}} < \delta. \qquad ■$$

5.3 均匀截断 δ 冲击模型的参数估计

本节主要讨论 SM{[**RNP**(U(a,b))], CD(δ)} 的冲击参数 a, b 和失效参数 δ 的基于三类样本数据 A_1, A_2, A_3 的参数估计. 若不做特殊说明, 本节都是针对 SM{[**RNP**(U(a,b))], CD(δ)} 进行参数估计, 因此本节有关命题叙述中一般不再单独指明 SM{[**RNP**(U(a,b))], CD(δ)}. 在针对 SM{[**RNP**(U(0,b))], CD(δ)} 的一些推论命题时, 会专门指出 SM{[**RNP**(U(0,b))], CD(δ)}. 若不特殊说明, 文中的 $\{N(t), t \geqslant 0\}$, $\{Z_n, n = 1, 2, \cdots\}$ 和 $\{S_n, n = 1, 2, \cdots\}$ 分别表示 [**RNP**(U(a,b))] 的点数过程、点距序列和点时序列, M 表示 SM{[**RNP**(U(a,b))], CD(δ)} 系统失效时的总冲击次数, T 表示 SM{[**RNP**(U(a,b))], CD(δ)} 系统寿命.

在 SM{[**RNP**(U(a,b))], CD(δ)} 中, 冲击间隔 $Z_i = S_{i+1} - S_i \sim U(a, b), i = 1, 2, \cdots$, 且相互独立, 为避免平凡情形, 一般假设 $0 \leqslant a < \delta < b$, 称为**均匀截断 δ 冲击模型的免平凡 (性) 条件**.

5.3.1 基于样本数据 A_1 的极大似然估计

由式 (5.1.2), 可得 SM{[**RNP**(U(a,b))], CD(δ)} 的样本数据 A_1 的样本密度为

$$f_{\{M, S_1, S_2, \cdots, S_M\}}(n, t_1, t_2, \cdots, t_n) = \left[\prod_{i=1}^{n} \frac{1}{b-a}\right] \frac{b-\delta}{b-a} = \frac{b-\delta}{(b-a)^{n+1}}, \tag{5.3.1}$$

即似然函数

$$\text{Li}(a, b, \delta) \triangleq \frac{b-\delta}{(b-a)^{n+1}}, \tag{5.3.2}$$

对数似然函数为

$$\ln(\mathrm{Li}(a,b,\delta)) = \ln(b-\delta) - (n+1)\ln(b-a). \tag{5.3.3}$$

式 (5.3.1)—式 (5.3.3) 成立的条件是 $n \geqslant 1$，且 $a \leqslant t_i - t_{i-1} \leqslant \delta < b$，$i = 1, 2, \cdots, n$，其中 $t_0 \equiv 0$。

基于式 (5.1.2) 同样理由，式 (5.3.1) 或式 (5.3.2) 不满足正则性。事实上对式 (5.3.1) 固定 $n \geqslant 1$，并依据 $t_1, t_2, \cdots, t_n$ 情况积分得

$$\iint\cdots\int_{\substack{a\leqslant t_i-t_{i-1}\leqslant\delta,\\i=1,2,\cdots,n}} \frac{b-\delta}{(b-a)^{n+1}} \mathrm{d}t_1\mathrm{d}t_2\cdots\mathrm{d}t_n = \frac{b-\delta}{(b-a)^{n+1}} \iint\cdots\int_{\substack{a\leqslant t_i-t_{i-1}\leqslant\delta,\\i=1,2,\cdots,n}} 1\mathrm{d}t_1\mathrm{d}t_2\cdots\mathrm{d}t_n \tag{5.3.4}$$

由于

$$\iint\cdots\int_{\substack{a\leqslant t_i-t_{i-1}\leqslant\delta,\\i=1,2,\cdots,n}} 1\mathrm{d}t_1\mathrm{d}t_2\cdots\mathrm{d}t_n = \iint\cdots\int_{\substack{a\leqslant x_i\leqslant\delta,\\i=1,2,\cdots,n}} 1\mathrm{d}x_1\mathrm{d}x_2\cdots\mathrm{d}x_n = (\delta-a)^n,$$

所以

$$\iint\cdots\int_{\substack{a\leqslant t_i-t_{i-1}\leqslant\delta,\\i=1,2,\cdots,n}} \frac{b-\delta}{(b-a)^{n+1}} \mathrm{d}t_1\mathrm{d}t_2\cdots\mathrm{d}t_n = \frac{(b-\delta)(\delta-a)^n}{(b-a)^{n+1}}. \tag{5.3.5}$$

注意到 $n \geqslant 1$，由式 (5.3.5) 得

$$\sum_{n=1}^{\infty} \iint\cdots\int_{\substack{a\leqslant t_i-t_{i-1}\leqslant\delta,\\i=1,2,\cdots,n}} \frac{b-\delta}{(b-a)^{n+1}} \mathrm{d}t_1\mathrm{d}t_2\cdots\mathrm{d}t_n = \sum_{n=1}^{\infty} \frac{(b-\delta)(\delta-a)^n}{(b-a)^{n+1}} = \frac{\delta-a}{b-a}.$$

所以式 (5.3.1) (或式 (5.3.2)) 必须组合上 $P(M=0) = P(Z_1 > \delta) = \dfrac{b-\delta}{b-a}$ 才满足正则性。

定理 5.3.1[127]　在样本数据 A_1 下，若 a 和 δ 已知，则 b 的极大似然估计为

$$\widehat{b} = \frac{(n+1)\delta - a}{n}. \tag{5.3.6}$$

证明　在式 (5.3.3) 两边关于 b 求导数，并令其等于 0 得

$$\frac{\mathrm{d}\ln\mathrm{Li}}{\mathrm{d}b} = \frac{1}{b-\delta} - (n+1)\frac{1}{b-a} = 0,$$

解方程得 $\widehat{b} = \dfrac{(n+1)\delta - a}{n}$.

对数似然函数 (5.3.3) 关于 b 在点 $\dfrac{(n+1)\delta - a}{n}$ 处的二阶导数为

$$\left.\dfrac{\mathrm{d}^2 \ln \mathrm{Li}}{\mathrm{d} b^2}\right|_{b=\frac{(n+1)\delta-a}{n}} = \left.\left(-\dfrac{1}{(b-\delta)^2} + (n+1)\dfrac{1}{(b-a)^2}\right)\right|_{b=\frac{(n+1)\delta-a}{n}}$$

$$= \left.\dfrac{(n+1)(b-\delta)^2 - (b-a)^2}{(b-a)^2(b-\delta)^2}\right|_{b=\frac{(n+1)\delta-a}{n}}.$$

由于

$$\left.((n+1)(b-\delta)^2 - (b-a)^2)\right|_{b=\frac{(n+1)\delta-a}{n}} = -\dfrac{n+1}{n}(\delta-a)^2 < 0,$$

所以

$$\left.\dfrac{\mathrm{d}^2 \ln \mathrm{Li}}{\mathrm{d} b^2}\right|_{b=\frac{(n+1)\delta-a}{n}} < 0,$$

因此 $\widehat{b} = \dfrac{(n+1)\delta - a}{n}$ 是似然函数的最大值点.

此外, 因为 $\delta > a$, 可得 $\widehat{b} = \dfrac{(n+1)\delta - a}{n} = \delta + \dfrac{\delta - a}{n} > \delta$, 满足条件假设.

综上所述 $\widehat{b} = \dfrac{(n+1)\delta - a}{n}$ 是 b 的极大似然估计. 定理得证. ■

定理 5.3.2[127] 若 δ, a 与 b 均未知, 则 δ, a 与 b 基于样本数据 A_1 的极大似然估计分别是

(1) $\widehat{\delta} = \max\{t_i - t_{i-1}, i = 1, 2, \cdots, n\}$; (5.3.7)

(2) $\widehat{a} = \min\{t_i - t_{i-1}, i = 1, 2, \cdots, n\}$;

(3) $\widehat{b} = \dfrac{(n+1)\max\{t_i - t_{i-1}, i=1,2,\cdots,n\} - \min\{t_i - t_{i-1}, i=1,2,\cdots,n\}}{n}$.

(5.3.8)

证明 观察式 (5.3.3) 可知, $\ln(\mathrm{Li}(a,b,\delta))$ 关于 δ 单调递减, 所以 δ 的最大似然估计应是 δ 可取值范围的下边界 (即左端点). 由于式 (5.3.3) 成立的条件是 $n \geqslant 1$, 且 $a \leqslant t_i - t_{i-1} \leqslant \delta, i = 1, 2, \cdots, n$, 所以, δ 可取值范围是 $\max\{t_i - t_{i-1}; i = 1, 2, \cdots, n\} \leqslant \delta < b$, 所以, δ 的最大似然估计为

$$\widehat{\delta} = \max\{t_i - t_{i-1}, i = 1, 2, \cdots, n\}.$$ (5.3.9)

同理, 观察式 (5.3.3) 可知, $\ln(\mathrm{Li}(a,b,\delta))$ 关于 a 单调递增, 所以 a 的最大似然估计应是 a 可取值范围的上边界 (即右端点). 由于 $a \leqslant t_i - t_{i-1} \leqslant \delta, i =$

$1, 2, \cdots, n$, 所以, a 可取值范围是 $0 < a \leqslant \min\{t_i - t_{i-1}, i = 1, 2, \cdots, n\}$, 所以, a 的最大似然估计为

$$\widehat{a} = \min\{t_i - t_{i-1}, i = 1, 2, \cdots, n\}. \tag{5.3.10}$$

将式 (5.3.9) 与式 (5.3.10) 代入式 (5.3.6) 可得式 (5.3.8).

显然, $\widehat{a} \leqslant \widehat{\delta} \leqslant \widehat{b}$, 且等号仅在 $t_1 = t_2 - t_1 = t_3 - t_2 = \cdots = t_n - t_{n-1}$ 极端条件下成立, 定理得证. ∎

对比式 (5.3.7) 和式 (5.2.5), 我们看到的, 基于样本数据 A_1, SM{[**PP**(λ)], CD(δ)} 中 δ 的极大似然估计和 SM{[**RNP**(U(0,b))], CD(δ)} 中 δ 的极大似然估计是一样的.

由定理 5.3.2 可看出, 在样本数据 A_1 下, δ 的极大似然估计恰好是 a 的极大似然估计与 b 的极大似然估计的加权平均, 即 $\widehat{\delta} = \dfrac{1}{n+1}\widehat{a} + \dfrac{n}{n+1}\widehat{b}$.

此外, 在 SM{[**RNP**(U(0,b))], CD(δ)} 中, 由于不需要估计 a (已给定 $a = 0$), 所以, 可得 δ 和 b 的极大似然估计如推论 5.3.1.

推论 5.3.1[121] 在 SM{[**RNP**(U(0,b))], CD(δ)} 中, 若 δ 与 b 都未知, 则参数 δ 与 b 基于样本数据 A_1 的极大似然估计分别是

$$\widehat{\delta} = \max\{t_i - t_{i-1}, i = 1, 2, \cdots, n\}$$

和

$$\widehat{b} = \frac{n+1}{n} \max\{t_i - t_{i-1}, i = 1, 2, \cdots, n\}.$$

下面定理 5.3.3 给出了 SM{[**RNP**(U(a,b))], CD(δ)} 在样本数据 A_1 下 $\widehat{a}, \widehat{b}$ 以及 $\widehat{\delta}$ 估计量的期望, 注意这些期望都是在 $\{M \geqslant 1\}$ 条件下的条件期望.

定理 5.3.3[127] 设参数 δ 基于样本数据 A_1 的极大似然估计量是 $\widehat{\delta}$, 则

$$E[\widehat{\delta} | M \geqslant 1] = b - \frac{(b-\delta)(b-a)}{\delta - a} \ln \frac{b-a}{b-\delta}.$$

证明 由于 SM{[**RNP**(U(a,b))], CD(δ)} 中 δ 的极大似然估计和 SM{[**PP**(λ)], CD(δ)} 中 δ 的极大似然估计是一样的, 即都是 $\widehat{\delta} = \max\{t_i - t_{i-1}, i = 1, 2, \cdots, M\}$, 所以与定理 5.2.3 证明步骤类似可得, 对 $m = 1, 2, \cdots$, 当 $t \geqslant \delta$ 时, $P\{\max(Z_i, i = 1, 2, \cdots, m) \leqslant t | M = m\} = 1$; 而当 $0 < t < \delta$ 时,

$$P\{\max(Z_i, i = 1, 2, \cdots, m) \leqslant t | M = m\}$$

5.3 均匀截断 δ 冲击模型的参数估计

$$= \left[\frac{P(Z_1 \leqslant t)}{P(Z_1 \leqslant \delta)}\right]^m = \begin{cases} 0, & 0 < t < a, \\ \dfrac{(t-a)^m}{(\delta-a)^m}, & a \leqslant t < \delta. \end{cases}$$

所以综上所述有: 对 $m = 1, 2, \cdots$,

$$P\{\max(Z_i; i=1,2,\cdots,m) > t | M = m\} = \begin{cases} 1, & 0 \leqslant t < a, \\ 1 - \dfrac{(t-a)^m}{(\delta-a)^m}, & a \leqslant t < \delta, \\ 0, & t \geqslant \delta, \end{cases}$$

或等价地

$$P(\widehat{\delta} > t | M = m) = \begin{cases} 1, & 0 \leqslant t < a, \\ 1 - \dfrac{(t-a)^m}{(\delta-a)^m}, & a \leqslant t < \delta, \\ 0, & t \geqslant \delta. \end{cases} \tag{5.3.11}$$

现在考虑 $E[\widehat{\delta}|M=m]$, 其中 $m = 1, 2, \cdots$, 由生存函数计算期望公式得

$$E[\widehat{\delta}|M=m] = \int_0^\infty P(\widehat{\delta} > t | M = m) \mathrm{d}t, \tag{5.3.12}$$

将式 (5.3.11) 代入式 (5.3.12) 得

$$E[\widehat{\delta}|M=m] = \delta - \int_a^\delta \frac{(t-a)^m}{(\delta-a)^m} \mathrm{d}t = \delta - \frac{\delta-a}{m+1}. \tag{5.3.13}$$

此外, 将式 (3.2.4) 和式 (3.2.5) 代入下式得, 当 $m = 1, 2, \cdots$ 时,

$$P(M=m|M \geqslant 1) = \frac{P(M=m)}{P(M \geqslant 1)} = \frac{(\delta-a)^{m-1}(b-\delta)}{(b-a)^m}. \tag{5.3.14}$$

现在考虑计算 $E[\widehat{\delta}|M \geqslant 1]$. 因为 $\sum_{m=1}^\infty P(M=m|M \geqslant 1) = 1$, 先将式 (5.3.13) 代入下式可得

$$E[\widehat{\delta}|M \geqslant 1] = \sum_{m=1}^\infty E[\widehat{\delta}|M=m] P(M=m|M \geqslant 1)$$

$$= \sum_{m=1}^{\infty} \left(\delta - \frac{\delta - a}{m+1} \right) P(M = m | M \geqslant 1)$$

$$= \delta - (\delta - a) \sum_{m=1}^{\infty} \frac{1}{m+1} P(M = m | M \geqslant 1). \tag{5.3.15}$$

再将式 (5.3.14) 代入式 (5.3.15) 得

$$E[\widehat{\delta}|M \geqslant 1] = \delta - (b - \delta) \sum_{m=1}^{\infty} \frac{1}{m+1} \frac{(\delta - a)^m}{(b - a)^m},$$

由定理 1.2.4 条款 (3) 知

$$\sum_{m=1}^{\infty} \frac{1}{m+1} \frac{(\delta - a)^m}{(b - a)^m} = \frac{b-a}{\delta - a} \ln \frac{b-a}{b-\delta} - 1, \tag{5.3.16}$$

所以

$$E[\widehat{\delta}|M \geqslant 1] = \delta - (b-\delta) \left(\frac{b-a}{\delta-a} \ln \frac{b-a}{b-\delta} - 1 \right) = b - \frac{(b-\delta)(b-a)}{\delta-a} \ln \frac{b-a}{b-\delta}.$$

定理得证。 ■

定理 5.3.4[127] 设参数 a 基于样本数据 A_1 的极大似然估计量是 $\widehat{a}$, 则

$$E[\widehat{a}|M \geqslant 1] = (a + \delta - b) + \frac{(b-\delta)(b-a)}{(\delta - a)} \ln \frac{b-a}{b-\delta}.$$

证明 由定理 5.3.2 得: a 的极大似然估计量为

$$\widehat{a} = \min\{S_i - S_{i-1}, i = 1, 2, \cdots, M\} = \min\{Z_i, i = 1, 2, \cdots, M\}. \tag{5.3.17}$$

先计算 $E[\widehat{a}|M=m]$, 其中 $m = 1, 2, \cdots$, 由生存函数计算期望公式 (见附表 21)

$$E[\widehat{a}|M = m] = \int_0^{\infty} P(\widehat{a} > t | M = m) \, \mathrm{d}t. \tag{5.3.18}$$

为此考虑对 $m = 1, 2, \cdots, P(\widehat{a} > t | M = m)$. 由式 (5.3.17), 得

$$P(\widehat{a} > t | M = m) = P\{\min(Z_i, i = 1, 2, \cdots, m) > t | M = m\},$$

而由下面 2 个等价事件

$$\{\min(Z_i, i = 1, 2, \cdots, m) > t\} \Leftrightarrow \{Z_i > t, i = 1, 2, \cdots, m\}$$

5.3 均匀截断 δ 冲击模型的参数估计

与
$$\{M = m\} \Leftrightarrow \{Z_i \leqslant \delta, i = 1, 2, \cdots, m; Z_{m+1} > \delta\},$$
可得
$$P(\widehat{a} > t | M = m) = P(Z_i > t, i = 1, 2, \cdots, m | Z_i \leqslant \delta, i = 1, 2, \cdots, m; Z_{m+1} > \delta). \tag{5.3.19}$$

为此再考虑 $P(Z_i > t, i = 1, 2, \cdots, m | Z_i \leqslant \delta, i = 1, 2, \cdots, m; Z_{m+1} > \delta)$. 显然,当 $t \geqslant \delta$ 时

$$P(Z_i > t, i = 1, 2, \cdots, m | Z_i \leqslant \delta, i = 1, 2, \cdots, m; Z_{m+1} > \delta) = 0; \tag{5.3.20}$$

当 $0 \leqslant t < \delta$ 时, 由于 $Z_1, Z_2, \cdots, Z_m$ 独立同分布于 $U(a, b)$, 所以

$$P(Z_i > t, i = 1, 2, \cdots, m | Z_i \leqslant \delta, i = 1, 2, \cdots, m; Z_{m+1} > \delta)$$
$$= \left[\frac{P(t < Z_1 \leqslant \delta)}{P(Z_1 \leqslant \delta)}\right]^m = \left[\frac{F_{Z_1}(\delta) - F_{Z_1}(t)}{F_{Z_1}(\delta)}\right]^m = \begin{cases} 1, & 0 \leqslant t < a, \\ \left(\dfrac{\delta - t}{\delta - a}\right)^m, & a \leqslant t < \delta. \end{cases} \tag{5.3.21}$$

综上所述, 将式 (5.3.21) 与式 (5.3.20) 代入式 (5.3.19) 得

$$P(\widehat{a} > t | M = m) = \begin{cases} 1, & 0 \leqslant t < a, \\ \left(\dfrac{\delta - t}{\delta - a}\right)^m, & a \leqslant t < \delta, \\ 0, & t \geqslant \delta. \end{cases} \tag{5.3.22}$$

将式 (5.3.22) 代入式 (5.3.18) 得

$$E[\widehat{a} | M = m] = a + \int_a^{\delta} \left(\frac{\delta - t}{\delta - a}\right)^m dt = a + \frac{\delta - a}{m + 1}. \tag{5.3.23}$$

现在对 $E[\widehat{a} | M \geqslant 1]$ 关于 M 取条件, 得

$$E[\widehat{a} | M \geqslant 1] = \sum_{m=1}^{\infty} E[\widehat{a} | M = m] P(M = m | M \geqslant 1), \tag{5.3.24}$$

将式 (5.3.23) 代入式 (5.3.24), 并注意到 $\sum_{m=1}^{\infty} P(M = m | M \geqslant 1) = 1$ 可得

$$E[\widehat{a} | M \geqslant 1] = \sum_{m=1}^{\infty} \left(a + \frac{\delta - a}{m + 1}\right) P(M = m | M \geqslant 1)$$

$$= a + \sum_{m=1}^{\infty} \frac{\delta - a}{m+1} P(M = m | M \geqslant 1), \tag{5.3.25}$$

再将式 (5.3.14) 代入式 (5.3.25) 得

$$E[\widehat{a}|M \geqslant 1] = a + (b-\delta) \sum_{m=1}^{\infty} \frac{1}{m+1} \frac{(\delta-a)^m}{(b-a)^m},$$

最后将式 (5.3.16) 代入上式得

$$E[\widehat{a}|M \geqslant 1] = a + \delta - b + \frac{(b-\delta)(b-a)}{\delta - a} \ln \frac{b-a}{b-\delta}.$$

定理得证. ∎

由定理 5.3.3 和定理 5.3.4 易得 $E[\widehat{a}|M \geqslant 1] + E[\widehat{\delta}|M \geqslant 1] = a + \delta$, 所以立得下面推论 5.3.2.

推论 5.3.2 参数 $a + \delta$ 基于样本数据 A_1 的一个无偏估计为

$$\min\{t_i - t_{i-1}, i = 1, 2, \cdots, n\} + \max\{t_i - t_{i-1}, i = 1, 2, \cdots, n\}.$$

定理 5.3.5[127] 设 $\widehat{b}$ 是参数 b 基于样本数据 A_1 的极大似然估计量, 则

$$E[\widehat{b}|M \geqslant 1] = (2\delta - b) + \frac{(b-\delta)^2}{\delta - a} \ln \frac{b-a}{b-\delta}.$$

证明 由定理 5.3.2 知, b 的极大似然估计量为

$$\widehat{b} = \frac{(M+1)\max\{Z_i, i = 1, 2, \cdots, M\} - \min\{Z_i, i = 1, 2, \cdots, M\}}{M}.$$

因此, 对 $m = 1, 2, \cdots$, 有

$$E[\widehat{b}|M = m] = E\left[\left.\frac{(M+1)\widehat{\delta} - \widehat{a}}{M} \right| M = m\right]$$
$$= \frac{m+1}{m} E[\widehat{\delta}|M = m] - \frac{1}{m} E[\widehat{a}|M = m],$$

将式 (5.3.13) 与式 (5.3.23) 代入上式得

$$E[\widehat{b}|M = m] = \frac{m+1}{m}\left(\delta - \frac{\delta - a}{m+1}\right) - \frac{1}{m}\left(a + \frac{\delta - a}{m+1}\right) = \delta - \frac{\delta - a}{m(m+1)}. \tag{5.3.26}$$

5.3 均匀截断 δ 冲击模型的参数估计

因为 $\sum_{m=1}^{\infty} P(M=m|M \geqslant 1) = 1$, 所以将式 (5.3.26) 代入下式得

$$E[\hat{b}|M \geqslant 1] = \sum_{m=1}^{\infty} E[\hat{b}|M=m] P(M=m|M \geqslant 1),$$

$$= \delta - \sum_{m=1}^{\infty} \frac{\delta-a}{m(m+1)} P(M=m|M \geqslant 1)$$

再将式 (5.3.14) 代入得

$$E[\hat{b}|M \geqslant 1] = \delta - (b-\delta) \sum_{m=1}^{\infty} \frac{1}{m(m+1)} \frac{(\delta-a)^m}{(b-a)^m}. \tag{5.3.27}$$

由定理 1.2.4 条款 (4) 得

$$\sum_{m=1}^{\infty} \frac{1}{m(m+1)} \frac{(\delta-a)^m}{(b-a)^m} = \frac{b-\delta}{\delta-a} \ln\left(\frac{b-\delta}{b-a}\right) + 1. \tag{5.3.28}$$

将式 (5.3.28) 代入式 (5.3.27) 得

$$E[\hat{b}|M \geqslant 1] = \delta - (b-\delta)\left(\frac{b-\delta}{\delta-a}\ln\left(\frac{b-\delta}{b-a}\right)+1\right) = 2\delta - b - \frac{(b-\delta)^2}{\delta-a}\ln\frac{b-\delta}{b-a}.$$

定理得证. ∎

推论 5.3.3[121] 在 SM{[**RNP**(U(0,b))], CD(δ)} 中, 设参数 b 与 δ 基于样本数据 A_1 的极大似然估计量分别是 $\hat{b}$ 和 $\hat{\delta}$, 则

(1) $E[\hat{\delta}|M \geqslant 1] = b - \dfrac{b(b-\delta)}{\delta} \ln \dfrac{b}{b-\delta}$;

(2) $E[\hat{b}|M \geqslant 1] = (2\delta - b) + \dfrac{(b-\delta)^2}{\delta} \ln \dfrac{b}{b-\delta}$.

5.3.2 基于样本数据 A_2 的极大似然估计

定理 5.3.6[127] 设 $\hat{a}, \hat{b}, \hat{\delta}$ 分别是 a, b, δ 基于样本数据 A_2 的极大似然估计, 且 $n \neq 0$.

(1) 若 a 和 δ 已知, 则

$$\hat{b} = \frac{(n+1)\delta - a}{n}; \tag{5.3.29}$$

(2) 若 a 和 b 已知, 则

$$\hat{\delta} = \frac{nb+a}{n+1}; \tag{5.3.30}$$

(3) 若 b 与 δ 已知, 则当 $n \leqslant \dfrac{\delta}{b-\delta}$ 时,

$$\widehat{a} = (n+1)\delta - nb. \tag{5.3.31}$$

证明 由于样本数据 A_2 的样本密度就是系统的冲击度, 所以由推论 3.2.1 式 (3.2.4) 得似然函数为

$$\mathrm{Li}(a,b,\delta) = \frac{(b-\delta)(\delta-a)^n}{(b-a)^{n+1}}, \tag{5.3.32}$$

由此得对数似然函数为

$$\ln \mathrm{Li}(a,b,\delta) = \ln(b-\delta) + n\ln(\delta-a) - (n+1)\ln(b-a). \tag{5.3.33}$$

对式 (5.3.33) 分别关于 a, b 和 δ 取偏导并令偏导等于 0 可解得式 (5.3.29)、式 (5.3.30) 和式 (5.3.31).

现在考察免平凡性条件.

(1) 对式 (5.3.29) 变形得 $\widehat{b} = \delta + \dfrac{\delta-a}{n}$, 所以 $\widehat{b} > \delta$;

(2) 对式 (5.3.30) 变形得 $\widehat{\delta} = b - \dfrac{b-a}{n+1} = \dfrac{n(b-a)}{n+1} + a$, 所以 $a \leqslant \widehat{\delta} < b$, 仅当 $n = 0$ 时等号成立;

(3) 对式 (5.3.31) 变形得 $\widehat{a} = \delta - n(b-\delta)$, 所以 $\widehat{a} \leqslant \delta$, 仅当 $n = 0$ 时等号成立. 此外, $\widehat{a} \geqslant 0$ 成立的条件是 $(n+1)\delta - nb \geqslant 0$, 即 $\dfrac{\delta}{b-\delta} \geqslant n$.

定理得证. ∎

推论 5.3.4 若 a, b 与 δ 均未知, 则 $\dfrac{\delta-a}{b-a}$ 的基于样本数据 A_2 (其中 $n \neq 0$) 的极大似然估计是 $\widehat{\left(\dfrac{\delta-a}{b-a}\right)} = \dfrac{n}{n+1}$.

证明 对似然函数式 (5.3.32) 变形得

$$\mathrm{Li}\left(\frac{\delta-a}{b-a}\right) = \frac{(b-a)-(\delta-a)}{b-a}\left(\frac{\delta-a}{b-a}\right)^n = \left(1 - \frac{\delta-a}{b-a}\right)\left(\frac{\delta-a}{b-a}\right)^n, \tag{5.3.34}$$

类似地, 取对数并令关于 $\dfrac{\delta-a}{b-a}$ 的导数等于 0 可解得 $\widehat{\left(\dfrac{\delta-a}{b-a}\right)} = \dfrac{n}{n+1}$. 推论得证. ∎

由定理 5.3.6 及推论 5.3.4 易得关于 $\mathrm{SM}\{[\mathbf{RNP}(\mathrm{U}(0,b))], \mathrm{CD}(\delta)\}$ 参数估计的推论.

推论 5.3.5[121] SM{[**RNP**(U(0,b))], CD(δ)} 在样本数据 A_2 (其中 $n \neq 0$) 下, 有

(1) 若 δ 已知, 则 b 的极大似然估计是 $\widehat{b} = \dfrac{n+1}{n}\delta$;

(2) 若 b 已知, 则 δ 的极大似然估计是 $\widehat{\delta} = \dfrac{nb}{n+1}$;

(3) 若 δ 与 b 都未知, 则 $\dfrac{\delta}{b}$ 的极大似然估计是 $\widehat{\left(\dfrac{\delta}{b}\right)} = \dfrac{n}{n+1}$.

5.3.3 基于样本数据 A_1 的贝叶斯估计

下面在样本数据 A_1 下讨论 SM{[**RNP**(U(a,b))], CD(δ)} 的参数 δ 的贝叶斯估计量.

定理 5.3.7[132] 在样本数据 A_1 下, 设 δ 的先验分布为 U(c,d), 其中, $a \leqslant c < d \leqslant b$ 已知, 并且 $d > \max\{t_i - t_{i-1}, i = 1, 2, \cdots, n\}$, 则在最小均方误差原则下, δ 的贝叶斯估计为

$$\widehat{\delta} = \frac{b+2q}{3} - \frac{2}{3}\frac{(b-d)^2}{(2b-d-q)}, \qquad (5.3.35)$$

其中, $q = \max\{c, t_i - t_{i-1}, i = 1, 2, \cdots, n\}$.

证明 因为 δ 的先验分布为 U(c,d), 所以 δ 先验密度为

$$f_\delta(x) = \begin{cases} \dfrac{1}{d-c}, & c < x < d, \\ 0, & \text{其他}. \end{cases} \qquad (5.3.36)$$

设 $c < x < d$, 由式 (5.3.1), 在 $\delta = x$ 条件下, 样本数据 A_1 的条件样本密度为

$$f_{\{M,S_1,S_2,\cdots,S_M|\delta=x\}}(n, t_1, t_2, \cdots, t_n) = \frac{b-x}{(b-a)^{n+1}}, \qquad (5.3.37)$$

其中, $n \geqslant 1$, $a \leqslant t_i - t_{i-1} \leqslant x, i = 1, 2, \cdots, n$.

所以, 由式 (5.3.36) 与式 (5.3.37) 得 δ 与 $\{M, S_1, S_2, \cdots, S_M\}$ 在样本数据 A_1 处的联合密度为

$$\begin{aligned} f_{\{M,S_1,S_2,\cdots,S_M,\delta\}}(n, t_1, t_2, \cdots, t_n, x) &= f_{\{M,S_1,S_2,\cdots,S_M|\delta=x\}}(n, t_1, t_2, \cdots, t_n) f_\delta(x) \\ &= \frac{b-x}{(d-c)(b-a)^{n+1}}. \end{aligned} \qquad (5.3.38)$$

因为 $a \leqslant t_i - t_{i-1} \leqslant x, i = 1, 2, \cdots, n$, 且 $c < x < d$, 所以式 (5.3.38) 中 x 满足

$$(\max\{t_i - t_{i-1}, i = 1, 2, \cdots, n\} \vee c) < x < d,$$

即若令 $q = (\max\{t_i - t_{i-1}, i = 1, 2, \cdots, n\} \vee c)$，则有 $q < x < d$.

所以由式 (5.3.38)，δ 在样本数据 A_1 条件下的后验密度为：对 $\forall q < x < d$,

$$f_{\{\delta|M=n,S_1=t_1,S_2=t_2,\cdots,S_n=t_n\}}(x) = \frac{f_{\{M,S_1,S_2,\cdots,S_M,\delta\}}(n,t_1,t_2,\cdots,t_n,x)}{\int_q^d f_{\{M,S_1,S_2,\cdots,S_M,\delta\}}(n,t_1,t_2,\cdots,t_n,y)\mathrm{d}y}$$

$$= \frac{\dfrac{b-x}{(d-c)(b-a)^{n+1}}}{\int_q^d \dfrac{b-y}{(d-c)(b-a)^{n+1}}\mathrm{d}y} = \frac{2(b-x)}{(b-q)^2 - (b-d)^2}.$$
(5.3.39)

因为在最小均方误差原则下，δ 的贝叶斯估计就是后验期望估计，即

$$\widehat{\delta} = \int_q^d x f_{\{\delta|M=n,S_1=t_1,S_2=t_2,\cdots,S_n=t_n\}}(x)\mathrm{d}x, \tag{5.3.40}$$

将式 (5.3.39) 代入式 (5.3.40) 得

$$\widehat{\delta} = \int_q^d \frac{2x(b-x)}{(b-q)^2 - (b-d)^2}\mathrm{d}x = \frac{3b(d^2-q^2) - 2(d^3-q^3)}{3(b-q)^2 - 3(b-d)^2}$$

$$= \frac{b+2q}{3} - \frac{2}{3}\frac{(b-d)^2}{(2b-d-q)}.$$

考察免平凡条件. 由于 $\widehat{\delta} = \dfrac{b+2q}{3} - \dfrac{2}{3}\dfrac{(b-d)^2}{(2b-d-q)}$ 可改写为

$$\widehat{\delta} = b - \frac{2}{3}\left[(b-q) + \frac{(b-d)^2}{(b-d)+(b-q)}\right]$$

$$= q + \frac{1}{3}\frac{(d-q)^2}{(b-d)+(b-q)} + \frac{(b-d)(d-q)}{(b-d)+(b-q)}. \tag{5.3.41}$$

因为 $a \leqslant q < d \leqslant b$，由式 (5.3.41) 得 $a \leqslant q < \widehat{\delta} < b$，满足免平凡条件.

定理得证. ∎

实际上，在基于数据 A_1 的贝叶斯估计推导过程中已经充分考虑了各参数之间满足的模型条件，所以一般情况下，贝叶斯估计可不用再验证免平凡条件. 此外，在定理 5.3.7 的推导中，虽然考虑了在 $\delta = x$ 条件下，$(\max\{t_i - t_{i-1}, i = 1, 2, \cdots, n\} \vee c) < x < d$，但由于冲击模型的失效机制，我们知道 δ 一定不会小于

数据 $\max\{t_i - t_{i-1}, i = 1, 2, \cdots, n\}$. 换句话说, 就是在原先先验信息 $\delta \sim U(c,d)$ 基础上, 由于样本数据 A_1 的出现, 又多了一个先验信息 $\delta > \max\{t_i - t_{i-1}, i = 1, 2, \cdots, n\}$. 所以更合理的先验假设应为 $\delta > \max\{t_i - t_{i-1}, i = 1, 2, \cdots, n\}$ 条件下 $U(c,d)$ 的条件分布. 或者更简单些, 根据定理 1.3.16, 可直接规定 $c \geqslant \max\{t_i - t_{i-1}, i = 1, 2, \cdots, n\}$.

在定理 5.3.7 中, 若取 δ 的先验分布为 $U(a,b)$, 即 $c = a$ 和 $d = b$, 则式 (5.3.35) 简化为 $\widehat{\delta} = \dfrac{b + 2q}{3}$, 其中, q 退化为 $q = \max\{t_i - t_{i-1}, i = 1, 2, \cdots, n\}$.

5.3.4 基于样本数据 A_2 的贝叶斯估计

引理 5.3.1 设 A, B, C, D 为任意实数, m 为正整数, 则

(1) $\displaystyle\int_C^D (x - A)^m (B - x) \mathrm{d}x = \dfrac{b_1(d_1^{m+1} - c_1^{m+1})}{m+1} - \dfrac{d_1^{m+2} - c_1^{m+2}}{m+2}$; (5.3.42)

(2) $\displaystyle\int_C^D x(x - A)^m (B - x) \mathrm{d}x = \dfrac{ab_1(d_1^{m+1} - c_1^{m+1})}{m+1} + \dfrac{(b_1 - a)(d_1^{m+2} - c_1^{m+2})}{m+2}$
$- \dfrac{d_1^{m+3} - c_1^{m+3}}{m+3}$. (5.3.43)

其中, $b_1 = B - A$, $c_1 = C - A$, $d_1 = D - A$.

证明 由定理 1.2.5 条款 (3) 和条款 (4) 易得. ∎

定理 5.3.8[132] 设 δ 的先验分布为 $U(c,d)$, 其中 $a \leqslant c < d \leqslant b$, 则在最小均方误差原则下, δ 在样本数据 A_2 下的贝叶斯估计为

$$\widehat{\delta} = a + \left(\dfrac{n+1}{n+3}\right) \dfrac{(n+3)b_1(d_1^{n+2} - c_1^{n+2}) - (n+2)(d_1^{n+3} - c_1^{n+3})}{(n+2)b_1(d_1^{n+1} - c_1^{n+1}) - (n+1)(d_1^{n+2} - c_1^{n+2})},$$

其中, $b_1 = b - a$, $c_1 = c - a$, $d_1 = d - a$.

证明 因为 δ 的先验分布为 $U(c,d)$, 所以 δ 先验密度为

$$f_\delta(x) = \begin{cases} \dfrac{1}{d-c}, & c < x < d, \\ 0, & \text{其他}. \end{cases} \quad (5.3.44)$$

设 $c < x < d$, 由式 (5.3.32), 在 $\delta = x$ 条件下, 样本数据 A_2 的条件样本密度为

$$f_{\{M|\delta=x\}}(n) = \dfrac{(x-a)^n(b-x)}{(b-a)^{n+1}}. \quad (5.3.45)$$

所以, 由式 (5.3.44) 与式 (5.3.45) 得 δ 与 M 在样本数据 A_2 处的联合密度为

$$f_{\{M,\delta\}}(n, x) = f_{\{M|\delta=x\}}(n) f_\delta(x) = \dfrac{(x-a)^n(b-x)}{(d-c)(b-a)^{n+1}}, \quad c < x < d. \quad (5.3.46)$$

根据式 (5.3.46)，可算得 δ 在样本数据 A_2 条件下的后验密度为 (对 $\forall c < x < d$)

$$f_{\{\delta|M=n\}}(x) = \frac{f_{\{M,\delta\}}(n,x)}{\int_c^d f_{\{M,\delta\}}(n,y)\mathrm{d}y} = \frac{(x-a)^n(b-x)}{\int_c^d (y-a)^n(b-y)\mathrm{d}y}. \tag{5.3.47}$$

将式 (5.3.47) 代入 δ 的后验期望计算公式得

$$\widehat{\delta} = \int_c^d x f_{\{\delta|M=n\}}(x)\,\mathrm{d}x = \frac{\int_c^d x(x-a)^n(b-x)\mathrm{d}x}{\int_c^d (y-a)^n(b-y)\mathrm{d}y}, \tag{5.3.48}$$

将式 (5.3.42) 与式 (5.3.43) 代入式 (5.3.48) 整理得

$$\widehat{\delta} = a + \frac{\dfrac{b_1(d_1^{n+2} - c_1^{n+2})}{n+2} - \dfrac{d_1^{n+3} - c_1^{n+3}}{n+3}}{\dfrac{b_1(d_1^{n+1} - c_1^{n+1})}{(n+1)} - \dfrac{d_1^{n+2} - c_1^{n+2}}{(n+2)}}$$

$$= a + \left(\frac{n+1}{n+3}\right)\frac{(n+3)b_1(d_1^{n+2} - c_1^{n+2}) - (n+2)(d_1^{n+3} - c_1^{n+3})}{(n+2)b_1(d_1^{n+1} - c_1^{n+1}) - (n+1)(d_1^{n+2} - c_1^{n+2})}.$$

由定理 5.3.8，若取 δ 的先验分布为 $U(a,d)$，即 $c = a$，则有相对简洁形式

$$\widehat{\delta} = a + \left(\frac{n+1}{n+3}\right)\frac{(n+3)b_1 d_1 - (n+2)d_1^2}{(n+2)b_1 - (n+1)d_1}.$$

进一步，若取 δ 的先验分布为 $U(a,b)$，则有

$$\widehat{\delta} = \frac{n+1}{n+3}b + \frac{2}{n+3}a.$$

5.3.5 基于样本数据 A_1 的多层贝叶斯估计

令 $v = \dfrac{\delta - a}{b - a}$，可知 $0 \leqslant v \leqslant 1$. 设 v 的先验分布为 $\mathrm{Beta}(\alpha,\beta)$，超参数 α 的先验分布为 $U(1,c_1)$，超参数 β 的先验分布为 $U(1,c_2)$，其中 $c_1 > 1, c_2 > 1$，且 α 与 β 相互独立. 为叙述方便，将此两步先验假设条件称为参数为 $\{(1,c_1),(1,c_2)\}$ 的贝塔-均匀先验假设.

定理 5.3.9[132] 基于样本数据 A_1, 在贝塔-均匀先验条件和最小均方误差原则下, v 的多层贝叶斯估计为

$$\widehat{v} = \frac{\int_1^{c_2}\int_1^{c_1} \dfrac{\overline{B}_r(x+1,y+1)}{B(x,y)} \mathrm{d}x\mathrm{d}y}{\int_1^{c_2}\int_1^{c_1} \dfrac{\overline{B}_r(x,y+1)}{B(x,y)} \mathrm{d}x\mathrm{d}y}, \tag{5.3.49}$$

其中, $r = \dfrac{\max\{t_i - t_{i-1}, i=1,2,\cdots,n\} - a}{b-a}$, $B(x,y)$ 表示贝塔函数, $\overline{B}_r(x,y)$ 表示 $B(x,y)$ 在点 r 处的补余不完全贝塔函数 (定义 1.2.13).

证明 因为 v 的先验分布为 $\mathrm{Beta}(\alpha,\beta)$, 所以, v 关于超参数 α,β 条件下的第一层先验密度为

$$f_{\{v|\alpha=x,\beta=y\}}(s) = \begin{cases} \dfrac{s^{x-1}(1-s)^{y-1}}{B(x,y)}, & 0 \leqslant s \leqslant 1, \\ 0, & \text{其他}, \end{cases} \tag{5.3.50}$$

其中, $x>1, y>1$, $B(x,y)$ 是贝塔函数.

在第二层先验分布中, 因为 $\alpha \sim \mathrm{U}(1,c_1)$ 可得 α 的密度为

$$f_\alpha(x) = \begin{cases} \dfrac{1}{c_1 - 1}, & 1 < x < c_1, \\ 0, & \text{其他}. \end{cases}$$

同理, 因为 $\beta \sim \mathrm{U}(1,c_2)$ 可得 β 的密度为

$$f_\beta(x) = \begin{cases} \dfrac{1}{c_2 - 1}, & 1 < x < c_2, \\ 0, & \text{其他}. \end{cases}$$

因为 α 与 β 相互独立, 可得第二层先验密度, 即 α 和 β 的联合密度为

$$f_{\{\alpha,\beta\}}(x,y) = \begin{cases} \dfrac{1}{(c_1-1)(c_2-1)}, & 1<x<c_1, 1<y<c_2, \\ 0, & \text{其他}. \end{cases} \tag{5.3.51}$$

由式 (5.3.50) 与式 (5.3.51) 可得 v 的多层先验密度为 (对 $0 \leqslant s \leqslant 1$)

$$f_v(s) = \int_1^{c_2}\int_1^{c_1} f_{\{v|\alpha=x,\beta=y\}}(s|x,y) f_{\{\alpha,\beta\}}(x,y) \mathrm{d}x\mathrm{d}y$$

$$= \frac{1}{(c_1-1)(c_2-1)} \int_1^{c_2} \int_1^{c_1} \frac{s^{x-1}(1-s)^{y-1}}{B(x,y)} \mathrm{d}x\mathrm{d}y. \qquad (5.3.52)$$

设 $0 \leqslant s \leqslant 1$, 将式 (5.3.1) 改写为 v 的函数, 可得在 $v=s$ 条件下, 样本数据 A_1 的条件样本密度为

$$f_{\{M,S_1,S_2,\cdots,S_M|v=s\}}(n,t_1,t_2,\cdots,t_n) = \frac{b-\delta}{(b-a)^{n+1}} = \frac{1-s}{(b-a)^n}, \qquad (5.3.53)$$

其中, 因为样本数据 A_1 中, $n \geqslant 1$, 且 $a \leqslant t_i - t_{i-1} \leqslant \delta \leqslant b, i=1,2,\cdots,n$, 即 $a \leqslant \max\{t_i-t_{i-1}, i=1,2,\cdots,n\} \leqslant \delta \leqslant b$, 所以 $\dfrac{\max\{t_i-t_{i-1}, i=1,2,\cdots,n\}-a}{b-a} \leqslant s \leqslant 1$, 即若设 $r = \dfrac{\max\{t_i-t_{i-1}, i=1,2,\cdots,n\}-a}{b-a}$, 则有 $0 \leqslant r \leqslant s \leqslant 1$.

所以, 由式 (5.3.52) 与式 (5.3.53) 得 v 与 $\{M,S_1,S_2,\cdots,S_M\}$ 在样本数据 A_1 处的联合密度为, 对 $r \leqslant s \leqslant 1$,

$$\begin{aligned} &f_{\{M,S_1,S_2,\cdots,S_M,v\}}(n,t_1,t_2,\cdots,t_n,s) \\ &= f_{\{M,S_1,S_2,\cdots,S_M|v=s\}}(n,t_1,t_2,\cdots,t_n)f_v(s) \\ &= \frac{1}{(c_1-1)(c_2-1)(b-a)^n} \int_1^{c_2} \int_1^{c_1} \frac{s^{x-1}(1-s)^y}{B(x,y)} \mathrm{d}x\mathrm{d}y. \end{aligned} \qquad (5.3.54)$$

所以由式 (5.3.54), v 在样本数据 A_1 条件下的后验密度为, 对 $\forall r \leqslant s \leqslant 1$,

$$\begin{aligned} f_{\{v|M=n,S_1=t_1,S_2=t_2,\cdots,S_n=t_n\}}(s) &= \frac{f_{\{M,S_1,S_2,\cdots,S_M,v\}}(n,t_1,t_2,\cdots,t_n,s)}{\displaystyle\int_r^1 f_{\{M,S_1,S_2,\cdots,S_M,v\}}(n,t_1,t_2,\cdots,t_n,z)\mathrm{d}z} \\ &= \frac{\displaystyle\int_1^{c_2}\int_1^{c_1} \frac{s^{x-1}(1-s)^y}{B(x,y)}\mathrm{d}x\mathrm{d}y}{\displaystyle\int_r^1\int_1^{c_2}\int_1^{c_1} \frac{z^{x-1}(1-z)^y}{B(x,y)}\mathrm{d}x\mathrm{d}y\mathrm{d}z}. \end{aligned} \qquad (5.3.55)$$

注意到 $\int_r^1 z^{x-1}(1-z)^y \mathrm{d}z$ 就是贝塔函数 $B(x,y+1)$ 在点

$$r = \frac{\max\{t_i-t_{i-1}, i=1,2,\cdots,n\}-a}{b-a}$$

处的补余不完全贝塔函数 $\overline{B}_r(x,y+1)$ (定义 1.2.13), 所以

$$f_{\{v|M=n,S_1=t_1,S_2=t_2,\cdots,S_n=t_n\}}(s) = \frac{\int_1^{c_2}\int_1^{c_1} \frac{s^{x-1}(1-s)^y}{B(x,y)}\mathrm{d}x\mathrm{d}y}{\int_1^{c_2}\int_1^{c_1} \frac{\overline{B}_r(x,y+1)}{B(x,y)}\mathrm{d}x\mathrm{d}y}. \tag{5.3.56}$$

由式 (5.3.56) 可得在最小均方误差原则下, v 的贝叶斯估计为

$$\widehat{v} = \int_r^1 s f_{\{v|M=n,S_1=t_1,S_2=t_2,\cdots,S_n=t_n\}}(s)\mathrm{d}s = \frac{\int_1^{c_2}\int_1^{c_1} \frac{\overline{B}_r(x+1,y+1)}{B(x,y)}\mathrm{d}x\mathrm{d}y}{\int_1^{c_2}\int_1^{c_1} \frac{\overline{B}_r(x,y+1)}{B(x,y)}\mathrm{d}x\mathrm{d}y}.$$

定理得证. ∎

定理 5.3.10[132] 基于样本数据 A_1, 在贝塔-均匀先验条件和最小均方误差原则下, δ 的多层贝叶斯估计为

$$\widehat{\delta} = (b-a)\frac{\int_1^{c_2}\int_1^{c_1} \frac{\overline{B}_r(x+1,y+1)}{B(x,y)}\mathrm{d}x\mathrm{d}y}{\int_1^{c_2}\int_1^{c_1} \frac{\overline{B}_r(x,y+1)}{B(x,y)}\mathrm{d}x\mathrm{d}y} + a. \tag{5.3.57}$$

其中, $r = \dfrac{\max\{t_i - t_{i-1}, i=1,2,\cdots,n\} - a}{b-a}$, $B(x,y)$ 表示贝塔函数, $\overline{B}_r(x,y)$ 表示 $B(x,y)$ 在点 r 处的补余不完全贝塔函数.

证明 将式 (5.3.49) 代入 $\delta = v(b-a) + a$, 式 (5.3.57) 可证. ∎

5.3.6 基于样本数据 A_2 的多层贝叶斯估计

仍记 $v \triangleq \dfrac{\delta-a}{b-a}$, 与 5.3.5 节类似, 下面基于参数为 $\{(1,c_1),(1,c_2)\}$ 的贝塔-均匀先验假设, 考虑样本数据 A_2 条件下的 v 的多层贝叶斯估计, 当然其中 $c_1 > 1$, $c_2 > 1$.

定理 5.3.11[132] 基于样本数据 A_2, 在贝塔-均匀先验条件和最小均方误差原则下, v 的多层贝叶斯估计为

$$\widehat{v} = \frac{\int_1^{c_2}\int_1^{c_1} \frac{B(n+x+1,y+1)}{B(x,y)}\mathrm{d}x\mathrm{d}y}{\int_1^{c_2}\int_1^{c_1} \frac{B(n+x,y+1)}{B(x,y)}\mathrm{d}x\mathrm{d}y}. \tag{5.3.58}$$

证明 设 $0 < s < 1$, 由式 (5.3.34) 可得在 $v = s$ 条件下, 样本数据 A_2 的条件样本密度为

$$f_{\{M|v=s\}}(n) = (1-s)s^n, \tag{5.3.59}$$

注意, 样本数据 $n \geqslant 0$.

所以, 由式 (5.3.52) 与式 (5.3.59) 得 v 与 M 在样本数据 A_2 处的联合密度为, 对 $0 < s < 1$,

$$f_{\{M,v\}}(n,s) = f_{\{M|v=s\}}(n)f_v(s) = \frac{(1-s)s^n}{(c_1-1)(c_2-1)}\int_1^{c_2}\int_1^{c_1}\frac{s^{x-1}(1-s)^{y-1}}{B(x,y)}\mathrm{d}x\mathrm{d}y,$$

即

$$f_{\{M,v\}}(n,s) = \frac{1}{(c_1-1)(c_2-1)}\int_1^{c_2}\int_1^{c_1}\frac{s^{n+x-1}(1-s)^y}{B(x,y)}\mathrm{d}x\mathrm{d}y. \tag{5.3.60}$$

所以由式 (5.3.60), v 在样本数据 A_2 条件下的后验密度为, 对 $\forall 0 < s < 1$,

$$f_{\{v|M=n\}}(s) = \frac{f_{\{M,v\}}(n,s)}{\int_0^1 f_{\{M,v\}}(n,z)\mathrm{d}z} = \frac{\int_1^{c_2}\int_1^{c_1}\dfrac{s^{n+x-1}(1-s)^y}{B(x,y)}\mathrm{d}x\mathrm{d}y}{\int_0^1\int_1^{c_2}\int_1^{c_1}\dfrac{z^{n+x-1}(1-z)^y}{B(x,y)}\mathrm{d}x\mathrm{d}y\mathrm{d}z}. \tag{5.3.61}$$

由贝塔函数的定义 (定义 1.2.12) 即得

$$f_{\{v|M=n\}}(s) = \frac{\int_1^{c_2}\int_1^{c_1}\dfrac{s^{n+x-1}(1-s)^y}{B(x,y)}\mathrm{d}x\mathrm{d}y}{\int_1^{c_2}\int_1^{c_1}\dfrac{B(x+n,y+1)}{B(x,y)}\mathrm{d}x\mathrm{d}y}, \quad 0 < s < 1. \tag{5.3.62}$$

注意到 $\int_0^1 s^{n+x}(1-s)^y \mathrm{d}s = B(n+x+1, y+1)$, 所以在最小均方误差原则下, v 的贝叶斯估计为

$$\hat{v} = \int_0^1 s f_{\{v|M=n\}}(s)\mathrm{d}s = \frac{\int_1^{c_2}\int_1^{c_1}\dfrac{B(n+x+1,y+1)}{B(x,y)}\mathrm{d}x\mathrm{d}y}{\int_1^{c_2}\int_1^{c_1}\dfrac{B(n+x,y+1)}{B(x,y)}\mathrm{d}x\mathrm{d}y}.$$

定理得证. ∎

定理 5.3.12[132]　基于样本数据 A_2, 在贝塔-均匀先验条件和最小均方误差原则下, δ 的多层贝叶斯估计为

$$\widehat{\delta} = (b-a)\frac{\int_1^{c_2}\int_1^{c_1}\frac{B(n+x+1,y+1)}{B(x,y)}\mathrm{d}x\mathrm{d}y}{\int_1^{c_2}\int_1^{c_1}\frac{B(n+x,y+1)}{B(x,y)}\mathrm{d}x\mathrm{d}y} + a. \tag{5.3.63}$$

证明　类似定理 5.3.10 的证明, 将式 (5.3.58) 代入 $\delta = v(b-a)+a$, 式 (5.3.63) 可证. ∎

5.3.7　基于样本数据 A_3 的矩估计

先给出一个引理.

引理 5.3.2[113]　设 $T \sim \mathrm{SM}\{[\mathbf{RNP}(\mathrm{U}(0,b))], \mathrm{CD}(\delta)\}$, 则 T 的方差为

$$\mathrm{Var}(T) = \frac{\delta^3(4b-\delta)}{12(b-\delta)^2}. \tag{5.3.64}$$

定理 5.3.13[121]　设样本数据 A_3 是 $\mathrm{SM}\{[\mathbf{RNP}(\mathrm{U}(0,b))], \mathrm{CD}(\delta)\}$ 的一个抽样数据, 记 $\overline{T} = \frac{1}{n}\sum_{i=1}^{n}T_i$, $\overline{T^2} = \frac{1}{n}\sum_{i=1}^{n}T_i^2$, $\mathrm{SM}\{[\mathbf{RNP}(\mathrm{U}(0,b))], \mathrm{CD}(\delta)\}$ 参数的矩估计有以下结论.

(1) 若 b 已知, 则 δ 的矩估计量为

$$\widehat{\delta} = (b+\overline{T}) - \sqrt{b^2 + \left(\overline{T}\right)^2}; \tag{5.3.65}$$

(2) 若 δ 已知, 则 b 的矩估计量为

$$\widehat{b} = \frac{\delta(2\overline{T}-\delta)}{2(\overline{T}-\delta)}; \tag{5.3.66}$$

(3) 若 b 和 δ 均未知, 且 $T_1, T_2, \cdots, T_n$ 不全部相等, 则当 $2(\overline{T})^2 > \overline{T^2}$ 时, 有

$$\begin{cases} \widehat{b} = \dfrac{(2\overline{T}-c)c}{2(c-\overline{T})}, \\ \widehat{\delta} = 2\overline{T} - c, \end{cases} \tag{5.3.67}$$

其中, $c = \sqrt{3\overline{T^2} - 2(\overline{T})^2}$.

证明 令

$$\begin{cases} \overline{T} = E[T], \\ \overline{T^2} = E[T^2]. \end{cases} \tag{5.3.68}$$

注意到 $E[T^2] = \mathrm{Var}(T) + (E[T])^2$, 由式 (5.3.64) 及式 (3.2.46) 得

$$\overline{T} = \frac{\delta(2b-\delta)}{2(b-\delta)} \tag{5.3.69}$$

与

$$\overline{T^2} = \frac{\delta^2(6b^2 - 4b\delta + \delta^2)}{6(b-\delta)^2}. \tag{5.3.70}$$

解方程组 (5.3.69) 与式 (5.3.70) 可推得式 (5.3.65)、式 (5.3.66) 和式 (5.3.67).

事实上, 若 b 或 δ 已知, 则式 (5.3.65) 与式 (5.3.66) 可由式 (5.3.69) 直接得出.
为了由式 (5.3.69) 得到 $\widehat{\delta}$, 由式 (5.3.69) 构造关于 x 的方程得

$$\overline{T} = \frac{x(2b-x)}{2(b-x)} \Leftrightarrow \begin{cases} x^2 - 2(b+\overline{T})x + 2b\overline{T} = 0, \\ x \neq b. \end{cases} \tag{5.3.71}$$

解方程式 (5.3.71) 得

$$x = (b+\overline{T}) + \sqrt{b^2 + (\overline{T})^2} \quad \text{或} \quad x = (b+\overline{T}) - \sqrt{b^2 + (\overline{T})^2}.$$

显然 $(b+\overline{T}) + \sqrt{b^2 + (\overline{T})^2} > b$ 不满足免平凡性条件, 所以取

$$\widehat{\delta} = (b+\overline{T}) - \sqrt{b^2 + (\overline{T})^2} = b - \left(\sqrt{b^2 + (\overline{T})^2} - \overline{T}\right).$$

由于 $(b+\overline{T})^2 > b^2 + (\overline{T})^2$, $\sqrt{b^2 + (\overline{T})^2} > \overline{T}$, 所以 $0 < \widehat{\delta} < b$.

另外, 式 (5.3.66) 可改写为 $\widehat{b} = \delta + \dfrac{\delta^2}{2(\overline{T}-\delta)} > \delta$, 显然满足免平凡性条件.

若 b 与 δ 均未知, 由式 (5.3.69) 与式 (5.3.70) 不易解出 b 和 δ. 文献 [121] 按如下 MATLAB 程序代码用计算机进行了符号计算:

```
syms x,y;S=solve('2*(x-y)*a-y*(2*x-y)=0','12*((x-y)*(x-y))*n-(y*y)*(12*(x*
   x)-8*x*y+2*(y*y))=0');S.x,S.y.
```

5.3 均匀截断 δ 冲击模型的参数估计

计算结果得到三组解, 即

$$\begin{cases} \widehat{b}_1 = 0, \\ \widehat{\delta}_1 = 0, \end{cases} \quad \begin{cases} \widehat{b}_2 = \dfrac{(2\overline{T}+c)c}{2(\overline{T}+c)}, \\ \widehat{\delta}_2 = 2\overline{T}+c, \end{cases} \quad \begin{cases} \widehat{b}_3 = \dfrac{(2\overline{T}-c)c}{2(c-\overline{T})}, \\ \widehat{\delta}_3 = 2\overline{T}-c, \end{cases}$$

其中, $c = \sqrt{3\overline{T^2} - 2\left(\overline{T}\right)^2}$.

分析可知, $\widehat{b}_1 = \widehat{\delta}_1$, $\widehat{b}_2 < \widehat{\delta}_2$, 都不满足 $\delta < b$ 的条件, 且第 1 组解使式 (5.3.69) 和式 (5.3.70) 分母为 0, 所以应当舍去. 此外, 对 $\widehat{b}_3$ 和 $\widehat{\delta}_3$ 讨论可得, 当 $2\left(\overline{T}\right)^2 > \overline{T^2}$ 时, 有 $0 < \widehat{\delta}_3 < \widehat{b}_3$.

首先说明 c 是有意义的, 即 c 定义式中的根号下开方项 $3\overline{T^2} - 2\left(\overline{T}\right)^2 \geqslant 0$. 由于

$$3\overline{T^2} - 2\left(\overline{T}\right)^2 = 3\left[\overline{T^2} - \left(\overline{T}\right)^2\right] + \left(\overline{T}\right)^2. \tag{5.3.72}$$

由式 (1.6.1) 得 $\overline{T^2} \geqslant \left(\overline{T}\right)^2$, 所以式 (5.3.72) 非负, 即 c 有意义.

事实上, 若要 $\widehat{b}_3 > \widehat{\delta}_3$, 注意到 $\widehat{b}_3 = \dfrac{\widehat{\delta}_3 c}{2(c-\overline{T})}$, 所以只需要证明 $\dfrac{c}{2(c-\overline{T})} > 1$ 即可. 而

$$\frac{c}{2(c-\overline{T})} > 1 \Leftrightarrow \begin{cases} 2\overline{T}-c > 0, \\ c > \overline{T} \end{cases} \Leftrightarrow \overline{T} < c < 2\overline{T} \Leftrightarrow \left(\overline{T}\right)^2 < c^2 < 4\left(\overline{T}\right)^2. \tag{5.3.73}$$

注意到 $\widehat{\delta} = 2\overline{T} - c$, 所以如果式 (5.3.73) 成立, 同时也证明了 $\widehat{\delta} > 0$.

现在一方面, 由式 (1.6.1) 有 $\overline{T^2} \geqslant \left(\overline{T}\right)^2$, 可得 $\left(\overline{T}\right)^2 < 3\overline{T^2} - 2\left(\overline{T}\right)^2$, 即 $\left(\overline{T}\right)^2 < c^2$; 另一方面, 若条件 $2\left(\overline{T}\right)^2 > \overline{T^2}$ 成立, 由于 $T_1, T_2, \cdots, T_n$ 不全部相等, 所以 $\overline{T^2} > \left(\overline{T}\right)^2$, 则易得 $3\overline{T^2} - 2\left(\overline{T}\right)^2 < 4\left(\overline{T}\right)^2$, 即 $c^2 < 4\left(\overline{T}\right)^2$ 成立.

综述, 当 $2\left(\overline{T}\right)^2 > \overline{T^2}$ 时, 式 (5.3.67) 满足 $0 < \widehat{\delta}_3 < \widehat{b}_3$.

此外, 易验证 $\widehat{b}_3$ 和 $\widehat{\delta}_3$ 满足方程组 (5.3.69) 和 (5.3.70).

定理得证. ∎

第 6 章 截断 δ 冲击模型的标值过程及其应用

6.1 泊松截断 δ 冲击模型的标值过程

考虑建立在 $\mathbf{SM}\{[\mathbf{PP}(\lambda)], \mathrm{CD}(\delta)\}$ 基础上的标值过程 (称为泊松截断 δ 冲击模型的标值过程), 该过程可用于管理科学关系营销中客户寿命价值的建模.

6.1.1 泊松截断 δ 冲击模型标值过程的定义

我们给出如下定义.

定义 6.1.1[88] 设 $\mathbf{SM}\{[\mathbf{PP}(\lambda)], \mathrm{CD}(\delta)\}$ 的系统寿命为 T, 其冲击过程 $[\mathbf{PP}(\lambda)]$ 的点数过程和点时序列分别为 $\{N(t), t \geqslant 0\}$ 和 $\{S_n, n = 1, 2, \cdots\}$. 如果对 $\forall t \geqslant 0$

$$X(t) = \begin{cases} 0, & N(t) = 0, \\ \sum_{n=1}^{N(t)} w(t, S_n, \xi_n) I_{\{S_n \leqslant T\}}, & N(t) \geqslant 1, \end{cases} \quad (6.1.1)$$

则称 $\{X(t), t \geqslant 0\}$ 为泊松截断 δ 冲击模型 $\mathbf{SM}\{[\mathbf{PP}(\lambda)], \mathrm{CD}(\delta)\}$ 的标值过程. 其中, $I_{\{\cdot\}}$ 是示性函数. $\xi_n, n = 1, 2, \cdots$ 表示连系冲击过程第 n 个冲击点 S_n 的标值变量. $\xi_1, \xi_2, \cdots$ 相互独立同分布, 且独立于冲击过程, 称为标值 (变量) 序列. $w(\cdot, \cdot, \cdot)$ 称为响应函数.

由式 (2.3.6) 可知, 截断 δ 冲击模型中, $\forall n = 1, 2, \cdots$,

$$\{S_n \leqslant T\} \Leftrightarrow \{S_i - S_{i-1} \leqslant \delta, i = 1, 2, \cdots, n\}, \quad \text{其中} \quad S_0 \equiv 0,$$

所以式 (6.1.1) 可变形为

$$X(t) = \begin{cases} 0, & N(t) = 0, \\ \sum_{n=1}^{N(t)} w(t, S_n, \xi_n) I_{\{S_i - S_{i-1} \leqslant \delta, i=1,2,\cdots,n\}}, & N(t) \geqslant 1. \end{cases} \quad (6.1.2)$$

我们看到, 式 (6.1.2) 恰如自激滤过泊松过程的响应函数 (见定义 1.5.14) 的形式, 所以截断 δ 冲击模型的标值过程是一类特殊的自激滤过泊松过程. 因此, 可得泊松截断 δ 冲击模型标值过程的另一个定义如下.

定义 6.1.2[88] 设 $\{X(t), t \geqslant 0\} \sim \mathbf{SFPP}(w_0, \lambda, \xi_n)$, 若存在函数 w 及常数 δ, 使得响应函数 w_0 可表示为

$$w_0 \triangleq w(t, S_n, \xi_n) I_{\{S_i - S_{i-1} \leqslant \delta, i=1,2,\cdots,n\}}, \tag{6.1.3}$$

其中 $S_0 = 0$, 则此 $\mathbf{SFPP}(w_0, \lambda, \xi_n)$ 称为泊松截断 δ 冲击模型的标值过程.

另外, 将式 (6.1.1) 与滤过泊松过程的响应函数 (见定义 1.5.12) 相比, 定义 6.1.1 的响应函数比定义 1.5.12 的响应函数多了一个示性函数 $I_{\{S_n \leqslant T\}}$ 因子, 该示性函数的作用是判断当前冲击点 S_n 是否在 $\mathrm{SM}\{[\mathbf{PP}(\lambda)], \mathrm{CD}(\delta)\}$ 的系统寿命 T 之前. 因此, 若仍记 M 为 $\mathrm{SM}\{[\mathbf{PP}(\lambda)], \mathrm{CD}(\delta)\}$ 系统失效前总冲击次数, 则可得到泊松截断 δ 冲击模型标值过程的又一等价定义.

定义 6.1.3 设 $\mathrm{SM}\{[\mathbf{PP}(\lambda)], \mathrm{CD}(\delta)\}$ 的系统失效前总冲击次数为 M, 其冲击过程 $[\mathbf{PP}(\lambda)]$ 的点数过程和点时序列分别为 $\{N(t), t \geqslant 0\}$ 和 $\{S_n, n = 1, 2, \cdots\}$. 如果对 $\forall t \geqslant 0$

$$X(t) = \begin{cases} 0, & M \wedge N(t) = 0, \\ \sum_{n=1}^{M \wedge N(t)} w(t, S_n, \xi_n), & M \wedge N(t) > 0, \end{cases} \tag{6.1.4}$$

则称 $\{X(t), t \geqslant 0\}$ 为泊松截断 δ 冲击模型的标值过程. 其中 $M \wedge N(t) = \min\{M, N(t)\}$.

我们看到泊松截断 δ 冲击模型的标值过程将 $N(t)$ 之前的冲击点进行了两次过滤: 一次是使用失效前总冲击次数 M; 另一次是使用响应函数 w.

基于定义 6.1.3, 简单地说, 基于泊松截断 δ 冲击模型的复合滤过过程称为截断 δ 冲击模型的标值过程.

由泊松截断 δ 冲击模型标值过程定义可知, 响应函数 $w(t, S_n, \xi_n)$ 应满足 $S_n \leqslant t$, 即若实数 $x > t$, 则 $w(t, x, \xi_n) = 0$.

下面应用自激滤过泊松过程的结果讨论截断 δ 冲击模型标值过程的数字特征. 若不特殊说明, 以下 $\{X(t), t \geqslant 0\}$ 都表示 $\mathrm{SM}\{[\mathbf{PP}(\lambda)], \mathrm{CD}(\delta)\}$ 的标值过程, 其标值序列为 $\{\xi_n, n = 1, 2, \cdots\}$, 响应函数为 $w(t, x, \xi_n)$.

假设所讨论的数字特征都是存在的. 在计算过程中, 积分算子 $G_n[g(s)](t)$ 仍按式 (1.5.17)、式 (1.5.18) 或式 (1.5.19) 定义. 为方便讨论, 记 ξ 是与 $\xi_1, \xi_2, \cdots$ 独立同分布的随机变量. 若对于 $\forall t \geqslant 0, x \geqslant 0$ 及 $k = 1, 2, \cdots$, $E[w(t, x, \xi_k)]$ 均存在, 因为 $\xi_1, \xi_2, \cdots$, 独立同分布, 统一记 $\mu(t, x) = E[w(t, x, \xi)]$, 考察定理 1.5.39,

注意到此时式 (1.5.20)、式 (1.5.21) 和式 (1.5.22) 中的

$$\mu_n(t) \triangleq E[w(t, x_n, \xi_n) I_{\{x_i - x_{i-1} \leqslant \delta, i=1,2,\cdots,n\}}] = \mu(t, x_n) I_{\{x_i - x_{i-1} \leqslant \delta, i=1,2,\cdots,n\}}. \tag{6.1.5}$$

此外, 假设以下命题中所涉及的相关级数都一致收敛且逐项可积, 在命题条件中不再逐一累述. 事实上, 由定理 1.2.24 得 $\sum_{k=1}^{\infty} \lambda^k H_{k,\delta}(x)$[①]在 $[0, \infty)$ 上任意闭区域上是一致收敛的, 其中 $H_{k,\delta}(x)$ 表示 H 函数.

6.1.2 泊松截断 δ 冲击模型标值过程的均值函数

定理 6.1.1[88] $\{X(t), t \geqslant 0\}$ 的均值函数为

$$E[X(t)] = \int_0^t e^{-\lambda x} \mu(t, x) \sum_{k=1}^{\infty} \lambda^k H_{k,\delta}(x) dx, \quad t \geqslant 0. \tag{6.1.6}$$

证明 由定理 1.5.39 条款 (1) 式 (1.5.20) 得

$$E(X(t)) = \sum_{n=1}^{\infty} G_n[\mu_n(t)](t). \tag{6.1.7}$$

将式 (6.1.5) 代入式 (6.1.7), 并将式中算子 $G_n[\mu_n(t)](t)$ 使用式 (1.5.19) 展开得

$$E[X(t)] = \sum_{n=1}^{\infty} \int_0^t \lambda^n e^{-\lambda x_n} dx_n \int_0^{x_n} dx_{n-1} \int_0^{x_{n-1}} dx_{n-2} \cdots \int_0^{x_2} \mu(t, x_n)$$

$$\times I_{\{x_i - x_{i-1} \leqslant \delta, i=1,2,\cdots,n\}} dx_1$$

$$= \sum_{n=1}^{\infty} \int_0^t \lambda^n e^{-\lambda x_n} \mu(t, x_n) dx_n \int_0^{x_n} dx_{n-1} \int_0^{x_{n-1}} dx_{n-2} \cdots \int_0^{x_2}$$

$$\times I_{\{x_i - x_{i-1} \leqslant \delta, i=1,2,\cdots,n\}} dx_1, \tag{6.1.8}$$

其中, $x_0 = 0$.

由定理 1.2.20 条款 (3) 得对 $\forall x_n \geqslant 0$, 有

$$\int_0^{x_n} dx_{n-1} \int_0^{x_{n-1}} dx_{n-2} \cdots \int_0^{x_2} I_{\{x_i - x_{i-1} \leqslant \delta, i=1,2,\cdots,n\}} dx_1 = H_{n,\delta}(x_n), \tag{6.1.9}$$

其中 $H_{n,\delta}(x) = \dfrac{1}{(n-1)!} \sum_{i=0}^{n} (-1)^i \binom{n}{i} (x - i\delta)_+^{n-1}$.

---

① 文献 [84] 与文献 [88] 中称为 M 函数.

将式 (6.1.9) 代入式 (6.1.8) 得

$$E[X(t)] = \sum_{n=1}^{\infty} \lambda^n \int_0^t \mu(t,x) e^{-\lambda x} H_{n,\delta}(x) dx.$$

注意 $\xi_1, \xi_2, \cdots$ 相互独立同分布及函数项级数的一致收敛性, 交换和号与积分顺序, 定理得证. ∎

6.1.3 泊松截断 δ 冲击模型标值过程的协方差函数

为了计算泊松截断 δ 冲击模型标值过程的协方差, 先给出引理 6.1.1 至引理 6.1.4.

引理 6.1.1[133] 任取 $t_2 \geqslant t_1 \geqslant 0$, $\{X(t), t \geqslant 0\}$ 满足

$$\sum_{j=1}^{\infty} \sum_{i=j+1}^{\infty} G_i[\mu_i(t_1)\mu_j(t_2)](t_2)$$
$$= \int_0^{t_1} \mu(t_2, x) \sum_{j=1}^{\infty} \lambda^j H_{j,\delta}(x) dx \int_x^{t_1} e^{-\lambda y} \mu(t_1, y) \sum_{k=1}^{\infty} \lambda^k H_{k,\delta}(y-x) dy. \quad (6.1.10)$$

证明 显然, 当 $j < i$ 时, 有

$$G_i[\mu_i(t_1)\mu_j(t_2)](t_2)$$
$$= \lambda^i \int_0^{t_2} ds_1 \int_{s_1}^{t_2} ds_2 \cdots \int_{s_{j-1}}^{t_2} \mu(t_2, s_j) I_{0,j} ds_j \int_{s_j}^{t_2} ds_{j+1} \int_{s_{j+1}}^{t_2} ds_{j+2} \cdots \int_{s_{i-2}}^{t_2} ds_{i-1}$$
$$\times \int_{s_{i-1}}^{t_2} e^{-\lambda s_i} \mu(t_1, s_i) I_{j,i} ds_i,$$

其中, $I_{j,i} = I_{\{x_i - x_{i-1} \leqslant \delta, x_{i-1} - x_{i-2} \leqslant \delta, \cdots, x_{j+2} - x_{j+1} \leqslant \delta, x_{j+1} - x_j \leqslant \delta\}}$.

先考虑 $\int_{s_j}^{t_2} ds_{j+1} \int_{s_{j+1}}^{t_2} ds_{j+2} \cdots \int_{s_{i-2}}^{t_2} ds_{i-1} \int_{s_{i-1}}^{t_2} e^{-\lambda s_i} \mu(t_1, s_i) I_{j,i} ds_i$, 在定理 1.2.23 中的式 (1.2.30) 中取 $t = t_2$, $m = j$, $n = i$, $x_m = s_j$, $x_{m+k} = s_{j+k}$, $k = 1, 2, \cdots, i-j-1$ 及 $h(x) = e^{-\lambda x} \mu(t_1, x)$, 得

$$\int_{s_j}^{t_2} ds_{j+1} \int_{s_{j+1}}^{t_2} ds_{j+2} \cdots \int_{s_{i-2}}^{t_2} ds_{i-1} \int_{s_{i-1}}^{t_2} e^{-\lambda s_i} \mu(t_1, s_i) I_{j,i} ds_i$$
$$= \int_{s_j}^{t_2} e^{-\lambda x} \mu(t_1, x) H_{i-j,\delta}(x - s_j) dx,$$

即
$$G_i[\mu_i(t_1)\mu_j(t_2)](t_2)$$
$$=\lambda^i\int_0^{t_2}\mathrm{d}s_1\int_{s_1}^{t_2}\mathrm{d}s_2\cdots\int_{s_{j-1}}^{t_2}\mu(t_2,s_j)I_{0,j}\mathrm{d}s_j\int_{s_j}^{t_2}\mathrm{e}^{-\lambda y}\mu(t_1,y)H_{i-j,\delta}(y-s_j)\mathrm{d}y.$$

继续在式 (1.2.30) 中取 $t=t_2$, $m=0$, $n=j$, $x_m=0$, $x_{m+k}=s_k$, $k=1,2,\cdots,j$ 及

$$h(x)=\mu(t_2,x)\int_x^{t_2}\mathrm{e}^{-\lambda y}\mu(t_1,y)H_{i-j,\delta}(y-x)\mathrm{d}y,$$

可得

$$G_i[\mu_i(t_1)\mu_j(t_2)](t_2)$$
$$=\lambda^i\int_0^{t_2}\left[\mu(t_2,x)\int_x^{t_2}\mathrm{e}^{-\lambda y}\mu(t_1,y)H_{i-j,\delta}(y-x)\mathrm{d}y\right]H_{j-0,\delta}(x-0)\mathrm{d}x$$
$$=\int_0^{t_2}\mu(t_2,x)H_{j,\delta}(x)\mathrm{d}x\int_x^{t_2}\lambda^i\mathrm{e}^{-\lambda y}\mu(t_1,y)H_{i-j,\delta}(y-x)\mathrm{d}y,$$

所以

$$\sum_{j=1}^{\infty}\sum_{i=j+1}^{\infty}G_i[\mu_i(t_1)\mu_j(t_2)](t_2)$$
$$=\int_0^{t_2}\mu(t_2,x)\sum_{j=1}^{\infty}H_{j,\delta}(x)\mathrm{d}x\int_x^{t_2}\mathrm{e}^{-\lambda y}\mu(t_1,y)\sum_{i=j+1}^{\infty}\lambda^i H_{i-j,\delta}(y-x)\mathrm{d}y$$
$$=\int_0^{t_2}\mu(t_2,x)\sum_{j=1}^{\infty}\lambda^j H_{j,\delta}(x)\mathrm{d}x\int_x^{t_2}\mathrm{e}^{-\lambda y}\mu(t_1,y)\sum_{i=j+1}^{\infty}\lambda^{i-j}H_{i-j,\delta}(y-x)\mathrm{d}y$$
$$=\int_0^{t_2}\mu(t_2,x)\sum_{j=1}^{\infty}\lambda^j H_{j,\delta}(x)\mathrm{d}x\int_x^{t_2}\mathrm{e}^{-\lambda y}\mu(t_1,y)\sum_{k=1}^{\infty}\lambda^k H_{k,\delta}(y-x)\mathrm{d}y.$$

注意到当 $y>t_1$ 时, $\mu(t_1,y)=E[w_0(t_1,y,\xi)]=0$, 引理得证. ∎

引理 6.1.2[133] $\forall t_2\geqslant t_1\geqslant 0$, $\{X(t),t\geqslant 0\}$ 满足

$$\sum_{j=1}^{\infty}\sum_{i=j+1}^{\infty}G_i[\mu_j(t_1)\mu_i(t_2)](t_2)$$

6.1 泊松截断 δ 冲击模型的标值过程

$$= \int_0^{t_1} \mu(t_1,x) \sum_{j=1}^{\infty} \lambda^j H_{j,\delta}(x) \mathrm{d}x \int_x^{t_2} \mathrm{e}^{-\lambda y} \mu(t_2,y) \sum_{k=1}^{\infty} \lambda^k H_{k,\delta}(y-x) \mathrm{d}y. \quad (6.1.11)$$

证明 类似引理 6.1.1 的证明并注意到 $x > t_1$ 时, $\mu(t_1,x) = 0$, 结论可得. ∎

引理 6.1.3[133] $\forall t_2 \geqslant t_1 \geqslant 0$, $\{X(t), t \geqslant 0\}$ 满足

$$\sum_{i=1}^{\infty} G_i[\mu_i(t_1)\mu_i(t_2)](t_2) = \int_0^{t_1} \mathrm{e}^{-\lambda x} \mu(t_1,x) \mu(t_2,x) \sum_{k=1}^{\infty} \lambda^k H_{k,\delta}(x) \mathrm{d}x. \quad (6.1.12)$$

证明 在定理 1.2.23 中的式 (1.2.30) 中取 $t = t_2$, $m = 0$, $n = i$, $x_m = 0$, $x_{m+k} = x_k$, $k = 1, 2, \cdots, i$ 及 $h(x) = \mathrm{e}^{-\lambda x} \mu(t_1,x) \mu(t_2,x)$, 可得对任意 $i = 1, 2, \cdots$,

$$G_i[\mu_i(t_1)\mu_i(t_2)](t_2) = \int_0^{t_2} \lambda^i \mathrm{e}^{-\lambda x} \mu(t_1,x) \mu(t_2,x) H_{i,\delta}(x) \mathrm{d}x,$$

即得

$$\sum_{i=1}^{\infty} G_i[\mu_i(t_1)\mu_i(t_2)](t_2) = \int_0^{t_2} \mathrm{e}^{-\lambda x} \mu(t_1,x) \mu(t_2,x) \sum_{k=1}^{\infty} \lambda^k H_{k,\delta}(x) \mathrm{d}x.$$

因为当 $x > t_1$ 时, $\mu(t_1,x) = 0$, 所以

$$\sum_{i=1}^{\infty} G_i[\mu_i(t_1)\mu_i(t_2)](t_2) = \int_0^{t_1} \mathrm{e}^{-\lambda x} \mu(t_1,x) \mu(t_2,x) \sum_{k=1}^{\infty} \lambda^k H_{k,\delta}(x) \mathrm{d}x. \quad ∎$$

引理 6.1.4[133] $\forall t_2 \geqslant t_1 \geqslant 0$, $\{X(t), t \geqslant 0\}$ 满足

$$\sum_{i=1}^{\infty} G_i[\mu_i(t_1)](t_2) \sum_{k=1}^{\infty} G_k[\mu_k(t_2)](t_2)$$

$$= \left[\int_0^{t_1} \mathrm{e}^{-\lambda x} \mu(t_1,x) \sum_{k=1}^{\infty} \lambda^k H_{k,\delta}(x) \mathrm{d}x\right] \left[\int_0^{t_2} \mathrm{e}^{-\lambda x} \mu(t_2,x) \sum_{k=1}^{\infty} \lambda^k H_{k,\delta}(x) \mathrm{d}x\right]. \quad (6.1.13)$$

证明 注意到 $x > t_1$ 时, $\mu(t_1,x) = 0$, 由式 (6.1.7) 和式 (6.1.6) 立得引理. ∎

分别将式 (6.1.10)、式 (6.1.11)、式 (6.1.12) 与式 (6.1.13) 代入式 (1.5.22) (定理 1.5.39 条款 (3)) 中推得截断 δ 冲击模型标值过程的协方差, 即定理 6.1.2.

定理 6.1.2[133] $\{X(t), t \geqslant 0\}$ 协方差函数为: 对 $\forall t_2 \geqslant t_1 > 0$,

$$\mathrm{Cov}(X(t_1), X(t_2))$$

$$= \int_0^{t_1} \mu(t_2,x) \sum_{j=1}^\infty \lambda^j H_{j,\delta}(x)\mathrm{d}x \int_x^{t_1} \mathrm{e}^{-\lambda y}\mu(t_1,y) \sum_{k=1}^\infty \lambda^k H_{k,\delta}(y-x)\mathrm{d}y$$

$$+ \int_0^{t_1} \mu(t_1,x) \sum_{j=1}^\infty \lambda^j H_{j,\delta}(x)\mathrm{d}x \int_x^{t_2} \mathrm{e}^{-\lambda y}\mu(t_2,y) \sum_{k=1}^\infty \lambda^k H_{k,\delta}(y-x)\mathrm{d}y$$

$$- \left[\int_0^{t_1} \mathrm{e}^{-\lambda x}\mu(t_1,x) \sum_{k=1}^\infty \lambda^k H_{k,\delta}(x)\mathrm{d}x\right]\left[\int_0^{t_2} \mathrm{e}^{-\lambda x}\mu(t_2,x) \sum_{k=1}^\infty \lambda^k H_{k,\delta}(x)\mathrm{d}x\right]$$

$$+ \int_0^{t_1} \mathrm{e}^{-\lambda x}\mu(t_1,x)\mu(t_2,x) \sum_{k=1}^\infty \lambda^k H_{k,\delta}(x)\mathrm{d}x.$$

6.1.4 泊松截断 δ 冲击模型标值过程的二阶矩与方差函数

由定理 6.1.2 易得截断 δ 冲击模型标值过程的方差.

定理 6.1.3 $\{X(t), t \geqslant 0\}$ 的方差函数为: 对 $\forall t \geqslant 0$,

$$\mathrm{Var}(X(t)) = 2\int_0^t \mu(t,x) \sum_{j=1}^\infty \lambda^j H_{j,\delta}(x)\mathrm{d}x \int_x^t \mathrm{e}^{-\lambda y}\mu(t,y) \sum_{k=1}^\infty \lambda^k H_{k,\delta}(y-x)\mathrm{d}y$$

$$- \left[\int_0^t \mathrm{e}^{-\lambda x}\mu(t,x) \sum_{k=1}^\infty \lambda^k H_{k,\delta}(x)\mathrm{d}x\right]^2$$

$$+ \int_0^t \mathrm{e}^{-\lambda x}\mu^2(t,x) \sum_{k=1}^\infty \lambda^k H_{k,\delta}(x)\mathrm{d}x.$$

由定理 6.1.1 和定理 6.1.3 易得定理 6.1.4.

定理 6.1.4 $\{X(t), t \geqslant 0\}$ 的二阶矩函数为: 对 $\forall t \geqslant 0$,

$$E[X^2(t)] = 2\int_0^t \mu(t,x) \sum_{j=1}^\infty \lambda^j H_{j,\delta}(x)\mathrm{d}x \int_x^t \mathrm{e}^{-\lambda y}\mu(t,y) \sum_{k=1}^\infty \lambda^k H_{k,\delta}(y-x)\mathrm{d}y$$

$$+ \int_0^t \mathrm{e}^{-\lambda x}\mu^2(t,x) \sum_{j=1}^\infty \lambda^j H_{j,\delta}(x)\mathrm{d}x.$$

6.2 截断 δ 冲击模型在关系营销中的应用

市场营销属于管理学领域, 现代市场营销已从产品营销发展到关系营销的时代. 截断 δ 冲击模型标值过程的一个重要应用就是用于描述市场关系营销中的客户寿命价值. 本节叙述截断 δ 冲击模型在关系营销系统中的应用[①].

---

① 本节部分内容改编于文献 [85].

6.2.1 关系营销与客户寿命价值

关系营销具有以下理念特征:
(1) 客户的一次购买行为不是结束, 而是客户关系的开始;
(2) 营销活动是一个公司与客户发生互动作用的过程;
(3) 公司重点是发展保留有价值的客户.

基于以上理念, 一个关系营销过程可以描述如下: 每当一个有价值客户与公司发生交易后, 公司就会在一个固定周期内使用各种手段对这个客户实施再营销, 以使这个客户成为该公司的长期客户.

关系营销过程中客户与公司两个实体属性及其行为可以用一个关系营销系统 (模型) 来描述. 一个关系营销系统由以下营销要素组成, 即

交易类型、客户行为、营销规则、响应规则、净贡献规则、终止策略.

客户行为是迁移型、终止策略为 δ 策略的关系营销系统可以用一个截断 δ 冲击模型 SM$\{\Psi, \text{CD}(\delta)\}$ 来研究, 其实际含义如下, 将客户与公司之间的相互关系 (简称为**客户关系**) 看作是被冲击的对象, 冲击过程 Ψ 反映了客户的响应过程, 客户的一次响应就表示对关系的一次冲击, 所以冲击点 S_n 表示客户第 n 次响应的时刻. 终止策略为 δ 策略的含义就是如果客户达到或超过 δ 长时间还没有响应, 则公司将终止关系, 因此, 冲击模型的寿命 T 就是客户关系的生命周期 (也称为**客户关系的寿命**), 冲击点数过程 $\{N(t), t \geqslant 0\}$ 就是客户响应次数过程.

根据关系营销理念, 公司应重点培养有价值的客户. 客户 (全周期) 寿命价值 (CLV) 是指整个客户生命周期内公司从该客户获得的利润流的总现值. 也就是说, CLV 是公司期望从客户收到的净利润的折扣值或现值, 它度量了客户在整个寿命期内的利润流. 因此一个客户寿命价值 (CLV) 可用一个截断 δ 冲击模型 SM$\{\Psi, \text{CD}(\delta)\}$ 的标值过程来描述, 即设 $\{N(t), t \geqslant 0\}$ 和 $\{S_n, n = 1, 2, \cdots\}$ 是 Ψ 的点数过程和点时过程, 则

$$\text{CLV} = \lim_{t \to \infty} \text{CLV}(t),$$

其中

$$\text{CLV}(t) \triangleq \sum_{n=1}^{N(t)} \frac{w(t, S_n, \xi_n)}{(1+d)^{S_n}} I_{\{S_n \leqslant T\}}, \quad t \geqslant 0, \tag{6.2.1}$$

Ψ 是客户的响应过程, 连系 S_n 的标值变量 ξ_n 就是客户第 n 次响应的净贡献, $0 < d < 1$ 为折现率.

下面我们应用截断 δ 冲击模型分析两类具体的关系营销系统.

6.2.2 S/CM/Markov/C/δ/营销系统

在这一节, 我们讨论马尔可夫营销系统:

$$\text{"S/CM/C/Markov/C/}\delta\text{"},$$

其中, /S/ 表明交易类型是依订单周期的, /CM/ 表明客户行为是迁移型的, /C/ 表明每期的营销支出是一个常数, /Markov/ 表示客户响应是一个马尔可夫链, /C/ 表明每次净贡献是一个常数, /δ/ 表明中止关系采用的是 δ 策略.

假设每次营销周期长度都是 1 个时间单位, 客户在一个周期内最多响应一次, 并且响应是在周期末进行的, 我们仅考虑 $\delta \geqslant 2$ 的情形.

由于客户关系是从客户首次购买开始建立的, 所以这一营销系统可用 4.4 节的马尔可夫链点示截断 δ 冲击模型 $\text{SM}\{[\mathbf{MP_Y}(\boldsymbol{\mu}_1, \boldsymbol{P})], \text{CD}(\delta)\}$ 来建模, 其中冲击点示过程含义为, 对 $k = 1, 2, \cdots,$

$$Y_k = \begin{cases} 1, & \text{第 } k \text{ 个周期末客户响应}, \\ 0, & \text{否则}. \end{cases}$$

此外, 转移概率 p_{ij} 是每个周期内营销支出的函数, 注意 $\text{SM}\{\mathbf{MP_Y}(\boldsymbol{\mu}_1, \boldsymbol{P}), \text{CD}(\delta)\}$ 中 $Y_0 \equiv 1$ 意味着在 0 时刻客户有响应. 若不特殊说明, 以下符号含义与 4.4 节相同.

设 $N = \{n | Y_n = Y_{n-1} = \cdots = Y_{n-\delta+1} = 0\}$, 则客户关系寿命 T 可表示为

$$T = \inf N = \begin{cases} \min N, & N \neq \varnothing, \\ \infty, & N = \varnothing. \end{cases}$$

按照嵌入马氏链法 (见 4.4.4 节), 由定理 4.4.7, 客户关系寿命也可表示为 $T = \inf\{n | X_n = 0, n = \delta - 1, \delta, \delta + 1, \cdots\}$, 其中 X_n 的定义见式 (4.4.46).

由定理 4.4.8, 可得如下结论.

结论 6.2.1[85] S/CM/C/Markov/C/δ 营销系统中, 客户关系寿命服从如下分布

$$P(T = k) = \begin{cases} 0, & k \leqslant \delta - 1, \\ \boldsymbol{\alpha} \boldsymbol{Q}_\delta^{k-\delta}(\boldsymbol{I} - \boldsymbol{Q}_\delta)\boldsymbol{e}, & k > \delta - 1, \end{cases}$$

其中, $\boldsymbol{\alpha}$ 和 $\boldsymbol{Q}_\delta$ 的含义与 4.4.4 节中的符号设定相同, $\boldsymbol{I}$ 是与 $\boldsymbol{Q}_\delta$ 同阶的单位矩阵, $\boldsymbol{e}$ 是元素全为 1 的列向量.

下面考虑客户寿命价值, 假设公司在每个营销周期内的营销支出是常数 $c \geqslant 0$, 客户每次响应的净贡献也为常数, 设 $a > 0$, 即对 $\forall n = 1, 2, \cdots$, 有 $\xi_n = a$. 另

6.2 截断 δ 冲击模型在关系营销中的应用

记 $\eta_k = \begin{cases} a, & Y_k = 1, \\ 0, & Y_k = 0. \end{cases}$ 依据 S/CM/C/Markov/C/δ 的设定, 式 (6.2.1) 可具体表示为

$$\text{CLV}(n) = a + \sum_{k=1}^{n \wedge T} \frac{\eta_k - c}{(1+d)^k}$$

及

$$\text{CLV} \triangleq \text{CLV}(\infty) = a + \sum_{k=1}^{T} \frac{\eta_k - c}{(1+d)^k}, \tag{6.2.2}$$

其中, $\text{CLV}(n)$ 是直到时刻 n 时的客户寿命价值, CLV 是客户全寿命价值.

为了给出平均寿命价值, 除了 4.4.4 节中的符号假设外, 我们给出一些补充假设.

对 $\forall i \in \{0, 1, \cdots, 2^\delta - 1\}$, 记 $r_{\delta-1}(i)$ 表示系统在初始时刻处于状态 i 的回报**现值**. 并记

$$\boldsymbol{t} = (r_{\delta-1}(2^{\delta-1}), r_{\delta-1}(2^{\delta-1}+1), \cdots, r_{\delta-1}(2^\delta - 1)).$$

设 $\boldsymbol{R} = (r(1), r(2), \cdots, r(2^\delta - 1))^\text{T}$ 表示系统 $\{X_n, n = \delta - 1, \delta, \cdots\}$ 在任意 $n \neq \delta - 1$ 时刻 (即不在初始时刻) 的回报向量. 其中, $\forall i \in \{0, 1, \cdots, 2^\delta - 1\}$, $r(i)$ 表示系统不在初始时刻时处于状态 i 的回报值 (不是现值). 由前面 S/CM/C/Markov/C/δ 的设定, 可知

$$r(i) = \begin{cases} -c, & i = 0 \pmod 2, \\ a - c, & i = 1 \pmod 2, \end{cases}$$

其中 $i = 0 \pmod 2$ 表示 i 除以 2 的余数为 0, $i = 1 \pmod 2$ 表示 i 除以 2 的余数为 1. 易得 $r(0) = -c$.

在上述符号设定下, 式 (6.2.2) 变形为

$$\text{CLV} = r_{\delta-1}(X_{\delta-1}) + \sum_{k=\delta}^{T} \frac{r(X_k)}{(1+d)^k}. \tag{6.2.3}$$

现在我们可以导出客户的平均寿命价值了, 有下面的结论.

结论 6.2.2[85] 在 S/CM/C/Markov/C/δ 营销系统中, 客户的全周期寿命价值

$$E(\text{CLV}) = \boldsymbol{\beta t}^\text{T} + \frac{1}{(1+d)^\delta} \boldsymbol{\beta}_{-1} \boldsymbol{H}_\delta \left(\boldsymbol{I} - \frac{1}{1+d}\boldsymbol{Q}_\delta\right)^{-1} \left(\boldsymbol{R} - \frac{c}{1+d}\boldsymbol{Q}_0\right) - \frac{cp_{10}p_{00}^{\delta-1}}{(1+d)^\delta}, \tag{6.2.4}$$

其中, $\boldsymbol{\beta}, \boldsymbol{Q}_\delta, \boldsymbol{Q}_0, \boldsymbol{H}_\delta$ 的含义与 4.4.4 节中的符号设定相同, $\boldsymbol{\beta}_{-1}$ 是 $\boldsymbol{\beta}$ 去掉第 1 个元素的向量. $\boldsymbol{I}$ 是与 $\boldsymbol{Q}_\delta$ 同阶的单位矩阵.

证明 在式 (6.2.3) 两边求期望得

$$E(\text{CLV}) = E[r_{\delta-1}(X_{\delta-1})] + E\left[\sum_{k=\delta}^{T} \frac{1}{(1+d)^k} r(X_k)\right]. \tag{6.2.5}$$

易得

$$E[r_{\delta-1}(X_{\delta-1})] = \sum_{i=0}^{2^\delta-1} r_{\delta-1}(i) P(X_{\delta-1}=i) = \sum_{i=0}^{2^\delta-1} r_{\delta-1}(i)\pi_i,$$

由式 (4.4.48) 当 $0 \leqslant i \leqslant 2^{\delta-1}-1$ 时, $\pi_i = 0$, 所以

$$E[r_{\delta-1}(X_{\delta-1})] = \boldsymbol{\beta t}^{\text{T}}. \tag{6.2.6}$$

为计算 $E\left[\sum_{k=\delta}^{T} \frac{1}{(1+d)^k} r(X_k)\right]$, 设 $\boldsymbol{U} = (\mu_1, \mu_2, \cdots, \mu_{2^\delta-1})^{\text{T}}$, 其中

$$\mu_i \triangleq E\left(\sum_{k=\delta}^{T} \frac{1}{(1+d)^k} r(X_k) \bigg| X_\delta = i\right), \quad i = 1, 2, \cdots, 2^\delta - 1$$

及

$$\mu_0 = \frac{1}{(1+d)^\delta} r(0) = -\frac{c}{(1+d)^\delta}. \tag{6.2.7}$$

则有

$$E\left[\sum_{k=\delta}^{T} \frac{1}{(1+d)^k} r(X_k)\right] = \boldsymbol{A}_\delta \begin{pmatrix} \mu_0 \\ \boldsymbol{U} \end{pmatrix} = \boldsymbol{AQ} \begin{pmatrix} -\dfrac{c}{(1+d)^\delta} \\ \boldsymbol{U} \end{pmatrix}, \tag{6.2.8}$$

其中 $\boldsymbol{A}_\delta$ 是 $\{X_n, n = \delta-1, \delta, \cdots\}$ 在时刻 δ 的绝对分布向量, $\boldsymbol{A}$ 是 $\{X_n, n = \delta-1, \delta, \cdots\}$ 的初始分布向量, $\boldsymbol{Q}$ 是 $\{X_n, n = \delta-1, \delta, \cdots\}$ 的转移矩阵.

由 4.4.4 节 $\boldsymbol{A}$ 与 $\boldsymbol{Q}$ 的分析, 可得

$$\boldsymbol{AQ} = (0, \boldsymbol{\alpha}) \begin{pmatrix} 1 & \boldsymbol{O} \\ \boldsymbol{Q}_0 & \boldsymbol{Q}_\delta \end{pmatrix} = (\boldsymbol{\alpha Q}_0, \boldsymbol{\alpha Q}_\delta) = (p_{10} p_{00}^{\delta-1}, \boldsymbol{\beta}_{-1} \boldsymbol{H}_\delta), \tag{6.2.9}$$

其中, $\boldsymbol{H}_\delta$ 的定义见式 (4.4.47), $\boldsymbol{\beta}_{-1}$ 是 $\boldsymbol{\beta}$ 去掉第 1 个元素的向量, 即 $\boldsymbol{\beta}_{-1} = (\pi_{2^{\delta-1}+1}, \pi_{2^{\delta-1}+2}, \cdots, \pi_{2^\delta-1})$.

6.2 截断 δ 冲击模型在关系营销中的应用

将式 (6.2.9) 代入式 (6.2.8) 得

$$E\left[\sum_{k=\delta}^{T}\frac{1}{(1+d)^k}r(X_k)\right] = (p_{10}p_{00}^{\delta-1}, \boldsymbol{\beta}_{-1}\boldsymbol{H}_\delta)\begin{pmatrix}-\dfrac{c}{(1+d)^\delta}\\ \boldsymbol{U}\end{pmatrix} = \boldsymbol{\beta}_{-1}\boldsymbol{H}_\delta\boldsymbol{U} - \frac{cp_{10}p_{00}^{\delta-1}}{(1+d)^\delta}. \tag{6.2.10}$$

将 (6.2.6) 和式 (6.2.10) 代入式 (6.2.5) 得

$$E(\mathrm{CLV}) = \boldsymbol{\beta}\boldsymbol{t}^{\mathrm{T}} + \boldsymbol{\beta}_{-1}\boldsymbol{H}_\delta\boldsymbol{U} - \frac{cp_{10}p_{00}^{\delta-1}}{(1+d)^\delta}. \tag{6.2.11}$$

下面计算 $\boldsymbol{U} = (\mu_1, \mu_2, \cdots, \mu_{2^\delta-1})^{\mathrm{T}}$. 设 $i \neq 0$, 即 $i = 1, 2, \cdots, 2^\delta - 1$, 对 μ_i 取条件 $X_{\delta+1}$ 得

$$\mu_i = \sum_{j=0}^{2^\delta-1} E\left(\sum_{k=\delta}^{T}\frac{1}{(1+d)^k}r(X_k)\bigg| X_\delta = i, X_{\delta+1} = j\right)q_{ij}, \tag{6.2.12}$$

其中 q_{ij} 是 $\{X_n, n = \delta-1, \delta, \cdots\}$ 的转移概率.

先考虑 $h_j \triangleq E\left(\sum_{k=\delta}^{T}\dfrac{1}{(1+d)^k}r(X_k)\bigg| X_\delta = i, X_{\delta+1} = j\right)$. 若 $j = 0$, 此时 $T = \delta + 1$, 则

$$h_0 = \frac{r(i)}{(1+d)^\delta} + \frac{r(0)}{(1+d)^{\delta+1}} = \frac{r(i)}{(1+d)^\delta} - \frac{c}{(1+d)^{\delta+1}}. \tag{6.2.13}$$

当 $j \neq 0$ 时, 由马尔可夫性

$$h_j = \frac{r(i)}{(1+d)^\delta} + \frac{1}{1+d}E\left(\sum_{k=\delta+1}^{T}\frac{r(X_k)}{(1+d)^{k-1}}\bigg| X_{\delta+1} = j\right), \tag{6.2.14}$$

注意到此时

$$E\left(\sum_{k=\delta+1}^{T}\frac{r(X_k)}{(1+d)^{k-1}}\bigg| X_{\delta+1} = j\right) = \mu_j, \tag{6.2.15}$$

所以, 将式 (6.2.15) 代入式 (6.2.14), 得

$$h_j = \frac{r(i)}{(1+d)^\delta} + \frac{1}{1+d}\mu_j, \quad j \neq 0. \tag{6.2.16}$$

将式 (6.2.16) 与式 (6.2.13) 代入式 (6.2.12) 中，得当 $i \neq 0$ 时

$$\mu_i = \left(\frac{r(i)}{(1+d)^\delta} - \frac{c}{(1+d)^{\delta+1}} \right) q_{i0} + \sum_{j=1}^{2^\delta-1} \frac{r(i)}{(1+d)^\delta} q_{ij} + \frac{1}{1+d} \sum_{j=1}^{2^\delta-1} \mu_j q_{ij}, \quad (6.2.17)$$

因为

$$\frac{r(i)}{(1+d)^\delta} q_{i0} + \sum_{j=1}^{2^\delta-1} \frac{r(i)}{(1+d)^\delta} q_{ij} = \frac{r(i)}{(1+d)^\delta} \sum_{j=0}^{2^\delta-1} q_{ij} = \frac{r(i)}{(1+d)^\delta}, \quad (6.2.18)$$

将式 (6.2.18) 代入式 (6.2.17) 得：当 $i = 1, 2, \cdots, 2^\delta - 1$ 时

$$\mu_i = \frac{1}{(1+d)^\delta} r(i) - \frac{c}{(1+d)^{\delta+1}} q_{i0} + \frac{1}{1+d} \sum_{j=1}^{2^\delta-1} \mu_j q_{ij}. \quad (6.2.19)$$

式 (6.2.19) 可用矩阵表示为

$$\boldsymbol{U} = \frac{1}{(1+d)^\delta} \boldsymbol{R} - \frac{c}{(1+d)^{\delta+1}} \boldsymbol{Q}_0 + \frac{1}{1+d} \boldsymbol{Q}_\delta \boldsymbol{U},$$

即

$$\left(\boldsymbol{I} - \frac{1}{1+d} \boldsymbol{Q}_\delta \right) \boldsymbol{U} = \frac{1}{(1+d)^\delta} \boldsymbol{R} - \frac{c}{(1+d)^{\delta+1}} \boldsymbol{Q}_0. \quad (6.2.20)$$

由于 $\boldsymbol{I} - \dfrac{1}{1+d} \boldsymbol{Q}_\delta$ 是一个严格对角占优矩阵，所以由定理 1.1.16 得 $\left(\boldsymbol{I} - \dfrac{1}{1+d} \boldsymbol{Q}_\delta \right)^{-1}$ 存在，在式 (6.2.20) 两边同乘 $\left(\boldsymbol{I} - \dfrac{1}{1+d} \boldsymbol{Q}_\delta \right)^{-1}$ 得

$$\boldsymbol{U} = \frac{1}{(1+d)^\delta} \left(\boldsymbol{I} - \frac{1}{1+d} \boldsymbol{Q}_\delta \right)^{-1} \left(\boldsymbol{R} - \frac{c}{1+d} \boldsymbol{Q}_0 \right). \quad (6.2.21)$$

将式 (6.2.21) 代入式 (6.2.11) 得

$$E(\mathrm{CLV}) = \boldsymbol{\beta} \boldsymbol{t}^{\mathrm{T}} + \frac{1}{(1+d)^\delta} \boldsymbol{\beta}_{-1} \boldsymbol{H}_\delta \left(\boldsymbol{I} - \frac{1}{1+d} \boldsymbol{Q}_\delta \right)^{-1}$$
$$\times \left(\boldsymbol{R} - \frac{c}{1+d} \boldsymbol{Q}_0 \right) - \frac{c p_{10} p_{00}^{\delta-1}}{(1+d)^\delta}. \quad \blacksquare$$

6.2 截断 δ 冲击模型在关系营销中的应用

接下来我们利用结论 6.2.2 用数值办法寻找最优的营销策略, 所谓最优营销策略就是最大化客户的全周期寿命价值准则下的营销支出 c 和中止参数 δ.

设折现率 $d = 0.2$, 响应净贡献 $a = 400$, 转移概率是

$$p_{01} = 0.75[1 - \exp(-0.03c)], \quad p_{11} = 0.90[1 - \exp(-0.03c)]. \quad (6.2.22)$$

将这些数据代入式 (6.2.4), 应用 MATLAB 实现最优 δ 与 c 的逐步搜索算法. 图 6.2.1 给出了营销支出与寿命价值的关系变化曲线.

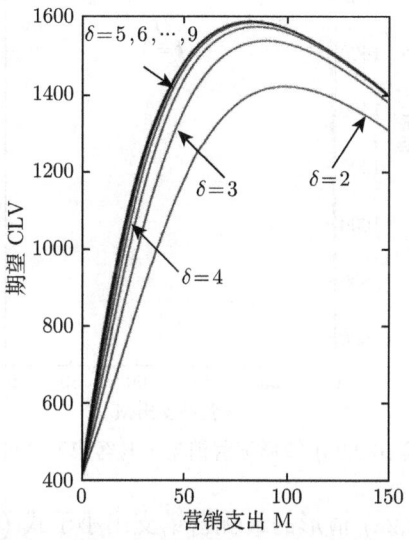

图 6.2.1 式 (6.2.22) 情形下营销支出与客户寿命价值关系图 [85]

我们发现当 $\delta \geqslant 2$ 时, $E(\text{CLV})$ 关于 c 是一个凸函数, $\delta = 5, 6, \cdots, 9$ 的曲线有较多的重叠. 表 6.2.1 给出了不同 δ 下对应的最优支出及最大寿命价值, 从中可知最优策略是 $\delta = 8, c = 82$.

表 6.2.1 式 (6.2.22) 情形下的最优策略 [85]

δ	2	3	4	5	6	7	8	9
最优 c	99	90	85	83	83	83	83	83
最优 $E(\text{CLV})$	1421.7	1539.8	1576.4	1586.7	1589.6	1590.3	1590.5	1590.5

在式 (6.2.22) 中, 若 $c = 0$, 则 $p_{01} = p_{11} = 0$, 这意味着如果公司的营销支出是零, 则保留率也为零, 这种现象显然是不现实的. 文献 [85] 设计了一种营销支出为零也有可能响应的情形, 即

$$p_{01} = \frac{0.75}{1 + \exp(-c)}, \quad p_{11} = \frac{0.99}{1 + \exp(-c)}. \quad (6.2.23)$$

在此情形中，我们看到即使 $c = 0$，保留率仍旧是正数。仍设 $a = 400, d = 0.2$，表 6.2.2 给出了数值算法搜索出结果，得到最优策略是 $\delta = 7$ 和 $c = 6$. 图 6.2.2 给出了营销支出与寿命价值的关系变化曲线.

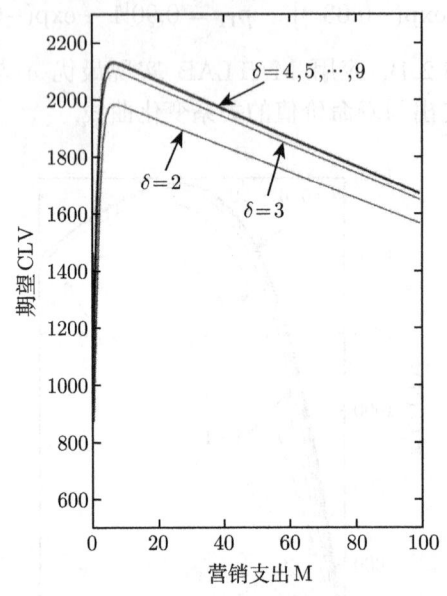

图 6.2.2　式 (6.2.23) 情形下营销支出与客户寿命价值关系图 [85]

我们注意到式 (6.2.23) 情形的最优营销支出小于式 (6.2.22) 情形的最优营销支出. 另一方面，式 (6.2.23) 情形的最优客户寿命价值也高于式 (6.2.22) 情形的最优客户寿命价值. 造成这种结果的原因可能是式 (6.2.23) 情形的保留率严格大于式 (6.2.22) 情形的保留率.

表 6.2.2　式 (6.2.23) 情形下的最优策略 [85]

δ	2	3	4	5	6	7	8	9
最优 c	7	6	6	6	6	6	6	6
最优 $E(\text{CLV})$	1986.1	2102.8	2129.5	2134.9	2136.1	2136.4	2136.4	2136.4

6.2.3　US/CM/C/M/i.i.d./δ 营销系统

在这一节，我们讨论泊松营销系统:

$$\text{"US/CM/C/M/i.i.d./}\delta\text{"},$$

其中，/US/表明交易类型是不依订单可任意时刻响应，/CM/表明客户行为是迁移型的，/C/表明每期的营销支出是一个常数，/M/表示客户响应是一个泊松过程，满足无记性, /i.i.d./表明净贡献是一个独立同分布的序列, /δ/表明中止关系采用的是 δ 策略.

这一系统可用 3.1 节的泊松截断 δ 冲击模型 SM{[$\mathbf{PP}(\lambda(c))$], CD(δ)} 来建模, 其中 c 表示营销支出, 也就是说, 到达率是营销支出的函数, 假设 $\forall c \geqslant 0$ 有 $\lambda(c) < \infty$. 若不特殊说明, 以下符号含义与 3.1 节相同.

设 $\widetilde{N}(t)$ 表示客户到 t 时刻为止总共响应次数, 则 $\{\widetilde{N}(t), t \geqslant 0\}$ 就是 [$\mathbf{PP}(\lambda(c))$] 的点数过程 $\{N(t), t \geqslant 0\}$ 的截止过程, 即有

$$\widetilde{N}(t) = \begin{cases} N(t), & t < T, \\ M & t \geqslant T, \end{cases} \tag{6.2.24}$$

其中, M 为客户关系中止时客户总共响应次数. 针对平均响应次数有下面结论.

结论 6.2.3[130] 设 $t \geqslant 0$, 则在 US/CM/C/M/i.i.d./δ 中, 客户直到 t 时刻的平均响应次数为

$$E[\widetilde{N}(t)] = \int_0^t e^{-\lambda(c)x} \sum_{n=1}^{\infty} \lambda^n(c) H_{n,\delta}(x) dx, \quad t \geqslant 0.$$

证明 考虑一个泊松截断 δ 冲击模型标值过程 $\{X(t), t \geqslant 0\}$ (定义 6.1.3), 由式 (6.2.24) 易得, 若对任意的 $t > 0$ 及 $0 \leqslant x \leqslant t$, 定义响应函数为 $w(t, x, \cdot) \equiv 1$, 则有 $\widetilde{N}(t) = X(t)$, 注意到此时 $\mu(t, x) = E[w(t, x, \cdot)] = 1$, 所以由定理 6.1.1 式 (6.1.6) 得

$$E[\widetilde{N}(t)] = \int_0^t e^{-\lambda(c)x} \sum_{n=1}^{\infty} \lambda^n(c) H_{n,\delta}(x) dx. \qquad \blacksquare$$

设 ξ_n 表示客户在第 n 次响应的净贡献, $n = 1, 2, \cdots$, 由 US/CM/C/M/i.i.d./δ 的设定, $\xi_1, \xi_2, \cdots$ 是独立同分布的, 以下记 $\mu = E[\xi_n]$. 式 (6.2.1) 可具体表示为

$$\text{CLV}(t) = \sum_{n=1}^{N(t)} \frac{\xi_n - c}{(1+d)^{S_n}} I_{\{S_n \leqslant T\}} \tag{6.2.25}$$

及

$$\text{CLV} = \sum_{n=1}^{M} \frac{\xi_n - c}{(1+d)^{S_n}}, \tag{6.2.26}$$

其中, CLV(t) 是直到时刻 t 时的客户寿命价值, CLV 是客户全寿命价值, d 是折现率.

比较式 (6.2.25) 与定义 6.1.1 可知，$\{\text{CLV}(t), t \geqslant 0\}$ 是一个典型的截断 δ 冲击模型的标值过程，所以应用截断 δ 冲击模型的标值过程的相应结果可得 $\text{CLV}(t)$ 的期望、二阶矩、方差和协方差等．下面只列举出平均客户寿命价值．

结论 6.2.4[88]　US/CM/C/M/i.i.d./δ 的平均客户寿命价值为

$$E(\text{CLV}(t)) = (\mu - c) \int_0^t ((1+d)e^{\lambda(c)})^{-x} \sum_{n=1}^{\infty} \lambda^n(c) H_{n,\delta}(x) \, dx.$$

证明　对比式 (6.1.1) 与式 (6.2.25)，此时 $w(t, S_n, \xi_n) = \dfrac{\xi_n - c}{(1+d)^{S_n}}$，所以

$$\mu(t) \triangleq E[w(t, x, \xi_n)] = \frac{E[\xi_n] - c}{(1+d)^x} = \frac{\mu - c}{(1+d)^x}. \tag{6.2.27}$$

因为当 $x > 0$ 时，$0 < ((1+d)e^{\lambda(c)})^{-x} < 1$，且由定理 1.2.24 知 $\sum_{n=1}^{\infty} \lambda^n(c) H_{n,\delta}(x)$ 一致收敛，易得 $\sum_{n=1}^{\infty} ((1+d)e^{\lambda(c)})^{-x} \lambda^n(c) H_{n,\delta}(x)$ 一致收敛，注意到 $((1+d)e^{\lambda(c)})^{-x} \times H_{n,\delta}(x)$ 在 $(0, t)$ 是可积的，所以直接将式 (6.2.27) 代入定理 6.1.1 式 (6.1.6) 中，结论立得．∎

结论 6.2.5[112]　US/CM/C/M/i.i.d./δ 的客户全周期寿命价值为

$$E(\text{CLV}) = (\mu - c)\lambda(c) \frac{e^{\lambda(c)\delta} - v^\delta}{\lambda(c)v^\delta - e^{\lambda(c)\delta} \ln v},$$

其中，$v = \dfrac{1}{1+d}$．

证明　考察式 (6.2.26)，由关系中止前总共响应次数 M 的含义，CLV 也可表示为

$$\text{CLV} = \sum_{n=1}^{\infty} \frac{\xi_n - c}{(1+d)^{S_n}} \prod_{i=1}^{n} I_{\{S_i - S_{i-1} \leqslant \delta\}}.$$

将响应时刻 $S_n, n = 1, 2, \cdots$ 用响应间隔表示 $Z_i, i = 1, 2, \cdots$，注意到

$$\frac{1}{(1+d)^{S_n}} = \frac{1}{(1+d)^{Z_1}(1+d)^{Z_2}\cdots(1+d)^{Z_n}} = \prod_{i=1}^{n} \frac{1}{(1+d)^{Z_i}},$$

设 $v = \dfrac{1}{1+d}$，可得

$$\text{CLV} = \sum_{n=1}^{\infty} (\xi_n - c) \prod_{i=1}^{n} (v^{Z_i} I_{\{Z_i \leqslant \delta\}}). \tag{6.2.28}$$

6.2 截断 δ 冲击模型在关系营销中的应用

在式 (6.2.28) 两边求期望, 并由 $\xi_1, \xi_2, \cdots$ 与 $Z_1, Z_2, \cdots$ 的独立性得

$$E(\text{CLV}) = (\mu - c) \sum_{n=1}^{\infty} \prod_{i=1}^{n} E\left(v^{Z_i} I_{\{Z_i < \delta\}}\right). \tag{6.2.29}$$

因为 $Z_i \sim \text{Exp}(\lambda(c))$, $i = 1, 2, \cdots$, 所以

$$E\left(v^{Z_i} I_{\{Z_i \leqslant \delta\}}\right) = \int_0^\delta v^x \lambda(c) e^{-\lambda(c)x} dx = \lambda(c) \frac{(v e^{-\lambda(c)})^\delta - 1}{\ln(v e^{-\lambda(c)})}, \tag{6.2.30}$$

将式 (6.2.30) 代入式 (6.2.29) 得

$$E(\text{CLV}) = (\mu - c) \sum_{n=1}^{\infty} \left(\lambda(c) \frac{(v e^{-\lambda(c)})^\delta - 1}{\ln(v e^{-\lambda(c)})}\right)^n. \tag{6.2.31}$$

下证 $0 < \lambda(c) \dfrac{(v e^{-\lambda(c)})^\delta - 1}{\ln(v e^{-\lambda(c)})} < 1$. 事实上, 因为 $d > 0$, $\lambda(c) > 0$, 所以成立下面推导关系, 即有

$$\{0 < e^{-\lambda(c)} < 1\} \Rightarrow \left\{0 < v e^{-\lambda(c)} < v = \frac{1}{1+d} < 1\right\}$$

$$\Rightarrow \{0 < (v e^{-\lambda(c)})^\delta < 1\} \Rightarrow \{0 < 1 - (v e^{-\lambda(c)})^\delta < 1\},$$

最终有

$$0 < \lambda(c)(1 - (v e^{-\lambda(c)})^\delta) < \lambda(c). \tag{6.2.32}$$

此外, 因为 $d > 0$, $\lambda > 0$, 也有

$$-\ln(v e^{-\lambda(c)}) = -(\ln v - \lambda(c)) = \ln(1 + d) + \lambda(c) > \lambda(c), \tag{6.2.33}$$

将式 (6.2.32) 与式 (6.2.33) 相除得

$$0 < \lambda(c) \frac{(v e^{-\lambda(c)})^\delta - 1}{\ln(v e^{-\lambda(c)})} < 1. \tag{6.2.34}$$

所以, 由式 (6.2.34) 得 (6.2.31) 收敛, 并且

$$E(\text{CLV}) = (\mu - c)\lambda(c) \frac{\dfrac{(v e^{-\lambda(c)})^\delta - 1}{\ln(v e^{-\lambda(c)})}}{1 - \lambda(c) \dfrac{(v e^{-\lambda(c)})^\delta - 1}{\ln(v e^{-\lambda(c)})}} = (\mu - c)\lambda(c) \frac{e^{\lambda(c)\delta} - v^\delta}{\lambda(c) v^\delta - e^{\lambda(c)\delta} \ln v}. \blacksquare$$

下面讨论如何应用客户的响应统计数据来估计客户的响应率.

假设 US/CM/C/M/i.i.d./δ 营销系统中,我们得到的数据是在不同的营销支出下,相应典型客户的所有响应时间,如表 6.2.3 所示.

表 6.2.3　客户响应时间轨道 [119]

营销支出	响应时刻				关系中止前总共响应次数
c_1	t_{11}	t_{12}	$\cdots$	t_{1n_1}	n_1
c_2	t_{21}	t_{22}	$\cdots$	t_{2n_2}	n_2
$\vdots$	$\vdots$	$\vdots$		$\vdots$	$\vdots$
c_m	t_{m1}	t_{m2}	$\cdots$	t_{mn_m}	n_m

注意到表 6.2.3 中每一行响应时刻就相当于 5.1 节样本数据 A_1 的形式,所以由定理 5.2.2 中式 (5.2.5) 和式 (5.2.6) 得相应营销支出下客户的到达率及中止参数的估计为

$$\widehat{\lambda(c_i)} = \frac{n_i}{t_{i,n_i} + \max\{t_{i,k} - t_{i,k-1}, k = 1, 2, \cdots, m\}}, \quad i = 1, 2, \cdots, m \quad (6.2.35)$$

和

$$\widehat{\delta} = \max\{t_{ij} - t_{i,j-1}, i = 1, 2, \cdots, m, j = 1, 2, \cdots, n_i\}.$$

对式 (6.2.35) 再使用函数插值或函数逼近方法可得到 $\lambda(c)$ 的一个函数估计式.

此外,由式 (5.2.20),若 $\lambda(c)$ 已知,则亦可取

$$\widehat{\delta} = \max\left\{\max\{t_{ij} - t_{i,j-1}, j = 1, 2, \cdots, n_i\} + \frac{1}{\lambda(c_i)}, i = 1, 2, \cdots, m\right\}$$

作为 δ 的一个无偏修正.

6.3　截断 δ 冲击模型在维修更换模型中的应用

除了可靠性性能指标外,系统维修更换模型也是可靠性数学理论的一个重要研究内容,维修更换模型属于可靠性运行决策模型. 本节叙述截断 δ 冲击模型在可靠性维修更换中的应用.

6.3.1　维修更换模型(策略)概述

在实际生产实践过程中,为了使系统能完成需要的功能,在系统运行阶段需要对系统进行维护,不同的维护方式会产生不同的维护策略,研究这些维护策略

的数学模型称为维修更换策略模型, 简称为**维修更换策略或维修更换模型**, 也称为可靠性运行决策模型.

一个维修更换策略通常包含以下几个要素:

检测规则、维修规则、更换规则、决策准则.

最简单操作的策略是不考虑检测、维修等因素, 仅在系统完全失效时直接更换成新系统, 这种策略称为寿命更换策略. 寿命更换策略显然不太经济实用, 以此完善发展出其他常见的策略, 例如年龄更换策略、成批更换策略、周期更换策略等. 在基于冲击模型为失效机制的系统维修更换策略中, 还可以根据冲击过程来规定维修更换规则, 如冲击次数更换策略、冲击量更换策略等.

在每一种维修更换策略中, 一般都会提出一个决策准则, 使得相应决策准则达到最优的策略称为**最优维修更换策略**, 或称为**维修更换策略的解**. 同一个维修策略在不同的决策准则下可得到不同的解, 常用的决策目标变量是维护成本 (常包括维修费用、更换费用、检测费用、误工损失等), 相应的决策准则就是最小成本.

有关更多维修更换策略的内容可参见文献 [61], [69] 和 [71].

下面介绍一类常见的维修更换策略, 在这类策略中, 每一次系统失效后都要对系统进行维修, 如果维修次数 (或说失效次数) 达到某一指定数 N 次时, 则不再维修而直接更换新系统, 这样的维修更换策略称为维修定数更换策略或**维修更换 N 策略**, 记作 MRN(N).

定义 6.3.1 在 MRN(N) 中, 使决策准则达到最优的 N 称为 MRN(N) 的 (最优) 解或最优的维修更换 N 策略, 通常将此解记作 N^*.

下面我们分析一个以截断 δ 冲击模型为系统失效机制、几何单调维修时间及最小成本决策准则下寻找 MRN(N) 的最优解. 我们把这个特殊的维修更换策略特别记作

$$\text{MRN}(N; \text{SM}\{[\mathbf{RNP}(F(t))], \text{CD}(\delta_n)\}, \mathbf{MGP}(a)),$$

其中的符号含义见 6.3.2 节.

6.3.2　MRN(N; SM$\{$[RNP($F(t)$)], CD(δ_n)$\}$, MGP(a)) 的模型假设

假设 1 (维修更换规则)　系统在连续时间轴上运行, 即其运行区间为 $[0, \infty)$. 系统维修更换规则采用维修定数更换策略 MRN(N), 即在初始 0 时刻, 一个新系统开始工作, 在系统每一次失效后, 若其失效次数未达到 N 次, 则系统失效后都进行维修, 每一次维修完成后该系统都可立即正常工作, 一旦失效次数达到 N 次, 则不再维修而直接更换一个新系统. 每个新更换的系统都遵循此维修更换规则. 我们把这个周而复始的过程称为系统运行 (演化) 过程.

假设 2(系统失效机制) 每一个新系统从其首次开始工作及每一次维修完成后开始工作,都会遭受同一个更新到达过程的随机冲击,系统遭受冲击后的失效机制按照一个截断 δ 冲击模型进行,即如果时间超过临界长度还没有新冲击到达,则系统失效.

对 $\forall i = 1, 2, \cdots$,设 $T_{i,1}$ 表示第 i 个系统从其首次开始工作到其首次失效期间的工作时间. 若 $N \geqslant 2$,设 $T_{i,n+1}$ 表示第 i 个系统第 n 次维修完成后开始工作到其第 $n+1$ 次失效时系统经历的工作时间,其中 $n = 1, 2, \cdots, N-1$,则对 $i = 1, 2, \cdots, n = 1, 2, \cdots, N$,

$$T_{i,n} \sim \text{SM}\{[\mathbf{RNP}(F(t))], \text{CD}(\delta_n)\}, \tag{6.3.1}$$

其中,$\delta_n > 0$ 且 $0 < F(\delta_n) < 1$.

假设 3(维修时长) 不同系统间首次维修所花费的平均维修时间是一样的,每一个系统每次失效后相继的维修时间形成一个几何单调过程.

若 $N \geqslant 2$,设 $X_{i,n}$ 表示第 i 个系统第 n 次失效后所花费的维修时间,其中 $i = 1, 2, \cdots, n = 1, 2, \cdots, N-1$,则

$$\{X_{i,n}, n = 1, 2, \cdots, N-1\} \sim \mathbf{MGP}(a), \tag{6.3.2}$$

其中 $a > 0$, $E(X_{i,1}) = \mu \geqslant 0$, $i = 1, 2, \cdots$.

假设 4(更换时长) 不同系统间更换时花费的时间相互独立同分布.

对 $\forall i = 1, 2, \cdots$,设 Y_i 是第 $i+1$ 个系统的更换 (安装) 时间,则

$$\{Y_i, i = 1, 2, \cdots\} \sim \mathbf{IIDP}, \tag{6.3.3}$$

其中 $E(Y_i) = \tau \geqslant 0$, $i = 1, 2, \cdots$.

假设 5(维修成本) 每一个系统的每一次维修成本都与维修时间呈相同的正比关系. 若 $N \geqslant 2$,设 $U_{i,n}$ 是第 i 个系统第 n 次维修时所花费的成本,其中 $i = 1, 2, \cdots, n = 1, 2, \cdots, N-1$,另设每一个系统每次的单位时间维修成本都为 b,则对 $\forall i = 1, 2, \cdots, n = 1, 2, \cdots, N-1$,有

$$U_{i,n} = bX_{i,n}, \tag{6.3.4}$$

其中 $b \geqslant 0$.

假设 6(更换成本) 每一个系统的更换成本都由固定成本和效率成本两部分构成,其中系统间更换固定成本是相同的,每一个系统的更换效率成本都与更换时间呈相同的正比关系.

设每一个系统的更换固定成本都是 d,每一个系统的单位时间更换效率成本都为 c,设 V_i 是更换 (安装) 第 $i+1$ 个系统时所花费的更换成本,则 $\forall i = 1, 2, \cdots$,

6.3 截断 δ 冲击模型在维修更换模型中的应用

$$V_i = cY_i + d, \tag{6.3.5}$$

其中 $c \geqslant 0, d \geqslant 0$.

假设 7 (工作利润) 每一个系统在其工作期间产生的利润 (也可称为报酬或负成本) 都与其工作时间呈相同的正比关系.

设每一个系统每次工作时产生的单位时间利润都为 r. 对 $\forall i = 1, 2, \cdots$, 设 $W_{i,1}$ 表示第 i 个新系统从其首次开始工作到其首次失效时的工作期间产生的利润. 若 $N \geqslant 2$, 设 $W_{i,n+1}$ 表示第 i 个系统第 n 次维修完成后开始工作到其 $n+1$ 次失效时的工作期间产生的利润, 其中 $i = 1, 2, \cdots, n = 1, 2, \cdots, N-1$, 则对 $\forall i = 1, 2, \cdots, n = 1, 2, \cdots, N$, 有

$$W_{i,n} = rT_{i,n}, \tag{6.3.6}$$

其中 $r \geqslant 0$.

假设 8 (独立性原则) 所有系统在维修和更换期间不受随机冲击的影响. 每个系统内部的维修过程、更换过程, 以及所遭受的冲击过程都是相互独立的. 一个系统的维修过程、更换过程、遭受的冲击过程与另一个系统的维修过程、更换过程、遭受的冲击过程也是独立的.

假设 9 (决策准则) 系统运行过程的长期运行的单位时间平均成本最小, 即设 $C(N)$ 表示长期运行的单位时间平均成本, 则

$$N^* = \arc\min_{N=1,2,\cdots} C(N). \tag{6.3.7}$$

假设 10 (系统类型) (1) 若 $0 < a < 1$ 且 $\delta_1, \delta_2, \cdots$ 单调递减, 则称系统是一个退化系统; 特别若还满足 $\lim\limits_{n \to \infty} \delta_n = 0$, 则称为强退化系统.

(2) 若 $a > 1$ 且 $\delta_1, \delta_2, \cdots$ 单调递增, 则称系统是一个进化系统; 特别若还满足 $\lim\limits_{n \to \infty} \delta_n = \infty$, 则称为强进化系统.

(3) 若 $a = 1$ 且 $\delta_1 = \delta_2 = \delta_3 = \cdots$, 即 $\{\delta_n\}$ 是一个常序列, 则称系统是一个稳定系统.

假设 2 中的 SM$\{[\mathbf{RNP}(F(t))], \mathrm{CD}(\delta_n)\}$ 表示更新截断 δ 冲击模型 (3.2 节), 假设 3 中的 **MGP**(a) 表示几何单调过程 (定义 1.4.6), 假设 4 中的 **IIDP** 表示独立同分布序列, 更确切地是一个更新流 (定义 1.4.3). 假设 10 中退化、进化与稳定都是相对于冲击和维修来说的, 其中稳定系统也称为不变系统. 退化系统和进化系统统称为不稳定系统或可变系统.

我们把满足假设 1—假设 10 的这种特殊的 MRN(N) 称作是更新截断 δ 冲击单调几何维修更换 N 策略, 记作 MRN(N; SM$\{[\mathbf{RNP}(F(t))], \mathrm{CD}(\delta_n)\}$, **MGP**$(a)$).

6.3.3 单位时间的长期平均成本及其性质

6.3.3.1 单位时间的长期平均成本

为了寻找最优维修更换策略, 先计算单位时间的长期平均成本 (也称作长期运行的单位时间平均成本). 我们有下面的结论.

结论 6.3.1[97] MRN(N; SM{[**RNP**($F(t)$)], CD(δ_n)}, **MGP**(a)) 长期运行的单位时间平均成本为[①]

$$C(N) = \frac{b\mu \sum_{n=0}^{N-1} \frac{1}{a^{n-1}} I_{\{n>0\}} + c\tau + d - r \sum_{n=1}^{N} \frac{h_n}{p_n}}{\mu \sum_{n=0}^{N-1} \frac{1}{a^{n-1}} I_{\{n>0\}} + \tau + \sum_{n=1}^{N} \frac{h_n}{p_n}}, \text{ a.s.,} \tag{6.3.8}$$

其中, $h_n = \int_0^{\delta_n} \overline{F}(x)\,dx$, $p_n = \overline{F}(\delta_n)$.

证明 设 $Z_i, i = 1, 2, \cdots$ 表示第 i 个系统从开始使用至其最终被更换为止的经历时间, 则

$$Z_i = \sum_{n=1}^{N} T_{in} + \sum_{n=0}^{N-1} X_{in} + Y_i, \tag{6.3.9}$$

其中 $X_{i0} \equiv 0, i = 1, 2, \cdots$.

由模型假设, $Z_i, i = 1, 2, \cdots$ 相互独立同分布, 所以若设 $N(t)$ 表示 t 时刻为止总共使用过的 (包括正在使用的) 系统数, 则显然 $\{N(t), t \geqslant 0\}$ 构成一个更新 (点) 过程.

设 $\xi_i, i = 1, 2, \cdots$ 表示第 i 个系统从开始使用至其最终被更换为止花费的净成本, 则

$$\xi_i = \sum_{n=0}^{N-1} U_{in} + V_i - \sum_{n=1}^{N} W_{in}, \tag{6.3.10}$$

其中 $U_{i0} \equiv 0, i = 1, 2, \cdots$.

再由模型假设可得, $\xi_i, i = 1, 2, \cdots$ 相互独立同分布, 所以若设 $X(t)$ 表示到 t 时刻为止系统运行演化过程中总共花费的净成本, 即

$$X(t) = \sum_{n=1}^{N(t)} \xi_n,$$

[①] 后面为运算书写方便, 我们将 a.s. 省略.

6.3 截断 δ 冲击模型在维修更换模型中的应用

则显然 $\{X(t), t \geqslant 0\}$ 构成一个标值更新过程 (定义 1.5.11).

由更新酬劳定理 (参见定理 1.5.37), 长期运行的单位时间平均成本满足

$$C(N) = \lim_{t \to \infty} \frac{X(t)}{t} = \frac{E[\xi_1]}{E[Z_1]}, \quad \text{a.s.} \qquad (6.3.11)$$

下面计算 $E[Z_1]$ 和 $E[\xi_1]$.

由式 (6.3.9) 得 $\forall N = 1, 2, \cdots,$

$$E[Z_1] = \sum_{n=1}^{N} E(T_{1,n}) + \sum_{n=0}^{N-1} E(X_{1,n}) + E(Y_1). \qquad (6.3.12)$$

由式 (6.3.1), 对 $n = 1, 2, \cdots, N$, $T_{1,n} \sim \text{SM}\{[\textbf{RNP}(F(t))], \text{CD}(\delta_n)\}$, 所以若令 $h_n = \int_0^{\delta_n} \overline{F}(x) dx$, $p_n = \overline{F}(\delta_n)$, 则由定理 3.2.9 条款 (4) 得

$$E(T_{1,n}) = \frac{\int_0^{\delta_n} \overline{F}(x) dx}{\overline{F}(\delta_n)} = \frac{h_n}{p_n}. \qquad (6.3.13)$$

由式 (6.3.2), 若 $N \geqslant 2$, $\{X_{1,n}, n = 1, 2, \cdots, N-1\} \sim \textbf{MGP}(a)$, 因为 $E(X_{1,1}) = \mu$, 所以由定理 1.4.1 中式 (1.4.1) 得

$$E(X_{1,n}) = \frac{\mu}{a^{n-1}}, \quad n = 1, 2, \cdots, N-1. \qquad (6.3.14)$$

另由假设 4, $E(Y_1) = \tau$, 将式 (6.3.13)、式 (6.3.14) 与 $E(Y_1) = \tau$ 代入式 (6.3.12) 得, 对 $\forall N = 1, 2, \cdots,$ 有

$$E[Z_1] = \sum_{n=1}^{N} \frac{h_n}{p_n} + \mu \sum_{n=0}^{N-1} \frac{1}{a^{n-1}} I_{\{n>0\}} + \tau. \qquad (6.3.15)$$

同理由式 (6.3.10) 及式 (6.3.4)—(6.3.6) 得 $\forall N = 1, 2, \cdots,$

$$E[\xi_1] = b \sum_{n=0}^{N-1} E(X_{1,n}) + cE(Y_1) + d - r \sum_{n=1}^{N} E(T_{1,n}), \qquad (6.3.16)$$

其中, $X_{1,0} \equiv 0$. 将式 (6.3.14)、式 (6.3.13) 及 $E(Y_1) = \tau$ 代入式 (6.3.16) 得, 对 $N \geqslant 1$

$$E[\xi_1] = b \sum_{n=0}^{N-1} \frac{\mu}{a^{n-1}} I_{\{n>0\}} + c\tau + d - r \sum_{n=1}^{N} \frac{h_n}{p_n}. \qquad (6.3.17)$$

由 $\sum_{n=1}^{N} \dfrac{h_n}{p_n} > 0$ 可知, 式 (6.3.15) 中等号右边表达式不等于 0, 所以将式 (6.3.17) 与式 (6.3.15) 代入式 (6.3.11) 结论得证. ∎

易得

$$C(1) = \dfrac{c\tau + d - r\dfrac{h_1}{p_1}}{\tau + \dfrac{h_1}{p_1}} = \dfrac{d + (c+r)\tau}{\tau + \dfrac{h_1}{p_1}} - r. \tag{6.3.18}$$

结论 6.3.2 MRN(N; SM{[**RNP**($F(t)$)], CD(δ_n)}, **MGP**(a)) 长期运行的单位时间平均成本为

(1) 若系统是一个稳定系统, 则

$$C(N) = \dfrac{N\left(b\mu - r\dfrac{h_1}{p_1}\right) - b\mu + c\tau + d}{N\left(\mu + \dfrac{h_1}{p_1}\right) - \mu + \tau}, \text{ a.s.}; \tag{6.3.19}$$

(2) 若系统是一个不稳定系统 (即进化系统或退化系统), 则

$$C(N) = \dfrac{b\mu \dfrac{a^{N-1} - 1}{(a-1)a^{N-2}} + c\tau + d - r\sum_{n=1}^{N} \dfrac{h_n}{p_n}}{\mu \dfrac{a^{N-1} - 1}{(a-1)a^{N-2}} + \tau + \sum_{n=1}^{N} \dfrac{h_n}{p_n}}, \text{ a.s.}, \tag{6.3.20}$$

其中, $h_n = \int_0^{\delta_n} \overline{F}(x)\mathrm{d}x$, $p_n = \overline{F}(\delta_n)$.

证明 注意到假设 10 及

$$\sum_{n=0}^{N-1} \dfrac{1}{a^{n-1}} I_{\{n>0\}} = \begin{cases} N - 1, & a = 1, \\ \dfrac{a^{N-1} - 1}{(a-1)a^{N-2}}, & a \neq 1, \end{cases}$$

代入式 (6.3.8) 结论得证. ∎

6.3.3.2 单位时间的长期平均成本的性质

我们先给出一个引理.

引理 6.3.1[97] 在 MRN(N; SM{[**RNP**($F(t)$)], CD(δ_n)}, **MGP**(a)) 中

(1) 对 $n=1,2,\cdots,\dfrac{h_n}{p_n}\geqslant\delta_n$;

(2) 若系统是一个退化系统, 则 h_n 和 $\dfrac{h_n}{p_n}$ 关于 n 都是单调不增的, 特别地对于强退化系统有 $\lim\limits_{n\to\infty}\dfrac{h_n}{p_n}=0$;

(3) 若系统是一个进化系统, 则 h_n 和 $\dfrac{h_n}{p_n}$ 关于 n 都是单调不降的, 特别地对于强进化系统有 $\lim\limits_{n\to\infty}\dfrac{h_n}{p_n}=\infty$;

(4) 若系统是一个稳定系统, 则 h_n 和 $\dfrac{h_n}{p_n}$ 关于 n 都不变, 即 $\dfrac{h_n}{p_n}=\dfrac{h_1}{p_1}$.

证明 由式 (6.3.13) 知, $\dfrac{h_n}{p_n}$ 实质上是截断 δ 冲击模型 SM{**RNP**$(F(t))$, CD(δ_n)} 的平均寿命, 由寿命的一致下界性 (式 (2.3.4)) 立得条款 (1) (这实质上是截断 δ 冲击模型平均寿命的一致下界性, 见式 (2.3.13)). 条款 (2)—(4) 可由假设 10 结合生存函数及积分的性质易得. 此外, 强进化系统有 $\lim\limits_{n\to\infty}\delta_n=\infty$, 结合条款 (1) 立得 $\lim\limits_{n\to\infty}\dfrac{h_n}{p_n}=\infty$. ■

结论 6.3.3 MRN$(N;\text{SM}\{[\mathbf{RNP}(F(t))],\text{CD}(\delta_n)\},\mathbf{MGP}(a))$ 的长期运行的平均成本的极限为

(1) 若系统是一个稳定系统, 则

$$\lim_{N\to\infty}C(N)=\dfrac{b\mu-r\dfrac{h_1}{p_1}}{\mu+\dfrac{h_1}{p_1}}=\dfrac{(b+r)\mu}{\mu+\dfrac{h_1}{p_1}}-r; \tag{6.3.21}$$

(2) 若系统是一个退化系统且 $\mu\neq 0$, 则

$$\lim_{N\to\infty}C(N)=b;$$

(3) 若系统是一个进化系统, 则

$$\lim_{N\to\infty}C(N)=-r. \tag{6.3.22}$$

证明 条款 (1) 的证明 对式 (6.3.19) 等号右边的分子分母同除 N 并取极限, 结论立得.

条款 (2) 的证明　对式 (6.3.20) 等号右边的分子分母同乘以 a^{N-2} 得

$$C(N) = \frac{b\mu\dfrac{a^{N-1}-1}{a-1} + a^{N-2}(c\tau+d) - ra^{N-2}\sum_{n=1}^{N}\dfrac{h_n}{p_n}}{\mu\dfrac{a^{N-1}-1}{a-1} + a^{N-2}\tau + a^{N-2}\sum_{n=1}^{N}\dfrac{h_n}{p_n}}. \tag{6.3.23}$$

因为是退化系统, 由假设 10 知 $0 < a < 1$, 所以

$$\lim_{N\to\infty} a^{N-1} = \lim_{N\to\infty} a^{N-2} = 0. \tag{6.3.24}$$

由引理 6.3.1, 退化系统的 $\dfrac{h_n}{p_n}$ 关于 n 单调不增, 所以对 $n = 1, 2, \cdots, N$, 有 $0 < \delta_n \leqslant \dfrac{h_n}{p_n} \leqslant \dfrac{h_1}{p_1}$, 从而 $0 < \sum_{n=1}^{N}\dfrac{h_n}{p_n} \leqslant \sum_{n=1}^{N}\dfrac{h_1}{p_1} = N\dfrac{h_1}{p_1}$, 因此

$$0 < a^{N-2}\sum_{n=1}^{N}\dfrac{h_n}{p_n} \leqslant a^{N-2}N\dfrac{h_1}{p_1}, \tag{6.3.25}$$

由于 $0 < a < 1$, 所以

$$\lim_{N\to\infty} a^{N-2}N\dfrac{h_1}{p_1} = 0, \tag{6.3.26}$$

由式 (6.3.25) 与式 (6.3.26) 得

$$\lim_{N\to\infty} a^{N-2}\sum_{n=1}^{N}\dfrac{h_n}{p_n} = 0. \tag{6.3.27}$$

因为 $\mu \neq 0$, 在式 (6.3.23) 两边取极限并将式 (6.3.24) 与式 (6.3.27) 代入得

$$\lim_{N\to\infty} C(N) = b.$$

条款 (3) 的证明　设 $t_N = \sum_{n=1}^{N}\dfrac{h_n}{p_n}$, 对式 (6.3.20) 的分子、分母同除以 t_N 得

$$C(N) = \frac{b\mu\dfrac{a^{N-1}-1}{(a-1)a^{N-2}t_N} + \dfrac{c\tau+d}{t_N} - r}{\mu\dfrac{a^{N-1}-1}{(a-1)a^{N-2}t_N} + \dfrac{\tau}{t_N} + 1}. \tag{6.3.28}$$

6.3 截断 δ 冲击模型在维修更换模型中的应用

因为是进化系统, 由引理 6.3.1 条款 (3) 得 $t_\infty = \lim_{N\to\infty} t_N = \lim_{N\to\infty} \sum_{n=1}^{N} \frac{h_n}{p_n} = \infty$, 所以

$$\lim_{N\to\infty} \frac{1}{t_N} = 0. \tag{6.3.29}$$

由假设 10, 进化系统的 $a > 1$, 所以

$$\lim_{N\to\infty} \frac{a^{N-1}-1}{(a-1)a^{N-2}} = \lim_{N\to\infty} \frac{1}{a-1}\left(\frac{a^{N-1}}{a^{N-2}} - \frac{1}{a^{N-2}}\right)$$
$$= \frac{1}{a-1} \lim_{N\to\infty}\left(a - \frac{1}{a^{N-2}}\right) = \frac{a}{a-1}. \tag{6.3.30}$$

故由式 (6.3.29) 与式 (6.3.30) 得

$$\lim_{N\to\infty} \frac{a^{N-1}-1}{(a-1)a^{N-2}t_N} = 0. \tag{6.3.31}$$

在式 (6.3.28) 两端取极限, 并将式 (6.3.29) 与式 (6.3.31) 代入得

$$\lim_{N\to\infty} C(N) = -r. \qquad\blacksquare$$

结论 6.3.4[97] 在 $\mathrm{MRN}(N; \mathrm{SM}\{[\mathbf{RNP}(F(t))], \mathrm{CD}(\delta_n)\}, \mathbf{MGP}(a))$ 中, 若 $r\tau + c\tau + d \neq 0$, 则

$$C(N+1) \geqslant C(N) \Leftrightarrow G(N) \geqslant 1, \tag{6.3.32}$$

其中

$$G(N) = \frac{(r+b)\mu\left(\tau + t_N - \dfrac{h_{N+1}}{p_{N+1}} s_{N-1} a^{N-1}\right)}{(r\tau + c\tau + d)\left(\mu + \dfrac{h_{N+1}}{p_{N+1}} a^{N-1}\right)}, \tag{6.3.33}$$

$$s_N = \sum_{n=0}^{N} \frac{1}{a^{n-1}} I_{\{n>0\}},\quad t_N = \sum_{n=1}^{N} \frac{h_n}{p_n}.$$

证明 对 $\forall N = 1, 2, \cdots$, 记 $s_N = \sum_{n=0}^{N} \dfrac{1}{a^{n-1}} I_{\{n>0\}}, t_N = \sum_{n=1}^{N} \dfrac{h_n}{p_n}$, 则有

$$s_N = s_{N-1} + \frac{1}{a^{N-1}} \quad \text{和} \quad t_{N+1} = t_N + \frac{h_{N+1}}{p_{N+1}}. \tag{6.3.34}$$

其中 $s_0 \equiv 0$. 另记 $C_A(N)$ 表示式 (6.3.8) 中 $C(N)$ 的分子, $C_B(N)$ 表示式 (6.3.8) 中 $C(N)$ 的分母, 则

$$C_A(N) = b\mu s_{N-1} + c\tau + d - rt_N \quad \text{及} \quad C_B(N) = \mu s_{N-1} + \tau + t_N. \tag{6.3.35}$$

由式 (6.3.35) 可得

$$C_A(N+1) = b\mu s_N + c\tau + d - rt_{N+1} \quad \text{且} \quad C_B(N+1) = \mu s_N + \tau + t_{N+1}, \quad (6.3.36)$$

将式 (6.3.34) 代入式 (6.3.36) 并结合式 (6.3.35) 可得

$$C_A(N+1) = C_A(N) + \left(\frac{b\mu}{a^{N-1}} - r\frac{h_{N+1}}{p_{N+1}}\right)$$

且

$$C_B(N+1) = C_B(N) + \left(\frac{\mu}{a^{N-1}} + \frac{h_{N+1}}{p_{N+1}}\right).$$

所以

$$C(N+1) = \frac{C_A(N+1)}{C_B(N+1)} = \frac{C_A(N) + \left(\frac{b\mu}{a^{N-1}} - r\frac{h_{N+1}}{p_{N+1}}\right)}{C_B(N) + \left(\frac{\mu}{a^{N-1}} + \frac{h_{N+1}}{p_{N+1}}\right)}. \quad (6.3.37)$$

因此, 若记 $\Delta C(N) = C(N+1) - C(N)$, 则将式 (6.3.37) 代入下式并通分可得

$$\Delta C(N) = \frac{\left(\frac{b\mu}{a^{N-1}} - r\frac{h_{N+1}}{p_{N+1}}\right) C_B(N) - \left(\frac{\mu}{a^{N-1}} + \frac{h_{N+1}}{p_{N+1}}\right) C_A(N)}{\left[C_B(N) + \left(\frac{\mu}{a^{N-1}} + \frac{h_{N+1}}{p_{N+1}}\right)\right] C_B(N)}$$

$$= \frac{\left(b\mu - r\frac{h_{N+1}}{p_{N+1}}a^{N-1}\right) C_B(N) - \left(\mu + \frac{h_{N+1}}{p_{N+1}}a^{N-1}\right) C_A(N)}{a^{N-1}\left[C_B(N) + \left(\frac{\mu}{a^{N-1}} + \frac{h_{N+1}}{p_{N+1}}\right)\right] C_B(N)}. \quad (6.3.38)$$

由式 (6.3.35) 可知 $C_B(N) > 0$, 所以式 (6.3.38) 的分母大于 0, 即 $C(N+1) - C(N)$ 的正负性由式 (6.3.38) 的分子完全决定, 不妨设式 (6.3.38) 的分子为 $D(N)$, 即有

$$\Delta C(N) \geqslant 0 \Leftrightarrow D(N) \geqslant 0, \quad (6.3.39)$$

其中

$$D(N) = \left(b\mu - r\frac{h_{N+1}}{p_{N+1}}a^{N-1}\right) C_B(N) - \left(\mu + \frac{h_{N+1}}{p_{N+1}}a^{N-1}\right) C_A(N). \quad (6.3.40)$$

将式 (6.3.35) 中 $C_A(N)$ 与 $C_B(N)$ 的值代入式 (6.3.40) 中, 然后分别合并包含因式 s_{N-1} 和 t_N 的项得

$$D(N) = (b+r)\mu t_N - (r+b)\frac{h_{N+1}}{p_{N+1}}a^{N-1}\mu s_{N-1}$$
$$+ \mu(b\tau - c\tau - d) - (r\tau + c\tau + d)\frac{h_{N+1}}{p_{N+1}}a^{N-1}$$
$$= (b+r)\mu\left(t_N - \frac{h_{N+1}}{p_{N+1}}a^{N-1}s_{N-1}\right)$$
$$+ \mu(b\tau - c\tau - d) - (r\tau + c\tau + d)\frac{h_{N+1}}{p_{N+1}}a^{N-1}. \qquad (6.3.41)$$

现在我们将式 (6.3.41) 的中间项 $\mu(b\tau - c\tau - d)$ 分解合并到两边, 注意到

$$\mu(b\tau - c\tau - d) = \mu(b\tau + r\tau) - \mu(r\tau + (c\tau + d)) = \mu\tau(b+r) - \mu(r\tau + c\tau + d), \quad (6.3.42)$$

所以将式 (6.3.42) 代入式 (6.3.41) 中间项中, 并分别与两边提因式合并得

$$D(N) = (r+b)\mu\left(\tau + t_N - \frac{h_{N+1}}{p_{N+1}}s_{N-1}a^{N-1}\right) - \left(\mu + \frac{h_{N+1}}{p_{N+1}}a^{N-1}\right)(r\tau + c\tau + d). \qquad (6.3.43)$$

注意到当 $r\tau + c\tau + d$ 不等于 0 时, 式 (6.3.43) 等号右边第 2 项大于 0, 即

$$\left(\mu + \frac{h_{N+1}}{p_{N+1}}a^{N-1}\right)(r\tau + c\tau + d) > 0,$$

所以

$$D(N) \geqslant 0 \Leftrightarrow \frac{(r+b)\mu\left(\tau + t_N - \dfrac{h_{N+1}}{p_{N+1}}s_{N-1}a^{N-1}\right)}{\left(\mu + \dfrac{h_{N+1}}{p_{N+1}}a^{N-1}\right)(r\tau + c\tau + d)} \geqslant 1.$$

结合式 (6.3.39) 命题得证. ∎

6.3.3.3 过渡函数的性质

由结论 6.3.4, 单位平均成本 $C(N)$ 的单调性取决于 $G(N)$ 是否大于 1, 因此有必要讨论一下 $G(N)$ 的性质. 为叙述方便, 我们将 $G(N)$ 称为过渡函数. 以下只要涉及 $G(N)$ 的表达式都默认 $r\tau + c\tau + d \neq 0$.

首先由式 (6.3.33) 易得

$$G(1) = \frac{(r+b)\mu\left(\tau + \dfrac{h_1}{p_1}\right)}{(r\tau + c\tau + d)\left(\mu + \dfrac{h_2}{p_2}\right)} \geqslant 0. \tag{6.3.44}$$

此外, 仍由式 (6.3.33) 可知, 若 $(r+b)\mu = 0$, 则 $G(N) = 0$. 下面性质都是基于 $(r+b)\mu \neq 0$ 条件下讨论的, 在结论条件中不再特别说明这一条件.

结论 6.3.5[97] 在 $\mathrm{MRN}(N; \mathrm{SM}\{\mathbf{RNP}(F(t)), \mathrm{CD}(\delta_n)\}, \mathbf{MGP}(a))$ 中

(1) 若系统是一个退化系统, 则 $G(N)$ 关于 N 单调不降.

(2) 若系统是一个进化系统, 则 $G(N)$ 关于 N 单调不增.

(3) 若系统是一个稳定系统, 则 $G(N)$ 不随 N 变化.

证明 设 $G_A(N)$ 是式 (6.3.33) 中 $G(N)$ 的分子, $G_B(N)$ 是式 (6.3.33) 中 $G(N)$ 的分母, 即

$$\begin{cases} G_A(N) = (r+b)\mu\left(\tau + t_N - \dfrac{h_{N+1}}{p_{N+1}}s_{N-1}a^{N-1}\right), \\ G_B(N) = \left(\mu + \dfrac{h_{N+1}}{p_{N+1}}a^{N-1}\right)(r\tau + c\tau + d). \end{cases} \tag{6.3.45}$$

易得

$$G_A(N+1) = (r+b)\mu\left(\tau + t_{N+1} - \dfrac{h_{N+2}}{p_{N+2}}s_N a^N\right)$$

$$= G_A(N) + (r+b)\mu\left((s_{N-1}a^{N-1} + 1)\left(\dfrac{h_{N+1}}{p_{N+1}} - \dfrac{h_{N+2}}{p_{N+2}}a\right)\right) \tag{6.3.46}$$

及

$$G_B(N+1) = \left(\mu + \dfrac{h_{N+2}}{p_{N+2}}a^N\right)(r\tau + c\tau + d)$$

$$= G_B(N) + a^{N-1}\left(\dfrac{h_{N+2}}{p_{N+2}}a - \dfrac{h_{N+1}}{p_{N+1}}\right)(r\tau + c\tau + d). \tag{6.3.47}$$

考虑

$$\Delta G(N) = G(N+1) - G(N) = \dfrac{G_A(N+1)}{G_B(N+1)} - \dfrac{G_A(N)}{G_B(N)}$$

$$= \dfrac{G_A(N+1)G_B(N) - G_A(N)G_B(N+1)}{G_B(N+1)G_B(N)}. \tag{6.3.48}$$

6.3 截断 δ 冲击模型在维修更换模型中的应用

因为 $r\tau + c\tau + d \neq 0$, 即式 (6.3.48) 的分母大于 0, 所以 $\Delta G(N)$ 是否大于 0 由式 (6.3.48) 分子决定, 记式 (6.3.48) 的分子为 $Q(N)$, 则

$$\Delta G(N) \geqslant 0 \Leftrightarrow Q(N) \geqslant 0, \tag{6.3.49}$$

其中

$$Q(N) = G_A(N+1)G_B(N) - G_A(N)G_B(N+1). \tag{6.3.50}$$

将式 (6.3.46) 与式 (6.3.47) 代入式 (6.3.50) 并计算得

$$\begin{aligned} Q(N) &= G_B(N)(r+b)\mu(s_{N-1}a^{N-1}+1)\left(\frac{h_{N+1}}{p_{N+1}} - \frac{h_{N+2}}{p_{N+2}}a\right) \\ &\quad - G_A(N)a^{N-1}\left(\frac{h_{N+2}}{p_{N+2}}a - \frac{h_{N+1}}{p_{N+1}}\right)(r\tau+c\tau+d) \\ &= \left(\frac{h_{N+1}}{p_{N+1}} - \frac{h_{N+2}}{p_{N+2}}a\right)(G_B(N)(r+b)\mu(s_{N-1}a^{N-1}+1) \\ &\quad + G_A(N)a^{N-1}(r\tau+c\tau+d)), \end{aligned} \tag{6.3.51}$$

将式 (6.3.45) 代入式 (6.3.51) 并提公因式得

$$Q(N) = \left(\frac{h_{N+1}}{p_{N+1}} - \frac{h_{N+2}}{p_{N+2}}a\right)(r\tau+c\tau+d)(r+b)\mu\left[\mu + (\mu s_{N-1}+\tau+t_N)a^{N-1}\right]. \tag{6.3.52}$$

由式 (6.3.52) 可得, 当 $(r\tau+c\tau+d)(r+b)\mu \neq 0$, $Q(N)$ 的正负性与 $\left(\dfrac{h_{N+1}}{p_{N+1}} - \dfrac{h_{N+2}}{p_{N+2}}a\right)$ 的相同, 所以结合引理 6.3.1 及假设 10, 结论 6.3.5 的条款 (1)—(3) 成立. ∎

下面计算 $G(N)$ 在不同系统中的具体形式.

结论 6.3.6 在 $\mathrm{MRN}(N;\mathrm{SM}\{\mathbf{RNP}(F(t)),\mathrm{CD}(\delta_n)\},\mathbf{MGP}(a))$ 中
(1) 若系统是一个不稳定系统 (退化系统或进化系统), 则

$$G(N) = \frac{(r+b)\mu\left(\tau + t_N - \dfrac{a}{a-1}\dfrac{h_{N+1}}{p_{N+1}}(a^{N-1}-1)\right)}{(r\tau+c\tau+d)\left(\mu + \dfrac{h_{N+1}}{p_{N+1}}a^{N-1}\right)}, \tag{6.3.53}$$

其中 $t_N = \displaystyle\sum_{n=1}^{N}\frac{h_n}{p_n}$.

(2) 若系统是一个稳定系统, 则

$$G(N) = \frac{(r+b)\mu\left(\tau + \dfrac{h_1}{p_1}\right)}{(r\tau + c\tau + d)\left(\mu + \dfrac{h_1}{p_1}\right)}. \tag{6.3.54}$$

证明 将 $s_{N-1} = \sum_{n=0}^{N-1} \dfrac{1}{a^{n-1}} I_{\{n>0\}} = \begin{cases} N-1, & a = 1, \\ \dfrac{a^{N-1} - 1}{(a-1)a^{N-2}}, & a \neq 1 \end{cases}$ 代入式 (6.3.33),

并注意到稳定系统中 $\dfrac{h_{N+1}}{p_{N+1}} = \dfrac{h_1}{p_1}$, $a = 1$, $t_N = \sum_{n=1}^{N} \dfrac{h_n}{p_n} = N\dfrac{h_1}{p_1}$, 式 (6.3.53) 和式 (6.3.54) 易得. ∎

结论 6.3.7 在 MRN(N; SM{[**RNP**($F(t)$)], CD(δ_n)}, **MGP**(a)) 中

(1) 若系统是一个退化系统, 记 $t_\infty = \lim\limits_{N\to\infty} t_N = \lim\limits_{N\to\infty} \sum_{n=1}^{N} \dfrac{h_n}{p_n}$. 如果 $t_\infty = \infty$, 则 $\lim\limits_{N\to\infty} G(N) = \infty$; 如果 $t_\infty < \infty$, 则

$$\lim_{N\to\infty} G(N) = \frac{(r+b)(\tau + t_\infty)}{r\tau + c\tau + d}. \tag{6.3.55}$$

(2) 若系统是一个进化系统, 则

$$\lim_{N\to\infty} G(N) = \frac{-(r+b)\mu}{(r\tau + c\tau + d)} \frac{a}{(a-1)}. \tag{6.3.56}$$

证明 条款 (1) 的证明 因为 MRN(N; SM{[**RNP**($F(t)$)], CD(δ_n)}, **MGP**(a)) 是一个退化系统, 所以由假设 10 得

$$0 < a < 1. \tag{6.3.57}$$

先考虑条件 $t_\infty \triangleq \lim\limits_{N\to\infty} \sum_{n=1}^{N} \dfrac{h_n}{p_n} < \infty$ 的情形, 可得

$$\lim_{N\to\infty} \frac{h_{N+1}}{p_{N+1}} = 0. \tag{6.3.58}$$

考察式 (6.3.53), 由于 $0 < a < 1$, 所以

$$\lim_{N\to\infty} a^{N-1} = 0 \quad \text{及} \quad \lim_{N\to\infty} (a^{N-1} - 1) = -1, \tag{6.3.59}$$

6.3 截断 δ 冲击模型在维修更换模型中的应用

因此由式 (6.3.58) 和式 (6.3.59) 得

$$\lim_{N\to\infty} \frac{a}{a-1} \frac{h_{N+1}}{p_{N+1}}(a^{N-1}-1) = 0 \tag{6.3.60}$$

及

$$\lim_{N\to\infty} \frac{h_{N+1}}{p_{N+1}} a^{N-1} = 0. \tag{6.3.61}$$

将式 (6.3.60) 与式 (6.3.61) 分别代入式 (6.3.53) 的分子和分母得

$$\lim_{N\to\infty} G_A(N) = \lim_{N\to\infty} (r+b)\mu \left(\tau + t_N - \frac{a}{a-1} \frac{h_{N+1}}{p_{N+1}}(a^{N-1}-1)\right)$$
$$= (r+b)\mu(\tau + t_\infty)$$

和

$$\lim_{N\to\infty} G_B(N) = \lim_{N\to\infty} (r\tau + c\tau + d)\left(\mu + \frac{h_{N+1}}{p_{N+1}} a^{N-1}\right) = (r\tau + c\tau + d)\mu,$$

其中 $G_A(N)$ 与 $G_B(N)$ 分别表示式 (6.3.53) 等号右边的分子与分母.

最终有

$$\lim_{N\to\infty} G(N) = \frac{\lim_{N\to\infty} G_A(N)}{\lim_{N\to\infty} G_B(N)} = \frac{(r+b)\mu(\tau+t_\infty)}{(r\tau+c\tau+d)\mu} = \frac{(r+b)(\tau+t_\infty)}{r\tau+c\tau+d}.$$

此外, 由式 (6.3.53), 若 t_∞ 不收敛, 则 $G(\infty)$ 不收敛是显然的.

条款 (2) 的证明 因为 MRN$(N; \text{SM}\{[\mathbf{RNP}(F(t))], \text{CD}(\delta_n)\}, \mathbf{MGP}(a))$ 是一个进化系统, 所以由假设 10 知 $a > 1$. 另由引理 6.3.1 条款 (3) 得

$$\frac{h_n}{p_n} \text{ 关于 } n \text{ 单调不降}. \tag{6.3.62}$$

对式 (6.3.53) 分子、分母同乘 $\dfrac{1}{a^{N-1}} \dfrac{p_{N+1}}{h_{N+1}}$ 得

$$G(N) = \frac{(r+b)\mu\left(\tau\dfrac{1}{a^{N-1}}\dfrac{p_{N+1}}{h_{N+1}} + \dfrac{1}{a^{N-1}}\dfrac{p_{N+1}}{h_{N+1}}t_N - \dfrac{a}{a-1}\left(1 - \dfrac{1}{a^{N-1}}\right)\right)}{(r\tau + c\tau + d)\left(\mu\dfrac{1}{a^{N-1}}\dfrac{p_{N+1}}{h_{N+1}} + 1\right)},$$

$$\tag{6.3.63}$$

其中 $t_N = \sum_{n=1}^{N} \dfrac{h_n}{p_n}$.

因为 $a > 1$, 所以
$$\lim_{N\to\infty} \frac{1}{a^{N-1}} = 0, \tag{6.3.64}$$

另由引理 6.3.1 的条款 (1) 得
$$\frac{h_{N+1}}{p_{N+1}} \geqslant \delta_n \Rightarrow 0 < \frac{p_{N+1}}{h_{N+1}} \leqslant \frac{1}{\delta_1},$$

因此
$$\lim_{N\to\infty} \frac{1}{a^{N-1}} \frac{p_{N+1}}{h_{N+1}} = 0. \tag{6.3.65}$$

由式 (6.3.62) 得: 对 $n = 1, 2, \cdots, N$, $0 < \dfrac{h_n}{p_n} \leqslant \dfrac{h_{N+1}}{p_{N+1}}$, 所以
$$0 < \sum_{n=1}^{N} \frac{h_n}{p_n} \leqslant \sum_{n=1}^{N} \frac{h_{N+1}}{p_{N+1}} = N \frac{h_{N+1}}{p_{N+1}},$$

因此
$$0 \leqslant \frac{1}{a^{N-1}} \frac{p_{N+1}}{h_{N+1}} \sum_{n=1}^{N} \frac{h_n}{p_n} \leqslant \frac{N}{a^{N-1}}, \tag{6.3.66}$$

又因为 $a > 1$, $\lim\limits_{N\to\infty} \dfrac{N}{a^{N-1}} = 0$, 所以由式 (6.3.66) 得
$$\lim_{N\to\infty} \frac{1}{a^{N-1}} \sum_{n=1}^{N} \frac{h_n}{p_n} \frac{p_{N+1}}{h_{N+1}} = 0. \tag{6.3.67}$$

在式 (6.3.63) 两边同时取 $N \to \infty$ 时的极限, 并将式 (6.3.64)、式 (6.3.65) 与式 (6.3.67) 代入得
$$\lim_{N\to\infty} G(N) = \frac{-(r+b)\mu}{(r\tau + c\tau + d)} \frac{a}{(a-1)}. \tag{6.3.68}$$

命题得证. ∎

结论 6.3.7 条款 (1) 表明, 退化系统中, $G(\infty) = \lim\limits_{N\to\infty} G(N)$ 存在的充要条件是 t_N 收敛. 条款 (2) 表明, 在进化系统情形下 $G(\infty) < 0$.

6.3.4 最优解

现在我们可以推导 $\mathrm{MRN}(N;\mathrm{SM}\{\mathbf{RNP}(F(t)),\mathrm{CD}(\delta_n)\},\mathbf{MGP}(a))$ 的最优解了. 以下仍假设 $(r\tau + c\tau + d)\mu(r+b) \neq 0$.

6.3.4.1 退化系统的最优解

下面的定理给出了退化系统的最优更换策略.

结论 6.3.8[97] 设 $\mathrm{MRN}(N;\mathrm{SM}\{\mathbf{RNP}(F(t)),\mathrm{CD}(\delta_n)\},\mathbf{MGP}(a))$ 中的系统是一个退化系统, 则其最优更换策略为

$$N^* = \inf\{N\,|\,G(N) \geqslant 1\,, N = 1, 2, \cdots\},$$

其中, 规定 $\inf \varnothing = \infty$, $G(N)$ 如式 (6.3.53) 所示. 具体地,

(1) 若 $\dfrac{c\tau - b\tau + d}{r+b} \leqslant \dfrac{\mu\dfrac{h_1}{p_1} - \tau\dfrac{h_2}{p_2}}{\mu + \dfrac{h_2}{p_2}}$, 则 $N^* = 1$;

(2) 若 $t_\infty \geqslant \dfrac{c\tau - b\tau + d}{r+b} > \dfrac{\mu\dfrac{h_1}{p_1} - \tau\dfrac{h_2}{p_2}}{\mu + \dfrac{h_2}{p_2}}$, 则

$$N^* = \min\{N\,|\,G(N) \geqslant 1, N = 2, 3, \cdots\} < \infty;$$

(3) 若 $\dfrac{c\tau - b\tau + d}{r+b} > t_\infty$, 则 $N^* = \infty$,

其中 $t_\infty \triangleq \lim\limits_{N \to \infty} \sum\limits_{n=1}^{N} \dfrac{h_n}{p_n}$.

证明 首先对于退化系统, 由结论 6.3.5 条款 (1) 知 $G(N)$ 关于 N 单调递增, 即对 $N = 1, 2, \cdots$ 有

$$G(N) \geqslant G(1). \tag{6.3.69}$$

下面分 $G(1) \geqslant 1$ 和 $G(1) < 1$ 两种情形讨论最优解.

情形 1 $G(1) \geqslant 1$.

此时由式 (6.3.69) 得, 对 $\forall N = 1, 2, \cdots$, $G(N) \geqslant 1$. 所以由式 (6.3.32), $\forall N = 1, 2, \cdots$, $C(N+1) \geqslant C(N)$, 即 $C(N)$ 关于 N 是单调递增, 所以

$$\min C(N) = C(1), \quad \text{即} \quad N^* = 1. \tag{6.3.70}$$

而由式 (6.3.44), 条件 $G(1) \geqslant 1$ 等价于

$$\frac{(r+b)\mu\left(\tau+\dfrac{h_1}{p_1}\right)}{(r\tau+c\tau+d)\left(\mu+\dfrac{h_2}{p_2}\right)} \geqslant 1 \Leftrightarrow \frac{c\tau-b\tau+d}{r+b} \leqslant \frac{\mu\dfrac{h_1}{p_1}-\tau\dfrac{h_2}{p_2}}{\mu+\dfrac{h_2}{p_2}}. \qquad (6.3.71)$$

所以由式 (6.3.70) 和式 (6.3.71) 得 $\dfrac{c\tau-b\tau+d}{r+b} \leqslant \dfrac{\mu\dfrac{h_1}{p_1}-\tau\dfrac{h_2}{p_2}}{\mu+\dfrac{h_2}{p_2}}$ 时 $N^*=1$.

情形 2 若 $G(1) < 1$.

此时由式 (6.3.44) 得

$$G(1) < 1 \Leftrightarrow \frac{c\tau-b\tau+d}{r+b} > \frac{\mu\dfrac{h_1}{p_1}-\tau\dfrac{h_2}{p_2}}{\mu+\dfrac{h_2}{p_2}}. \qquad (6.3.72)$$

在此 $G(1) < 1$ 条件下再分 $G(\infty) \geqslant 1$ 和 $G(\infty) < 1$ 两种情况讨论, 其中 $G(\infty) \triangleq \lim\limits_{N\to\infty} G(N)$.

1) $G(\infty) \geqslant 1$ (包括 $G(\infty) < \infty$ 和 $G(\infty) = \infty$)

在 $G(1) < 1$ 条件下, 若 $G(\infty) \geqslant 1$ (不管是否收敛), 因为 $G(N)$ 关于 N 单调递增, 所以由函数的介值定理, 必仅存在一点 $m > 1$, 使得

$$\begin{cases} G(N) < 1, & \text{当 } N < m \text{ 时}, \\ G(N) \geqslant 1, & \text{当 } N \geqslant m \text{ 时}, \end{cases} \qquad (6.3.73)$$

即 m 是首次使 $G(N) \geqslant 1$ 的点, 也就是 $m = \min\{N|G(N) \geqslant 1, N=2,3,\cdots\} < \infty$.

因为 $G(N) \geqslant 1 \Leftrightarrow C(N+1) \geqslant C(N)$ (见结论 6.3.4), 所以式 (6.3.73) 意味着

$$\begin{cases} C(N+1) \leqslant C(N), & \text{当 } N < m \text{ 时}, \\ C(N+1) \geqslant C(N), & \text{当 } N \geqslant m \text{ 时}, \end{cases}$$

即 $[1, m)$ 是 $C(N)$ 的单调递减区间, $[m, \infty)$ 是 $C(N)$ 的单调递增区间, 所以 $\min C(N) = C(m)$, 即

$$N^* = m = \min\{N|G(N) \geqslant 1, N=2,3,\cdots\} < \infty. \qquad (6.3.74)$$

式 (6.3.74) 是在 $G(\infty) \geqslant 1$ 假设下讨论得到的，下面考虑 $G(\infty) \geqslant 1$ 成立的条件.

若 $t_\infty \triangleq \lim\limits_{N \to \infty} \sum\limits_{n=1}^{N} \dfrac{h_n}{p_n} < \infty$，因为 $(r+b)\mu \neq 0$，所以由式 (6.3.55)，条件 $G(\infty) \geqslant 1$ 等价于

$$\frac{(r+b)(\tau + t_\infty)}{r\tau + c\tau + d} \geqslant 1 \Leftrightarrow t_\infty \geqslant \frac{c\tau - b\tau + d}{r+b}. \tag{6.3.75}$$

若 $t_\infty \triangleq \lim\limits_{N \to \infty} \sum\limits_{n=1}^{N} \dfrac{h_n}{p_n} = \infty$，此时 $G(\infty) = \infty \geqslant 1$，所以式 (6.3.75) 对 $t_\infty = \infty$ 也成立.

所以由式 (6.3.72) 和式 (6.3.75) 得：式 (6.3.74) 成立的条件是

$$t_\infty \geqslant \frac{c\tau - b\tau + d}{r+b} > \frac{\mu \dfrac{h_1}{p_1} - \tau \dfrac{h_2}{p_2}}{\mu + \dfrac{h_2}{p_2}}.$$

2) 若 $G(\infty) < 1$

在 $G(1) < 1$ 条件下，若 $G(\infty) < 1$，因为 $G(N)$ 关于 N 单调递增，则 $\forall N = 1, 2, \cdots$，$G(N) < 1$，所以由式 (6.3.32)，$\forall N = 1, 2, \cdots$，$C(N+1) \leqslant C(N)$，即 $C(N)$ 关于 N 是单调递减，所以

$$\min C(N) = C(\infty), \quad \text{即} \quad N^* = \infty. \tag{6.3.76}$$

而由式 (6.3.55)，条件 $G(\infty) < 1$ 等价于

$$\frac{(r+b)(\tau + t_\infty)}{r\tau + c\tau + d} < 1 \Leftrightarrow t_\infty < \frac{c\tau - b\tau + d}{r+b}. \tag{6.3.77}$$

所以由式 (6.3.77) 和式 (6.3.72) 得：式 (6.3.76) 成立的条件是

$$\frac{c\tau - b\tau + d}{r+b} > \max\left\{ \frac{\mu \dfrac{h_1}{p_1} - \tau \dfrac{h_2}{p_2}}{\mu + \dfrac{h_2}{p_2}}, t_\infty \right\} = t_\infty.$$

最后一步 $t_\infty \geqslant \dfrac{\mu \dfrac{h_1}{p_1} - \tau \dfrac{h_2}{p_2}}{\mu + \dfrac{h_2}{p_2}}$ 是基于下面事实得到的. 注意到 $\sum\limits_{n=2}^{\infty} \dfrac{h_n}{p_n} = t_\infty -$

$\dfrac{h_1}{p_1}$，所以由

$$\mu\sum_{n=2}^{\infty}\frac{h_n}{p_n}+\frac{h_2}{p_2}t_\infty+\tau\frac{h_2}{p_2}\geqslant 0$$

得

$$\mu\left(t_\infty-\frac{h_1}{p_1}\right)+\frac{h_2}{p_2}t_\infty+\tau\frac{h_2}{p_2}\geqslant 0,$$

即

$$t_\infty\geqslant\frac{\mu\dfrac{h_1}{p_1}-\tau\dfrac{h_2}{p_2}}{\mu+\dfrac{h_2}{p_2}}.$$

综述上面情形 1、情形 2 的 1) 与 2) 三种情况，退化系统的最优解可表示为 $N^*=\inf\{N\,|\,G(N)\geqslant 1,N=1,2,\cdots\}$. ∎

6.3.4.2　进化系统的最优解

结论 6.3.9　设 MRN(N; SM{**RNP**($F(t)$), CD(δ_n)}, **MGP**(a)) 中的系统是一个进化系统，则 $N^*=\infty$ 是其唯一最优更换策略.

证明　首先对于进化系统，由结论 6.3.5 条款 (2) 知 $G(N)$ 关于 N 单调递减，即对 $N=1,2,\cdots$ 有

$$G(N)\leqslant G(1). \tag{6.3.78}$$

同样关于 $G(1)$ 分 $G(1)>1$ 和 $G(1)\leqslant 1$ 两种情形讨论最优解.

情形 1　$G(1)\leqslant 1$.

当 $G(1)\leqslant 1$ 时，由式 (6.3.78) 得，$\forall N=1,2,\cdots$，$G(N)\leqslant G(1)\leqslant 1$，所以由式 (6.3.32)，$\forall N=1,2,\cdots$，$C(N+1)\leqslant C(N)$，即 $C(N)$ 关于 N 是单调递减的，所以

$$\min C(N)=C(\infty),\quad 即\quad N^*=\infty. \tag{6.3.79}$$

情形 2　$G(1)>1$.

当 $G(1)>1$ 时，因为进化系统的过渡函数 $G(N)$ 关于 N 单调递减且 $G(\infty)<0<1$ (因为 $(r+b)\mu\neq 0$，可由式 (6.3.56) 得)，所以由介值定理必仅存在一点 $m\geqslant 1$，使得

$$\begin{cases}G(N)>1,&\text{当 }N<m\text{ 时},\\ G(N)\leqslant 1,&\text{当 }N\geqslant m\text{ 时},\end{cases} \tag{6.3.80}$$

即 m 是首次使 $G(N)\leqslant 1$ 的点.

但因为 $G(N) \leqslant 1 \Leftrightarrow C(N+1) \leqslant C(N)$ (结论 6.3.4), 所以式 (6.3.80) 意味着

$$\begin{cases} C(N+1) > C(N), & \text{当 } N < m \text{ 时,} \\ C(N+1) \leqslant C(N), & \text{当 } N \geqslant m \text{ 时,} \end{cases}$$

即 $[1, m)$ 是 $C(N)$ 的单调递增区间, $[m, \infty)$ 是 $C(N)$ 的单调递减区间, 所以

$$\min C(N) = \min\{C(1), C(\infty)\}.$$

考虑到 $d + (c+r)\tau > 0$, 由式 (6.3.18) 得 $C(1) > -r$, 而结论 6.3.3 中式 (6.3.22) 有 $C(\infty) = \lim_{N \to \infty} C(N) = -r$, 所以 $\min\{C(1), C(\infty)\} = C(\infty)$, 因此

$$\min C(N) = C(\infty), \quad 即 \quad N^* = \infty.$$ ∎

6.3.4.3 稳定系统的最优解

结论 6.3.10 设 $\mathrm{MRN}(N; \mathrm{SM}\{\mathbf{RNP}(F(t)), \mathrm{CD}(\delta_n)\}, \mathbf{MGP}(a))$ 中的系统是一个稳定系统, 则其最优更换策略为

(1) 若 $(r+b)\mu\left(\tau + \dfrac{h_1}{p_1}\right) > (r\tau + c\tau + d)\left(\mu + \dfrac{h_1}{p_1}\right)$, 则 $N^* = 1$.

(2) 若 $(r+b)\mu\left(\tau + \dfrac{h_1}{p_1}\right) < (r\tau + c\tau + d)\left(\mu + \dfrac{h_1}{p_1}\right)$, 则 $N^* = \infty$.

(3) 若 $(r+b)\mu\left(\tau + \dfrac{h_1}{p_1}\right) = (r\tau + c\tau + d)\left(\mu + \dfrac{h_1}{p_1}\right)$, 则 $N^* = \{1, 2, \cdots\} \cup \{\infty\}$.

证明 由于系统是一个稳定系统, 由结论 6.3.5 或结论 6.3.6 得此时 $G(N)$ 是一个不随 N 变化的常数, 所以结合式 (6.3.32) 与式 (6.3.54) 易得, 当

$$G(N) = \frac{(r+b)\mu\left(\tau + \dfrac{h_1}{p_1}\right)}{(r\tau + c\tau + d)\left(\mu + \dfrac{h_1}{p_1}\right)} > 1$$

时, $N^* = 1$. 而当

$$G(N) = \frac{(r+b)\mu\left(\tau + \dfrac{h_1}{p_1}\right)}{(r\tau + c\tau + d)\left(\mu + \dfrac{h_1}{p_1}\right)} < 1$$

时, $N^* = \infty$. 此外, 若 $G(N) = 1$, 则 $C(N)$ 不随 N 变化, 所以任一正整数都是最优解. ∎

6.3.4.4 数值例子

下面通过一个数值例子来考察模型的有效性. 考虑一个具体的强退化系统的更换模型:

$$\mathrm{MRN}(N; \mathrm{SM}\{[\mathbf{RNP}(\mathrm{U}(0,1))], \mathrm{CD}(0.8^n)\}, \mathbf{MGP}(0.9)), \tag{6.3.81}$$

其中参数 $\mu = \tau = 10$, $c = 5$, $d = 100$, $r = 2$, $b = 9$.

在上述参数条件下, $G(N)$ 与 $C(N)$ 的计算结果见表 6.3.1、图 6.3.1 和图 6.3.2.

表 6.3.1　$\mathrm{MRN}(N; \mathrm{SM}\{[\mathbf{RNP}(\mathrm{U}(0,1))], \mathrm{CD}(0.8^n)\}, \mathbf{MGP}(0.9))$ 更换策略

N	$C(N)$	$G(N)$	N	$C(N)$	$G(N)$	N	$C(N)$	$G(N)$
1	11.710	0.71582	12	8.9461	1.0431	23	8.9830	1.0816
2	9.8599	0.78030	13	8.9506	1.0511	24	8.9848	1.0824
3	9.33	0.83283	14	8.9551	1.0576	25	8.9864	1.083
4	9.1167	0.87643	15	8.9594	1.0630	26	8.9878	1.0836
5	9.0186	0.91284	16	8.9634	1.0673	27	8.989	1.0840
6	8.9714	0.94325	17	8.9671	1.0708	28	8.9902	1.0843
7	8.9491	0.96860	18	8.9705	1.0737	29	8.9912	1.0846
8	8.9398	0.98966	19	8.9735	1.076	30	8.9921	1.0848
9	**8.9374**	**1.0071**	20	8.9763	1.0779	31	8.9929	1.0850
10	8.9387	1.0215	21	8.9788	1.0794	32	8.9936	1.0851
11	8.9420	1.0334	22	8.9810	1.0806	33	8.9943	1.0852

由表 6.3.1 可知, $G(N)$ 关于 N 单调递增, $G(8) = 0.98966 < 1$, $G(9) = 1.0071 > 1$, 即 $N = 9$ 是使得 $G(N) \geqslant 1$ 的第一个整数, 因此模型式 (6.3.81) 的最优解为 $N^* = 9$, 即当系统失效次数达到 9 次时, 应立即更换系统, 此时单位平均成本 $C(9) = 8.9374$, 我们看到 $C(9)$ 是最小的单位平均成本, 最优更换策略是唯一的.

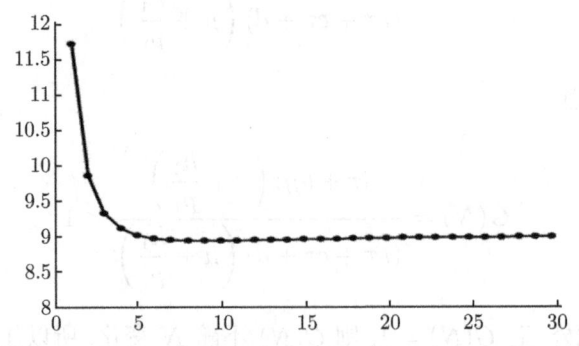

图 6.3.1　$\mathrm{MRN}(N; \mathrm{SM}\{[\mathbf{RNP}(\mathrm{U}(0,1))], \mathrm{CD}(0.8^n)\}, \mathbf{MGP}(0.9))$ 的 $C(N)$ 曲线

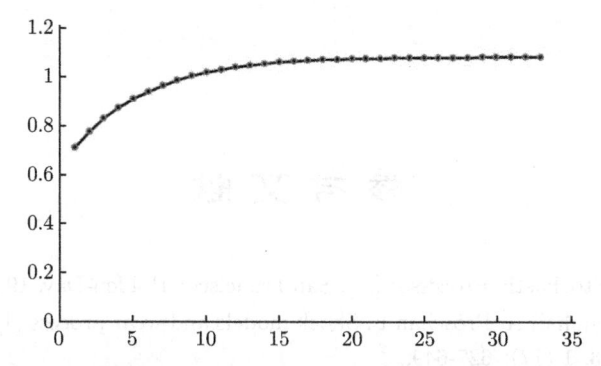

图 6.3.2　MRN(N; SM{[**RNP**(U(0,1))], CD(0.8^n)}, **MGP**(0.9)) 的 $G(N)$ 曲线

参 考 文 献

[1] Parzen E. Stochastic Processes [M]. San Francisco: Holden-Day, 1962.
[2] Esary J, Marshall A, Proschan F. Shock models and wear process [J]. Annals of Probability, 1973, 1 (17): 627-649.
[3] A-Hameed M S, Proschan F. Nonstationary shock models [J]. Stochastic Processes and Their Applications, 1973, 1(10): 383-404.
[4] Barlow R E, Proschan F. Statistical Theory of Reliability and Life Testing [M]. New York: Holt, Rinehart and Winston, 1975.
[5] 《数学手册》编写组. 数学手册 [M]. 北京: 高等教育出版社, 1979.
[6] 华东师范大学数学系. 数学分析 (下册) [M]. 北京: 高等教育出版社, 1981.
[7] 李庆扬, 王能超, 易大义. 数值分析 [M]. 武汉: 华中理工大学出版社, 1982.
[8] 严士健, 王隽骧, 刘秀芳. 概率论基础 [M]. 北京: 科学出版社, 1982.
[9] Sheldon M R. Stochastic Processes [M]. New York: Wiley, 1983.
[10] Philippou A N, Georghiou C, Philippou G N. A generalized geometric distribution and some of its properties [J]. Statistics and Probability Letters, 1983, 1: 171-175.
[11] Shanthikumar J G, Sumita U. General shock models associated with correlated renewal sequences [J]. Journal of Applied Probability, 1983, 20: 600-614.
[12] 陈继国. 几何、算术等平均数间的关系及应用 [J]. 数学教学研究, 1984, 3(9): 12-15.
[13] Shanthikumar J G, Sumita U. Distribution properties of the system failure time in a general shock model [J]. Advances in Applied Probability, 1984, 16: 363-377.
[14] 李泽慧. 与 Poisson 流有关的几个概率分布及其在城市交通拥挤问题中的应用 [J]. 兰州大学学报, 1984, 20: 127-136.
[15] Sumita U, Shanthikumar J G. A class of correlated cumulative shock models [J]. Advances in Applied Probability, 1985, 17: 347-366.
[16] Rosberg Z. Bounds on the expected waiting time in a GI/G/1 queue: upgrading for low traffic intensity [J]. Journal of Applied Probability, 1987, 24: 749-757.
[17] 申鼎煊. 随机过程 [M]. 武汉: 华中理工大学出版社, 1990.
[18] Gut A. Cumulative shock models [J]. Advances in Applied Probability, 1990, 22: 504-507.
[19] 邓永录, 梁之舜. 随机点过程及其应用 [M]. 北京: 科学出版社, 1992.
[20] 施皮格尔 M R. 拉普拉斯 (变换) 原理及题解 [M]. 张智星, 译. 北京: 晓园出版社, 1993.
[21] Carpenter P. Customer lifetime value: do the math [J]. Marketing Computers, 1995, 15(1): 18-19.
[22] 李贤平. 概率论基础 [M]. 2 版. 北京: 高等教育出版社, 1997.

[23] 耿素云, 屈婉玲. 离散数学 [M]. 北京: 高等教育出版社, 1998.
[24] Berger P, Nasr N. Customer lifetime value: Marketing models and applications [J]. Journal of Interactive Marketing, 1998, 12: 17-30.
[25] 程侃. 寿命分布类与可靠性数学理论 [M]. 北京: 科学出版社, 1999.
[26] 李泽慧, 黄宝胜, 王冠军. 一种冲击源下冲击模型的寿命分布及其性质 [J]. 兰州大学学报 (自然科学版), 1999, 35(4): 1-7.
[27] 林正炎, 陆传荣, 苏中根. 概率极限理论基础 [M]. 北京: 高等教育出版社, 1999.
[28] Li Z H, Chan L Y, Yuan Z X. Failure time distribution under a δ-shock model and its application to economic design of systems [J]. International Journal of Reliability, Quality and Safety Engineering, 1999, 6 (3): 237–247.
[29] Gut A, Husler J. Extreme shock models [J]. Extremes, 1999, 2 (3): 295-307.
[30] Li Z H, Xing H G. The hierarchical Bayes estimator on zero failure date under a kind of Poisson shock model [C]. The Seventh Japan-China Symposium on Statistics, 2000: 313-320.
[31] Alfred H. Parameter estimation for multi-dimensional filtered Poisson processes [R]. St Louis MO: Workshop to Honor Donald Snyder, 2000.
[32] 《现代应用数学手册》编委会. 现代应用数学手册: 概率统计与随机过程卷 [M]. 北京: 清华大学出版社, 2000.
[33] Finkelstein M S, Zarudnij V I. A shock process with a non-cumulative damage [J]. Reliability Engineering and System Safety, 2001, 71: 103-107.
[34] 郑大钟, 赵千川. 离散事件动态系统 [M]. 北京: 清华大学出版社, 2001.
[35] Ramirez-Perez F, Serfling R. Shot noise on cluster processes with cluster marks and studies of long range dependence [J]. Advances in Applied Probability, 2001, 33 (3): 631-651.
[36] 王冠军, 张元林. δ-冲击模型及其最优更换策略 [J]. 东南大学学报, 2001, 31(5): 121-124.
[37] Mallor F, Omey E. Shocks, runs and random sums [J]. Journal of Applied Probability, 2001, 38 (2): 438-448.
[38] Gut A. Mixed shock models [J]. Bernoulli, 2001, 7: 541-555.
[39] Berger P D, Bechwati N N. The allocation of promotion budget to maximize customer equity [J]. Omega, 2001, 29: 49-61.
[40] Yue S, Hashino M. The general cumulants for a filtered point process [J]. Applied Mathematical Modelling, 2001, 25 (3): 193-201.
[41] Jain D, Singh S. Customer lifetime value research in marketing: a review and future directions [J]. Journal of Interactive Marketing, 2002, 16 (2): 34-46.
[42] 林元烈. 应用随机过程 [M]. 北京: 清华大学出版社, 2002.
[43] Mallor F, Omey E. Shocks, runs and random sums: Asymptotic behavior of the tail of the distribution function [J]. Journal of Mathematical Science, 2002, 111: 3559-3565.
[44] Charalambides C A. Enumerative combinatorics [M]. London: Chapman and Hall/ CRC, 2002.

[45] 卢开澄, 卢华明. 组合数学 [M]. 3 版. 北京: 清华大学出版社, 2002.

[46] Balakrishnan N, Koutras M V. Runs and Scans with Applications [M]. New York: Wiley, 2002.

[47] 李泽慧, 陈锋. 对偶 δ 冲击模型的寿命分布及其性质 [C]. 中国工业与应用数学学会第七次大会论文集. Hertfordshire: Research Information Ltd., 2002: 258-263.

[48] 王冠军, 张元林. 一般 δ-冲击模型及其最优更换策略 [J]. 运筹学学报, 2003, 7: 76-82.

[49] 王世伟, 唐一源, 赵杰, 等. 认知障碍的前脉冲抑制模型 [J]. 国外医学精神病学分册, 2003, 30(4): 244-248.

[50] David H A, Nagaraja H N. Order Statistics [M]. New Jersey: A John Wiley Sons, 2003.

[51] Kao Edward P C. An Introduction to Stochastic Processes [M]. Beijing: China Machine Press, 2003.

[52] Ramirez P F, Serfling R. Asymptotic normality of shot noise on poisson cluster processes with cluster marks [J]. Journal of Probability and Statistic Science, 2003, 1: 157-172.

[53] Bouzas P R, Valderrama M J, Aguilera A M. A theoretical note on the distribution of a filtered compound doubly stochastic Poisson process [J]. Applied Mathematical Modelling, 2004, 28(8): 769-773.

[54] Lam Y, Zhang Y L. A shock model for the maintenance problem of a repairable system [J]. Computers and Operations Research, 2004, 31: 1807-1820.

[55] Xu Z Y, Li Z H. Statistical inference on δ shock model with censored date [J]. Chinese Journal of Applied Probability and Statistics, 2004, 20(2): 147-153.

[56] 张波, 张景肖. 应用随机过程 [M]. 北京: 清华大学出版社. 2004.

[57] 陈明亮. 客户关系管理理论与软件 [M]. 杭州: 浙江大学出版社, 2004.

[58] 孙荣恒. 随机过程及其应用 [M]. 北京: 清华大学出版社, 2004.

[59] 龚光鲁, 钱敏平. 应用随机过程教程及在算法和智能计算中的随机模型 [M]. 北京: 清华大学出版社, 2004.

[60] 费定晖, 周学圣. 吉米多维奇数学分析习题集题解 (6) [M]. 3 版. 济南: 山东科学技术出版社, 2005.

[61] Nakagawa T. Maintenance Theory of Reliability [M]. New York: Springer, 2005.

[62] 李泽慧, 白建明, 孔新兵. 冲击模型的研究进展 [J]. 质量与可靠性, 2005, (3): 31-36.

[63] 梁小林, 李泽慧. 对偶 δ 冲击模型的最优更换策略 [C]. 中国现场统计研究会第 12 届学术年会论文集. 数理统计与管理, 2005, (增刊): 211-214.

[64] Liang X L, L i Z H, Lam Y. Optimal replacement policies for two δ shock models [J]. International Journal of Systems Science, 2005, 12: 211-214.

[65] Wang G J, Zhang Y L. A shock model with two-type failures and optimal replacement policy [J]. International Journal of Systems Science, 2005, 36 (4): 209-214.

[66] 《实用积分表》编委会. 实用积分表 [M]. 北京: 中国科学技术大学出版社, 2006.

[67] Tang Y Y, Lam Y. A δ-shock maintenance model for a deteriorating system [J].

European Journal of Operational Research, 2006, 168 (2): 541-556.
[68] 田秋成, 等. 组合数学 [M]. 北京: 电子工业出版社, 2006.
[69] 曹晋华, 程侃. 可靠性数学引论 (修订版) [M]. 北京: 高等教育出版社, 2006.
[70] 林正炎, 白志东. 概率不等式 [M]. 北京: 科学出版社, 2006.
[71] Wang H Z, Pham H. Reliability and Optimal Maintenance [M]. New York: Springer, 2006.
[72] Bai J M, Li Z H, Kong X B. Generalized shock models based on a cluster point process [J]. IEEE Transactions on Reliability, 2006, 55(3): 542-550.
[73] 唐亚勇, 林埜. 退化系统的对数正态 δ 冲击维修模型 [J]. 四川大学学报 (自然科学版), 2006, 43(1): 59-65.
[74] 李泽慧, 白建明, 孔新兵. 冲击模型: 进展与应用 [J]. 数学进展, 2007, 36(4): 385-398.
[75] Li Z H, Kong X B. Life behavior of δ-shock model [J]. Statistics and Probability Letters, 2007, 77(6): 577-587.
[76] Li Z H, Zhao P. Reliability analysis on the δ shock model of complex systems [J]. IEEE Transactions on Reliability, 2007, 56(2): 340-348.
[77] Eryilmaz S, Demir S. Success runs in a sequence of exchangeable binary trials [J]. Journal of Statistical Planning and Inference, 2007, 137: 2954-2963.
[78] Ross S M. 应用随机过程: 概率模型导论 (英文版) [M]. 9 版. 北京: 人民邮电出版社, 2007.
[79] 盖云英, 包革军. 复变函数与积分变换 [M]. 2 版. 北京: 科学出版社, 2007.
[80] 梁小林, 李泽慧. 可修系统的最优更换策略 [J]. 湖南师范大学 (自然科学学报), 2007, 30(4): 15-18.
[81] 唐风琴, 李泽慧. 时倚泊松过程下的对偶 δ 冲击模型 [J]. 兰州大学学报: 自然科学版, 2007, 43(4): 107-109.
[82] 李泽慧, 刘志, 牛一. 一般 δ 冲击模型中无失效数据的 Bayes 统计推断 [J]. 应用概率统计, 2007, 23(1): 51-58.
[83] 梁小林, 李泽慧. 遭受外部冲击的随机检测模型 [J]. 湖南大学学报 (自然科学版), 2008, 35(2): 66-69.
[84] 马明. δ 冲击模型寿命分布的积分计算及 M 函数的性质 [J]. 山东大学学报 (理学版), 2008, 43(12): 15-19.
[85] Ma M, Li Z H, Chen J Y. Phase-type distribution of customer relationship with Markovian response and marketing expenditure decision on the customer lifetime value [J]. European Journal of Operational Research, 2008, 187: 313-326.
[86] 白建明, 肖鸿民. 一类新的累积冲击模型的性质及在保险风险理论中的应用 [J]. 兰州大学学报 (自然科学版), 2008, 44(1): 132-136.
[87] Lefebvre M, Guilbault J L. Using filtered Poisson processes to model a river flow [J]. Applied Mathematical Modelling, 2008, 32(12): 2792-2805.
[88] 马明. 自激滤过的泊松过程 [J]. 吉林大学学报 (理学版), 2009, 47(4): 711-716.
[89] 王丙参, 魏艳华, 冉延平. 冲击模型 [J]. 天水师范学院学报, 2009, 29(2): 16-17.

[90] 康庆德. 组合学笔记 [M]. 北京: 科学出版社, 2009.

[91] 匡继昌. 常用不等式 [M]. 4 版. 济南: 山东科学技术出版社, 2010.

[92] Sadooghi-Alvandi S M. Nematollahi A R. Habibi R. On the distribution of the sum of independent uniform random variables [J]. Statistical Papers, 2009, 50: 171-175.

[93] Ma M, Li Z H. Life behavior of censored δ-shock model [J]. Indian Journal of Pure and Applied Mathematics, 2010, 41(2): 401-420.

[94] 茆诗松, 程依明, 濮晓龙. 概率论与数理统计教程 [M]. 2 版. 北京: 高等教育出版社, 2011.

[95] 魏艳华, 王丙参. δ-冲击模型及随机检测 [J]. 北京联合大学学报 (自然科学版), 2011, 25(1): 89-92.

[96] Eryilmaz S, Yalcin F. On the mean and extreme distances between failures in Markovian binary sequences [J]. Journal of Computational and Applied Mathematics, 2011, 236: 1502-1510.

[97] Liang X L, Lam Y, Li Z H. Optimal replacement policy for a general geometric process model with δ-shock [J]. International Journal of Systems Science, 2011, 42(12): 2021-2034.

[98] 冶建华, 马明, 赵芬芬, 等. 离散 δ 冲击模型的寿命性质 [J]. 西北民族大学学报 (自然科学版), 2012, 33(3): 1-4.

[99] 赵建丛, 黄文亮. 复变函数与积分变换 [M]. 2 版. 上海: 华东理工大学出版社, 2012.

[100] 孙荣恒. 概率统计拾遗 [M]. 北京: 科学出版社, 2012.

[101] Eryilmaz S. Generalized δ-shock model via runs [J]. Statistics and Probability Letters, 2012, 82(2): 326-331.

[102] 何雪, 冶建华, 陈丽雅. 冲击间隔服从泊松分布的 δ 冲击模型的可靠性分析 [J]. 贵州师范大学学报 (自然科学版), 2012, 30(5): 65-68.

[103] 沈以淡. 积分方程 [M]. 3 版. 北京: 清华大学出版社, 2012.

[104] 张攀, 马明, 余进玉, 等. 时间点服从 0-1 分布的离散型截断 δ-冲击模型的寿命性质 [J]. 甘肃联合大学学报 (自然科学版), 2012, 26(5): 24-26.

[105] 白建明, 陈云, 贾泽龙. 冲击模型: 最新进展及应用 [C]. 中国运筹学会可靠性分会第九届可靠性学术会议论文集, 2013: 63-73.

[106] Eryilmaz S. On the lifetime behavior of a discrete time shock model [J]. Journal of Computational and Applied Mathematics, 2013, 237(1): 384-388.

[107] Stephen B, Lieven V. 凸优化 [M]. 王书宁, 许鋆, 黄晓霖译. 北京: 清华大学出版社, 2013.

[108] 冶建华, 马明. M 函数的数值计算 [J]. 苏州科技学院学报 (自然科学版), 2013, 30(2): 48-51.

[109] 冶建华, 马明, 郑莹. 基于伯努利过程的 δ 冲击模型的寿命分布 [J]. 西北民族大学学报 (自然科学版), 2013, 34(3): 1-4.

[110] 郑莹, 马明. 自激滤过的泊松过程的二阶矩 [J]. 山东大学学报 (理学版), 2013, 48(9): 35-39, 45.

[111] 毛磊, 腾兴虎, 冠冰煜, 等. 吉米多维奇数学分析习题全解 (1) [M]. 南京: 东南大学出版

社, 2014.
- [112] 史爱玲, 马明, 郑莹. 齐次泊松响应的客户寿命值及性质 [J]. 山东大学学报 (理学版), 2014, 49(3): 96-100.
- [113] Eryilmaz S, Bayramoglu K. Life behavior of δ-shock models for uniformly distributed interarrival times [J]. Statistical Papers, 2014, 55: 841-852.
- [114] 马明, 王冬, 梁宜英. 时间间隔服从对数分布的冲击模型的特征量分布 [J]. 菏泽学院学报 (自然科学版), 2014, 36(5): 14-17.
- [115] 郑莹, 马明. M 函数的极限性质 [J]. 经济数学, 2014, 31(3): 92-93.
- [116] 冶建华, 马明. 一般离散开型截断 δ 冲击模型的寿命分布 [J]. 山东大学学报 (理学版), 2015, 50(4): 8-13, 19.
- [117] 马明, 陆琬, 吉佩玉. 时间间隔服从二项分布的冲击模型的特征量的分布 [J]. 大理学院学报, 2015, 14(6): 8-10.
- [118] 马明, 王冬. 时间间隔服从对数分布的截断 δ 冲击模型的可靠性分析 [J]. 山东科技大学学报 (自然科学版), 2015, 34(5): 82-86.
- [119] 马明, 白静盼, 郑莹. 截断 δ 冲击模型的参数估计 [J]. 数学杂志, 2015, 35(2): 389-396.
- [120] 梁小林, 牛彩云, 田学. 更新几何过程及相关性质 [J]. 应用概率统计, 2015, 31(4): 384-394.
- [121] 白静盼, 马明. 冲击时间间隔服从 $[0, b]$ 均匀分布的截断 δ 冲击模型的参数估计 [J]. 西北民族大学学报 (自然科学版), 2015, 36(1): 1-7.
- [122] Ross S M. 应用随机过程: 概率模型导论 (英文版) [M]. 11 版. 北京: 人民邮电出版社, 2015.
- [123] 张攀, 马明, 郑莹. 非齐次泊松过程下的截断 δ 冲击模型 [J]. 数学杂志, 2016, 36(1): 214-222.
- [124] 边莉娜, 马明, 杨娅雯, 等. 时间间隔服从具体分布的离散截断 δ 冲击模型的寿命分布 [J]. 湖北民族学院学报 (自然科学版), 2016, 34(4): 376-379, 385.
- [125] 白静盼, 杨娅雯, 马明. 均匀分布的截断 δ 冲击模型参数的 Bayes 估计 [J]. 湖南文理学院学报 (自然科学版), 2016, 28(1): 10-14.
- [126] 方开泰, 许建伦. 统计分布 [M]. 北京: 高等教育出版社, 2016.
- [127] Bai J P, Ma M, Yang Y W. Parameter estimation of the censored δ-shock model on uniform interval [J]. Communications in Statistics: Theory and Methods, 2017, 46(14): 6936-6946.
- [128] 马明, 边莉娜, 王世超, 等. 格点更新截断 δ 冲击模型的可靠性指标 [J]. 四川师范大学学报 (自然科学版), 2017, 40(6): 809-816.
- [129] 王琪, 白建明, 贾泽龙, 等. 基于冲击模型方法的自然保护区可靠性研究: 以草海为例 [J]. 中国人口·资源与环境, 2017, 27(5): 170-176.
- [130] 马明, 边莉娜, 刘华. 基于事件点联合分布的自激滤过泊松过程的低阶矩 [J]. 山东大学学报 (理学版), 2018, 53(4): 55-58.
- [131] 陈昊君, 郑莹, 马明, 等. 自激滤过泊松过程的协方差 [J]. 山东大学学报 (理学版), 2018, 53(12): 75-79, 89.
- [132] 刘翠萍, 白静盼, 马明, 等. 冲击时间间隔服从 $[a, b]$ 均匀分布的截断 δ 冲击模型参数的

Bayes 估计 [J]. 湖北民族学院学报 (自然科学版), 2018, 36(2): 142-146.

[133] 冶建华, 郑莹, 刘华. 截断 δ 冲击模型标值过程的协方差 [J]. 山东大学学报 (理学版), 2019, 54(7): 113-116, 123.

[134] Bian L, Ma M, Liu H, et al. Lifetime distribution of two discrete censored δ-shock models [J]. Communications in Statistics–Theory and Methods, 2019, 48(14): 3451-3463.

[135] Ma M, Bian L N, Liu H, et al. Lifetime behavior of discrete Markov chain censored δ-shock models [J]. Communications in Statistics–Theory and Methods, 2021, 50(5): 1019-1035.

[136] 王世超, 马少仙, 边莉娜. 时间间隔服从一类特殊分布的截断 δ 冲击模型的寿命分布 [J]. 湖北民族学院学报 (自然科学版), 2018, 36(1): 33-36.

[137] 王苗苗, 马明, 王世超, 等. 均匀截断 δ 冲击模型的可靠度 [J]. 兰州工业学院学报, 2018, 25(3): 69-72.

[138] 王世超, 马明, 史爱玲, 等. 截断 δ 冲击模型在独立串联系统中的可靠性分析 [J]. 兰州文理学院学报 (自然科学版), 2018, 32(6): 11-14, 52.

[139] 贺澜, 孟宪云. 基于截断 δ 冲击模型的不完全维修更换策略 [J]. 运筹与管理, 2019, 28(8): 100-106.

[140] Lorvand H, Nematollahi A R, Poursaeed M H. Assessment of a generalized discrete time mixed δ-shock model for the multi-state systems [J]. Journal of Computational and Applied Mathematics, 2020, 366: 1-11.

[141] 常春波, 曾建潮. δ 冲击条件下相关性竞争失效过程的系统可靠性建模 [J]. 振动与冲击, 2015, 34(8): 203-208.

[142] Parvardeh A, Balakrishnan N. On mixed δ-shock models [J]. Statistics & Probability Letters, 2015, 102: 51-60.

[143] 姜伟欣, 马明, 刘华, 等. 一种离散弱更新下幂级数开型截断 δ 冲击模型的寿命分布 [J]. 菏泽学院学报, 2021, 43(5): 7-12.

[144] 拉毛措, 马明, 姜韦欣. 2 类对偶多重积分的计算 [J]. 高师理科学刊, 2021, 41(11): 7-15.

[145] 姜伟欣, 马明, 刘华. 有重点伯努利冲击到达的开型截断 δ 冲击模型的寿命行为 [J]. 山东大学学报 (理学版), 2022, 57(1): 95-100.

[146] Chadjiconstantinidis S, Erylimaz S. Reliability assessment for censored δ-shock model [J]. Methodology and Computing in Applied Probability, 2022, 24: 3141-3173.

[147] Ma M, Shi A L, Wang M M. Reliability of Poisson censord δ-shock model [J]. Communications in Statistics–Theory and Methods, 2023, 52(23): 8501-8514.

[148] 马明, 彭博, 拉毛措, 等. Poisson 截断 δ 冲击模型失效参数的 Bayes 估计 [J]. 吉林大学学报 (理学版), 2023, 61(2): 292-302.

[149] Chadjiconstantinidis S. On mixed censored δ-shock models [J]. Journal of Computational and Applied Mathematics, 2024, 435: 115268.

附　　录

附表 1　经典组合数、广义组合数与弱广义组合数

基数\组合数 (取数)		$m > 0$	$m = 0$	$m < 0$
$n > 0$	$n \geqslant m$	$\binom{n}{m} = \binom{n}{m}_g = \binom{n}{m}_+$ $= \dfrac{n!}{m!(n-m)!}$	$\binom{n}{m} = \binom{n}{m}_g$ $= \binom{n}{m}_+ = 1$	$\binom{n}{m}_g = \binom{n}{m}_+ = 0$
	$n < m$	$\binom{n}{m}_g = \binom{n}{m}_+ = 0$		
$n = 0$		$\binom{n}{m}_g = \binom{n}{m}_+ = 0$	$\binom{n}{m} = \binom{n}{m}_g$ $= \binom{n}{m}_+ = 1$	$\binom{n}{m}_g = \binom{n}{m}_+ = 0$
$n < 0$		$\binom{n}{m}_g = \dfrac{n(n-1)\cdots(n-m+1)}{m!}$ $\binom{n}{m}_+ = 0$	$\binom{n}{m}_g = 1$ $\binom{n}{m}_+ = 1$	$\binom{n}{m}_g = 0$ $\binom{n}{m}_+ = \begin{cases} 1, & n = m, \\ 0, & n \neq m \end{cases}$

m 的取值范围

注：$\binom{n}{m}$ 表示经典组合数，$\binom{n}{m}_g$ 表示广义组合数，$\binom{n}{m}_+$ 表示弱广义组合数.

附表 2　不定方程 $x_1 + x_2 + \cdots + x_k = n$ 整数解的组数

序号	条件		整数解组数
1	任意非负下界	一致非负下界 $x_i \geqslant 0$ 非负整数	$\binom{n+k-1}{n-k}_+$ 或 $\binom{n+k-1}{k-1}_+$
2		$x_i \geqslant 1$ 正整数	$\binom{n-1}{n-k}_+$ 或 $\binom{n-1}{k-1}_+$
3		$x_i \geqslant s \geqslant 0$ $i=1,2,\cdots,k$	$\binom{n-ks+k-1}{n-ks}_+$ 或 $\binom{n-ks+k-1}{k-1}_+$
4		$x_i \geqslant s_i \geqslant 0$ $i=1,2,\cdots,k$	$\binom{n-\sum_{i=1}^{k} s_i+k-1}{n-\sum_{i=1}^{k} s_i}_+$ 或 $\binom{n-\sum_{i=1}^{k} s_i+k-1}{k-1}_+$
5	任意非负上界	$0 \leqslant x_i \leqslant t$ $i=1,2,\cdots,k$ 一致非负上界	$\sum_{i=0}^{k}(-1)^i \binom{k}{i}\binom{n+k-1-(t+1)i}{k-1}_+$ 其中, $n \leqslant kt$
6		$0 \leqslant x_i \leqslant t_i$ $i=1,2,\cdots,k$	$\binom{n+k-1}{k-1}_+ + \sum_{i=1}^{k}(-1)^i$ $\times \sum_{1 \leqslant l_1 < \cdots < l_i \leqslant k} \binom{n+k-1-i-\sum_{j=1}^{i} t_{l_j}}{k-1}_+$ 其中, $n \leqslant t_1+t_2+\cdots+t_k$
7		$1 \leqslant x_i \leqslant t$ $i=1,2,\cdots,k$ 一致正整数上界	$\sum_{i=0}^{k}(-1)^i \binom{k}{i}\binom{n-1-ti}{k-1}_+$ 其中, $n \leqslant kt$

注: $\binom{n+k-1}{n-k}_+$ 表示弱广义组合数.

附表 3　一些常见函数的拉普拉斯变换表

原函数	拉普拉斯变换	备注
1	$\dfrac{1}{s}$	
$(t)_+$	$\dfrac{1}{s^2}$	
$(t-a)_+$	$\dfrac{1}{s^2}\mathrm{e}^{-sa}$	a 为任意实数
t_+^a	$\dfrac{\Gamma(a+1)}{s^{a+1}}$	$a > -1$
t_+^n	$\dfrac{n!}{s^{n+1}}$	$n = 0, 1, 2, \cdots$
e^{at}	$\dfrac{1}{s-a}$	a 为任意实数, $s > a$
e^t	$\dfrac{1}{s-1}$	$t > 0$
$t^n \mathrm{e}^{at}$	$\dfrac{n!}{(s-a)^{n+1}}$	$n = 0, 1, 2, \cdots, t > 0$, a 为任意实数, $s > a$

注：$(x)_+ \triangleq \max(x, 0)$，$\Gamma(x)$ 表示伽马函数.

附表 4　常见离散型分布

序号	分布标记	分布名称	参数范围
1	Be(p) B$(1,p)$	伯努利分布 0-1 分布 两点分布	$0 < p < 1$
2	B(n,p)	二项分布	$n = 1, 2, \cdots$ $0 < p < 1$
3	De(a)	退化分布 单点分布	$-\infty < a < \infty$
4	DU(n)	离散型均匀分布	$n = 1, 2, \cdots$
5	NB(r,p)	(一般) 负二项分布	$r > 0$ $0 < p < 1$
6	NG(p)	非负值几何分布 失败数几何分布	$0 < p < 1$
7	NPa(n,p)	非负值帕斯卡分布 失败数帕斯卡分布 非负值负二项分布 失败数负二项分布	$n = 1, 2, \cdots$ $0 < p < 1$
8	PG(p)	正值几何分布 总数几何分布	$0 < p < 1$
9	Poi(λ)	泊松分布	$\lambda > 0$
10	PPa(n,p) PB(n,p)	正值帕斯卡分布 总数帕斯卡分布 正值负二项分布 总数负二项分布	$n = 1, 2, \cdots$ $0 < p < 1$

附表 5 常见连续型分布

序号	分布标记	分布名称	参数范围
1	Beta(α, β)	贝塔分布	$\alpha > 0$ $\beta > 0$
2	Er(n, λ) Gam(n, λ)	埃尔朗分布	$n = 1, 2, \cdots$ $\lambda > 0$
3	Exp(λ)	(负)指数分布	$\lambda > 0$
4	Gam(α, λ)	伽马分布	$\alpha > 0$ $\lambda > 0$
5	N$(0, 1)$	标准正态分布 单位正态分布	
6	N(μ, σ^2)	正态分布	$-\infty < \mu < \infty$ $\sigma > 0$
7	U(a, b)	均匀分布	$-\infty < a < b < \infty$

附表 6　常见离散型分布的数字特征

序号	分布标记	分布名称	期望	方差
1	$Be(p)$ $B(1,p)$	伯努利分布 0-1 分布 两点分布	p	$p(1-p)$
2	$B(n,p)$	二项分布	np	$np(1-p)$
3	$De(a)$	退化分布 单点分布	a	0
4	$DU(n)$	离散型均匀分布	$\dfrac{n+1}{2}$	$\dfrac{n^2-1}{12}$
5	$NB(r,p)$	(一般) 负二项分布	$\dfrac{r(1-p)}{p}$	$\dfrac{r(1-p)}{p^2}$
6	$NG(p)$	非负值几何分布 失败数几何分布	$\dfrac{1-p}{p}$	$\dfrac{1-p}{p^2}$
7	$NPa(n,p)$	非负值帕斯卡分布 失败数帕斯卡分布 非负值负二项分布 失败数负二项分布	$\dfrac{n(1-p)}{p}$	$\dfrac{n(1-p)}{p^2}$
8	$PG(p)$	正值几何分布 总数几何分布	$\dfrac{1}{p}$	$\dfrac{1-p}{p^2}$
9	$Poi(\lambda)$	泊松分布	λ	λ
10	$PPa(n,p)$ $PB(n,p)$	正值帕斯卡分布 总数帕斯卡分布 正值负二项分布 总数负二项分布	$\dfrac{n}{p}$	$\dfrac{n(1-p)}{p^2}$

附表 7　常见连续型分布的数字特征

序号	分布标记	分布名称	期望	方差
1	Beta(α,β)	贝塔分布	$\dfrac{\alpha}{\alpha+\beta}$	$\dfrac{\alpha\beta}{(\alpha+\beta)^2(\alpha+\beta+1)}$
2	Er(n,λ) Gam(n,λ)	埃尔朗分布	$\dfrac{n}{\lambda}$	$\dfrac{n}{\lambda^2}$
3	Exp(λ)	(负) 指数分布	$\dfrac{1}{\lambda}$	$\dfrac{1}{\lambda^2}$
4	Gam(α,λ)	伽马分布	$\dfrac{\alpha}{\lambda}$	$\dfrac{\alpha}{\lambda^2}$
5	$N(0,1)$	标准正态分布	0	1
6	$N(\mu,\sigma^2)$	正态分布	μ	σ^2
7	$U(a,b)$	均匀分布	$\dfrac{a+b}{2}$	$\dfrac{(b-a)^2}{12}$

附表 8　常见离散型分布的分布函数

序数	分布标记	分布名称	分布函数 $F(x)$
1	$\text{Be}(p)$ $B(1,p)$	伯努利分布 0-1 分布 两点分布	$\begin{cases} 0, & x < 0, \\ 1-p, & 0 \leqslant x < 1, \\ 1, & x \geqslant 1 \end{cases}$
2	$\text{De}(a)$	退化分布 单点分布	$\begin{cases} 0, & x < a, \\ 1, & x \geqslant a \end{cases}$
3	$\text{Du}(n)$	离散型均匀分布	$\begin{cases} 0, & x < 1, \\ \dfrac{\lfloor x \rfloor}{n}, & 1 \leqslant x < n, \\ 1, & x \geqslant n \end{cases}$
4	$\text{NG}(p)$	非负值几何分布 失败数几何分布	$\begin{cases} 0, & x < 0, \\ 1-(1-p)^{\lfloor x \rfloor + 1}, & x \geqslant 0 \end{cases}$
5	$\text{PG}(p)$	正值几何分布 总数几何分布	$\begin{cases} 0, & x < 1, \\ 1-(1-p)^{\lfloor x \rfloor}, & x \geqslant 1 \end{cases}$

注：$\lfloor x \rfloor$ 表示不大于 x 的最大整数.

附表 9　常见连续型分布的分布函数

序号	分布标记	分布名称	分布函数 $F(x)$
1	$\text{Er}(n, \lambda)$ $\text{Gam}(n, \lambda)$	埃尔朗分布	$\begin{cases} 0, & x < 0, \\ \sum_{k=n}^{\infty} \dfrac{(\lambda x)^k}{k!} e^{-\lambda x}, & x \geqslant 0 \end{cases}$
2	$\text{Exp}(\lambda)$	(负) 指数分布	$\begin{cases} 0, & x < 0, \\ 1 - e^{-\lambda x}, & x \geqslant 0 \end{cases}$
3	$\text{Gam}(\alpha, \lambda)$	伽马分布	$\Gamma_{\lambda x}(\alpha)/\Gamma(\alpha)$
4	$N(0, 1)$	标准正态分布	$\Phi(x), -\infty < x < \infty$
5	$N(\mu, \sigma^2)$	正态分布	$\Phi\left(\dfrac{x-\mu}{\sigma}\right), -\infty < x < \infty$
6	$U(a, b)$	均匀分布	$\begin{cases} 0, & x < a, \\ \dfrac{x-a}{b-a}, & a \leqslant x < b, \\ 1, & x \geqslant b \end{cases}$

注：$\Gamma_{\lambda x}(\alpha) = \int_0^{\lambda x} e^{-t} t^{\alpha-1} dt$ 是点 λx 处的不完全伽马函数，$\Phi(x) = \int_{-\infty}^{x} \dfrac{1}{\sqrt{2\pi}} e^{-\frac{t^2}{2}} dt$.

附表 10 常见离散型分布的生存函数

序数	分布标记	分布名称	生存函数 $\overline{F}(x)$
1	$\mathrm{Be}(p)$ $B(1,p)$	伯努利分布 0-1 分布 两点分布	$\begin{cases} 1, & x < 0, \\ p, & 0 \leqslant x < 1, \\ 0, & x \geqslant 1 \end{cases}$
2	$\mathrm{De}(a)$	退化分布 单点分布	$\begin{cases} 1, & x < a, \\ 0, & x \geqslant a \end{cases}$
3	$\mathrm{Du}(n)$	离散型均匀分布	$\begin{cases} 1, & x < 1, \\ \dfrac{n - \lfloor x \rfloor}{n}, & 1 \leqslant x < n, \\ 0 & x \geqslant n \end{cases}$
4	$\mathrm{NG}(p)$	非负值几何分布 失败数几何分布	$\begin{cases} 1, & x < 0, \\ (1-p)^{\lfloor x \rfloor + 1}, & x \geqslant 0 \end{cases}$
5	$\mathrm{PG}(p)$	正值几何分布 总数几何分布	$\begin{cases} 1, & x < 1, \\ (1-p)^{\lfloor x \rfloor}, & x \geqslant 1 \end{cases}$

注: $\lfloor x \rfloor$ 表示不大于 x 的最大整数.

附 录

附表 11　常见连续型分布的生存函数

序号	分布标记	分布名称	生存函数 $\overline{F}(x)$
1	$\mathrm{Er}(n,\lambda)$ $\mathrm{Gam}(n,\lambda)$	埃尔朗分布	$\begin{cases} 1, & x<0, \\ \sum_{k=0}^{n-1} \dfrac{(\lambda x)^k}{k!} \mathrm{e}^{-\lambda x}, & x \geqslant 0 \end{cases}$
2	$\mathrm{Exp}(\lambda)$	(负) 指数分布	$\begin{cases} 1, & x<0, \\ \mathrm{e}^{-\lambda x}, & x \geqslant 0 \end{cases}$
3	$\mathrm{Gam}(\alpha,\lambda)$	伽马分布	$\overline{\Gamma}_{\lambda x}(\alpha)/\Gamma(\alpha)$
4	$N(0,1)$	标准正态分布	$1-\Phi(x)$
5	$N(\mu,\sigma^2)$	正态分布	$1-\Phi\left(\dfrac{x-\mu}{\sigma}\right)$
6	$U(a,b)$	均匀分布	$\begin{cases} 1, & x<a, \\ \dfrac{b-x}{b-a}, & a\leqslant x<b, \\ 0, & x\geqslant b \end{cases}$

注: $\overline{\Gamma}_{\lambda x}(\alpha) = \int_{\lambda x}^{\infty} \mathrm{e}^{-t} t^{\alpha-1} \mathrm{d}t$ 是点 λx 处的补余不完全伽马函数, $\Phi(x) = \int_{-\infty}^{x} \dfrac{1}{\sqrt{2\pi}} \mathrm{e}^{-\frac{t^2}{2}} \mathrm{d}t$.

附表 12 常见离散型分布的分布列

序号	分布标记	分布名称	分布列 $p(k)$
1	$B(1,p)$	伯努利分布 0-1 分布 两点分布	$p^k(1-p)^{1-k}, \quad k=0,1$
2	$B(n,p)$	二项分布	$\binom{n}{k}p^k(1-p)^{n-k},$ $k=0,1,\cdots,n$
3	$De(a)$	退化分布 单点分布	$1, \quad k=a$
4	$DU(n)$	离散型均匀分布	$\dfrac{1}{n}, \quad k=1,2,\cdots,n$
5	$NB(r,p)$	(一般) 负二项分布	$\binom{r+k-1}{k}_g p^r(1-p)^k,$ $k=0,1,\cdots$ 等价于 $(-1)^k\binom{-r}{k}_g p^r(1-p)^k,$ $k=0,1,\cdots$
6	$NG(p)$	非负值几何分布 失败数几何分布	$p(1-p)^k, \quad k=0,1,2,\cdots$
7	$NPa(n,p)$	非负值帕斯卡分布 失败数帕斯卡分布 非负值负二项分布 失败数负二项分布	$\binom{n+k-1}{k}_g p^n(1-p)^k,$ $k=0,1,\cdots$ 等价于 $(-1)^k\binom{-n}{k}_g p^n(1-p)^k,$ $k=0,1,\cdots$
8	$PG(p)$	正值几何分布 总数几何分布	$p(1-p)^{k-1}, \quad k=1,2,\cdots$
9	$Poi(\lambda)$	泊松分布	$\dfrac{\lambda^k}{k!}e^{-\lambda}, \quad k=0,1,\cdots$
10	$PPa(n,p)$	正值帕斯卡分布 总数帕斯卡分布 正值负二项分布 总数负二项分布	$\binom{k-1}{n-1}p^n(1-p)^{k-n},$ $k=n,n+1,\cdots$

注: $\binom{r+k-1}{k}_g, \binom{-r}{k}_g, \binom{-n}{k}_g$ 表示广义组合数.

附　录

附表 13　常见连续型分布的密度函数

序号	分布标记	分布名称	密度函数 $f(x)$
1	Beta(α,β)	贝塔分布	$\begin{cases} \dfrac{\Gamma(\alpha+\beta)}{\Gamma(\alpha)\Gamma(\beta)} x^{\alpha-1}(1-x)^{\beta-1}, & 0 < x < 1, \\ 0, & \text{其他} \end{cases}$ 等价于 $\begin{cases} \dfrac{1}{B(\alpha,\beta)} x^{\alpha-1}(1-x)^{\beta-1}, & 0 < x < 1, \\ 0, & \text{其他} \end{cases}$
2	Er(n,λ) Gam(n,λ)	埃尔朗分布	$\begin{cases} \dfrac{(\lambda x)^{n-1}}{(n-1)!}\lambda e^{-\lambda x}, & x \geqslant 0, \\ 0, & x < 0 \end{cases}$
3	Exp(λ)	(负) 指数分布	$\begin{cases} \lambda e^{-\lambda x}, & x \geqslant 0, \\ 0, & x < 0 \end{cases}$
4	Gam(α,λ)	伽马分布	$\begin{cases} \dfrac{(\lambda x)^{\alpha-1}}{\Gamma(\alpha)}\lambda e^{-\lambda x}, & x \geqslant 0, \\ 0, & x < 0 \end{cases}$
5	N$(0,1)$	标准正态分布	$\dfrac{1}{\sqrt{2\pi}} e^{-\frac{x^2}{2}}, -\infty < x < \infty$
6	N(μ,σ^2)	正态分布	$\dfrac{1}{\sqrt{2\pi}\sigma} e^{-\frac{(x-\mu)^2}{2\sigma^2}}, -\infty < x < \infty$
7	U(a,b)	均匀分布	$\begin{cases} \dfrac{1}{b-a}, & a < x < b, \\ 0, & \text{其他} \end{cases}$

注: $\Gamma(\alpha)$ 表示伽马函数, $B(\alpha,\beta)$ 表示贝塔函数.

附表 14　常见离散型分布的特征函数

序号	分布标记	分布名称	特征函数 $\varphi(t)$
1	$Be(p)$ $B(1, p)$	伯努利分布 0-1 分布 两点分布	$pe^{it} + 1 - p, \quad -\infty < t < \infty$
2	$B(n, p)$	二项分布	$(pe^{it} + 1 - p)^n, \quad -\infty < t < \infty$
3	$De(a)$	退化分布 单点分布	$e^{ita}, \quad -\infty < t < \infty$
4	$DU(n)$	离散型均匀分布	$\dfrac{e^{it}(1 - e^{int})}{n(1 - e^{it})}, \quad -\infty < t < \infty$
5	$NB(r, p)$	(一般) 负二项分布	$\left(\dfrac{p}{1 - (1-p)e^{it}}\right)^r, \quad -\infty < t < \infty$
6	$NG(p)$	非负值几何分布 失败数几何分布	$\dfrac{p}{1 - (1-p)e^{it}}, \quad -\infty < t < \infty$
7	$NPa(n, p)$	非负值帕斯卡分布 失败数帕斯卡分布 非负值负二项分布 失败数负二项分布	$\left(\dfrac{p}{1 - (1-p)e^{it}}\right)^n, \quad -\infty < t < \infty$
8	$PG(p)$	正值几何分布 总数几何分布	$\dfrac{pe^{it}}{1 - (1-p)e^{it}}, \quad -\infty < t < \infty$
9	$Poi(\lambda)$	泊松分布	$e^{-\lambda(1 - e^{it})}, \quad -\infty < t < \infty$
10	$PPa(n, p)$ $PB(r, p)$	正值帕斯卡分布 总数帕斯卡分布 正值负二项分布 总数负二项分布	$\left(\dfrac{pe^{it}}{1 - (1-p)e^{it}}\right)^n, \quad -\infty < t < \infty$

注: i 表示虚数单位, 即 $i^2 = -1$.

附录

附表 15　常见连续型分布的特征函数

序号	分布标记	分布名称	特征函数 $\varphi(t)$
1	Beta(α, β)	贝塔分布	$\dfrac{\Gamma(\alpha+\beta)}{\Gamma(\alpha)} \sum\limits_{k=0}^{\infty} \dfrac{\Gamma(\alpha+k)(\mathrm{i}t)^k}{\Gamma(\alpha+\beta+k)\Gamma(k+1)}$
2	Er(n, λ) Gam(n, λ)	埃尔朗分布	$\left(\dfrac{\lambda}{\lambda-\mathrm{i}t}\right)^n, \quad -\infty < t < \infty$
3	Exp(λ)	(负)指数分布	$\dfrac{\lambda}{\lambda-\mathrm{i}t}, \quad -\infty < t < \infty$
4	Gam(α, λ)	伽马分布	$\left(\dfrac{\lambda}{\lambda-\mathrm{i}t}\right)^\alpha, \quad -\infty < t < \infty$
5	N$(0, 1)$	标准正态分布	$\exp\left(-\dfrac{t^2}{2}\right), \quad -\infty < t < \infty$
6	N(μ, σ^2)	正态分布	$\exp\left(\mathrm{i}\mu t - \dfrac{\sigma^2 t^2}{2}\right), \quad -\infty < t < \infty$
7	U(a, b)	均匀分布	$\dfrac{\mathrm{e}^{\mathrm{i}bt} - \mathrm{e}^{\mathrm{i}at}}{\mathrm{i}t(b-a)}, \quad -\infty < t < \infty, t \neq 0$

注: i 表示虚数单位, 即 $\mathrm{i}^2 = -1$, $\Gamma(\alpha)$ 表示伽马函数.

附表 16　常见离散型分布的矩母函数

序号	分布标记	分布名称	矩母函数 $\phi(t)$
1	Be(p) B(1, p)	伯努利分布 0-1 分布 两点分布	$pe^t + 1 - p$,　$-\infty < t < \infty$
2	B(n, p)	二项分布	$(pe^t + 1 - p)^n$,　$-\infty < t < \infty$
3	De(a)	退化分布	e^{ta},　$-\infty < t < \infty$
4	DU(n)	离散型均匀分布	$\dfrac{e^t(1 - e^{nt})}{n(1 - e^t)}$,　$-\infty < t < \infty, t \neq 0$
5	NB(r, p)	(一般) 负二项分布	$\left(\dfrac{p}{1 - (1-p)e^t}\right)^r$,　$t < -\ln(1-p)$
6	NG(p)	非负值几何分布 失败数几何分布	$\dfrac{p}{1 - (1-p)e^t}$,　$t < -\ln(1-p)$
7	NPa(n, p)	非负值帕斯卡分布 失败数帕斯卡分布 非负值负二项分布 失败数负二项分布	$\left(\dfrac{p}{1 - (1-p)e^t}\right)^n$,　$t < -\ln(1-p)$
8	PG(p)	正值几何分布 总数几何分布	$\dfrac{pe^t}{1 - (1-p)e^t}$,　$t < -\ln(1-p)$
9	Poi(λ)	泊松分布	$\exp(-\lambda(1 - e^t))$,　$-\infty < t < \infty$
10	PPa(n, p)	正值帕斯卡分布 总数帕斯卡分布 正值负二项分布 总数负二项分布	$\left(\dfrac{pe^t}{1 - (1-p)e^t}\right)^n$,　$t < -\ln(1-p)$

附表 17　常见连续型分布的矩母函数

序号	分布标记	分布名称	矩母函数 $\phi(t)$
1	Beta(α,β)	贝塔分布	$\dfrac{\Gamma(\alpha+\beta)}{\Gamma(\alpha)}\displaystyle\sum_{k=0}^{\infty}\dfrac{\Gamma(\alpha+k)t^k}{\Gamma(\alpha+\beta+k)\Gamma(k+1)}$
2	Er(n,λ) Gam(n,λ)	埃尔朗分布	$\left(\dfrac{\lambda}{\lambda-t}\right)^n,\quad t<\lambda$
3	Exp(λ)	(负) 指数分布	$\dfrac{\lambda}{\lambda-t},\quad t<\lambda$
4	Gam(α,λ)	伽马分布	$\left(\dfrac{\lambda}{\lambda-t}\right)^{\alpha},\quad t<\lambda$
5	N$(0,1)$	标准正态分布	$\exp\left(\dfrac{t^2}{2}\right),\quad -\infty<t<\infty$
6	N(μ,σ^2)	正态分布	$\exp\left(\mu t+\dfrac{\sigma^2 t^2}{2}\right),\quad -\infty<t<\infty$
7	U(a,b)	均匀分布	$\dfrac{e^{bt}-e^{at}}{t(b-a)},\quad -\infty<t<\infty,\ t\neq 0$

注：$\Gamma(\alpha)$ 表示伽马函数.

附表 18　常见离散型分布的拉普拉斯函数

序号	分布标记	分布名称	拉普拉斯函数 $L(s)$
1	Be(p) B$(1,p)$	伯努利分布 0-1 分布 两点分布	$pe^{-s}+1-p,\quad -\infty<s<\infty$
2	B(n,p)	二项分布	$(pe^{-s}+1-p)^n,\quad -\infty<s<\infty$
3	DU(n)	离散型均匀分布	$\dfrac{e^{-t}(1-e^{-nt})}{n(1-e^{-t})},\quad -\infty<s<\infty$
4	De(a)	退化分布 单点分布	$e^{-as},\quad -\infty<s<\infty$
5	NB(r,p)	(一般) 负二项分布	$\left(\dfrac{p}{1-(1-p)e^{-t}}\right)^r,\quad s>\ln(1-p)$
6	NG(p)	非负值几何分布 失败数几何分布	$\dfrac{p}{1-(1-p)e^{-s}},\quad s>\ln(1-p)$
7	NPa(n,p)	非负值帕斯卡分布 失败数帕斯卡分布 非负值负二项分布 失败数负二项分布	$\left(\dfrac{p}{1-(1-p)e^{-t}}\right)^n,\quad s>\ln(1-p)$
8	PG(p)	正值几何分布 总数几何分布	$\dfrac{pe^{-s}}{1-(1-p)e^{-s}},\quad s>\ln(1-p)$
9	Poi(λ)	泊松分布	$\exp(-\lambda(1-e^{-s})),\quad -\infty<s<\infty$
10	PPa(n,p) PB(n,p)	正值帕斯卡分布 总数帕斯卡分布 正值负二项分布 总数负二项分布	$\left(\dfrac{pe^{-s}}{1-(1-p)e^{-s}}\right)^n,\quad s>\ln(1-p)$

附表 19　常见非负连续型分布的拉普拉斯函数

序号	分布标记	分布名称	拉普拉斯函数 $L(s)$
1	$\mathrm{Er}(n,\lambda)$ $\mathrm{Gam}(n,\lambda)$	埃尔朗分布	$\left(\dfrac{\lambda}{\lambda+s}\right)^n,\quad s>-\lambda$
2	$\mathrm{Exp}(\lambda)$	(负)指数分布	$\dfrac{\lambda}{\lambda+s},\quad s>-\lambda$
3	$\mathrm{Gam}(r,\lambda)$	伽马分布	$\left(\dfrac{\lambda}{\lambda+s}\right)^r,\quad s>-\lambda$
4	$\mathrm{U}(a,b)$	均匀分布	$\dfrac{\mathrm{e}^{-bs}-\mathrm{e}^{-as}}{-s(b-a)},\quad -\infty<s<\infty, s\neq 0$

附表 20　常见非负整值型分布的概率母函数

序号	分布标记	分布名称	母函数 $\psi(t)$
1	Be(p) B(1, p)	伯努利分布 0-1 分布 两点分布	$pt + 1 - p, \quad -\infty < t < \infty$
2	B(n, p)	二项分布	$(pt + 1 - p)^n, \quad -\infty < t < \infty$
3	DU(n)	离散型均匀分布	$\dfrac{t(1-t^n)}{n(1-t)}, \quad -\infty < t < \infty$
4	De(n)	退化分布 单点分布	$t^n, \quad -\infty < t < \infty$
5	NB(r, p)	（一般）负二项分布	$\left(\dfrac{p}{1-(1-p)t}\right)^r, \quad -\dfrac{1}{1-p} < t < \dfrac{1}{1-p}$
6	NG(p)	非负值几何分布 失败数几何分布	$\dfrac{p}{1-(1-p)t}, \quad -\dfrac{1}{1-p} < t < \dfrac{1}{1-p}$
7	NPa(n, p)	非负值帕斯卡分布 失败数帕斯卡分布 非负值负二项分布 失败数负二项分布	$\left(\dfrac{p}{1-(1-p)t}\right)^n, \quad -\dfrac{1}{1-p} < t < \dfrac{1}{1-p}$
8	PG(p)	正值几何分布 总数几何分布	$\dfrac{pt}{1-(1-p)t}, \quad -\dfrac{1}{1-p} < t < \dfrac{1}{1-p}$
9	Poi(λ)	泊松分布	$\mathrm{e}^{-\lambda(1-t)}, \quad -\infty < t < \infty$
10	PPa(n, p) PB(n, p)	正值帕斯卡分布 总数帕斯卡分布 正值负二项分布 总数负二项分布	$\left(\dfrac{pt}{1-(1-p)t}\right)^n, \quad -\dfrac{1}{1-p} < t < \dfrac{1}{1-p}$

附 录

附表 21　使用分布律计算期望与任意阶矩

使用的分布律	期望	k 阶矩 (k 为正整数)	公式适用条件	备注
分布函数 $F(x)$	$\int_{-\infty}^{\infty} x \mathrm{d}F(x)$	$\int_{-\infty}^{\infty} x^k \mathrm{d}F(x)$	任意分布	
生存函数 $\overline{F}(x)$	$\int_0^{\infty} \overline{F}(x)\mathrm{d}x$	$k\int_0^{\infty} x^{k-1}\overline{F}(x)\mathrm{d}x$	非负随机变量	
	$\sum_{k=1}^{\infty} \overline{F}(k)$		非负整值型随机变量	
	$\int_0^{\infty} \overline{F}(x)\mathrm{d}x - \int_{-\infty}^0 F(x)\mathrm{d}x$		任意分布	
分布列 $p(x)$	$\sum_{i=0}^{\infty} x_i p(x_i)$	$\sum_{i=0}^{\infty} x_i^k p(x_i)$	离散型分布	$x_i, i=1,2,\cdots$ 表示随机变量的第 i 个样本点 (即可能的取值)
密度函数 $f(x)$	$\int_{-\infty}^{\infty} x f(x)\mathrm{d}x$	$\int_{-\infty}^{\infty} x^k f(x)\mathrm{d}x$	连续型分布	
特征函数 $\varphi(t)$	$\dfrac{\varphi'(0)}{\mathrm{i}}$	$\dfrac{\varphi^{(k)}(0)}{\mathrm{i}^k}$	任意分布	$\varphi^{(k)}(0)$ 表示 $\varphi(t)$ 在 0 点的 k 阶导数
矩母函数 $\phi(t)$	$\phi'(0)$	$\phi^{(k)}(0)$	矩母函数的存在域包含 0 点的任意分布	$\phi^{(k)}(0)$ 表示 $\phi(t)$ 在 0 点的 k 阶导数
拉普拉斯函数 $L(s)$	$-L'(0)$	$(-1)^k L^{(k)}(0)$	拉普拉斯函数的存在域包含 0 点的任意分布	$L^{(k)}(0)$ 表示 $L(s)$ 在 0 点的 k 阶导数
概率母函数 $\psi(t)$	$\psi'(1)$	2 阶矩: $\psi''(1)+\psi'(1)$	概率母函数的存在域包含点 1 的任意分布	$\psi^{(k)}(1)$ 表示 $\psi(t)$ 在点 1 的 k 阶导数

附表 22　截尾指数分布的分布律和期望

分布律	$(X\|X>a) \sim \text{LExp}(\lambda, a)$ 左截尾指数分布	$(X\|X \leqslant a) \sim \text{RExp}(\lambda, a)$ 右截尾指数分布
分布函数	$\begin{cases} 0, & x \leqslant a, \\ 1-\mathrm{e}^{-\lambda(x-a)}, & x > a \end{cases}$	$\begin{cases} 0, & x < 0, \\ \dfrac{1-\mathrm{e}^{-\lambda x}}{1-\mathrm{e}^{-\lambda a}}, & 0 \leqslant x < a, \\ 1, & x \geqslant a \end{cases}$
生存函数	$\begin{cases} 1, & x \leqslant a, \\ \mathrm{e}^{-\lambda(x-a)}, & x > a \end{cases}$	$\begin{cases} 1, & x < 0, \\ \dfrac{\mathrm{e}^{-\lambda x}-\mathrm{e}^{-\lambda a}}{1-\mathrm{e}^{-\lambda a}}, & 0 \leqslant x < a, \\ 0, & x \geqslant a \end{cases}$
密度函数	$\begin{cases} 0, & x \leqslant a, \\ \lambda\mathrm{e}^{-\lambda(x-a)}, & x > a \end{cases}$	$\begin{cases} \dfrac{\lambda\mathrm{e}^{-\lambda x}}{1-\mathrm{e}^{-\lambda a}}, & 0 < x < a, \\ 0, & \text{其他} \end{cases}$
拉普拉斯函数	$\dfrac{\lambda\mathrm{e}^{-sa}}{\lambda+s}, \quad s > -\lambda$	$\begin{cases} \dfrac{\lambda}{\lambda+s}\dfrac{1-\mathrm{e}^{-(s+\lambda)a}}{1-\mathrm{e}^{-\lambda a}}, & s \neq -\lambda, \\ \dfrac{\lambda a}{1-\mathrm{e}^{-\lambda a}}, & s = -\lambda \end{cases}$
矩母函数	$\dfrac{\lambda\mathrm{e}^{ta}}{\lambda-t}, \quad t < \lambda$	$\begin{cases} \dfrac{\lambda}{\lambda-t}\dfrac{1-\mathrm{e}^{-(\lambda-t)a}}{1-\mathrm{e}^{-\lambda a}}, & t \neq \lambda, \\ \dfrac{\lambda a}{1-\mathrm{e}^{-\lambda a}}, & t = \lambda \end{cases}$
期望	$a + \dfrac{1}{\lambda}$	$\dfrac{1}{\lambda} - \dfrac{a}{\mathrm{e}^{\lambda a}-1}$

注: $a > 0$.

后 记

终于完稿了,有些感慨. 从最初 2013 年有写本书的想法到现在成稿历时十几年,中间因家人、自身、工作、疫情等重大事件时有中断.

最初想写一本包含所有 δ 冲击模型的书稿,一直在琢磨如何编排,写哪些内容,但总感觉写不好,需要查阅的文献太多,时间也拖延太长,最后忍痛割舍掉经典 δ 冲击模型的内容,即使是截断 δ 冲击模型的一些成果也不得不逐渐缩减,最终几经取舍才有现在内容. 很遗憾一些重要成果没有放入,希望再版时有所完善. 日后至少可以将以下内容充实到书稿中: 截断 δ 冲击模型与其他冲击模型 (经典 δ 冲击模型、冲击损伤模型) 的混合模型; 冲击过程为一般更新、生灭类过程、自激点过程、Polyá 过程的截断 δ 冲击模型; 元件以截断 δ 冲击模型为失效机制的单调关联系统; 截断 δ 冲击模型的应用等.

δ 冲击模型是我们的导师兰州大学李泽慧教授最初提出并研究的,将有关 δ 冲击模型的理论发扬光大,也是恩师的心愿,谨以本书献给李老师,感谢李老师的精心栽培.

最后,感谢我们的家人父母妻女在写作过程中对我们的理解和巨大支持. 感谢一切该感谢的.

马 明
西北民族大学
2024 年 5 月 28 日于兰州民族花苑